国家科研经费管理政策

文件选编

（2012—2021）

人民出版社

出版说明

　　党的十八大以来，党中央、国务院等部门先后出台了一系列优化科研经费管理的政策文件和改革措施，有力地激发了科研人员的创造性和创新活力，促进了科技事业发展。但在科研经费管理方面仍然存在政策落实不到位、项目经费管理刚性偏大、经费拨付机制不完善、间接费用比例偏低、经费报销难等问题。为有效解决这些问题，更好贯彻落实党中央、国务院的决策部署，进一步激励科研人员多出高质量科技成果、为实现高水平科技自立自强作出更大贡献，我们选编了《国家科研经费管理政策文件选编（2012—2021）》一书。全书收录了党的十八大以来党中央、国务院等部门出台的科研经费管理政策文件68项。不妥之处，敬请指正。

人民出版社

2021 年 12 月

目　录

一、党中央、国务院相关文件

四、国家科技重大专项

五、国家社会科学基金

六、监督检查

七、其他相关

一、党中央、国务院相关文件

关于改进加强中央财政
科研项目和资金管理的若干意见

（国务院,2014 年 3 月）

各省、自治区、直辖市人民政府,国务院各部委、各直属机构:

《国家中长期科学和技术发展规划纲要(2006—2020 年)》实施以来,我国财政科技投入快速增长,科研项目和资金管理不断改进,为科技事业发展提供了有力支撑。但也存在项目安排分散重复、管理不够科学透明、资金使用效益亟待提高等突出问题,必须切实加以解决。为深入贯彻党的十八大和十八届二中、三中全会精神,落实创新驱动发展战略,促进科技与经济紧密结合,按照《中共中央　国务院关于深化科技体制改革加快国家创新体系建设的意见》(中发〔2012〕6 号)的要求,现就改进加强中央财政民口科研项目和资金管理提出如下意见。

一、改进加强科研项目和资金管理的总体要求

（一）总体目标。

通过深化改革,加快建立适应科技创新规律、统筹协调、职责清晰、科学规范、公开透明、监管有力的科研项目和资金管理机制,使科研项目和资金配置更加聚焦国家经济社会发展重大需求,基础前沿研究、战略高技术研究、社会公益研究和重大共性关键技术研究显著加强,财政资金使用效益明显提升,科研人员的积极性和创造性充分发挥,科技对经济社会发展的支撑引领作用不

断增强,为实施创新驱动发展战略提供有力保障。

（二）基本原则。

——坚持遵循规律。把握全球科技和产业变革趋势,立足我国经济社会发展和科技创新实际,遵循科学研究、技术创新和成果转化规律,实行分类管理,提高科研项目和资金管理水平,健全鼓励原始创新、集成创新和引进消化吸收再创新的机制。

——坚持改革创新。推进政府职能转变,发挥好财政科技投入的引导激励作用和市场配置各类创新要素的导向作用。加强管理创新和统筹协调,对科研项目和资金管理各环节进行系统化改革,以改革释放创新活力。

——坚持公正公开。强化科研项目和资金管理信息公开,加强科研诚信建设和信用管理,着力营造以人为本、公平竞争、充分激发科研人员创新热情的良好环境。

——坚持规范高效。明确科研项目、资金管理和执行各方的职责,优化管理流程,建立健全决策、执行、评价相对分开、互相监督的运行机制,提高管理的科学化、规范化、精细化水平。

二、加强科研项目和资金配置的统筹协调

（三）优化整合各类科技计划（专项、基金等）。科技计划（专项、基金等）的设立,应当根据国家战略需求和科技发展需要,按照政府职能转变和中央与地方合理划分事权的要求,明确各自功能定位、目标和时限。建立各类科技计划（专项、基金等）的绩效评估、动态调整和终止机制。优化整合中央各部门管理的科技计划（专项、基金等）,对定位不清、重复交叉、实施效果不好的,要通过撤、并、转等方式进行必要调整和优化。项目主管部门要按照各自职责,围绕科技计划（专项、基金等）功能定位,科学组织安排科研项目,提升项目层次和质量,合理控制项目数量。

（四）建立健全统筹协调与决策机制。科技行政主管部门会同有关部门要充分发挥科技工作重大问题会商与沟通机制的作用,按照国民经济和社会

发展规划的部署,加强科技发展优先领域、重点任务、重大项目等的统筹协调,形成年度科技计划(专项、基金等)重点工作安排和部门分工,经国家科技体制改革和创新体系建设领导小组审议通过后,分工落实、协同推进。财政部门要加强科技预算安排的统筹,做好各类科技计划(专项、基金等)年度预算方案的综合平衡。涉及国民经济、社会发展和国家安全的重大科技事项,按程序报国务院决策。

(五)建设国家科技管理信息系统。科技行政主管部门、财政部门会同有关部门和地方在现有各类科技计划(专项、基金等)科研项目数据库基础上,按照统一的数据结构、接口标准和信息安全规范,在 2014 年底前基本建成中央财政科研项目数据库;2015 年底前基本实现与地方科研项目数据资源的互联互通,建成统一的国家科技管理信息系统,并向社会开放服务。

三、实行科研项目分类管理

(六)基础前沿科研项目突出创新导向。基础、前沿类科研项目要立足原始创新,充分尊重专家意见,通过同行评议、公开择优的方式确定研究任务和承担者,激发科研人员的积极性和创造性。引导支持企业增加基础研究投入,与科研院所、高等学校联合开展基础研究,推动基础研究与应用研究的紧密结合。对优秀人才和团队给予持续支持,加大对青年科研人员的支持力度。项目主管部门要减少项目执行中的检查评价,发挥好学术咨询机构、协会、学会的咨询作用,营造"鼓励探索、宽容失败"的实施环境。

(七)公益性科研项目聚焦重大需求。公益性科研项目要重点解决制约公益性行业发展的重大科技问题,强化需求导向和应用导向。行业主管部门应当充分发挥组织协调作用,提高项目的系统性、针对性和实用性,及时协调解决项目实施中存在的问题,保证项目成果服务社会公益事业发展。加强对基础数据、基础标准、种质资源等工作的稳定支持,为科研提供基础性支撑。

(八)市场导向类项目突出企业主体。明晰政府与市场的边界,充分发挥市场对技术研发方向、路线选择、要素价格、各类创新要素配置的导向作用,政府主要通过制定政策、营造环境,引导企业成为技术创新决策、投入、组织和成果转化的主体。对于政府支持企业开展的产业重大共性关键技术研究等公共科技活动,在立项时要加强对企业资质、研发能力的审核,鼓励产学研协同攻关。对于政府引导企业开展的科研项目,主要由企业提出需求、先行投入和组织研发,政府采用"后补助"及间接投入等方式给予支持,形成主要由市场决定技术创新项目和资金分配、评价成果的机制以及企业主导项目组织实施的机制。

(九)重大项目突出国家目标导向。对于事关国家战略需求和长远发展的重大科研项目,应当集中力量办大事,聚焦攻关重点,设定明确的项目目标和关键节点目标,并在任务书中明确考核指标。项目主管部门主要采取定向择优方式遴选优势单位承担项目,鼓励产学研协同创新,加强项目实施全过程的管理和节点目标考核,探索实行项目专员制和监理制;项目承担单位上级主管部门要切实履行在项目推荐、组织实施和验收等环节的相应职责;项目承担单位要强化主体责任,组织有关单位协同创新,保证项目目标的实现。

四、改进科研项目管理流程

(十)改革项目指南制定和发布机制。项目主管部门要结合科技计划(专项、基金等)的特点,针对不同项目类别和要求编制项目指南,市场导向类项目指南要充分体现产业需求。扩大项目指南编制工作的参与范围,项目指南发布前要充分征求科研单位、企业、相关部门、地方、协会、学会等有关方面意见,并建立由各方参与的项目指南论证机制。项目主管部门每年固定时间发布项目指南,并通过多种方式扩大项目指南知晓范围,鼓励符合条件的科研人员申报项目。自指南发布日到项目申报受理截止日,原则上不少于 50 天,以保证科研人员有充足时间申报项目。

(十一)规范项目立项。项目申请单位应当认真组织项目申报,根据科研工作实际需要选择项目合作单位。项目主管部门要完善公平竞争的项目遴选机制,通过公开择优、定向择优等方式确定项目承担者;要规范立项审查行为,健全立项管理的内部控制制度,对项目申请者及其合作方的资质、科研能力等进行重点审核,加强项目查重,避免一题多报或重复资助,杜绝项目打包和"拉郎配";要规范评审专家行为,提高项目评审质量,推行网络评审和视频答辩评审,合理安排会议答辩评审,视频与会议答辩评审应当录音录像,评审意见应当及时反馈项目申请者。从受理项目申请到反馈立项结果原则上不超过120个工作日。要明示项目审批流程,使项目申请者能够及时查询立项工作进展,实现立项过程"可申诉、可查询、可追溯"。

(十二)明确项目过程管理职责。项目承担单位负责项目实施的具体管理。项目主管部门要健全服务机制,积极协调解决项目实施中出现的新情况新问题,针对不同科研项目管理特点组织开展巡视检查或抽查,对项目实施不力的要加强督导,对存在违规行为的要责成项目承担单位限期整改,对问题严重的要暂停项目实施。

(十三)加强项目验收和结题审查。项目完成后,项目承担单位应当及时做好总结,编制项目决算,按时提交验收或结题申请,无特殊原因未按时提出验收申请的,按不通过验收处理。项目主管部门应当及时组织开展验收或结题审查,并严把验收和审查质量。根据不同类型项目,可以采取同行评议、第三方评估、用户测评等方式,依据项目任务书组织验收,将项目验收结果纳入国家科技报告。探索开展重大项目决策、实施、成果转化的后评价。

五、改进科研项目资金管理

(十四)规范项目预算编制。项目申请单位应当按规定科学合理、实事求是地编制项目预算,并对仪器设备购置、合作单位资质及拟外拨资金进行重点说明。相关部门要改进预算编制方法,完善预算编制指南和评估评审工作细则,健全预算评估评审的沟通反馈机制。评估评审工作的重点是项目预算的目标相关性、政策相符性、经济合理性,在评估评审中不得简单按比例核减预算。除以定额补助方式资助的项目外,应当依据科研任务实际需要和财力可能核定项目预算,不得在预算申请前先行设定预算控制额度。劳务费预算应当结合当地实际以及相关人员参与项目的全时工作时间等因素合理编制。

（十五）及时拨付项目资金。项目主管部门要合理控制项目和预算评估评审时间,加强项目立项和预算下达的衔接,及时批复项目和预算。相关部门和单位要按照财政国库管理制度相关规定,结合项目实施和资金使用进度,及时合规办理资金支付。实行部门预算批复前项目资金预拨制度,保证科研任务顺利实施。对于有明确目标的重大项目,按照关键节点任务完成情况进行拨款。

（十六）规范直接费用支出管理。科学界定与项目研究直接相关的支出范围,各类科技计划(专项、基金等)的支出科目和标准原则上应保持一致。调整劳务费开支范围,将项目临时聘用人员的社会保险补助纳入劳务费科目中列支。进一步下放预算调整审批权限,同时严格控制会议费、差旅费、国际合作与交流费,项目实施中发生的三项支出之间可以调剂使用,但不得突破三项支出预算总额。

（十七）完善间接费用和管理费用管理。对实行间接费用管理的项目,间接费用的核定与项目承担单位信用等级挂钩,由项目主管部门直接拨付到项目承担单位。间接费用用于补偿项目承担单位为项目实施所发生的间接成本和绩效支出,项目承担单位应当建立健全间接费用的内部管理办法,合规合理使用间接费用,结合一线科研人员实际贡献公开公正安排绩效支出,体现科研人员价值,充分发挥绩效支出的激励作用。项目承担单位不得在核定的间接费用或管理费用以外再以任何名义在项目资金中重复提取、列支相关费用。

（十八）改进项目结转结余资金管理办法。项目在研期间,年度剩余资金可以结转下一年度继续使用。项目完成任务目标并通过验收,且承担单位信用评价好的,项目结余资金按规定在一定期限内由单位统筹安排用于科研活动的直接支出,并将使用情况报项目主管部门;未通过验收和整改后通过验收的项目,或承担单位信用评价差的,结余资金按原渠道收回。

（十九）完善单位预算管理办法。财政部门按照核定收支、定额或者定项补助、超支不补、结转和结余按规定使用的原则,合理安排科研院所和高等学校等事业单位预算。科研院所和高等学校等事业单位要按照国家规定合理安排人员经费和公用经费,保障单位正常运转。

六、加强科研项目和资金监管

(二十)规范科研项目资金使用行为。科研人员和项目承担单位要依法依规使用项目资金,不得擅自调整外拨资金,不得利用虚假票据套取资金,不得通过编造虚假合同、虚构人员名单等方式虚报冒领劳务费和专家咨询费,不得通过虚构测试化验内容、提高测试化验支出标准等方式违规开支测试化验加工费,不得随意调账变动支出、随意修改记账凭证、以表代账应付财务审计和检查。项目承担单位要建立健全科研和财务管理等相结合的内部控制制度,规范项目资金管理,在职责范围内及时审批项目预算调整事项。对于从中央财政以外渠道获得的项目资金,按照国家有关财务会计制度规定以及相关资金提供方的具体要求管理和使用。

(二十一)改进科研项目资金结算方式。科研院所、高等学校等事业单位承担项目所发生的会议费、差旅费、小额材料费和测试化验加工费等,要按规定实行"公务卡"结算;企业承担的项目,上述支出也应当采用非现金方式结算。项目承担单位对设备费、大宗材料费和测试化验加工费、劳务费、专家咨询费等支出,原则上应当通过银行转账方式结算。

(二十二)完善科研信用管理。建立覆盖指南编制、项目申请、评估评审、立项、执行、验收全过程的科研信用记录制度,由项目主管部门委托专业机构对项目承担单位和科研人员、评估评审专家、中介机构等参与主体进行信用评级,并按信用评级实行分类管理。各项目主管部门应共享信用评价信息。建立"黑名单"制度,将严重不良信用记录者记入"黑名单",阶段性或永久取消其申请中央财政资助项目或参与项目管理的资格。

(二十三)加大对违规行为的惩处力度。建立完善覆盖项目决策、管理、实施主体的逐级考核问责机制。有关部门要加强科研项目和资金监管工作,严肃处理违规行为,按规定采取通报批评、暂停项目拨款、终止项目执行、追回已拨项目资金、取消项目承担者一定期限内项目申报资格等措施,涉及违法的移交司法机关处理,并将有关结果向社会公开。建立责任倒查制度,针对出现的问题倒查项目主管部门相关人员的履职尽责和廉洁自律情况,经查实存在问题的依法依规严肃处理。

七、加强相关制度建设

（二十四）建立健全信息公开制度。除涉密及法律法规另有规定外,项目主管部门应当按规定向社会公开科研项目的立项信息、验收结果和资金安排情况等,接受社会监督。项目承担单位应当在单位内部公开项目立项、主要研究人员、资金使用、大型仪器设备购置以及项目研究成果等情况,接受内部监督。

（二十五）建立国家科技报告制度。科技行政主管部门要会同有关部门制定科技报告的标准和规范,建立国家科技报告共享服务平台,实现国家科技资源持续积累、完整保存和开放共享。对中央财政资金支持的科研项目,项目承担者必须按规定提交科技报告,科技报告提交和共享情况作为对其后续支持的重要依据。

（二十六）改进专家遴选制度。充分发挥专家咨询作用,项目评估评审应当以同行专家为主,吸收海外高水平专家参与,评估评审专家中一线科研人员的比例应当达到75%左右。扩大企业专家参与市场导向类项目评估评审的比重。推动学术咨询机构、协会、学会等更多参与项目评估评审工作。建立专家数据库,实行评估评审专家轮换、调整机制和回避制度。对采用视频或会议方式评审的,公布专家名单,强化专家自律,接受同行质询和社会监督;对采用通讯方式评审的,评审前专家名单严格保密,保证评审公正性。

（二十七）完善激发创新创造活力的相关制度和政策。完善科研人员收入分配政策,健全与岗位职责、工作业绩、实际贡献紧密联系的分配激励机制。健全科技人才流动机制,鼓励科研院所、高等学校与企业创新人才双向交流,完善兼职兼薪管理政策。加快推进事业单位科技成果使用、处置和收益管理改革,完善和落实促进科研人员成果转化的收益分配政策。加强知识产权运用和保护,落实激励科技创新的税收政策,推进科技评价和奖励制度改革,制定导向明确、激励约束并重的评价标准,充分调动项目承担单位和科研人员的积极性创造性。

八、明确和落实各方管理责任

（二十八）项目承担单位要强化法人责任。项目承担单位是科研项目实施和资金管理使用的责任主体,要切实履行在项目申请、组织实施、验收和资金使用等方面的管理职责,加强支撑服务条件建设,提高对科研人员的服务水平,建立常态化的自查自纠机制,严肃处理本单位出现的违规行为。科研人员要弘扬科学精神,恪守科研诚信,强化责任意识,严格遵守科研项目和资金管理的各项规定,自觉接受有关方面的监督。

（二十九）有关部门要落实管理和服务责任。科技行政主管部门要会同有关部门根据本意见精神制定科技工作重大问题会商与沟通的工作规则;项目主管部门和财政部门要制定或修订各类科技计划(专项、基金等)管理制度。各有关部门要建立健全本部门内部控制和监管体系,加强对所属单位科研项目和资金管理内部制度的审查;督促指导项目承担单位和科研人员依法合规开展科研活动,做好经常性的政策宣传、培训和科研项目实施中的服务工作。

各地区要参照本意见,制定加强本地财政科研项目和资金管理的办法。

关于深化中央财政科技计划
（专项、基金等）管理改革的方案

（国务院,2014 年 12 月）

　　科技计划(专项、基金等)是政府支持科技创新活动的重要方式。改革开放以来,我国先后设立了一批科技计划(专项、基金等),为增强国家科技实力、提高综合竞争力、支撑引领经济社会发展发挥了重要作用。但是,由于顶层设计、统筹协调、分类资助方式不够完善,现有各类科技计划(专项、基金等)存在着重复、分散、封闭、低效等现象,多头申报项目、资源配置"碎片化"等问题突出,不能完全适应实施创新驱动发展战略的要求。当前,全球科技革命和产业变革日益兴起,世界各主要国家都在调整完善科技创新战略和政策,我们必须立足国情,借鉴发达国家经验,通过深化改革着力解决存在的突出问题,推动以科技创新为核心的全面创新,尽快缩小我国与发达国家之间的差距。

　　为深入贯彻党的十八大和十八届二中、三中、四中全会精神,落实党中央、国务院决策部署,加快实施创新驱动发展战略,按照深化科技体制改革、财税体制改革的总体要求和《中共中央　国务院关于深化科技体制改革加快国家创新体系建设的意见》《国务院关于改进加强中央财政科研项目和资金管理的若干意见》(国发〔2014〕11 号)精神,制定本方案。

一、总体目标和基本原则

(一)总体目标。

强化顶层设计,打破条块分割,改革管理体制,统筹科技资源,加强部门功能性分工,建立公开统一的国家科技管理平台,构建总体布局合理、功能定位清晰、具有中国特色的科技计划(专项、基金等)体系,建立目标明确和绩效导向的管理制度,形成职责规范、科学高效、公开透明的组织管理机制,更加聚焦国家目标,更加符合科技创新规律,更加高效配置科技资源,更加强化科技与经济紧密结合,最大限度激发科研人员创新热情,充分发挥科技计划(专项、基金等)在提高社会生产力、增强综合国力、提升国际竞争力和保障国家安全中的战略支撑作用。

(二)基本原则。

转变政府科技管理职能。政府各部门要简政放权,主要负责科技发展战略、规划、政策、布局、评估、监管,对中央财政各类科技计划(专项、基金等)实行统一管理,建立统一的评估监管体系,加强事中、事后的监督检查和责任倒查。政府各部门不再直接管理具体项目,充分发挥专家和专业机构在科技计划(专项、基金等)具体项目管理中的作用。

聚焦国家重大战略任务。面向世界科技前沿、面向国家重大需求、面向国民经济主战场,科学布局中央财政科技计划(专项、基金等),完善项目形成机制,优化资源配置,需求导向,分类指导,超前部署,瞄准突破口和主攻方向,加大财政投入,建立围绕重大任务推动科技创新的新机制。

促进科技与经济深度融合。加强科技与经济在规划、政策等方面的相互衔接。科技计划(专项、基金等)要围绕产业链部署创新链,围绕创新链完善资金链,统筹衔接基础研究、应用开发、成果转化、产业发展等各环节工作,更加主动有效地服务于经济结构调整和提质增效升级,建设具有核心竞争力的创新型经济。

明晰政府与市场的关系。政府重点支持市场不能有效配置资源的基础前沿、社会公益、重大共性关键技术研究等公共科技活动，积极营造激励创新的环境，解决好"越位"和"缺位"问题。发挥好市场配置技术创新资源的决定性作用和企业技术创新主体作用，突出成果导向，以税收优惠、政府采购等普惠性政策和引导性为主的方式支持企业技术创新和科技成果转化活动。

坚持公开透明和社会监督。科技计划（专项、基金等）项目全部纳入统一的国家科技管理信息系统和国家科技报告系统，加强项目实施全过程的信息公开和痕迹管理。除涉密项目外，所有信息向社会公开，接受社会监督。营造遵循科学规律、鼓励探索、宽容失败的氛围。

二、建立公开统一的国家科技管理平台

（一）建立部际联席会议制度。

建立由科技部牵头，财政部、发展改革委等相关部门参加的科技计划（专项、基金等）管理部际联席会议（以下简称联席会议）制度，制定议事规则，负责审议科技发展战略规划、科技计划（专项、基金等）的布局与设置、重点任务和指南、战略咨询与综合评审委员会的组成、专业机构的遴选择优等事项。在此基础上，财政部按照预算管理的有关规定统筹配置科技计划（专项、基金等）预算。各相关部门做好产业和行业政策、规划、标准与科研工作的衔接，充分发挥在提出基础前沿、社会公益、重大共性关键技术需求，以及任务组织实施和科技成果转化推广应用中的积极作用。科技发展战略规划、科技计划（专项、基金等）布局和重点专项设置等重大事项，经国家科技体制改革和创新体系建设领导小组审议后，按程序报国务院，特别重大事项报党中央。

（二）依托专业机构管理项目。

将现有具备条件的科研管理类事业单位等改造成规范化的项目管理专业机构，由专业机构通过统一的国家科技管理信息系统受理各方面提出的项目申请，组织项目评审、立项、过程管理和结题验收等，对实现任务目标负责。加快制定专业机构管理制度和标准，明确规定专业机构应当具备相关科技领域的项目管理能力，建立完善的法人治理结构，设立理事会、监事会，制定章程，

按照联席会议确定的任务,接受委托,开展工作。加强对专业机构的监督、评价和动态调整,确保其按照委托协议的要求和相关制度的规定进行项目管理工作。项目评审专家应当从国家科技项目评审专家库中选取。鼓励具备条件的社会化科技服务机构参与竞争,推进专业机构的市场化和社会化。

(三)发挥战略咨询与综合评审委员会的作用。

战略咨询与综合评审委员会由科技界、产业界和经济界的高层次专家组成,对科技发展战略规划、科技计划(专项、基金等)布局、重点专项设置和任务分解等提出咨询意见,为联席会议提供决策参考;对制定统一的项目评审规则、建设国家科技项目评审专家库、规范专业机构的项目评审等工作,提出意见和建议;接受联席会议委托,对特别重大的科技项目组织开展评审。战略咨询与综合评审委员会要与学术咨询机构、协会、学会等开展有效合作,不断提高咨询意见的质量。

(四)建立统一的评估和监管机制。

科技部、财政部要对科技计划(专项、基金等)的实施绩效、战略咨询与综合评审委员会和专业机构的履职尽责情况等统一组织评估评价和监督检查,进一步完善科研信用体系建设,实行"黑名单"制度和责任倒查机制。对科技计划(专项、基金等)的绩效评估通过公开竞争等方式择优委托第三方机构开展,评估结果作为中央财政予以支持的重要依据。各有关部门要加强对所属单位承担科技计划(专项、基金等)任务和资金使用情况的日常管理和监督。建立科研成果评价监督制度,强化责任;加强对财政科技资金管理使用的审计监督,对发现的违法违规行为要坚决予以查处,查处结果向社会公开,发挥警示教育作用。

(五)建立动态调整机制。

科技部、财政部要根据绩效评估和监督检查结果以及相关部门的建议,提出科技计划(专项、基金等)动态调整意见。完成预期目标或达到设定时限的,应当自动终止;确有必要延续实施的,或新设立科技计划(专项、基金等)以及重点专项的,由科技部、财政部会同有关部门组织论证,提出建议。上述意见和建议经联席会议审议后,按程序报批。

(六)完善国家科技管理信息系统。

要通过统一的信息系统,对科技计划(专项、基金等)的需求征集、指南发布、项目申报、立项和预算安排、监督检查、结题验收等全过程进行信息管理,并主动向社会公开非涉密信息,接受公众监督。分散在各相关部门、尚未纳入国家科技管理信息系统的项目信息要尽快纳入,已结题的项目要及时纳入统一的国家科技报告系统。未按规定提交并纳入的,不得申请中央财政资助的科技计划(专项、基金等)项目。

三、优化科技计划(专项、基金等)布局

根据国家战略需求、政府科技管理职能和科技创新规律,将中央各部门管理的科技计划(专项、基金等)整合形成五类科技计划(专项、基金等)。

(一)国家自然科学基金。

资助基础研究和科学前沿探索,支持人才和团队建设,增强源头创新能力。

(二)国家科技重大专项。

聚焦国家重大战略产品和重大产业化目标,发挥举国体制的优势,在设定时限内进行集成式协同攻关。

(三)国家重点研发计划。

针对事关国计民生的农业、能源资源、生态环境、健康等领域中需要长期演进的重大社会公益性研究,以及事关产业核心竞争力、整体自主创新能力和国家安全的战略性、基础性、前瞻性重大科学问题、重大共性关键技术和产品、重大国际科技合作,按照重点专项组织实施,加强跨部门、跨行业、跨区域研发布局和协同创新,为国民经济和社会发展主要领域提供持续性的支撑和引领。

(四)技术创新引导专项(基金)。

通过风险补偿、后补助、创投引导等方式发挥财政资金的杠杆作用,运用市场机制引导和支持技术创新活动,促进科技成果转移转化和资本化、产业化。

(五)基地和人才专项。

优化布局,支持科技创新基地建设和能力提升,促进科技资源开放共享,支持创新人才和优秀团队的科研工作,提高我国科技创新的条件保障能力。

上述五类科技计划(专项、基金等)要全部纳入统一的国家科技管理平台管理,加强项目查重,避免重复申报和重复资助。中央财政要加大对科技计划(专项、基金等)的支持力度,加强对中央级科研机构和高校自主开展科研活动的稳定支持。

四、整合现有科技计划(专项、基金等)

本次优化整合工作针对所有实行公开竞争方式的科技计划(专项、基金等),不包括对中央级科研机构和高校实行稳定支持的专项资金。通过撤、并、转等方式按照新的五个类别对现有科技计划(专项、基金等)进行整合,大幅减少科技计划(专项、基金等)数量。

(一)整合形成国家重点研发计划。

聚焦国家重大战略任务,遵循研发和创新活动的规律和特点,将科技部管理的国家重点基础研究发展计划、国家高技术研究发展计划、国家科技支撑计划、国际科技合作与交流专项,发展改革委、工业和信息化部管理的产业技术研究与开发资金,有关部门管理的公益性行业科研专项等,进行整合归并,形成一个国家重点研发计划。该计划根据国民经济和社会发展重大需求及科技发展优先领域,凝练形成若干目标明确、边界清晰的重点专项,从基础前沿、重大共性关键技术到应用示范进行全链条创新设计,一体化组织实施。

(二)分类整合技术创新引导专项(基金)。

按照企业技术创新活动不同阶段的需求,对发展改革委、财政部管理的新兴产业创投基金,科技部管理的政策引导类计划、科技成果转化引导基金,财政部、科技部、工业和信息化部、商务部共同管理的中小企业发展专项资金中支持科技创新的部分,以及其他引导支持企业技术创新的专项资金(基金),进一步明确功能定位并进行分类整合,避免交叉重复,并切实发挥杠杆作用,通过市场机制引导社会资金和金融资本进入技术创新领域,形成天使投资、创业投资、风险补偿等政府引导的支持方式。政府要通过间接措施加大支持力度,落实和完善税收优惠、政府采购等支持科技创新的普惠性政策,激励企业加大自身的科技投入,真正发展成为技术创新的主体。

（三）调整优化基地和人才专项。

对科技部管理的国家（重点）实验室、国家工程技术研究中心、科技基础条件平台,发展改革委管理的国家工程实验室、国家工程研究中心等合理归并,进一步优化布局,按功能定位分类整合,完善评价机制,加强与国家重大科技基础设施的相互衔接。提高高校、科研院所科研设施开放共享程度,盘活存量资源,鼓励国家科技基础条件平台对外开放共享和提供技术服务,促进国家重大科研基础设施和大型科研仪器向社会开放,实现跨机构、跨地区的开放运行和共享。相关人才计划要加强顶层设计和相互之间的衔接。在此基础上调整相关财政专项资金。

（四）国家科技重大专项。

要坚持有所为有所不为,加大聚焦调整力度,准确把握技术路线和方向,更加聚焦产品目标和产业化目标,进一步改进和强化组织推进机制,控制专项数量,集中力量办大事。更加注重与其他科技计划（专项、基金等）的分工与衔接,避免重复部署、重复投入。

（五）国家自然科学基金。

要聚焦基础研究和科学前沿,注重交叉学科,培育优秀科研人才和团队,加大资助力度,向国家重点研究领域输送创新知识和人才团队。

（六）支持某一产业或领域发展的专项资金。

要进一步聚焦产业和领域发展,其中有关支持技术研发的内容,要纳入优化整合后的国家科技计划（专项、基金等）体系,根据产业和领域发展需求,由中央财政科技预算统筹支持。

通过国有资本经营预算、政府性基金预算安排的支持科技创新的资金,要逐步纳入中央公共财政预算统筹安排,支持科技创新。

五、方案实施进度和工作要求

(一)明确时间节点,积极稳妥推进实施。

优化整合工作按照整体设计、试点先行、逐步推进的原则开展。

2014年,启动国家科技管理平台建设,初步建成中央财政科研项目数据库,基本建成国家科技报告系统,在完善跨部门查重机制的基础上,选择若干具备条件的科技计划(专项、基金等)按照新的五个类别进行优化整合,并在关系国计民生和未来发展的重点领域先行组织5—10个重点专项进行试点,在2015年财政预算中体现。

2015—2016年,按照创新驱动发展战略顶层设计的要求和"十三五"科技发展的重点任务,推进各类科技计划(专项、基金等)的优化整合,对原由国务院批准设立的科技计划(专项、资金等),报经国务院批准后实施,基本完成科技计划(专项、基金等)按照新的五个类别进行优化整合的工作,改革形成新的管理机制和组织实施方式;基本建成公开统一的国家科技管理平台,实现科技计划(专项、基金等)安排和预算配置的统筹协调,建成统一的国家科技管理信息系统,向社会开放。

2017年,经过三年的改革过渡期,全面按照优化整合后的五类科技计划(专项、基金等)运行,不再保留优化整合之前的科技计划(专项、基金等)经费渠道,并在实践中不断深化改革,修订或制定科技计划(专项、基金等)和资金管理制度,营造良好的创新环境。各项目承担单位和专业机构建立健全内控制度,依法合规开展科研活动和管理业务。

(二)统一思想,狠抓落实,确保改革取得实效。

科技计划(专项、基金等)管理改革工作是实施创新驱动发展战略、深化科技体制改革的突破口,任务重,难度大。科技部、财政部要发挥好统筹协调作用,率先改革,作出表率,加强与有关部门的沟通协商。各有关部门要统一思想,强化大局意识、责任意识,积极配合,主动改革,以"钉钉子"的精神共同做好本方案的落实工作。

（三）协同推进相关工作。

加快事业单位科技成果使用、处置和收益管理改革,推进促进科技成果转化法修订,完善科技成果转化激励机制;加强科技政策与财税、金融、经济、政府采购、考核等政策的相互衔接,落实好研发费用加计扣除等激励创新的普惠性税收政策;加快推进科研事业单位分类改革和收入分配制度改革,完善科研人员评价制度,创造鼓励潜心科研的环境条件;促进科技和金融结合,推动符合科技创新特点的金融产品创新;将技术标准纳入产业和经济政策中,对产业结构调整和经济转型升级形成创新的倒逼机制;将科技创新活动政府采购纳入科技计划,积极利用首购、订购等政府采购政策扶持科技创新产品的推广应用;积极推动军工和民口科技资源的互动共享,促进军民融合式发展。

各省(区、市)要按照本方案精神,统筹考虑国家科技发展战略和本地实际,深化地方科技计划(专项、基金等)管理改革,优化整合资源,提高资金使用效益,为地方经济和社会发展提供强大的科技支撑。

关于进一步完善中央财政科研项目资金管理等政策的若干意见

（中共中央办公厅、国务院办公厅,2016 年 7 月）

《中共中央、国务院关于深化体制机制改革加快实施创新驱动发展战略的若干意见》和《国务院关于改进加强中央财政科研项目和资金管理的若干意见》印发以来,有力激发了创新创造活力,促进了科技事业发展,但也存在一些改革措施落实不到位、科研项目资金管理不够完善等问题。为贯彻落实中央关于深化改革创新、形成充满活力的科技管理和运行机制的要求,进一步完善中央财政科研项目资金管理等政策,现提出以下意见。

一、总体要求

全面贯彻落实党的十八大和十八届三中、四中、五中全会及全国科技创新大会精神,以邓小平理论、"三个代表"重要思想、科学发展观为指导,深入学习贯彻习近平总书记系列重要讲话精神,按照党中央、国务院决策部署,牢固树立和贯彻落实创新、协调、绿色、开放、共享的发展理念,深入实施创新驱动发展战略,促进大众创业、万众创新,进一步推进简政放权、放管结合、优化服务,改革和创新科研经费使用和管理方式,促进形成充满活力的科技管理和运行机制,以深化改革更好激发广大科研人员积极性。

——坚持以人为本。以调动科研人员积极性和创造性为出发点和落脚点,强化激励机制,加大激励力度,激发创新创造活力。

——坚持遵循规律。按照科研活动规律和财政预算管理要求，完善管理政策，优化管理流程，改进管理方式，适应科研活动实际需要。

——坚持"放管服"结合。进一步简政放权、放管结合、优化服务，扩大高校、科研院所在科研项目资金、差旅会议、基本建设、科研仪器设备采购等方面的管理权限，为科研人员潜心研究营造良好环境。同时，加强事中事后监管，严肃查处违法违纪问题。

——坚持政策落实落地。细化实化政策规定，加强督查，狠抓落实，打通政策执行中的"堵点"，增强科研人员改革的成就感和获得感。

二、改进中央财政科研项目资金管理

（一）简化预算编制，下放预算调剂权限。根据科研活动规律和特点，改进预算编制方法，实行部门预算批复前项目资金预拨制度，保证科研人员及时使用项目资金。下放预算调剂权限，在项目总预算不变的情况下，将直接费用中的材料费、测试化验加工费、燃料动力费、出版/文献/信息传播/知识产权事务费及其他支出预算调剂权下放给项目承担单位。简化预算编制科目，合并会议费、差旅费、国际合作与交流费科目，由科研人员结合科研活动实际需要编制预算并按规定统筹安排使用，其中不超过直接费用10%的，不需要提供预算测算依据。

（二）提高间接费用比重，加大绩效激励力度。中央财政科技计划（专项、基金等）中实行公开竞争方式的研发类项目，均要设立间接费用，核定比例可以提高到不超过直接费用扣除设备购置费的一定比例：500万元以下的部分为20%，500万元至1000万元的部分为15%，1000万元以上的部分为13%。加大对科研人员的激励力度，取消绩效支出比例限制。项目承担单位在统筹安排间接费用时，要处理好合理分摊间接成本和对科研人员激励的关系，绩效支出安排与科研人员在项目工作中的实际贡献挂钩。

（三）明确劳务费开支范围，不设比例限制。参与项目研究的研究生、博士后、访问学者以及项目聘用的研究人员、科研辅助人员等，均可开支劳务费。

项目聘用人员的劳务费开支标准,参照当地科学研究和技术服务业从业人员平均工资水平,根据其在项目研究中承担的工作任务确定,其社会保险补助纳入劳务费科目列支。劳务费预算不设比例限制,由项目承担单位和科研人员据实编制。

(四)改进结转结余资金留用处理方式。项目实施期间,年度剩余资金可结转下一年度继续使用。项目完成任务目标并通过验收后,结余资金按规定留归项目承担单位使用,在2年内由项目承担单位统筹安排用于科研活动的直接支出;2年后未使用完的,按规定收回。

(五)自主规范管理横向经费。项目承担单位以市场委托方式取得的横向经费,纳入单位财务统一管理,由项目承担单位按照委托方要求或合同约定管理使用。

三、完善中央高校、科研院所差旅会议管理

(一)改进中央高校、科研院所教学科研人员差旅费管理。中央高校、科研院所可根据教学、科研、管理工作实际需要,按照精简高效、厉行节约的原则,研究制定差旅费管理办法,合理确定教学科研人员乘坐交通工具等级和住宿费标准。对于难以取得住宿费发票的,中央高校、科研院所在确保真实性的前提下,据实报销城市间交通费,并按规定标准发放伙食补助费和市内交通费。

(二)完善中央高校、科研院所会议管理。中央高校、科研院所因教学、科研需要举办的业务性会议(如学术会议、研讨会、评审会、座谈会、答辩会等),会议次数、天数、人数以及会议费开支范围、标准等,由中央高校、科研院所按照实事求是、精简高效、厉行节约的原则确定。会议代表参加会议所发生的城市间交通费,原则上按差旅费管理规定由所在单位报销;因工作需要,邀请国内外专家、学者和有关人员参加会议,对确需负担的城市间交通费、国际旅费,可由主办单位在会议费等费用中报销。

四、完善中央高校、科研院所科研仪器设备采购管理

（一）改进中央高校、科研院所政府采购管理。中央高校、科研院所可自行采购科研仪器设备，自行选择科研仪器设备评审专家。财政部要简化政府采购项目预算调剂和变更政府采购方式审批流程。中央高校、科研院所要切实做好设备采购的监督管理，做到全程公开、透明、可追溯。

（二）优化进口仪器设备采购服务。对中央高校、科研院所采购进口仪器设备实行备案制管理。继续落实进口科研教学用品免税政策。

五、完善中央高校、科研院所基本建设项目管理

（一）扩大中央高校、科研院所基本建设项目管理权限。对中央高校、科研院所利用自有资金、不申请政府投资建设的项目，由中央高校、科研院所自主决策，报主管部门备案，不再进行审批。国家发展改革委和中央高校、科研院所主管部门要加强对中央高校、科研院所基本建设项目的指导和监督检查。

（二）简化中央高校、科研院所基本建设项目审批程序。中央高校、科研院所主管部门要指导中央高校、科研院所编制五年建设规划，对列入规划的基本建设项目不再审批项目建议书。简化中央高校、科研院所基本建设项目城乡规划、用地以及环评、能评等审批手续，缩短审批周期。

六、规范管理，改进服务

（一）强化法人责任，规范资金管理。项目承担单位要认真落实国家有关政策规定，按照权责一致的要求，强化自我约束和自我规范，确保接得住、管得好。制定内部管理办法，落实项目预算调剂、间接费用统筹使用、劳务费分配管理、结余资金使用等管理权限；加强预算审核把关，规范财务支出行为，完善内部风险防控机制，强化资金使用绩效评价，保障资金使用安全规范有效；实

行内部公开制度,主动公开项目预算、预算调剂、资金使用(重点是间接费用、外拨资金、结余资金使用)、研究成果等情况。

(二)加强统筹协调,精简检查评审。科技部、项目主管部门、财政部要加强对科研项目资金监督的制度规范、年度计划、结果运用等的统筹协调,建立职责明确、分工负责的协同工作机制。科技部、项目主管部门要加快清理规范委托中介机构对科研项目开展的各种检查评审,加强对前期已经开展相关检查结果的使用,推进检查结果共享,减少检查数量,改进检查方式,避免重复检查、多头检查、过度检查。

(三)创新服务方式,让科研人员潜心从事科学研究。项目承担单位要建立健全科研财务助理制度,为科研人员在项目预算编制和调剂、经费支出、财务决算和验收等方面提供专业化服务,科研财务助理所需费用可由项目承担单位根据情况通过科研项目资金等渠道解决。充分利用信息化手段,建立健全单位内部科研、财务部门和项目负责人共享的信息平台,提高科研管理效率和便利化程度。制定符合科研实际需要的内部报销规定,切实解决野外考察、心理测试等科研活动中无法取得发票或财政性票据,以及邀请外国专家来华参加学术交流发生费用等的报销问题。

七、加强制度建设和工作督查,确保政策措施落地见效

(一)尽快出台操作性强的实施细则。项目主管部门要完善预算编制指南,指导项目承担单位和科研人员科学合理编制项目预算;制定预算评估评审工作细则,优化评估程序和方法,规范评估行为,建立健全与项目申请者及时沟通反馈机制;制定财务验收工作细则,规范委托中介机构开展的财务检查。2016 年 9 月 1 日前,中央高校、科研院所要制定出台差旅费、会议费内部管理办法,其主管部门要加强工作指导和统筹;2016 年年底前,项目主管部门要制定出台相关实施细则,项目承担单位要制定或修订科研项目资金内部管理办法和报销规定。以后年度承担科研项目的单位要于当年制定出台相关管理办法和规定。

（二）加强对政策措施落实情况的督查指导。财政部、科技部要适时组织开展对项目承担单位科研项目资金等管理权限落实、内部管理办法制定、创新服务方式、内控机制建设、相关事项内部公开等情况的督查，对督查情况以适当方式进行通报，并将督查结果纳入信用管理，与间接费用核定、结余资金留用等挂钩。审计机关要依法开展对政策措施落实情况和财政资金的审计监督。项目主管部门要督促指导所属单位完善内部管理，确保国家政策规定落到实处。

财政部、中央级社科类科研项目主管部门要结合社会科学研究的规律和特点，参照本意见尽快修订中央级社科类科研项目资金管理办法。

各地区要参照本意见精神，结合实际，加快推进科研项目资金管理改革等各项工作。

关于实行以增加知识价值为导向分配政策的若干意见

（中共中央办公厅、国务院办公厅，2016 年 11 月）

为加快实施创新驱动发展战略，激发科研人员创新创业积极性，在全社会营造尊重劳动、尊重知识、尊重人才、尊重创造的氛围，现就实行以增加知识价值为导向的分配政策提出以下意见。

一、总体要求

（一）基本思路

全面贯彻党的十八大和十八届三中、四中、五中全会以及全国科技创新大会精神，深入学习贯彻习近平总书记系列重要讲话精神，加快实施创新驱动发展战略，实行以增加知识价值为导向的分配政策，充分发挥收入分配政策的激励导向作用，激发广大科研人员的积极性、主动性和创造性，鼓励多出成果、快出成果、出好成果，推动科技成果加快向现实生产力转化。统筹自然科学、哲学社会科学等不同科学门类，统筹基础研究、应用研究、技术开发、成果转化全创新链条，加强系统设计、分类管理。充分发挥市场机制作用，通过稳定提高基本工资、加大绩效工资分配激励力度、落实科技成果转化奖励等激励措施，使科研人员收入与岗位职责、工作业绩、实际贡献紧密联系，在全社会形成知识创造价值、价值创造者得到合理回报的良性循环，构建体现增加知识价值的收入分配机制。

（二）主要原则

——坚持价值导向。针对我国科研人员实际贡献与收入分配不完全匹配、股权激励等对创新具有长期激励作用的政策缺位、内部分配激励机制不健全等问题，明确分配导向，完善分配机制，使科研人员收入与其创造的科学价值、经济价值、社会价值紧密联系。

——实行分类施策。根据不同创新主体、不同创新领域和不同创新环节的智力劳动特点，实行有针对性的分配政策，统筹宏观调控和定向施策，探索知识价值实现的有效方式。

——激励约束并重。把人作为政策激励的出发点和落脚点，强化产权等长期激励，健全中长期考核评价机制，突出业绩贡献。合理调控不同地区、同一地区不同类型单位收入水平差距。

——精神物质激励结合。采用多种激励方式，在加大物质收入激励的同时，注重发挥精神激励的作用，大力表彰创新业绩突出的科研人员，营造鼓励探索、激励创新的社会氛围。

二、推动形成体现增加知识价值的收入分配机制

（一）逐步提高科研人员收入水平。在保障基本工资水平正常增长的基础上，逐步提高体现科研人员履行岗位职责、承担政府和社会委托任务等的基础性绩效工资水平，并建立绩效工资稳定增长机制。加大对作出突出贡献科研人员和创新团队的奖励力度，提高科研人员科技成果转化收益分享比例。强化绩效评价与考核，使收入分配与考核评价结果挂钩。

（二）发挥财政科研项目资金的激励引导作用。对不同功能和资金来源的科研项目实行分类管理，在绩效评价基础上，加大对科研人员的绩效激励力度。完善科研项目资金和成果管理制度，对目标明确的应用型科研项目逐步实行合同制管理。对社会科学研究机构和智库，推行政府购买服务制度。

（三）鼓励科研人员通过科技成果转化获得合理收入。积极探索通过市场配置资源加快科技成果转化、实现知识价值的有效方式。财政资助科研项

目所产生的科技成果在实施转化时,应明确项目承担单位和完成人之间的收益分配比例。对于接受企业、其他社会组织委托的横向委托项目,允许项目承担单位和科研人员通过合同约定知识产权使用权和转化收益,探索赋予科研人员科技成果所有权或长期使用权。逐步提高稿费和版税等付酬标准,增加科研人员的成果性收入。

三、扩大科研机构、高校收入分配自主权

(一)引导科研机构、高校实行体现自身特点的分配办法。赋予科研机构、高校更大的收入分配自主权,科研机构、高校要履行法人责任,按照职能定位和发展方向,制定以实际贡献为评价标准的科技创新人才收入分配激励办法,突出业绩导向,建立与岗位职责目标相统一的收入分配激励机制,合理调节教学人员、科研人员、实验设计与开发人员、辅助人员和专门从事科技成果转化人员等的收入分配关系。对从事基础性研究、农业和社会公益研究等研发周期较长的人员,收入分配实行分类调节,通过优化工资结构,稳步提高基本工资收入,加大对重大科技创新成果的绩效奖励力度,建立健全后续科技成果转化收益反馈机制,使科研人员能够潜心研究。对从事应用研究和技术开发的人员,主要通过市场机制和科技成果转化业绩实现激励和奖励。对从事哲学社会科学研究的人员,以理论创新、决策咨询支撑和社会影响作为评价基本依据,形成合理的智力劳动补偿激励机制。完善相关管理制度,加大对科研辅助人员的激励力度。科学设置考核周期,合理确定评价时限,避免短期频繁考核,形成长期激励导向。

(二)完善适应高校教学岗位特点的内部激励机制。把教学业绩和成果作为教师职称晋升、收入分配的重要依据。对专职从事教学的人员,适当提高基础性绩效工资在绩效工资中的比重,加大对教学型名师的岗位激励力度。对高校教师开展的教学理论研究、教学方法探索、优质教学资源开发、教学手段创新等,在绩效工资分配中给予倾斜。

(三)落实科研机构、高校在岗位设置、人员聘用、绩效工资分配、项目经

费管理等方面自主权。对科研人员实行岗位管理,用人单位根据国家有关规定,结合实际需要,合理确定岗位等级的结构比例,建立各级专业技术岗位动态调整机制。健全绩效工资管理,科研机构、高校自主决定绩效考核和绩效分配办法。赋予财政科研项目承担单位对间接经费的统筹使用权。合理调节单位内部各类岗位收入差距,除科技成果转化收入外,单位内部收入差距要保持在合理范围。积极解决部分岗位青年科研人员和教师收入待遇低等问题,加强学术梯队建设。

(四)重视科研机构、高校中长期目标考核。结合科研机构、高校分类改革和职责定位,加强对科研机构、高校中长期目标考核,建立与考核评价结果挂钩的经费拨款制度和员工收入调整机制,对评价优秀的加大绩效激励力度。对有条件的科研机构,探索实行合同管理制度,按合同约定的目标完成情况确定拨款、绩效工资水平和分配办法。完善科研机构、高校财政拨款支出、科研项目收入与支出、科研成果转化及收入情况等内部公开公示制度。

四、进一步发挥科研项目资金的激励引导作用

(一)发挥财政科研项目资金在知识价值分配中的激励作用。根据科研项目特点完善财政资金管理,加大对科研人员的激励力度。对实验设备依赖程度低和实验材料耗费少的基础研究、软件开发和软科学研究等智力密集型项目,项目承担单位应在国家政策框架内,建立健全符合自身特点的劳务费、间接经费管理方式。项目承担单位可结合科研人员工作实绩,合理安排间接经费中绩效支出。建立符合科技创新规律的财政科技经费监管制度,探索在有条件的科研项目中实行经费支出负面清单管理。个人收入不与承担项目多少、获得经费高低直接挂钩。

(二)完善科研机构、高校横向委托项目经费管理制度。对于接受企业、其他社会组织委托的横向委托项目,人员经费使用按照合同约定进行管理。技术开发、技术咨询、技术服务等活动的奖酬金提取,按照《中华人民共和国促进科技成果转化法》及《实施〈中华人民共和国促进科技成果转化法〉若干

规定》执行;项目合同没有约定人员经费的,由单位自主决定。科研机构、高校应优先保证科研人员履行科研、教学等公益职能;科研人员承担横向委托项目,不得影响其履行岗位职责、完成本职工作。

（三）完善哲学社会科学研究领域项目经费管理制度。对符合条件的智库项目,探索采用政府购买服务制度,项目资金由项目承担单位按照服务合同约定管理使用。修订国家社会科学基金、教育部高校哲学社会科学繁荣计划的项目资金管理办法,取消劳务费比例限制,明确劳务费开支范围,加大对项目承担单位间接成本补偿和科研人员绩效激励力度。

五、加强科技成果产权对科研人员的长期激励

（一）强化科研机构、高校履行科技成果转化长期激励的法人责任。坚持长期产权激励与现金奖励并举,探索对科研人员实施股权、期权和分红激励,加大在专利权、著作权、植物新品种权、集成电路布图设计专有权等知识产权及科技成果转化形成的股权、岗位分红权等方面的激励力度。科研机构、高校应建立健全科技成果转化内部管理与奖励制度,自主决定科技成果转化收益分配和奖励方案,单位负责人和相关责任人按照《中华人民共和国促进科技成果转化法》及《实施〈中华人民共和国促进科技成果转化法〉若干规定》予以免责,构建对科技人员的股权激励等中长期激励机制。以科技成果作价入股作为对科技人员的奖励涉及股权注册登记及变更的,无需报科研机构、高校的主管部门审批。加快出台科研机构、高校以科技成果作价入股方式投资未上市中小企业形成的国有股,在企业上市时豁免向全国社会保障基金转持的政策。

（二）完善科研机构、高校领导人员科技成果转化股权奖励管理制度。科研机构、高校的正职领导和领导班子成员中属中央管理的干部,所属单位中担任法人代表的正职领导,在担任现职前因科技成果转化获得的股权,任职后应及时予以转让,逾期未转让的,任期内限制交易。限制股权交易的,在本人不担任上述职务一年后解除限制。相关部门、单位要加快制定具体落实办法。

（三）完善国有企业对科研人员的中长期激励机制。尊重企业作为市场经济主体在收入分配上的自主权,完善国有企业科研人员收入与科技成果、创新绩效挂钩的奖励制度。国有企业科研人员按照合同约定薪酬,探索对聘用的国际高端科技人才、高端技能人才实行协议工资、项目工资等市场化薪酬制度。符合条件的国有科技型企业,可采取股权出售、股权奖励、股权期权等股权方式,或项目收益分红、岗位分红等分红方式进行激励。

（四）完善股权激励等相关税收政策。对符合条件的股票期权、股权期权、限制性股票、股权奖励以及科技成果投资入股等实施递延纳税优惠政策,鼓励科研人员创新创业,进一步促进科技成果转化。

六、允许科研人员和教师依法依规适度兼职兼薪

（一）允许科研人员从事兼职工作获得合法收入。科研人员在履行好岗位职责、完成本职工作的前提下,经所在单位同意,可以到企业和其他科研机构、高校、社会组织等兼职并取得合法报酬。鼓励科研人员公益性兼职,积极参与决策咨询、扶贫济困、科学普及、法律援助和学术组织等活动。科研机构、高校应当规定或与科研人员约定兼职的权利和义务,实行科研人员兼职公示制度,兼职行为不得泄露本单位技术秘密,损害或侵占本单位合法权益,违反承担的社会责任。兼职取得的报酬原则上归个人,建立兼职获得股权及红利等收入的报告制度。担任领导职务的科研人员兼职及取酬,按中央有关规定执行。经所在单位批准,科研人员可以离岗从事科技成果转化等创新创业活动。兼职或离岗创业收入不受本单位绩效工资总量限制,个人须如实将兼职收入报单位备案,按有关规定缴纳个人所得税。

（二）允许高校教师从事多点教学获得合法收入。高校教师经所在单位批准,可开展多点教学并获得报酬。鼓励利用网络平台等多种媒介,推动精品教材和课程等优质教学资源的社会共享,授课教师按照市场机制取得报酬。

七、加强组织实施

（一）强化联动。各地区各部门要加强组织领导，健全工作机制，强化部门协同和上下联动，制定实施细则和配套政策措施，加强督促检查，确保各项任务落到实处。加强政策解读和宣传，加强干部学习培训，激发广大科研人员的创新创业热情。

（二）先行先试。选择一些地方和单位结合实际情况先期开展试点，鼓励大胆探索、率先突破，及时推广成功经验。对基层因地制宜的改革探索建立容错机制。

（三）加强考核。各地区各部门要抓紧制定以增加知识价值为导向的激励、考核和评价管理办法，建立第三方评估评价机制，规范相关激励措施，在全社会形成既充满活力又规范有序的正向激励。

本意见适用于国家设立的科研机构、高校和国有独资企业（公司）。其他单位对知识型、技术型、创新型劳动者可参照本意见精神，结合各自实际，制定具体收入分配办法。国防和军队系统的科研机构、高校、企业收入分配政策另行制定。

关于优化科研管理提升科研绩效若干措施的通知

（国务院，2018 年 7 月）

各省、自治区、直辖市人民政府，国务院各部委、各直属机构：

为了贯彻落实党中央、国务院关于推进科技领域"放管服"改革的要求，建立完善以信任为前提的科研管理机制，按照能放尽放的要求赋予科研人员更大的人财物自主支配权，减轻科研人员负担，充分释放创新活力，调动科研人员积极性，激励科研人员敬业报国、潜心研究、攻坚克难，大力提升原始创新能力和关键领域核心技术攻关能力，多出高水平成果，壮大经济发展新动能，为实现经济高质量发展、建设世界科技强国作出更大贡献，现就有关事项通知如下：

一、优化科研项目和经费管理

（一）简化科研项目申报和过程管理。聚焦国家重大战略任务，优化中央财政科技计划项目形成机制，合理确定项目数量。加快完善国家科技管理信息系统，2018 年底前要将中央财政科技计划（专项、基金等）项目全部纳入。逐步实行国家科技计划年度指南定期发布制度，并将指南提前在网上公示，加强项目查重、避免重复申报，增加科研人员申报准备时间；精简科研项目申报要求，减少不必要的申报材料。针对关键节点实行"里程碑"式管理，减少科研项目实施周期内的各类评估、检查、抽查、审计等活动；自由探索类基础研究项目和实施周期三年以下的项目以承担单位自我管理为主,一般不开展过程检查。

(二)合并财务验收和技术验收。由项目管理专业机构严格依据任务书在项目实施期末进行一次性综合绩效评价,不再分别开展单独的财务验收和技术验收,项目承担单位自主选择具有资质的第三方中介机构进行结题财务审计,利用好单位内外部审计结果。

(三)推行"材料一次报送"制度。整合科技管理各项工作和计划管理的材料报送相关环节,实现一表多用。国家科技管理信息系统按权限向项目承担单位、项目管理专业机构、行业主管部门等相关主体开放,加强数据共享,凡是国家科技管理信息系统已有的材料或已要求提供过的材料,不得要求重复提供。项目管理专业机构和承担单位要简化报表及流程,加快建立健全学术助理和财务助理制度,允许通过购买财会等专业服务,把科研人员从报表、报销等具体事务中解脱出来。

(四)赋予科研人员更大技术路线决策权。科研人员具有自主选择和调整技术路线的权利,科研项目申报期间,以科研人员提出的技术路线为主进行论证,科研项目实施期间,科研人员可以在研究方向不变、不降低申报指标的前提下自主调整研究方案和技术路线,报项目管理专业机构备案。科研项目负责人可以根据项目需要,按规定自主组建科研团队,并结合项目实施进展情况进行相应调整。

(五)赋予科研单位科研项目经费管理使用自主权。直接费用中除设备费外,其他科目费用调剂权全部下放给项目承担单位。项目承担单位应完善管理制度,及时为科研人员办理调剂手续。对于接受企业或其他社会组织委托取得的项目经费,纳入单位财务统一管理,由项目承担单位按照委托方要求或合同约定管理使用。高校和科研院所要简化科研仪器设备采购流程,对科研急需的设备和耗材,采用特事特办、随到随办的采购机制,可不进行招投标程序,缩短采购周期;对于独家代理或生产的仪器设备,按程序确定采取单一来源采购等方式增强采购灵活性和便利性。

(六)避免重复多头检查。科技部、财政部要会同相关部门加强科研项目监督检查工作统筹,制定统一的年度监督检查计划,在相对集中时间开展联合检查,避免在同一年度对同一项目重复检查、多头检查。探索实行"双随机、一公开"检查方式,充分利用大数据等信息技术提高监督检查效率,实行监督检查结果信息共享和互认,最大限度降低对科研活动的干扰。

二、完善有利于创新的评价激励制度

(七)切实精简人才"帽子"。在中央人才工作协调小组的领导下,对科技领域人才计划进行优化整合。西部地区因政策倾斜获得人才计划支持的科研人员,在支持周期内离开相关岗位的,取消对其相应支持。开展科技人才计划申报查重工作,一个人只能获得一项相同层次的人才计划支持。科技人才计划突出人才培养和使用导向,明确支持周期,人才计划项目结束后不得再使用有关人才称号。主管部门、用人单位要逐步取消入选人才计划与薪酬待遇和职称评定等直接挂钩的做法。科研项目申报书中不得设置填写人才"帽子"等称号的栏目。不得将科研项目(基地、平台)负责人、项目评审专家等作为荣誉称号加以使用、宣传。

(八)开展"唯论文、唯职称、唯学历"问题集中清理。由科技部会同教育部、人力资源社会保障部、中科院、工程院及相关行业主管部门在2018年底前对项目、人才、学科、基地等科技评价活动中涉及简单量化的做法进行清理,建立以创新质量和贡献为导向的绩效评价体系,准确评价科研成果的科学价值、技术价值、经济价值、社会价值、文化价值。减少评价频次,对于评价结果连续优秀的,实行一定期限免评的制度。

(九)加大对承担国家关键领域核心技术攻关任务科研人员的薪酬激励。对全时全职承担任务的团队负责人(领衔科学家/首席科学家、技术总师、型号总师、总指挥、总负责人等)以及引进的高端人才,实行一项一策、清单式管理和年薪制。项目承担单位应在项目立项时与项目管理专业机构协商确定人员名单和年薪标准,并报科技部、人力资源社会保障部、财政部备案。年薪所需经费在项目经费中单独核定,在本单位绩效工资总量中单列,相应增加单位当年绩效工资总量。项目范围、年薪制具体操作办法由科技部、财政部、人力资源社会保障部细化制定。单位从国家关键领域核心技术攻关任务项目间接费用中提取的绩效支出,应向承担任务的中青年科研骨干倾斜。完善以科技成果为纽带的产学研深度融合机制,建立科研机构和企业等各方参与的创新联盟,落实相关政策,支持高校、科研院所科研人员到国有企业或民营企业兼职开展研发和成果转化,加大高校、科研院所和国有企业科研人员科技成果转化股权激励力度,科研人员获得的职务科技成果转化现金奖励计入当年本单位绩效工资总量,但不受总量限制,不纳入总量基数。

三、强化科研项目绩效评价

(十)推动项目管理从重数量、重过程向重质量、重结果转变。明确设定科研项目绩效目标,项目指南要按照分类评价要求提出项目绩效目标。目标导向类项目申报书和任务书要有科学、合理、具体的项目绩效目标和适用于考核的结果指标,并按照关键节点设定明确、细化的阶段性目标,用于判断实质性进展;立项评审应审核绩效目标、结果指标与指南要求的相符性,以及创新性、可行性、可考核性,实现项目绩效目标的能力和条件等;要加强项目关键环节考核,项目实施进度严重滞后或难以达到预期绩效目标的,及时予以调整或取消后续支持。

(十一)实行科研项目绩效分类评价。基础研究与应用基础研究类项目重点评价新发现新原理新方法新规律的重大原创性和科学价值、解决经济社会发展和国家安全重大需求中关键科学问题的效能、支撑技术和产品开发的效果、代表性论文等科研成果的质量和水平,以国际国内同行评议为主。技术和产品开发类项目重点评价新技术、新方法、新产品、关键部件等的创新性、成熟度、稳定性、可靠性,突出成果转化应用情况及其在解决经济社会发展关键问题、支撑引领行业产业发展中发挥的作用。应用示范类项目绩效评价以规模化应用、行业内推广为导向,重点评价集成性、先进性、经济适用性、辐射带动作用及产生的经济社会效益,更多采取应用推广相关方评价和市场评价方式。

（十二）严格依据任务书开展综合绩效评价。强化契约精神，严格按照任务书的约定逐项考核结果指标完成情况，对绩效目标实现程度作出明确结论，不得"走过场"，无正当理由不得延迟验收，应用研究和工程技术研究要突出技术指标刚性要求，严禁成果充抵等弄虚作假行为。突出代表性成果和项目实施效果评价，对提交评价的论文、专利等作出数量限制规定。目标导向类项目可在结束后 2—3 年内进行绩效跟踪评价，重点关注项目成果转移转化、应用推广以及产生的经济社会效益。有关单位和企业要如实客观开具科研项目经济社会效益证明，对虚开造假者严肃处理。

（十三）加强绩效评价结果的应用。绩效评价结果应作为项目调整、后续支持的重要依据，以及相关研发、管理人员和项目承担单位、项目管理专业机构业绩考核的参考依据。对绩效评价优秀的，在后续项目支持、表彰奖励等工作中给予倾斜。要区分因科研不确定性未能完成项目目标和因科研态度不端导致项目失败，鼓励大胆创新，严惩弄虚作假。项目承担单位在评定职称、制定收入分配制度等工作中，应更加注重科研项目绩效评价结果，不得简单计算获得科研项目的数量和经费规模。

四、完善分级责任担当机制

（十四）建立相关部门为高校和科研院所分担责任机制。项目管理部门应建立自由探索和颠覆性技术创新活动免责机制，对已履行勤勉尽责义务但因技术路线选择失误导致难以完成预定目标的单位和项目负责人予以免责，同时认真总结经验教训，为后续研究路径等提供借鉴。单位主管部门、项目管理部门和其他相关部门要支持高校和科研院所按照国家科技体制改革要求和科技创新规律进行改革创新，合理区分改革创新、探索性试验、推动发展的无意过失与明知故犯、失职渎职、谋取私利等违纪违法行为。对科研活动的审计和财务检查要尊重科研规律，减少频次，与工作对象对相关政策理解不一致时，要及时与政策制定部门沟通，调查澄清。

（十五）强化高校、科研院所和科研人员的主体责任。主管部门要在岗位设置、人员聘用、内部机构调整、绩效工资分配、评价考核、科研组织等方面充分尊重高校和科研院所管理权限。高校和科研院所要根据国家科技体制改革要求，制定完善本单位科研、人事、财务、成果转化、科研诚信等具体管理办法，强化服务意识，推行一站式服务，让科研人员少跑腿。强化科研人员主体地位，在充分信任基础上赋予更大的人财物支配权，强化责任和诚信意识，对严重违背科研诚信要求的，实行终身追究、联合惩戒。

（十六）完善鼓励法人担当负责的考核激励机制。以科研机构评估为统领，协调推进项目评审、人才评价、机构评估相关工作，形成合力，压实项目承担单位对科研项目和人才的管理责任。主管部门在对所属高校、科研院所开展考核时，应当将落实国家科技体制改革政策情况作为重要内容。对于落实国家科技体制改革政策到位、科技创新绩效突出的高校、科研院所，在申请国家科技计划和人才项目、核定绩效工资总量、布局建设国家科技创新基地、核定研究生招生指标等方面给予倾斜支持。

五、开展基于绩效、诚信和能力的科研管理改革试点

科技部、财政部会同教育部、中科院在教育部直属高校和中科院所属科研院所中选择部分创新能力和潜力突出、创新绩效显著、科研诚信状况良好的单位开展支持力度更大的"绿色通道"改革试点。

（十七）开展简化科研项目经费预算编制试点。项目直接费用中除设备费外，其他费用只提供基本测算说明，不提供明细。进一步精简合并其他直接费用科目。各项目管理专业机构要简化相关科研项目预算编制要求，精简说明和报表。

（十八）开展扩大科研经费使用自主权试点。允许试点单位从基本科研业务费、中科院战略性先导科技专项经费等稳定支持科研经费中提取不超过20%作为奖励经费，由单位探索完善科研项目资金的激励引导机制。奖励经费的使用范围和标准由试点单位在绩效工资总量内自主决定，在单位内部公

示。对试验设备依赖程度低和实验材料耗费少的基础研究、软件开发、集成电路设计等智力密集型项目，提高间接经费比例，500万元以下的部分为不超过30%，500万元至1000万元的部分为不超过25%，1000万元以上的部分为不超过20%。对数学等纯理论基础研究项目，可进一步根据实际情况适当调整间接经费比例。间接经费的使用应向创新绩效突出的团队和个人倾斜。

（十九）开展科研机构分类支持试点。对从事基础前沿研究、公益性研究、应用技术研究开发等不同类型的科研机构实施差别化的经费保障机制，结合科研机构职责定位，完善稳定支持和竞争性经费支持相协调的保障机制。对基础前沿研究类机构，加大经常性经费等稳定支持力度，适当提高人员经费补助标准，保障合理的薪酬待遇，使科研人员潜心长期从事基础研究。

（二十）开展赋予科研人员职务科技成果所有权或长期使用权试点。对于接受企业、其他社会组织委托项目形成的职务科技成果，允许合同双方自主约定成果归属和使用、收益分配等事项；合同未约定的，职务科技成果由项目承担单位自主处置，允许赋予科研人员所有权或长期使用权。对利用财政资金形成的职务科技成果，由单位按照权利与责任对等、贡献与回报匹配的原则，在不影响国家安全、国家利益、社会公共利益的前提下，探索赋予科研人员所有权或长期使用权。

科技部、财政部、教育部、中科院等相关部门和单位要加快职能转变，优化管理与服务，加强事中事后监管，放出活力与效率，管好底线与秩序，为科研活动保驾护航。要开展对试点单位落实改革措施的跟踪指导和考核，对推进试点工作不力、无法达到预期目标的，及时取消试点资格、终止支持。对证明行之有效的经验和做法，及时总结提炼在全国推广。

关于抓好赋予科研机构和人员
更大自主权有关文件贯彻落实工作的通知

（国务院办公厅，2018 年 12 月）

各省、自治区、直辖市人民政府，国务院各部委、各直属机构：

　　党中央、国务院高度重视激发科研人员创新积极性。近年来，党中央、国务院聚焦完善科研管理、提升科研绩效、推进成果转化、优化分配机制等方面，先后制定出台了一系列政策文件，在赋予科研单位和科研人员自主权等方面取得了显著效果，受到广大科技工作者的拥护和欢迎。但在有关政策落实过程中还不同程度存在各类问题，有的部门、地方以及科研单位没有及时修订本部门、本地方和本单位的科研管理相关制度规定，仍然按照老办法来操作；有的经费调剂使用、仪器设备采购等仍然由相关机构管理，没有落实到项目承担单位；科技成果转化、薪酬激励、人员流动还受到相关规定的约束等。这些问题制约了政策效果，影响了科研人员的积极性主动性。为了进一步推动赋予科研单位和科研人员更大自主权有关文件精神落实到位，经国务院同意，现就有关事项通知如下。

一、充分认识赋予科研机构和人员自主权的重要意义

　　深入推进科技体制改革、赋予科研单位和科研人员更大自主权、切实减轻科研人员负担，对于调动科研人员积极性、充分释放创新创造活力、推进建设创新型国家、实现经济高质量发展具有十分重要的意义。各地区、各部门、各

单位要坚持以习近平新时代中国特色社会主义思想为指导，深入贯彻党的十九大精神，增强"四个意识"，坚定"四个自信"，坚决做到"两个维护"，进一步统一思想，充分认识赋予科研单位和科研人员自主权的重要意义，坚决贯彻落实党中央、国务院各项部署要求，尊重规律，尊重科研人员，充分发挥市场在科技资源配置中的决定性作用，更好发挥政府作用，进一步发挥企业的技术创新主体作用，密切协调配合，精心组织实施，抓紧解决政策落实中存在的突出问题，杜绝形式主义、官僚主义等现象，真抓实干，务求实效，切实为科研单位和科研人员营造良好创新环境，进一步解放生产力，为实施创新驱动发展战略和建设创新型国家增添动力。

二、制定政策落实的配套制度和具体实施办法

对党中央、国务院已经出台的赋予科研单位和科研人员自主权的有关政策，各地区、各部门和各单位都要制定具体的实施办法，对现行的科研项目、科研资金、科研人员以及因公临时出国等管理办法进行修订，对与新出台政策精神不符的规定要进行清理和修改。各高校、科研院所、国有企业和智库以及其他承担科研任务的单位要按照上述原则修订和制定相关实施办法和制度。以上工作要在 2019 年 2 月底前完成。

三、深入推进下放科技管理权限工作

（一）推动预算调剂和仪器采购管理权落实到位。科技部、财政部和相关科技项目管理部门要按照《中共中央办公厅　国务院办公厅印发〈关于进一步完善中央财政科研项目资金管理等政策的若干意见〉的通知》和《国务院关于优化科研管理提升科研绩效若干措施的通知》等精神，分别修订相关科技计划项目和经费管理办法，将文件规定的有关预算调剂、科研仪器采购等事项交由项目承担单位自主决定，由单位主管部门报项目管理部门备案。

（二）推动科研人员的技术路线决策权落实到位。各地区、各部门在制定

相关规定和具体办法时,要明确"赋予科研人员更大技术路线决策权"、"科研项目负责人可以根据项目需要,按规定自主组建科研团队,并结合项目实施进展情况进行相应调整"。

(三)推动项目过程管理权落实到位。各项目管理部门对科研项目要由重过程管理向重项目目标和标志性成果转变,加强对科研项目结果及阶段性成果的考核,实施过程中的管理主要由项目承担单位负责。要精简信息和材料报送,有关单位不得随意要求项目承担单位填报各种信息或报送有关材料。

(四)科研单位要健全完善内部管理制度。项目管理专业机构不再承担已明确下放给科研单位管理的有关事项,请科技部、工业和信息化部、农业农村部、卫生健康委等部门在 2019 年 2 月底前完成。各地区、各有关部门根据有关规定,负责指导所属科研单位制定详细可操作的管理制度和办法,确保在落实科研人员自主权的基础上,突出成果导向,提高科研资金使用绩效,完成科研目标任务。项目管理部门要通过随机抽查等方式加强事中事后监管,防止发生违规行为。

四、进一步做好已出台法规文件中相关规定的衔接

(一)明确科研人员兼职的操作办法。各单位要认真执行《国务院关于印发实施〈中华人民共和国促进科技成果转化法〉若干规定的通知》和《中共中央办公厅 国务院办公厅印发〈关于实行以增加知识价值为导向分配政策的若干意见〉的通知》,与企业通过股权合作、共同研发、互派人员、成果应用等多种方式建立紧密的合作关系,支持科研人员深入企业进行成果转化,落实"科研人员在履行好岗位职责、完成本职工作的前提下,经所在单位同意,可以到企业和其他科研机构、高校、社会组织等兼职并取得合法报酬"的规定。各地区、各有关部门和单位要进一步明确科研人员兼职兼薪问题的具体管理办法,明确审批程序,约定相关权利与义务。对担任领导职务的科研人员兼职,按中央有关规定执行。

(二)明确科研人员获得科技成果转化收益的具体办法。各高校、科研院

所要按照《中华人民共和国促进科技成果转化法》的规定,制定本单位转化科技成果的专门管理办法,完善评价激励机制,对科技成果的主要完成人和其他对科技成果转化作出重要贡献的人员,区分不同情况给予现金、股份或者出资比例等奖励和报酬。请人力资源社会保障部会同有关部门按照《国务院关于优化科研管理提升科研绩效若干措施的通知》精神,落实"科研人员获得的职务科技成果转化现金奖励计入当年本单位绩效工资总量,但不受总量限制,不纳入总量基数"的要求,制定出台具体操作办法,推动各单位落实到位。

(三)明确科技成果作为国有资产的管理程序。请财政部落实《中华人民共和国促进科技成果转化法》,按照对科技成果价值"通过协议定价、在技术市场挂牌交易、拍卖等方式确定价格"的规定,提出对《国有资产评估管理办法》的修订建议,简化科技成果的国有资产评估程序,缩短评估周期,改进对评估结果的使用方式,研究建立资产评估报告公示制度,同时探索利用市场化机制确定科技成果价值的多种方式。要进一步优化国有资产产权登记和变更程序,提高科技成果转化效率。

(四)明确有关项目经费的细化管理制度。各地区、各部门、各单位要进一步推进产学研结合,并制定专门管理办法,对以市场委托方式取得的横向经费,由项目承担单位按照委托方要求或合同约定管理使用。请财政部在相关项目经费使用管理规定中明确,中央高校、科研院所要根据科研工作的特点,对科研需要的出差和会议按标准报销相关费用并简化相关手续。探索建立项目立项环节技术专家和财务专家共同审核机制,在科研项目评审的同时进行预算评审。

五、加强对政策贯彻落实工作的督查指导

(一)开展对政策落实情况的自查和督查。各地区、各部门要加强对科研单位的业务指导和督查,坚持问题导向,对本地区、本部门所属科研单位落实赋予科研单位和科研人员自主权有关文件精神情况进行全面自查,逐一梳理、明确责任,深入分析堵点难点并加以纠正解决,确保政策全面兑现。国务院办

公厅要适时开展督促检查。

（二）做好培训宣传工作。科技部、财政部等有关部门要加强对党中央、国务院出台文件的宣传解读。对政策性比较强的管理问题和财务制度要开展培训，建立咨询渠道。对地方和单位的好做法、好经验、好案例，要做好宣传推广。

（三）加强对政策落实的监督。要加强审计监督，以是否符合中央精神和改革方向作为审计定性判断的标准，充分尊重科研规律，对于符合中央精神和改革方向，但不符合部门、地方、单位现有管理规定的行为，要有针对性地提出对具体规定修改调整的建议。加强社会监督，建立举报投诉渠道，鼓励科研单位和科研人员对政策落实情况进行监督，发现严重失职失责的要追究有关人员责任。

关于全面实施预算绩效管理的意见

（中共中央、国务院,2018 年 9 月）

全面实施预算绩效管理是推进国家治理体系和治理能力现代化的内在要求,是深化财税体制改革、建立现代财政制度的重要内容,是优化财政资源配置、提升公共服务质量的关键举措。为解决当前预算绩效管理存在的突出问题,加快建成全方位、全过程、全覆盖的预算绩效管理体系,现提出如下意见。

一、全面实施预算绩效管理的必要性

党的十八大以来,在以习近平同志为核心的党中央坚强领导下,各地区各部门认真贯彻落实党中央、国务院决策部署,财税体制改革加快推进,预算管理制度持续完善,财政资金使用绩效不断提升,对我国经济社会发展发挥了重要支持作用。但也要看到,现行预算绩效管理仍然存在一些突出问题,主要是:绩效理念尚未牢固树立,一些地方和部门存在重投入轻管理、重支出轻绩效的意识;绩效管理的广度和深度不足,尚未覆盖所有财政资金,一些领域财政资金低效无效、闲置沉淀、损失浪费的问题较为突出,克扣挪用、截留私分、虚报冒领的问题时有发生;绩效激励约束作用不强,绩效评价结果与预算安排和政策调整的挂钩机制尚未建立。

当前,我国经济已由高速增长阶段转向高质量发展阶段,正处在转变发展方式、优化经济结构、转换增长动力的攻关期,建设现代化经济体系是跨越关口的迫切要求和我国发展的战略目标。发挥好财政职能作用,必须按照全面深化改革的要求,加快建立现代财政制度,建立全面规范透明、标准科学、约束有力的预算制度,以全面实施预算绩效管理为关键点和突破口,解决好绩效管理中存在的突出问题,推动财政资金聚力增效,提高公共服务供给质量,增强政府公信力和执行力。

二、总体要求

(一)指导思想。以习近平新时代中国特色社会主义思想为指导,全面贯彻党的十九大和十九届二中、三中全会精神,坚持和加强党的全面领导,坚持稳中求进工作总基调,坚持新发展理念,紧扣我国社会主要矛盾变化,按照高质量发展的要求,紧紧围绕统筹推进"五位一体"总体布局和协调推进"四个全面"战略布局,坚持以供给侧结构性改革为主线,创新预算管理方式,更加注重结果导向、强调成本效益、硬化责任约束,力争用3—5年时间基本建成全方位、全过程、全覆盖的预算绩效管理体系,实现预算和绩效管理一体化,着力提高财政资源配置效率和使用效益,改变预算资金分配的固化格局,提高预算管理水平和政策实施效果,为经济社会发展提供有力保障。

(二)基本原则

——坚持总体设计、统筹兼顾。按照深化财税体制改革和建立现代财政制度的总体要求,统筹谋划全面实施预算绩效管理的路径和制度体系。既聚焦解决当前最紧迫问题,又着眼健全长效机制;既关注预算资金的直接产出和效果,又关注宏观政策目标的实现程度;既关注新出台政策、项目的科学性和精准度,又兼顾延续政策、项目的必要性和有效性。

——坚持全面推进、突出重点。预算绩效管理既要全面推进,将绩效理念和方法深度融入预算编制、执行、监督全过程,构建事前事中事后绩效管理闭环系统,又要突出重点,坚持问题导向,聚焦提升覆盖面广、社会关注度高、持续时间长的重大政策、项目的实施效果。

——坚持科学规范、公开透明。抓紧健全科学规范的管理制度,完善绩效目标、绩效监控、绩效评价、结果应用等管理流程,健全共性的绩效指标框架和分行业领域的绩效指标体系,推动预算绩效管理标准科学、程序规范、方法合理、结果可信。大力推进绩效信息公开透明,主动向同级人大报告、向社会公开,自觉接受人大和社会各界监督。

——坚持权责对等、约束有力。建立责任约束制度,明确各方预算绩效管理职责,清晰界定权责边界。健全激励约束机制,实现绩效评价结果与预算安排和政策调整挂钩。增强预算统筹能力,优化预算管理流程,调动地方和部门的积极性、主动性。

三、构建全方位预算绩效管理格局

（三）实施政府预算绩效管理。将各级政府收支预算全面纳入绩效管理。各级政府预算收入要实事求是、积极稳妥、讲求质量,必须与经济社会发展水平相适应,严格落实各项减税降费政策,严禁脱离实际制定增长目标,严禁虚收空转、收取过头税费,严禁超出限额举借政府债务。各级政府预算支出要统筹兼顾、突出重点、量力而行,着力支持国家重大发展战略和重点领域改革,提高保障和改善民生水平,同时不得设定过高民生标准和擅自扩大保障范围,确保财政资源高效配置,增强财政可持续性。

（四）实施部门和单位预算绩效管理。将部门和单位预算收支全面纳入绩效管理,赋予部门和资金使用单位更多的管理自主权,围绕部门和单位职责、行业发展规划,以预算资金管理为主线,统筹考虑资产和业务活动,从运行成本、管理效率、履职效能、社会效应、可持续发展能力和服务对象满意度等方面,衡量部门和单位整体及核心业务实施效果,推动提高部门和单位整体绩效水平。

（五）实施政策和项目预算绩效管理。将政策和项目全面纳入绩效管理,从数量、质量、时效、成本、效益等方面,综合衡量政策和项目预算资金使用效果。对实施期超过一年的重大政策和项目实行全周期跟踪问效,建立动态评价调整机制,政策到期、绩效低下的政策和项目要及时清理退出。

四、建立全过程预算绩效管理链条

(六)建立绩效评估机制。各部门各单位要结合预算评审、项目审批等,对新出台重大政策、项目开展事前绩效评估,重点论证立项必要性、投入经济性、绩效目标合理性、实施方案可行性、筹资合规性等,投资主管部门要加强基建投资绩效评估,评估结果作为申请预算的必备要件。各级财政部门要加强新增重大政策和项目预算审核,必要时可以组织第三方机构独立开展绩效评估,审核和评估结果作为预算安排的重要参考依据。

(七)强化绩效目标管理。各地区各部门编制预算时要贯彻落实党中央、国务院各项决策部署,分解细化各项工作要求,结合本地区本部门实际情况,全面设置部门和单位整体绩效目标、政策及项目绩效目标。绩效目标不仅要包括产出、成本,还要包括经济效益、社会效益、生态效益、可持续影响和服务对象满意度等绩效指标。各级财政部门要将绩效目标设置作为预算安排的前置条件,加强绩效目标审核,将绩效目标与预算同步批复下达。

(八)做好绩效运行监控。各级政府和各部门各单位对绩效目标实现程度和预算执行进度实行"双监控",发现问题要及时纠正,确保绩效目标如期保质保量实现。各级财政部门建立重大政策、项目绩效跟踪机制,对存在严重问题的政策、项目要暂缓或停止预算拨款,督促及时整改落实。各级财政部门要按照预算绩效管理要求,加强国库现金管理,降低资金运行成本。

(九)开展绩效评价和结果应用。通过自评和外部评价相结合的方式,对预算执行情况开展绩效评价。各部门各单位对预算执行情况以及政策、项目实施效果开展绩效自评,评价结果报送本级财政部门。各级财政部门建立重大政策、项目预算绩效评价机制,逐步开展部门整体绩效评价,对下级政府财政运行情况实施综合绩效评价,必要时可以引入第三方机构参与绩效评价。健全绩效评价结果反馈制度和绩效问题整改责任制,加强绩效评价结果应用。

五、完善全覆盖预算绩效管理体系

(十)建立一般公共预算绩效管理体系。各级政府要加强一般公共预算绩效管理。收入方面,要重点关注收入结构、征收效率和优惠政策实施效果。支出方面,要重点关注预算资金配置效率、使用效益,特别是重大政策和项目实施效果,其中转移支付预算绩效管理要符合财政事权和支出责任划分规定,重点关注促进地区间财力协调和区域均衡发展。同时,积极开展涉及一般公共预算等财政资金的政府投资基金、主权财富基金、政府和社会资本合作(PPP)、政府采购、政府购买服务、政府债务项目绩效管理。

(十一)建立其他政府预算绩效管理体系。除一般公共预算外,各级政府还要将政府性基金预算、国有资本经营预算、社会保险基金预算全部纳入绩效管理,加强四本预算之间的衔接。政府性基金预算绩效管理,要重点关注基金政策设立延续依据、征收标准、使用效果等情况,地方政府还要关注其对专项债务的支撑能力。国有资本经营预算绩效管理,要重点关注贯彻国家战略、收益上缴、支出结构、使用效果等情况。社会保险基金预算绩效管理,要重点关注各类社会保险基金收支政策效果、基金管理、精算平衡、地区结构、运行风险等情况。

六、健全预算绩效管理制度

(十二)完善预算绩效管理流程。围绕预算管理的主要内容和环节,完善涵盖绩效目标管理、绩效运行监控、绩效评价管理、评价结果应用等各环节的管理流程,制定预算绩效管理制度和实施细则。建立专家咨询机制,引导和规范第三方机构参与预算绩效管理,严格执业质量监督管理。加快预算绩效管理信息化建设,打破"信息孤岛"和"数据烟囱",促进各级政府和各部门各单位的业务、财务、资产等信息互联互通。

(十三)健全预算绩效标准体系。各级财政部门要建立健全定量和定性相结合的共性绩效指标框架。各行业主管部门要加快构建分行业、分领域、分层次的核心绩效指标和标准体系,实现科学合理、细化量化、可比可测、动态调整、共建共享。绩效指标和标准体系要与基本公共服务标准、部门预算项目支出标准等衔接匹配,突出结果导向,重点考核实绩。创新评估评价方法,立足多维视角和多元数据,依托大数据分析技术,运用成本效益分析法、比较法、因素分析法、公众评判法、标杆管理法等,提高绩效评估评价结果的客观性和准确性。

七、硬化预算绩效管理约束

(十四)明确绩效管理责任约束。按照党中央、国务院统一部署,财政部要完善绩效管理的责任约束机制,地方各级政府和各部门各单位是预算绩效管理的责任主体。地方各级党委和政府主要负责同志对本地区预算绩效负责,部门和单位主要负责同志对本部门本单位预算绩效负责,项目责任人对项目预算绩效负责,对重大项目的责任人实行绩效终身责任追究制,切实做到花钱必问效、无效必问责。

(十五)强化绩效管理激励约束。各级财政部门要抓紧建立绩效评价结果与预算安排和政策调整挂钩机制,将本级部门整体绩效与部门预算安排挂钩,将下级政府财政运行综合绩效与转移支付分配挂钩。对绩效好的政策和项目原则上优先保障,对绩效一般的政策和项目要督促改进,对交叉重复、碎片化的政策和项目予以调整,对低效无效资金一律削减或取消,对长期沉淀的资金一律收回并按照有关规定统筹用于亟需支持的领域。

八、保障措施

(十六)加强绩效管理组织领导。坚持党对全面实施预算绩效管理工作的领导,充分发挥党组织的领导作用,增强把方向、谋大局、定政策、促改革的能力和定力。财政部要加强对全面实施预算绩效管理工作的组织协调。各地区各部门要加强对本地区本部门预算绩效管理的组织领导，切实转变思想观念，牢固树立绩效意识，结合实际制定实施办法，加强预算绩效管理力量，充实预算绩效管理人员，督促指导有关政策措施落实，确保预算绩效管理延伸至基层单位和资金使用终端。

（十七）加强绩效管理监督问责。审计机关要依法对预算绩效管理情况开展审计监督，财政、审计等部门发现违纪违法问题线索，应当及时移送纪检监察机关。各级财政部门要推进绩效信息公开，重要绩效目标、绩效评价结果要与预决算草案同步报送同级人大、同步向社会主动公开，搭建社会公众参与绩效管理的途径和平台，自觉接受人大和社会各界监督。

（十八）加强绩效管理工作考核。各级政府要将预算绩效结果纳入政府绩效和干部政绩考核体系，作为领导干部选拔任用、公务员考核的重要参考，充分调动各地区各部门履职尽责和干事创业的积极性。各级财政部门负责对本级部门和预算单位、下级财政部门预算绩效管理工作情况进行考核。建立考核结果通报制度，对工作成效明显的地区和部门给予表彰，对工作推进不力的进行约谈并责令限期整改。

全面实施预算绩效管理是党中央、国务院作出的重大战略部署，是政府治理和预算管理的深刻变革。各地区各部门要更加紧密地团结在以习近平同志为核心的党中央周围，把思想认识和行动统一到党中央、国务院决策部署上来，增强"四个意识"，坚定"四个自信"，提高政治站位，把全面实施预算绩效管理各项措施落到实处，为决胜全面建成小康社会、夺取新时代中国特色社会主义伟大胜利、实现中华民族伟大复兴的中国梦奠定坚实基础。

关于进一步深化预算管理制度改革的意见

（国务院，2021 年 3 月）

各省、自治区、直辖市人民政府，国务院各部委、各直属机构：

预算体现国家的战略和政策，反映政府的活动范围和方向，是推进国家治理体系和治理能力现代化的重要支撑，是宏观调控的重要手段。党的十八大以来，按照党中央、国务院决策部署，预算管理制度不断改革完善，为建立现代财政制度奠定了坚实基础。当前和今后一个时期，财政处于紧平衡状态，收支矛盾较为突出，加之预算管理中存在统筹力度不足、政府过紧日子意识尚未牢固树立、预算约束不够有力、资源配置使用效率有待提高、预算公开范围和内容仍需拓展等问题，影响了财政资源统筹和可持续性。为落实《中华人民共和国预算法》及其实施条例有关规定，规范管理、提高效率、挖掘潜力、释放活力，现就进一步深化预算管理制度改革提出以下意见。

一、总体要求

（一）指导思想。以习近平新时代中国特色社会主义思想为指导，深入贯彻党的十九大和十九届二中、三中、四中、五中全会精神，全面贯彻党的基本理论、基本路线、基本方略，坚持稳中求进工作总基调，立足新发展阶段、贯彻新发展理念、构建新发展格局，以推动高质量发展为主题，以深化供给侧结构性改革为主线，以改革创新为根本动力，以满足人民日益增长的美好生活需要为根本目的，更加有效保障和改善民生，进一步完善预算管理制度，更好发挥财政在国家治理中的基础和重要支柱作用,为全面建设社会主义现代化国家提供坚实保障。

（二）基本原则。

坚持党的全面领导。将坚持和加强党的全面领导贯穿预算管理制度改革全过程。坚持以人民为中心,兜牢基本民生底线。坚持系统观念,加强财政资源统筹,集中力量办大事,坚决落实政府过紧日子要求,强化预算对落实党和国家重大政策的保障能力,实现有限公共资源与政策目标有效匹配。

坚持预算法定。增强法治观念,强化纪律意识,严肃财经纪律,更加注重强化约束,着力提升制度执行力,维护法律的权威性和制度的刚性约束力。明确地方和部门的主体责任,切实强化预算约束,加强对权力运行的制约和监督。

坚持目标引领。按照建立现代财税体制的要求,坚持目标导向和问题导向相结合,完善管理手段,创新管理技术,破除管理瓶颈,推进预算和绩效管理一体化,以信息化推进预算管理现代化,加强预算管理各项制度的系统集成、协同高效,提高预算管理规范化、科学化、标准化水平和预算透明度。

坚持底线思维。把防风险摆在更加突出的位置,统筹发展和安全、当前和长远,杜绝脱离实际的过高承诺,形成稳定合理的社会预期。加强政府债务和中长期支出事项管理,牢牢守住不发生系统性风险的底线。

二、加大预算收入统筹力度,增强财政保障能力

（三）规范政府收入预算管理。实事求是编制收入预算,考虑经济运行和实施减税降费政策等因素合理测算。严禁将财政收入规模、增幅纳入考核评比。严格落实各项减税降费政策,严禁收取过头税费、违规设置收费项目或提高收费标准。依照法律法规及时足额征收应征的预算收入,如实反映财政收入情况,提高收入质量,严禁虚收空转。不得违法违规制定实施各种形式的歧视性税费减免政策,维护全国统一市场和公平竞争。严禁将政府非税收入与征收单位支出挂钩。

（四）加强政府性资源统筹管理。将依托行政权力、国有资源（资产）获取的收入以及特许经营权拍卖收入等按规定全面纳入预算，加大预算统筹力度。完善收费基金清单管理，将列入清单的收费基金按规定纳入预算。将应当由政府统筹使用的基金项目转列一般公共预算。合理确定国有资本收益上交比例。

（五）强化部门和单位收入统筹管理。各部门和单位要依法依规将取得的各类收入纳入部门或单位预算，未纳入预算的收入不得安排支出。各部门应当加强所属单位事业收入、事业单位经营收入等非财政拨款收入管理，在部门和单位预算中如实反映非财政拨款收入情况。加强行政事业性国有资产收入管理，资产出租、处置等收入按规定上缴国库或纳入单位预算。

（六）盘活各类存量资源。盘活财政存量资金，完善结余资金收回使用机制。新增资产配置要与资产存量挂钩，依法依规编制相关支出预算。严格各类资产登记和核算，所有资本性支出应当形成资产并予以全程登记。各级行政事业单位要将资产使用管理责任落实到人，确保资产安全完整、高效利用。推动国有资产共享共用，促进长期低效运转、闲置和超标准配置资产以及临时配置资产调剂使用，有条件的部门和地区可以探索建立公物仓，按规定处置不需使用且难以调剂的国有资产，提高财政资源配置效益。

三、规范预算支出管理，推进财政支出标准化

（七）加强重大决策部署财力保障。各级预算安排要将落实党中央、国务院重大决策部署作为首要任务，贯彻党的路线方针政策，增强对国家重大战略任务、国家发展规划的财力保障。完善预算决策机制和程序，各级预算、决算草案提请本级人大或其常委会审查批准前，应当按程序报本级党委和政府审议；各部门预算草案应当报本部门党组（党委）审议。

（八）合理安排支出预算规模。坚持量入为出原则，积极运用零基预算理念，打破支出固化僵化格局，合理确定支出预算规模，调整完善相关重点支出的预算编制程序，不再与财政收支增幅或生产总值层层挂钩。充分发挥财政

政策逆周期调节作用,安排财政赤字和举借债务要与经济逆周期调节相适应,将政府杠杆率控制在合理水平,并预留应对经济周期变化的政策空间。

（九）大力优化财政支出结构。各级预算安排要突出重点,坚持"三保"（保基本民生、保工资、保运转）支出在财政支出中的优先顺序,坚决兜住"三保"底线,不留硬缺口。严格控制竞争性领域财政投入,强化对具有正外部性创新发展的支持。不折不扣落实过紧日子要求,厉行节约办一切事业,建立节约型财政保障机制,精打细算,严控一般性支出。严禁违反规定乱开口子、随意追加预算。严格控制政府性楼堂馆所建设,严格控制和执行资产配置标准,暂时没有标准的要从严控制、避免浪费。清理压缩各种福利性、普惠性、基数化奖励。优化国有资本经营预算支出结构,强化资本金注入,推动国有经济布局优化和结构调整。

（十）完善财政资金直达机制。在保持现行财政体制、资金管理权限和保障主体责任基本稳定的前提下,稳步扩大直达资金范围。完善直达资金分配审核流程,加强对地方分配直达资金情况的监督,确保资金安排符合相关制度规定、体现政策导向。建立健全直达资金监控体系,加强部门协同联动,强化从资金源头到使用末端的全过程、全链条、全方位监管,资金监管"一竿子插到底",确保资金直达使用单位、直接惠企利民,防止挤占挪用、沉淀闲置等,提高财政资金使用的有效性和精准性。

（十一）推进支出标准体系建设。建立国家基础标准和地方标准相结合的基本公共服务保障标准体系,由财政部会同中央有关职能部门按程序制定国家基础标准,地方结合公共服务状况、支出成本差异、财政承受能力等因素因地制宜制定地方标准,按程序报上级备案后执行。鼓励各地区结合实际在国家尚未出台基础标准的领域制定地方标准。各地区要围绕"三保"等基本需要研究制定县级标准。根据支出政策、项目要素及成本、财力水平等,建立不同行业、不同地区、分类分档的预算项目支出标准体系。根据经济社会发展、物价变动和财力变化等动态调整支出标准。加强对项目执行情况的分析和结果运用,将科学合理的实际执行情况作为制定和调整标准的依据。加快推进项目要素、项目文本、绩效指标等标准化规范化。将支出标准作为预算编制的基本依据,不得超标准编制预算。

四、严格预算编制管理,增强财政预算完整性

(十二)改进政府预算编制。上级政府应当依法依规提前下达转移支付和新增地方政府债务限额预计数,增强地方预算编制的完整性、主动性。下级政府应当严格按照提前下达数如实编制预算,既不得虚列收支、增加规模,也不得少列收支、脱离监督。进一步优化转移支付体系,完善转移支付资金分配方法,健全转移支付定期评估和动态调整、退出机制,提高转移支付管理的规范性、科学性、合理性。规范国有资本经营预算编制,经本级人大或其常委会批准,国有资本规模较小或国有企业数量较少的市县可以不编制本级国有资本经营预算。

(十三)加强跨年度预算平衡。加强中期财政规划管理,进一步增强与国家发展规划的衔接,强化中期财政规划对年度预算的约束。对各类合规确定的中长期支出事项和跨年度项目,要根据项目预算管理等要求,将全生命周期内对财政支出的影响纳入中期财政规划。地方政府举借债务应当严格落实偿债资金来源,科学测算评估预期偿债收入,合理制定偿债计划,并在中期财政规划中如实反映。鼓励地方结合项目偿债收入情况,建立政府偿债备付金制度。

(十四)加强部门和单位预算管理。政府的全部收入和支出都应当依法纳入预算,执行统一的预算管理制度。落实部门和单位预算管理主体责任,部门和单位要对预算完整性、规范性、真实性以及执行结果负责。各部门要统筹各类资金资产,结合本部门非财政拨款收入情况统筹申请预算,保障合理支出需求。将项目作为部门和单位预算管理的基本单元,预算支出全部以项目形式纳入预算项目库,实施项目全生命周期管理,未纳入预算项目库的项目一律不得安排预算。有关部门负责安排的建设项目,要按规定纳入部门项目库并纳入预算项目库。实行项目标准化分类,规范立项依据、实施期限、支出标准、预算需求等要素。建立健全项目入库评审机制和项目滚动管理机制。做实做

细项目储备，纳入预算项目库的项目应当按规定完成可行性研究论证、制定具体实施计划等各项前期工作，做到预算一经批准即可实施，并按照轻重缓急等排序，突出保障重点。推进运用成本效益分析等方法研究开展事前绩效评估。依法依规管理预算代编事项，除应急、救灾等特殊事项外，部门不得代编应由所属单位实施的项目预算。

（十五）完善政府财务报告体系。建立完善权责发生制政府综合财务报告制度，全面客观反映政府资产负债与财政可持续性情况。健全财政总预算会计制度，将财政财务信息内容从预算收支信息扩展至资产、负债、投资等信息。推动预算单位深化政府会计改革，全面有效实施政府会计标准体系，完善权责发生制会计核算基础。完善国有资产管理情况报告制度，做好与政府综合财务报告的衔接。

五、强化预算执行和绩效管理，增强预算约束力

（十六）强化预算对执行的控制。严格执行人大批准的预算，预算一经批准非经法定程序不得调整。对预算指标实行统一规范的核算管理，精准反映预算指标变化，实现预算指标对执行的有效控制。坚持先有预算后有支出，严禁超预算、无预算安排支出或开展政府采购，严禁将国库资金违规拨入财政专户。严禁出台溯及以前年度的增支政策，新的增支政策原则上通过以后年度预算安排支出。规范预算调剂行为。规范按权责发生制列支事项，市县级财政国库集中支付结余不再按权责发生制列支。严禁以拨代支，进一步加强地方财政暂付性款项管理，除已按规定程序审核批准的事项外，不得对未列入预算的项目安排支出。加强对政府投资基金设立和出资的预算约束，提高资金使用效益。加强国有资本管理与监督，确保国有资本安全和保值增值。

（十七）推动预算绩效管理提质增效。将落实党中央、国务院重大决策部署作为预算绩效管理重点，加强财政政策评估评价，增强政策可行性和财政可持续性。加强重点领域预算绩效管理，分类明确转移支付绩效管理重点，强化引导约束。加强对政府和社会资本合作、政府购买服务等项目的全过程绩效

管理。加强国有资本资产使用绩效管理,提高使用效益。加强绩效评价结果应用,将绩效评价结果与完善政策、调整预算安排有机衔接,对低效无效资金一律削减或取消,对沉淀资金一律按规定收回并统筹安排。加大绩效信息公开力度,推动绩效目标、绩效评价结果向社会公开。

(十八)优化国库集中收付管理。对政府全部收入和支出实行国库集中收付管理。完善国库集中支付控制体系和集中校验机制,实行全流程电子支付,优化预算支出审核流程,全面提升资金支付效率。根据预算收入进度和资金调度需要等,合理安排国债、地方政府债券的发行规模和节奏,节省资金成本。优化国债品种期限结构,发挥国债收益率曲线定价基准作用。完善财政收支和国库现金流量预测体系,建立健全库款风险预警机制,统筹协调国库库款管理、政府债券发行与国库现金运作。

(十九)拓展政府采购政策功能。建立政府采购需求标准体系,鼓励相关部门结合部门和行业特点提出政府采购相关政策需求,推动在政府采购需求标准中嵌入支持创新、绿色发展等政策要求。细化政府采购预算编制,确保与年度预算相衔接。建立支持创新产品及服务、中小企业发展等政策落实的预算编制和资金支付控制机制。对于适合以市场化方式提供的服务事项,应当依法依规实施政府购买服务,坚持费随事转,防止出现"一边购买服务,一边养人办事"的情况。

六、加强风险防控,增强财政可持续性

(二十)健全地方政府依法适度举债机制。健全地方政府债务限额确定机制,一般债务限额与一般公共预算收入相匹配,专项债务限额与政府性基金预算收入及项目收益相匹配。完善专项债券管理机制,专项债券必须用于有一定收益的公益性建设项目,建立健全专项债券项目全生命周期收支平衡机制,实现融资规模与项目收益相平衡,专项债券期限要与项目期限相匹配,专项债券项目对应的政府性基金收入、专项收入应当及时足额缴入国库,保障专项债券到期本息偿付。完善以债务率为主的政府债务风险评估指标体系,建立健全政府债务与项目资产、收益相对应的制度,综合评估政府偿债能力。加强风险评估预警结果应用,有效前移风险防控关口。依法落实到期法定债券偿还责任。健全地方政府债务信息公开及债券信息披露机制,发挥全国统一的地方政府债务信息公开平台作用,全面覆盖债券参与主体和机构,打通地方政府债券管理全链条,促进形成市场化融资自律约束机制。

（二十一）防范化解地方政府隐性债务风险。把防范化解地方政府隐性债务风险作为重要的政治纪律和政治规矩,坚决遏制隐性债务增量,妥善处置和化解隐性债务存量。完善常态化监控机制,进一步加强日常监督管理,决不允许新增隐性债务上新项目、铺新摊子。强化国有企事业单位监管,依法健全地方政府及其部门向企事业单位拨款机制,严禁地方政府以企业债务形式增加隐性债务。严禁地方政府通过金融机构违规融资或变相举债。金融机构要审慎合规经营,尽职调查、严格把关,严禁要求或接受地方党委、人大、政府及其部门出具担保性质文件或者签署担保性质协议。清理规范地方融资平台公司,剥离其政府融资职能,对失去清偿能力的要依法实施破产重整或清算。健全市场化、法治化的债务违约处置机制,鼓励债务人、债权人协商处置存量债务,切实防范恶意逃废债,保护债权人合法权益,坚决防止风险累积形成系统性风险。加强督查审计问责,严格落实政府举债终身问责制和债务问题倒查机制。

（二十二）防范化解财政运行风险隐患。推进养老保险全国统筹,坚持精算平衡,加强基金运行监测,防范待遇支付风险。加强医疗、失业、工伤等社保基金管理,推进省级统筹,根据收支状况及时调整完善缴费和待遇政策,促进收支基本平衡。各地区出台涉及增加财政支出的重大政策或实施重大政府投资项目前,要按规定进行财政承受能力评估,未通过评估的不得安排预算。规范政府和社会资本合作项目管理。各部门出台政策时要考虑地方财政承受能力。除党中央、国务院统一要求以及共同事权地方应负担部分外,上级政府及其部门不得出台要求下级配套或以达标评比、考核评价等名目变相配套的政策。加强政府中长期支出事项管理,客观评估对财政可持续性的影响。

七、增强财政透明度,提高预算管理信息化水平

(二十三)改进预决算公开。加大各级政府预决算公开力度,大力推进财政政策公开。扩大部门预决算公开范围,各部门所属预算单位预算、决算及相关报表应当依法依规向社会公开。推进政府投资基金、收费基金、国有资本收益、政府采购意向等信息按规定向社会公开。建立民生项目信息公示制度。细化政府预决算公开内容,转移支付资金管理办法及绩效目标、预算安排情况等应当依法依规向社会公开。细化部门预决算公开内容,项目预算安排、使用情况等项目信息应当依法依规向社会公开。推进按支出经济分类公开政府预决算和部门预决算。

(二十四)发挥多种监督方式的协同效应。充分发挥党内监督的主导作用,加强财会监督,促进财会监督与党内监督、监察监督、行政监督、司法监督、审计监督、统计监督、群众监督、舆论监督等协同发力。各级政府、各部门要依法接受各级人大及其常委会、审计部门的监督。推进人大预算联网监督工作。各级财政部门要做好财税法规和政策执行情况、预算管理有关监督工作,构建日常监管与专项监督协调配合的监督机制。强化监督结果运用,对监督发现的问题,严格依规依纪依法追究有关单位和人员责任,加大处理结果公开力度。

(二十五)实现中央和地方财政系统信息贯通。用信息化手段支撑中央和地方预算管理,规范各级预算管理工作流程等,统一数据标准,推动数据共享。以省级财政为主体加快建设覆盖本地区的预算管理一体化系统并与中央财政对接,动态反映各级预算安排和执行情况,力争2022年底全面运行。中央部门根据国家政务信息化建设进展同步推进相关信息系统建设。建立完善全覆盖、全链条的转移支付资金监控机制,实时记录和动态反映转移支付资金分配、拨付、使用情况,实现资金从预算安排源头到使用末端全过程来源清晰、流向明确、账目可查、账实相符。

(二十六)推进部门间预算信息互联共享。预算管理一体化系统集中反

映单位基础信息和会计核算、资产管理、账户管理等预算信息,实现财政部门与主管部门共享共用。积极推动财政与组织、人力资源和社会保障、税务、人民银行、审计、公安、市场监管等部门实现基础信息按规定共享共用。落实部门和单位财务管理主体责任,强化部门对所属单位预算执行的监控管理职责。

各地区、各部门要充分认识到进一步深化预算管理制度改革的重要意义,把思想认识和行动统一到党中央、国务院的决策部署上来,增强"四个意识"、坚定"四个自信"、做到"两个维护",主动谋划,精心组织,扎实推进改革。各地区要按照本意见要求,结合本地区实际,细化各项政策措施,切实加强制度建设,夯实改革基础,推进人才队伍建设,确保各项改革任务及时落地见效,推动预算管理水平再上新台阶。

关于完善科技成果
评价机制的指导意见

（国务院办公厅，2021 年 7 月）

各省、自治区、直辖市人民政府，国务院各部委、各直属机构：

为健全完善科技成果评价体系，更好发挥科技成果评价作用，促进科技与经济社会发展更加紧密结合，加快推动科技成果转化为现实生产力，经国务院同意，现提出如下意见。

一、总体要求

（一）指导思想。以习近平新时代中国特色社会主义思想为指导，深入贯彻党的十九大和十九届二中、三中、四中、五中全会精神，深入实施创新驱动发展战略，深化科技体制改革，坚持正确的科技成果评价导向，创新科技成果评价方式，通过评价激发科技人员积极性，推动产出高质量成果、营造良好创新生态，促进创新链、产业链、价值链深度融合，为构建新发展格局和实现高质量发展提供有力支撑。

（二）基本原则。

坚持科技创新质量、绩效、贡献为核心的评价导向。充分发挥科技成果评价的"指挥棒"作用，全面准确反映成果创新水平、转化应用绩效和对经济社会发展的实际贡献，着力强化成果高质量供给与转化应用。

坚持科学分类、多维度评价。针对科技成果具有多元价值的特点，科学确定评价标准,开展多层次差别化评价,提高成果评价的标准化、规范化水平,解决分类评价体系不健全以及评价指标单一化、标准定量化、结果功利化的问题。

坚持正确处理政府和市场关系。充分发挥市场在资源配置中的决定性作用,更好发挥政府作用,引入第三方评价,加快技术市场建设,加快构建政府、社会组织、企业、投融资机构等共同参与的多元评价体系,充分调动各类评价主体的积极性,营造成果评价的良好创新生态。

坚持尊重科技创新规律。把握科研渐进性和成果阶段性的特点,创新成果评价方式方法,加强中长期评价、后评价和成果回溯,引导科研人员潜心研究、探索创新,推动科技成果价值早发现、早实现。

二、主要工作措施

（一）全面准确评价科技成果的科学、技术、经济、社会、文化价值。根据科技成果不同特点和评价目的,有针对性地评价科技成果的多元价值。科学价值重点评价在新发现、新原理、新方法方面的独创性贡献。技术价值重点评价重大技术发明,突出在解决产业关键共性技术问题、企业重大技术创新难题,特别是关键核心技术问题方面的成效。经济价值重点评价推广前景、预期效益、潜在风险等对经济和产业发展的影响。社会价值重点评价在解决人民健康、国防与公共安全、生态环境等重大瓶颈问题方面的成效。文化价值重点评价在倡导科学家精神、营造创新文化、弘扬社会主义核心价值观等方面的影响和贡献。

（二）健全完善科技成果分类评价体系。基础研究成果以同行评议为主,鼓励国际"小同行"评议,推行代表作制度,实行定量评价与定性评价相结合。应用研究成果以行业用户和社会评价为主,注重高质量知识产权产出,把新技术、新材料、新工艺、新产品、新设备样机性能等作为主要评价指标。不涉及军工、国防等敏感领域的技术开发和产业化成果,以用户评价、市场检验和第三方评价为主,把技术交易合同金额、市场估值、市场占有率、重大工程或重点企业应用情况等作为主要评价指标。探索建立重大成果研发过程回溯和阶段性评估机制，加强成果真实性和可靠性验证，合理评价成果研发过程性贡献。

（三）加快推进国家科技项目成果评价改革。按照"四个面向"要求深入推进科研管理改革试点，抓紧建立科技计划成果后评估制度。建设完善国家科技成果项目库，根据不同应用需求制定科技成果推广清单，推动财政性资金支持形成的非涉密科技成果信息按规定公开。改革国防科技成果评价制度，探索多主体参与评价的办法。完善高等院校、科研机构职务科技成果披露制度。建立健全重大项目知识产权管理流程，建立专利申请前评估制度，加大高质量专利转化应用绩效的评价权重，把企业专利战略布局纳入评价范围，杜绝简单以申请量、授权量为评价指标。

（四）大力发展科技成果市场化评价。健全协议定价、挂牌交易、拍卖、资产评估等多元化科技成果市场交易定价模式，加快建设现代化高水平技术交易市场。推动建立全国性知识产权和科技成果产权交易中心，完善技术要素交易与监管体系，支持高等院校、科研机构和企业科技成果进场交易，鼓励一定时期内未转化的财政性资金支持形成的成果进场集中发布信息并推动转化。建立全国技术交易信息发布机制，依法推动技术交易、科技成果、技术合同登记等信息数据互联互通。鼓励技术转移机构专业化、市场化、规范化发展，建立以技术经理人为主体的评价人员培养机制，鼓励技术转移机构和技术经理人全程参与发明披露、评估、对接谈判，面向市场开展科技成果专业化评价活动。提升国家科技成果转移转化示范区建设水平，发挥其在科技成果评价与转化中的先行先试作用。

（五）充分发挥金融投资在科技成果评价中的作用。完善科技成果评价与金融机构、投资公司的联动机制，引导相关金融机构、投资公司对科技成果潜在经济价值、市场估值、发展前景等进行商业化评价，通过在国家高新技术产业开发区设立分支机构、优化信用评价模型等，加大对科技成果转化和产业化的投融资支持。推广知识价值信用贷款模式，扩大知识产权质押融资规模。在知识产权已确权并能产生稳定现金流的前提下，规范探索知识产权证券化。加快推进国家科技成果转化引导基金管理改革，引导企业家、天使投资人、创业投资机构、专业化技术转移机构等各类市场主体提早介入研发活动。

（六）引导规范科技成果第三方评价。发挥行业协会、学会、研究会、专业化评估机构等在科技成果评价中的作用，强化自律管理，健全利益关联回避制度，促进市场评价活动规范发展。制定科技成果评价通用准则，细化具体领域评价技术标准和规范。建立健全科技成果第三方评价机构行业标准，明确资质、专业水平等要求，完善相关管理制度、标准规范及质量控制体系。形成并推广科技成果创新性、成熟度评价指标和方法。鼓励部门、地方、行业建立科技成果评价信息服务平台，发布成果评价政策、标准规范、方法工具和机构人员等信息，提高评价活动的公开透明度。推进评价诚信体系和制度建设，将科技成果评价失信行为纳入科研诚信管理信息系统，对在评价中弄虚作假、协助他人骗取评价、搞利益输送等违法违规行为"零容忍"、从严惩处，依法依规追究责任，优化科技成果评价行业生态。

（七）改革完善科技成果奖励体系。坚持公正性、荣誉性，重在奖励真正作出创造性贡献的科学家和一线科技人员，控制奖励数量，提升奖励质量。调整国家科技奖评奖周期。完善奖励提名制，规范提名制度、机制、流程，坚决排除人情、关系、利益等小圈子干扰，减轻科研人员负担。优化科技奖励项目，科学定位国家科技奖和省部级科技奖、社会力量设奖，构建结构合理、导向鲜明的中国特色科技奖励体系。强化国家科技奖励与国家重大战略需求的紧密结合，加大对基础研究和应用基础研究成果的奖励力度。培育高水平的社会力量科技奖励品牌，政府加强事中事后监督，提高科技奖励整体水平。

（八）坚决破解科技成果评价中的"唯论文、唯职称、唯学历、唯奖项"问题。全面纠正科技成果评价中单纯重数量指标、轻质量贡献等不良倾向，鼓励广大科技工作者把论文写在祖国大地上。以破除"唯论文"和"SCI至上"为突破口，不把论文数量、代表作数量、影响因子作为唯一的量化考核评价指标。对具有重大学术影响、取得显著应用效果、为经济社会发展和国家安全作出突出贡献等高质量成果，提高其考核评价权重，具体由相关科技评价组织管理单位（机构）根据实际情况确定。不得把成果完成人的职称、学历、头衔、获奖情况、行政职务、承担科研项目数量等作为科技成果评价、科研项目绩效评价和人才计划评审的参考依据。科学确定个人、团队和单位在科技成果产出中的贡献,坚决扭转过分重排名、争排名的不良倾向。

(九)创新科技成果评价工具和模式。加强科技成果评价理论和方法研究,利用大数据、人工智能等技术手段,开发信息化评价工具,综合运用概念验证、技术预测、创新大赛、知识产权评估以及扶优式评审等方式,推广标准化评价。充分利用各类信息资源,建设跨行业、跨部门、跨地区的科技成果库、需求库、案例库和评价工具方法库。发布新应用场景目录,实施重大科技成果产业化应用示范工程,在重大项目和重点任务实施中运用评价结果。

(十)完善科技成果评价激励和免责机制。把科技成果转化绩效作为核心要求,纳入高等院校、科研机构、国有企业创新能力评价,细化完善有利于转化的职务科技成果评估政策,激发科研人员创新与转化的活力。健全科技成果转化有关资产评估管理机制,明确国有无形资产管理的边界和红线,优化科技成果转化管理流程。开展科技成果转化尽责担当行动,鼓励高等院校、科研机构、国有企业建立成果评价与转化行为负面清单,完善尽职免责规范和细则。推动成果转化相关人员按照法律法规、规章制度履职尽责,落实"三个区分开来"要求,依法依规一事一议确定相关人员的决策责任,坚决查处腐败问题。

三、组织实施

(一)加强统筹协调。科技部要发挥主责作用,牵头做好科技成果评价改革的组织实施、统筹指导与监督评估,教育部、中科院、工程院、中国科协等相关单位要积极主动协调配合。行业、地方科技管理部门负责本行业本地区成果评价的指导推动、监督服务工作。各有关部门、各地方要在本意见出台半年内完成本行业本地区有关规章制度制修订工作。

(二)开展改革试点。选择不同类型单位和地区开展有针对性的科技成果评价改革试点,探索简便实用的制度、规范和流程,解决改革落地难问题,形成可操作可复制的做法并进行推广。

（三）落实主体责任。科技成果评价实行"谁委托科研任务谁评价"、"谁使用科研成果谁评价"。各科技评价组织管理单位（机构）要切实承担主体责任，对照本意见要求在一年内完成相关科技成果评价标准或管理办法制修订任务，提升专业能力，客观公正开展科技成果评价活动。

（四）营造良好氛围。进一步落实"放管服"改革要求，严格制度执行，注重社会监督，强化评价活动的学术自律和行业自律，坚决反对"为评而评"、滥用评价结果，防止与物质利益过度挂钩，杜绝科技成果评价中急功近利、盲目跟风现象。要加强政策宣传解读，及时总结推广典型经验做法，积极营造良好的评价环境。

关于改革完善中央财政科研经费管理的若干意见

（国务院办公厅，2021 年 8 月）

各省、自治区、直辖市人民政府，国务院各部委、各直属机构：

党的十八大以来，党中央、国务院出台了《关于进一步完善中央财政科研项目资金管理等政策的若干意见》、《关于优化科研管理提升科研绩效若干措施的通知》等一系列优化科研经费管理的政策文件和改革措施，有力地激发了科研人员的创造性和创新活力，促进了科技事业发展。但在科研经费管理方面仍然存在政策落实不到位、项目经费管理刚性偏大、经费拨付机制不完善、间接费用比例偏低、经费报销难等问题。为有效解决这些问题，更好贯彻落实党中央、国务院决策部署，进一步激励科研人员多出高质量科技成果、为实现高水平科技自立自强作出更大贡献，经国务院同意，现就改革完善中央财政科研经费管理提出如下意见：

一、扩大科研项目经费管理自主权

（一）简化预算编制。进一步精简合并预算编制科目，按设备费、业务费、劳务费三大类编制直接费用预算。直接费用中除 50 万元以上的设备费外，其他费用只提供基本测算说明，不需要提供明细。计算类仪器设备和软件工具可在设备费科目列支。合并项目评审和预算评审，项目管理部门在项目评审时同步开展预算评审。预算评审工作重点是项目预算的目标相关性、政策相

符性、经济合理性，不得将预算编制细致程度作为评审预算的因素。（项目管理部门负责落实）

（二）下放预算调剂权。设备费预算调剂权全部下放给项目承担单位，不再由项目管理部门审批其预算调增。项目承担单位要统筹考虑现有设备配置情况、科研项目实际需求等，及时办理调剂手续。除设备费外的其他费用调剂权全部由项目承担单位下放给项目负责人，由项目负责人根据科研活动实际需要自主安排。（项目管理部门、项目承担单位负责落实）

（三）扩大经费包干制实施范围。在人才类和基础研究类科研项目中推行经费包干制，不再编制项目预算。项目负责人在承诺遵守科研伦理道德和作风学风诚信要求、经费全部用于与本项目研究工作相关支出的基础上，自主决定项目经费使用。鼓励有关部门和地方在从事基础性、前沿性、公益性研究的独立法人科研机构开展经费包干制试点。（项目管理部门、项目承担单位、财政部、单位主管部门负责落实）

二、完善科研项目经费拨付机制

（四）合理确定经费拨付计划。项目管理部门要根据不同类型科研项目特点、研究进度、资金需求等，合理制定经费拨付计划并及时拨付资金。首笔资金拨付比例要充分尊重项目负责人意见，切实保障科研活动需要。（项目管理部门负责落实）

（五）加快经费拨付进度。财政部、项目管理部门可在部门预算批复前预拨科研经费。项目管理部门要加强经费拨付与项目立项的衔接，在项目任务书签订后 30 日内，将经费拨付至项目承担单位。项目牵头单位要根据项目负责人意见，及时将经费拨付至项目参与单位。（财政部、项目管理部门、项目承担单位负责落实）

（六）改进结余资金管理。项目完成任务目标并通过综合绩效评价后，结余资金留归项目承担单位使用。项目承担单位要将结余资金统筹安排用于科研活动直接支出，优先考虑原项目团队科研需求，并加强结余资金管理，健全

结余资金盘活机制,加快资金使用进度。(项目管理部门、项目承担单位负责落实)

三、加大科研人员激励力度

(七)提高间接费用比例。间接费用按照直接费用扣除设备购置费后的一定比例核定,由项目承担单位统筹安排使用。其中,500万元以下的部分,间接费用比例为不超过30%,500万元至1000万元的部分为不超过25%,1000万元以上的部分为不超过20%;对数学等纯理论基础研究项目,间接费用比例进一步提高到不超过60%。项目承担单位可将间接费用全部用于绩效支出,并向创新绩效突出的团队和个人倾斜。(项目管理部门、项目承担单位负责落实)

(八)扩大稳定支持科研经费提取奖励经费试点范围。将稳定支持科研经费提取奖励经费试点范围扩大到所有中央级科研院所。允许中央级科研院所从基本科研业务费、中科院战略性先导科技专项经费、有关科研院所创新工程等稳定支持科研经费中提取不超过20%作为奖励经费,由单位探索完善科研项目资金激励引导机制,激发科研人员创新活力。奖励经费的使用范围和标准由试点单位自主决定,在单位内部公示。(中央级科研院所负责落实)

(九)扩大劳务费开支范围。项目聘用人员的劳务费开支标准,参照当地科学研究和技术服务业从业人员平均工资水平,根据其在项目研究中承担的工作任务确定,其由单位缴纳的社会保险补助、住房公积金等纳入劳务费科目列支。(项目承担单位、项目管理部门负责落实)

(十)合理核定绩效工资总量。中央高校、科研院所、企业结合本单位发展阶段、类型定位、承担任务、人才结构、所在地区、现有绩效工资实际发放水平(主要依据上年度事业单位工资统计年报数据确定)、财务状况特别是财政科研项目可用于支出人员绩效的间接费用等实际情况,向主管部门申报动态调整绩效工资水平,主管部门综合考虑激发科技创新活力、保障基础研究人员稳定工资收入、调控不同单位(岗位、学科)收入差距等因素审批后报人力资源社会保障、财政部门备案。分配绩效工资时,要向承担国家科研任务较多、成效突出的科研人员倾斜。借鉴承担国家关键领域核心技术攻关任务科研人员年薪制的经验,探索对急需紧缺、业内认可、业绩突出的极少数高层次人才实行年薪制。(人力资源社会保障部、科技部、财政部、国务院国资委、单位主管部门负责落实)

(十一)加大科技成果转化激励力度。各单位要落实《中华人民共和国促进科技成果转化法》等相关规定,对持有的科技成果,通过协议定价、在技术交易市场挂牌交易、拍卖等市场化方式进行转化。科技成果转化所获收益可按照法律规定,对职务科技成果完成人和为科技成果转化作出重要贡献的人员给予奖励和报酬,剩余部分留归项目承担单位用于科技研发与成果转化等相关工作,科技成果转化收益具体分配方式和比例在充分听取本单位科研人员意见基础上进行约定。科技成果转化现金奖励计入所在单位绩效工资总量,但不受核定的绩效工资总量限制,不作为核定下一年度绩效工资总量的基数。(科技部、人力资源社会保障部、财政部等有关部门负责落实)

四、减轻科研人员事务性负担

(十二)全面落实科研财务助理制度。项目承担单位要确保每个项目配有相对固定的科研财务助理,为科研人员在预算编制、经费报销等方面提供专业化服务。科研财务助理所需人力成本费用(含社会保险补助、住房公积金),可由项目承担单位根据情况通过科研项目经费等渠道统筹解决。(项目承担单位负责落实)

(十三)改进财务报销管理方式。项目承担单位因科研活动实际需要,邀请国内外专家、学者和有关人员参加由其主办的会议等,对确需负担的城市间交通费、国际旅费,可在会议费等费用中报销。允许项目承担单位对国内差旅费中的伙食补助费、市内交通费和难以取得发票的住宿费实行包干制。(项目承担单位负责落实)

(十四)推进科研经费无纸化报销试点。选择部分电子票据接收、入账、归档处理工作量比较大的中央高校、科研院所、企业,纳入电子入账凭证会计数据标准推广范围,推动科研经费报销数字化、无纸化。(财政部、税务总局、单位主管部门等负责落实)

(十五)简化科研项目验收结题财务管理。合并财务验收和技术验收,在项目实施期末实行一次性综合绩效评价。完善项目验收结题评价操作指南,细化明确预算调剂、设备管理、人员费用等财务、会计、审计方面具体要求,避免有关机构和人员在项目验收和检查中理解执行政策出现偏差。选择部分创新能力和潜力突出、创新绩效显著、科研诚信状况良好的中央高校、科研院所、企业作为试点单位,由其出具科研项目经费决算报表作为结题依据,取消科研项目结题财务审计。试点单位对经费决算报表内容的真实性、完整性、准确性负责,项目管理部门适时组织抽查。(科技部、财政部、项目管理部门负责落实)

(十六)优化科研仪器设备采购。中央高校、科研院所、企业要优化和完善内部管理规定,简化科研仪器设备采购流程,对科研急需的设备和耗材采用特事特办、随到随办的采购机制,可不进行招标投标程序。项目承担单位依法向财政部申请变更政府采购方式的,财政部实行限时办结制度,对符合要求的申请项目,原则上自收到变更申请之日起 5 个工作日内办结。有关部门要研究推动政府采购、招标投标等有关法律法规修订工作,进一步明确除外条款。(单位主管部门、项目承担单位、司法部、财政部负责落实)

(十七)改进科研人员因公出国(境)管理方式。对科研人员因公出国(境)开展国际合作与交流的管理应与行政人员有所区别,对为完成科研项目任务目标、从科研经费中列支费用的国际合作与交流按业务类别单独管理,根据需要开展工作。从科研经费中列支的国际合作与交流费用不纳入"三公"经费统计范围,不受零增长要求限制。(单位主管部门、财政部负责落实)

五、创新财政科研经费投入与支持方式

(十八)拓展财政科研经费投入渠道。发挥财政经费的杠杆效应和导向

作用,引导企业参与,发挥金融资金作用,吸引民间资本支持科技创新创业。优化科技创新类引导基金使用,推动更多具有重大价值的科技成果转化应用。拓宽基础研究经费投入渠道,促进基础研究与需求导向良性互动。（财政部、科技部、人民银行、银保监会、证监会等负责落实）

（十九）开展顶尖领衔科学家支持方式试点。围绕国家重大战略需求和前沿科技领域,遴选全球顶尖的领衔科学家,给予持续稳定的科研经费支持,在确定的重点方向、重点领域、重点任务范围内,由领衔科学家自主确定研究课题,自主选聘科研团队,自主安排科研经费使用;3 至 5 年后采取第三方评估、国际同行评议等方式,对领衔科学家及其团队的研究质量、原创价值、实际贡献,以及聘用领衔科学家及其团队的单位服务保障措施落实情况等进行绩效评价,形成可复制可推广的改革经验。（项目管理部门、项目承担单位负责落实）

（二十）支持新型研发机构实行“预算＋负面清单”管理模式。鼓励地方对新型研发机构采用与国际接轨的治理结构和市场化运行机制,实行理事会领导下的院（所）长负责制。创新财政科研经费支持方式,给予稳定资金支持,探索实行负面清单管理,赋予更大经费使用自主权。组织开展绩效评价,围绕科研投入、创新产出质量、成果转化、原创价值、实际贡献、人才集聚和培养等方面进行评估。除特殊规定外,财政资金支持产生的科技成果及知识产权由新型研发机构依法取得、自主决定转化及推广应用。（科技部、财政部负责指导）

六、改进科研绩效管理和监督检查

（二十一）健全科研绩效管理机制。项目管理部门要进一步强化绩效导向,从重过程向重结果转变,加强分类绩效评价,对自由探索型、任务导向型等不同类型科研项目,健全差异化的绩效评价指标体系;强化绩效评价结果运用,将绩效评价结果作为项目调整、后续支持的重要依据。项目承担单位要切实加强绩效管理,引导科研资源向优秀人才和团队倾斜,提高科研经费使用效

益。(项目管理部门、项目承担单位负责落实)

(二十二)强化科研项目经费监督检查。加强审计监督、财会监督与日常监督的贯通协调,增强监督合力,严肃查处违纪违规问题。加强事中事后监管,创新监督检查方式,实行随机抽查、检查,推进监督检查数据汇交共享和结果互认。减少过程检查,充分利用大数据等信息技术手段,提高监督检查效率。强化项目承担单位法人责任,项目承担单位要动态监管经费使用并实时预警提醒,确保经费合理规范使用;对项目承担单位和科研人员在科研经费管理使用过程中出现的失信情况,纳入信用记录管理,对严重失信行为实行追责和惩戒。探索制定相关负面清单,明确科研项目经费使用禁止性行为,有关部门要根据法律法规和负面清单进行检查、评审、验收、审计,对尽职无过错科研人员免予问责。(审计署、财政部、项目管理部门、单位主管部门负责落实)

七、组织实施

(二十三)及时清理修改相关规定。有关部门要聚焦科研经费管理相关政策和改革举措落地"最后一公里",加快清理修改与党中央、国务院有关文件精神不符的部门规定和办法,科技主管部门要牵头做好督促落实工作。项目承担单位要落实好科研项目实施和科研经费管理使用的主体责任,严格按照国家有关政策规定和权责一致的要求,强化自我约束和自我规范,及时完善内部管理制度,确保科研自主权接得住、管得好。(有关部门、项目承担单位负责落实)

(二十四)加大政策宣传培训力度。有关部门和单位要通过门户网站、新媒体等多种渠道以及开设专栏等多种方式,加强中央财政科研经费管理相关政策宣传解读,提高社会知晓度。同时,加大对科研人员、财务人员、科研财务助理、审计人员等的专题培训力度,不断提高经办服务能力水平。(科技部、财政部会同有关部门负责落实)

(二十五)强化政策落实督促指导。有关部门要加快职能转变,提高服务意识,加强跟踪指导,适时组织开展对项目承担单位科研经费管理政策落实情况的检查,及时发现并协调解决有关问题,推动改革落地见效,国务院办公厅要加强督查。要适时对有关试点政策举措进行总结评估,及时总结推广行之有效的经验和做法。(财政部、科技部会同有关部门负责落实)

财政部、中央级社科类科研项目主管部门要结合社会科学研究的规律和特点,参照本意见尽快修订中央级社科类科研项目资金管理办法。

各地区要参照本意见精神,结合实际,改革完善本地区财政科研经费管理。

二、国家自然科学基金

国家自然科学基金资助
项目变更管理规程(试行)

(国家自然科学基金委员会,2018 年 9 月)

第一章 总 则

第一条 为了规范国家自然科学基金资助项目(以下简称项目)的变更管理工作,依据《国家自然科学基金条例》(以下简称《条例》)、国家自然科学基金项目管理办法和《国家自然科学基金资助项目资金管理办法》等制定本规程。

第二条 本规程适用于需要由国家自然科学基金委员会(以下简称自然科学基金委)批准的项目变更。

本规程所称项目变更是指与项目相关的人员、单位、资助期限、拨款计划、资金预算等的变更,以及项目终止和撤销。

第三条 自然科学基金委遵循合法、合规、公正、及时的原则实施项目变更管理。

第四条 项目负责人应当按照项目计划书开展研究工作,依托单位应当依据项目计划书跟踪和监督项目实施。确实需要变更的,项目负责人或者依托单位应当及时提出项目变更申请,按程序报自然科学基金委批准。依托单位应当通知项目负责人自然科学基金委项目变更的决定,项目负责人和依托单位应当保证变更项目的顺利实施。

第五条 自然科学基金委在项目变更工作中履行下列职责:

（一）审查项目变更申请；

（二）依申请批准项目变更或者直接决定项目变更；

（三）通知依托单位项目变更的决定；

（四）其他相关工作。

第二章　项目变更内容和适用情形

第六条　本规程所称项目变更包含以下内容的变更：

（一）项目负责人；

（二）参与者；

（三）依托单位；

（四）合作研究单位；

（五）延期；

（六）终止；

（七）撤销；

（八）拨款计划；

（九）资金预算总额；

（十）其他。

以上所有变更都应当符合《条例》、国家自然科学基金各类项目管理办法和《国家自然科学基金资助项目资金管理办法》等的要求。

第七条　项目负责人变更包含项目负责人更换和项目负责人信息更正。

依托单位不得擅自更换项目负责人。项目负责人有下列情形之一的，项目负责人或者依托单位可以申请项目负责人更换：

（一）不再是依托单位科学技术人员的；

（二）不能继续开展研究工作的；

（三）有剽窃他人科学研究成果或者在科学研究中有弄虚作假等行为的。

更换后的项目负责人应当为项目的参与者，具有该类型项目要求的申请资格且符合限项申请与承担规定。

项目负责人有下列情形之一的,可以申请项目负责人信息更正:

(一)项目负责人更名的;

(二)因申请阶段填写错误或者不规范造成的个人相关信息需进行勘误的。

第八条 参与者变更包含参与者退出、新增和参与者信息更正。

依托单位和项目负责人应当保证参与者的稳定,参与者退出或者新增仅适用于研究工作需要的情形。参与者中的学生更换无需提交参与者退出或者新增的变更申请。参与者顺序不可变更。

参与者有下列情形之一的,可由项目负责人提出参与者信息更正的申请:

(一)需要更名的;

(二)调入另一工作单位的;

(三)因申请阶段填写错误或者不规范造成的个人相关信息需要进行勘误的。

第九条 依托单位变更仅适用于项目负责人调入另一依托单位工作,项目需要在调入后的依托单位实施的情形。

第十条 合作研究单位变更一般适用以下情形:

(一)因依托单位变更引起的合作研究单位变更;

(二)因参与者退出或者新增引起的合作研究单位变更;

(三)因参与者工作单位变更引起的合作研究单位变更。

第十一条 由于客观原因不能按期完成研究计划的,项目负责人可以申请延期1次,申请延长的期限一般应当为整年且不得超过2年。项目负责人应当于项目资助期限届满60日前提出延期申请。国家自然科学基金相关项目管理办法中对项目延期的要求不尽相同。

第十二条 项目负责人有下列情形之一的,项目负责人或者依托单位可以申请终止项目,自然科学基金委也可以直接决定终止项目:

(一)不再是依托单位科学技术人员的;

(二)不能继续开展研究工作的;

(三)有剽窃他人科学研究成果或者在科学研究中有弄虚作假等行为,以及按照《国家自然科学基金委员会监督委员会对科学基金资助工作中不端行为的处理办法（试行）》规定应当予以终止的；

（四）项目负责人工作单位调动,所在依托单位与原依托单位就变更依托单位协商不一致的；

（五）其他应当予以终止的情形。

第十三条　项目负责人或者参与者有下列情形之一的,自然科学基金委应当直接作出撤销项目的决定,项目负责人或者依托单位也可以主动申请撤销项目：

（一）在申请阶段伪造或者变造申请材料的；

（二）受到自然科学基金委警告并责令限期改正后,逾期不改正的；

（三）按照《国家自然科学基金委员会监督委员会对科学基金资助工作中不端行为的处理办法（试行）》规定应当予以撤销的；

（四）其他应当予以撤销的情形。

第十四条　拨款计划变更包含暂缓拨付资金和解除暂缓拨付资金。

项目负责人、参与者有以下情形之一的,自然科学基金委可以暂缓拨付资金：

（一）项目负责人调动工作单位,但手续尚未完成的；

（二）项目负责人、参与者不按照资助项目计划书开展研究的；

（三）项目负责人、参与者擅自变更研究内容或者研究计划的；

（四）项目负责人不按规定提交年度进展报告、中期检查报告等项目材料的；

（五）项目负责人、参与者提交弄虚作假的报告、原始记录或者相关材料的；

（六）项目负责人、参与者侵占、挪用资助项目资金的。

有上述第（二）至（六）项情形之一的,自然科学基金委还应当给予警告,并责令限期改正。

项目负责人、参与者有以下情形之一的,自然科学基金委应当解除暂缓拨付资金：

（一）项目负责人调动工作单位手续已完成，已提出变更依托单位申请的；

（二）项目负责人、参与者受到自然科学基金委警告、暂缓拨付资金并责令限期改正的处理后，已按期改正的。

第十五条　资金预算总额变更是指符合《国家自然科学基金资助项目资金管理办法》第二十条规定情形，需要自然科学基金委审批的项目预算变更，适用于以下情形：

（一）项目实施过程中，由于研究内容或者研究计划作出重大调整等原因需要对预算总额进行调整的；

（二）重大项目课题之间资金需要调整的。

第十六条　本规程所述其他变更是指除第七至十五条之外，仅能由自然科学基金委提出的其他项目变更情形。

第三章　项目变更发起和审查

第十七条　项目负责人、依托单位或者自然科学基金委项目管理部门（以下简称项目管理部门）可以发起项目变更。

自然科学基金委科学部和履行项目管理职责的职能局（室）为项目管理部门。

第十八条　项目负责人可以提出本规程第六条第（一）至（七）项的项目变更申请，并提交依托单位审核。

依托单位应当审核项目负责人提出的项目变更书面申请的真实性、有效性、完整性和合规性，及时报自然科学基金委审查。

第十九条　依托单位在项目负责人无法提出或者不愿主动提出但确有充分理由需要提出变更时，可以提出本规程第六条第（一）项中项目负责人更换以及第（三）、（六）、（七）项的项目变更申请，并及时报自然科学基金委审查。

第二十条　自然科学基金委可以直接决定本规程第六条第（六）至（十）

的项目变更,由项目管理部门在国家自然科学基金网络信息系统(以下简称信息系统)中及时录入并提交至自然科学基金委计划局(以下简称计划局)复核。

对于组织间国际(地区)合作研究项目的变更,自然科学基金委国际合作局(以下简称国际合作局)履行相关复核职责。

第二十一条 项目资助期限开始前,仅能做暂缓拨付资金和撤销项目的变更。项目准予结题后,仅能做撤销项目的变更。

第二十二条 项目变更的发起者应当在信息系统中填写相应的信息,向下一审核环节提交项目变更材料,包含电子和纸质的项目变更申请与审批表(以下简称《申请与审批表》)以及必要的附件材料。

《申请与审批表》应当使用自然科学基金委提供的标准格式文本,并且满足以下要求:

(一)电子文件应当和纸质文件一致;

(二)项目负责人和依托单位提交的纸质《申请与审批表》由项目负责人签字并加盖依托单位公章,变更依托单位的还应当加盖变更后的依托单位公章;

(三)由于客观原因导致项目负责人无法签字或者项目负责人不愿主动签字的,依托单位应当备注说明。

根据变更内容的不同,还应当提交其他相应的纸质附件材料。

第二十三条 自然科学基金委应当在收到符合要求的项目变更材料之日起90日内完成审查并作出决定。

第二十四条 项目变更的审查程序包括审核和复核。

仅涉及本规程第六条第(一)、(二)、(四)、(五)项的项目变更,项目管理部门审核后生效。

涉及本规程第六条第(三)、(六)至(十)项的项目变更,经项目管理部门审核,计划局复核后生效。

组织间国际(地区)合作研究项目变更还应当经国际合作局复核。

第二十五条 项目管理部门、国际合作局和计划局应当审查项目变更材料的完整性、准确性、有效性、合规性以及手续完备性。

项目管理部门发现项目变更材料不符合要求的，应当及时告知依托单位修改或者补齐。

第二十六条　项目管理部门应当指定项目主管处的项目主任和负责人、综合处负责人、部门负责人等专人负责本部门项目变更的录入、审核与复核，其管理权限设置应当与项目审批权限设置一致。

前款中的综合处包括科学部的综合与战略规划处、职能局（室）的综合处、局秘以及外事计划处等部门。

第二十七条　计划局应当指定业务处经办人和负责人、部门负责人等专人负责本规程第六条第（三）、（六）至（十）项所涉及项目变更的复核，其管理权限设置应当与项目审批权限设置一致。

国际合作局应当要求地区处和部门负责人按上述有关规定对科学部提交的组织间国际（地区）合作研究项目变更材料进行复核，提交计划局。

第二十八条　对于本规程第六条第（一）、（二）、（四）、（五）项的项目变更申请，项目管理部门每个月集中审查，部门负责人于月底前完成复核与批准；组织间国际（地区）合作研究项目的上述项目变更申请应当提交国际合作局，国际合作局部门负责人复核后生效。

对于本规程第六条第（三）、（六）至（十）项的项目变更，项目管理部门的部门负责人复核后，应当于单月 10 日前将本部门项目变更材料提交计划局。组织间国际（地区）合作研究项目的上述项目变更，项目管理部门的部门负责人复核后，应当于单月 5 日前将本部门项目变更材料提交国际合作局；国际合作局部门负责人复核后，于单月 10 日前提交计划局。

对于项目管理部门或者国际合作局提交的项目变更材料，计划局应当于单月 30 日前完成复核。

第二十九条　项目管理部门、国际合作局和计划局应当要求审核人员和复核人员依次确认电子文件，并在《申请与审批表》纸质文件上签字或加盖人名章。

第三十条　项目管理部门、国际合作局和计划局在审查过程中发现不符合本规程第二十五条规定的,应当中止审查程序,责成相关人员及时修正后重新提交。

第三十一条　根据项目类型、变更内容和变更发起主体的不同,项目变更流程分为 10 种。

第四章　通知及资金退回

第三十二条　对本规程第六条第(三)、(六)至(十)项的项目变更申请决定予以变更的,由计划局负责制作项目变更批准文件,并发至相关项目管理部门和自然科学基金委财务局(以下简称财务局)。

第三十三条　计划局应当要求业务处经办人对已经完成审查程序并决定予以变更的项目,按项目类型汇总形成项目变更汇总表和项目变更清单,连同项目变更批准公文生成项目变更批准文件,经业务处负责人审核后提交综合处复核;综合处负责人复核后,提交部门负责人签发。

第三十四条　项目管理部门依据变更决定将结果书面通知依托单位,不予变更的应当告知原因,必要时给出下一步处理意见;涉及终止、撤销的,书面通知中应当包含退回金额和时限要求。项目负责人和依托单位可上网查询项目变更申请的审查进度。

第三十五条　依托单位应当在规定的时限内退回终止项目的结余资金或者撤销项目的全部已拨付资金。对于 2014 年及以前批准的项目,终止后退回全部结余资金,撤销后退回全部已拨付资金;对于 2015 年及以后批准的项目,终止后仅退回结余的直接费用,撤销后退回已拨付的直接费用和间接费用。

财务局应当在信息系统中记录收到的依托单位退回资金。

依托单位未按要求退回资金的,自然科学基金委从下一年度该单位间接费用拨款中扣缴应当退回的金额。终止或者撤销项目的退回资金情况将纳入依托单位信用记录。

第五章　附　则

第三十六条　项目管理部门应当将《申请与审批表》以及附件材料存入项目档案。

第三十七条　本规程自 2019 年 1 月 1 日起试行。

关于进一步完善科学基金项目和
资金管理的通知

（国家自然科学基金委员会、财政部，2019年3月）

各有关单位：

为全面贯彻落实习近平总书记在两院院士大会重要讲话精神和《中共中央　国务院关于全面实施预算绩效管理的意见》《国务院关于优化科研管理提升科研绩效若干措施的通知》《国务院办公厅关于抓好赋予科研机构和人员更大自主权有关文件贯彻落实工作的通知》的要求，充分激发科研人员创新活力，切实减轻科研人员负担，按照明确责任、简化流程的原则，现就国家自然科学基金（以下简称"科学基金"）项目和资金管理有关事项通知如下。

1.精简信息填报和材料报送。申请国家杰出青年科学基金项目和创新研究群体项目时，不再需要提供学术委员会或专家组推荐意见；在站博士后人员作为申请人申请面上项目、青年科学基金项目和地区科学基金项目时，不再需要提供依托单位承诺函；青年科学基金项目申请书中不再列出参与者。国家自然科学基金委员会（以下简称"自然科学基金委"）将进一步完善项目申请相关文本，简化填报内容。

取消依托单位项目资金年度收支报告编制报送；依托单位决算汇总表无需报送纸质文件；继续扩大项目无纸化申请试点范围。

2.简化项目预算编制要求。编制预算时，定额补助式项目只需提供基本测算说明，不需提供明细；成本补偿式项目只需提供必要的测算过程说明。

3. 精简项目过程检查。面上项目、青年科学基金项目、地区科学基金项目等一般不开展过程检查,仅在必要时进行抽查;对于其他研究目标相对明确、资金体量较大的项目,自然科学基金委按照相关项目管理办法的要求,在实施中期组织同行专家采取会议或者通讯评审方式,对项目进展和资金使用情况等进行一次检查。

4. 赋予科研人员更大技术路线决策权。科学基金的项目负责人,可以在不改变研究或技术指标的前提下,自行决定研究方案或技术路线。

5. 赋予科研单位项目经费管理使用自主权。科学基金项目资金直接费用中除设备费外,其他科目预算调剂权全部下放给依托单位。设备费预算一般不予调增,确需调增的需报自然科学基金委审批;设备费调减、设备费内部预算结构调整、拟购置设备明细发生变化的,由依托单位审批,依托单位要切实履行审批职责。依托单位应按照国家有关规定完善管理制度,相关管理制度报自然科学基金委备案。

6. 规范结题财务审计。对于成本补偿式项目,资助期满后,依托单位应及时清理账目与资产,严格按照《中央财政科技计划项目(课题)结题审计指引》及相关规范,自主选择具备资质的第三方机构完成结题财务审计,并作为财务验收的依据。

7. 精简项目验收检查。科学基金项目中成本补偿式项目需进行结题验收,由自然科学基金委组织专家组一并完成项目和财务验收程序。

8. 推进分类评审改革。基于新时代科学基金"鼓励探索、突出原创;聚焦前沿、独辟蹊径;需求牵引、突破瓶颈;共性导向、交叉融通"的资助导向,选择重点项目和部分学科面上项目试点分类申请和分类评审,分别制定相应的评审要点,遴选和资助符合科学基金资助导向的创新性项目。

9. 强化四方公正性承诺制度。为弘扬科学精神,树立优良学风作风,进一步加强评审工作的公正性,强化承诺制度。申请人和参与者、依托单位和合作研究单位、评审专家以及自然科学基金委全体工作人员均需签署维护科学基金公正性的相关承诺,杜绝各种干扰评审工作的不端行为。对于发现和收到的涉及违背承诺的违纪违规线索和举报,将按照管理权限移交相关纪检监察部门处理。

10. 突出代表性成果和项目实施效果评价。为使评审专家更加注重标志性成果的质量、贡献和影响,申请人与参与者简历中所列代表性论著数目上限由 10 篇减少为 5 篇,论著之外的代表性研究成果和学术奖励数目由原来不设上限改为设置上限为 10 项。

加强自然科学基金项目绩效管理。分类设置绩效指标体系,强化绩效目标管理。开展项目绩效评价,重点评价新发现、新原理、新方法、新规律的重大原创性和科学价值、解决经济社会发展和国家安全重大需求中关键科学问题的效能、支撑技术和产品开发的效果、代表性论文等科研成果的质量和水平,以国际国内同行评议为主,年终决算时组织开展绩效自评。加强绩效评价结果应用,将评价结果作为后续各类型项目资助调整的重要依据。

11. 避免科学基金人才项目被异化使用。科学基金人才项目不是荣誉称号,也不是"永久"的标签,有关部门和依托单位要设置科学合理的评价标准,让人才项目回归研究项目本质,避免与物质待遇挂钩,为广大科研人员潜心研究创造良好氛围。自然科学基金委将根据中央关于科技人才计划统筹协调的有关要求出台避免科学基金人才项目与其他科技人才计划重复资助的进一步规定。

12. 加强科研伦理、科技安全审查和监管。依托单位和项目申请人应当严格执行国家有关法律法规和伦理准则。依托单位要建立健全科研伦理和科技安全管理制度,加强伦理审查和过程监管。科研人员要加强科研伦理和科技安全等方面的责任感和法律意识,自觉接受伦理审查和监管。

13. 强化依托单位主体责任。依托单位要认真履行管理主体责任,加强和规范科学基金管理;充分尊重科研自主权,保护、调动和发挥科研人员积极性;加强科学基金项目研究成果管理;积极促进科研成果的科学普及与转移转化;要根据科研工作的特点,对科研需要的出差和会议按标准报销相关费用,进一步简化优化报销管理,建立科学合理、便捷高效的报销管理机制;要加快建立健全学术助理和财务助理制度,通过购买财会等专业服务,把科研人员从报表、报销等具体事务中解脱出来,相关费用可由依托单位根据情况通过科研项目资金等渠道解决。

本通知自发布之日起实施。

关于在国家杰出青年科学基金中
试点项目经费使用"包干制"的通知

（国家自然科学基金委员会、科学技术部、
财政部,2019 年 12 月）

各有关单位：

为深入贯彻落实党中央、国务院关于科研项目、经费管理的改革精神,推进项目经费使用"包干制"改革工作,积极营造健康有序的科研氛围,充分激发科研人员创新创造活力,现将在国家杰出青年科学基金中试点项目经费使用"包干制"的有关事宜通知如下。

一、实施原则

1. 充分放权。以有利于开展科研工作为目标,本着"能放则放、该简则简"的原则,可做可不做的审批一律不做,可有可无的环节一律取消,充分信任广大科研人员,增强广大科研人员的获得感。

2. 放管结合。在充分放权的基础上,要明确权责边界,加强监督管理,构建"规矩在先、责任自负、科学抽查、违规必究"的管理模式,推进信息公开,接受社会监督,防止科研经费被套取、挪用、浪费等行为出现,确保改革红利真正用于优化科研环境中。

3. 协同推进。广大依托单位要把改革精神理解透彻、执行到位,强化工作职责,开拓工作思路,创新工作方法,健全规章制度,确保项目经费使用自主权真正放下去、放到位。

二、试点范围

自 2019 年起批准资助的国家杰出青年科学基金项目。

三、实行项目负责人承诺制

项目负责人需签署承诺书,承诺尊重科研规律,弘扬科学家精神,遵守科研伦理道德和作风学风诚信要求,认真开展科学研究工作;承诺项目经费全部用于与本项目研究工作相关的支出,不得截留、挪用、侵占,不得用于与科学研究无关的支出。

四、项目经费管理

项目经费不再分为直接费用和间接费用,项目资助强度为原直接费用强度和间接费用强度之和。

项目申请人提交申请书和获批项目负责人提交计划书时,均无需编制项目预算。经费使用范围限于设备费、材料费、测试化验加工费、燃料动力费、差旅/会议/国际合作与交流费、出版/文献/信息传播/知识产权事务费、劳务费、专家咨询费、依托单位管理费用、绩效支出以及其他合理支出。依托单位管理费用由依托单位根据实际管理支出情况与项目负责人协商确定。绩效支出由项目负责人根据实际科研需要和相关薪酬标准自主确定,依托单位按照现行工资制度进行管理。其余用途经费无额度限制,由项目负责人根据实际需要自主决定使用。

项目结题时,项目负责人根据实际使用情况编制项目经费决算,经依托单位财务、科研管理部门审核后,报国家自然科学基金委员会(以下简称自然科学基金委)。

五、监督检查

依托单位应当对项目经费支出情况进行认真审核。在项目结题时，依托单位应在单位内部公开项目经费决算和项目结题/成果报告，接受广大科研人员监督。

自然科学基金委结合项目管理，对经费使用情况和依托单位管理情况定期开展抽查。

对于不按规定管理和使用项目经费，存在截留、挪用、侵占项目经费等违规违法行为的依托单位和相关人员，按照相关法律法规严肃处理。

六、相关要求

依托单位应制定经费使用"包干制"内部管理规定，并于2019年12月31日前报自然科学基金委备案。

本通知自发布之日起实施。

国家自然科学基金项目科研
不端行为调查处理办法

（国家自然科学基金委员会,2020 年 11 月）

第一章　总　则

第一条　为了规范国家自然科学基金委员会(以下简称自然科学基金委)对科研不端行为的调查处理,维护科学基金的公正性和科技工作者的权益,推动科研诚信、学术规范和科研伦理建设,促进科学基金事业的健康发展,根据《中华人民共和国科学技术进步法》《国家自然科学基金条例》《关于进一步加强科研诚信建设的若干意见》《科学技术活动违规行为处理暂行规定》和《科研诚信案件调查处理规则(试行)》等规定,制定本办法。

第二条　本办法适用于在国家自然科学基金项目(以下简称科学基金项目)的申请、评审、实施、结题和成果发表与应用等活动中发生的科研不端行为的调查处理。

第三条　本办法所称科研不端行为,是指发生在科学基金项目申请、评审、实施、结题和成果发表与应用等活动中,偏离科学共同体行为规范,违背科研诚信和科研伦理行为准则的行为。具体包括:

（一）抄袭、剽窃、侵占;

（二）伪造、篡改;

（三）买卖、代写;

（四）提供虚假信息、隐瞒相关信息以及提供信息不准确;

（五）通过贿赂或者利益交换等不正当方式获取科学基金项目；

（六）违反科研成果的发表规范、署名规范、引用规范；

（七）违反评审行为规范；

（八）违反科研伦理规范；

（九）其他科研不端行为。

第四条　自然科学基金委监督委员会依照《国家自然科学基金委员会章程》和《国家自然科学基金委员会监督委员会章程》的规定，具体负责受理对科研不端行为的投诉举报，组织开展调查，提出处理建议并且监督处理决定的执行。

第五条　自然科学基金委对监督委员会提出的处理建议进行审查，并作出处理决定。

第六条　科研人员应当遵守学术规范，恪守职业道德，诚实守信，不得在科学技术活动中弄虚作假。

涉嫌科研不端行为接受调查时，应当如实说明有关情况并且提供相关证明材料。

第七条　项目评审专家应当认真履行评审职责，对与科学基金项目相关的通讯评审、会议评审、中期检查、结题审查以及其他评审事项进行公正评审，不得违反相关回避、保密规定或者利用工作便利谋取不正当利益。

第八条　项目依托单位及科研人员所在单位作为本单位科研诚信建设主体责任单位，应建立健全处理科研不端行为的相关工作制度和组织机构，在科研不端行为的预防与调查处理中具体履行以下职责：

（一）宣讲科研不端行为调查处理相关政策与规定；

（二）对本单位人员的科研不端行为，积极主动开展调查；

（三）对自然科学基金委交办的问题线索组织开展相关调查；

（四）依据职责权限对科研不端行为责任人作出处理；

（五）向自然科学基金委报告本单位与科学基金项目相关的科研不端行为及其查处情况；

（六）执行自然科学基金委作出的处理决定；

（七）监督处理决定的执行；

（八）其他与科研诚信相关的职责。

第九条 自然科学基金委在调查处理科研不端行为时应当坚持事实清楚、证据确凿、定性准确、处理恰当、程序合法、手续完备的原则。

第十条 自然科学基金委对科研人员、项目评审专家和项目依托单位实行信用管理，用于相关的评审、实施和管理活动。

第十一条 项目申请人、负责人、参与者、评审专家和依托单位等应积极履行与自然科学基金委签订的相关合同或者承诺，如违反相应义务，自然科学基金委可以依据合同或者承诺对其作出相应处理。

第二章　调查处理程序

第一节　投诉举报与受理

第十二条 任何公民、法人或者其他组织均可以向自然科学基金委以书面形式投诉举报科研不端行为，投诉举报应当符合下列要求：

（一）有明确的投诉举报对象；

（二）有可查证的线索或者证据材料；

（三）与科学基金工作相关；

（四）涉及本办法适用的科研不端行为。

第十三条 自然科学基金委鼓励实名投诉举报，并对投诉举报人、被举报人、证人等相关人员的信息予以严格保密，充分保护相关人员的合法权益。

第十四条 自然科学基金委应当在十五个工作日内对投诉举报材料进行初核，初核由两名工作人员进行。经初核认为投诉举报材料符合本办法第十二条的要求的，应当作出受理的决定，并在五个工作日内告知实名投诉举报人。不符合受理条件的，应当作出不予受理的决定，并在五个工作日内告知实名投诉举报人。

上述决定涉及不予公开或者保密内容的，投诉举报人应予以保密。泄露、扩散或者不当使用相关信息的,应承担相应责任。

第十五条 调查处理过程中,发现投诉举报人有捏造事实、诬告陷害等行为的,自然科学基金委将向其所在单位通报。

第十六条 投诉举报事项属于下列情形的,不予受理:

(一)投诉举报已经依法处理,投诉举报人在无新线索的情况下以同一事实或者理由重复投诉举报的;

(二)已由公安机关、监察机关立案调查或者进入司法程序的;

(三)其他依法不应当受理的情形。

投诉举报中同时含有应当受理和不应当受理的内容,能够作区分处理的,对不应当受理的内容不予受理。

第二节 调 查

第十七条 对于受理的科研不端行为案件,自然科学基金委应当组织、会同、直接移交或者委托相关部门开展调查。对直接移交或者委托依托单位或者科研不端行为人所在单位调查的,自然科学基金委保留自行调查的权力。

被调查人担任单位主要负责人或者被调查人是法人单位的,自然科学基金委可以直接移交或者委托其上级主管部门开展调查。没有上级主管部门的,自然科学基金委可以直接移交或者委托其所在地的省级科技行政管理部门科研诚信建设责任单位负责组织调查。

涉及项目资金使用的举报,自然科学基金委可以聘请第三方机构对相关资助资金使用情况进行监督和检查,根据监督和检查结论依照本办法处理。

第十八条 对涉嫌科研不端行为的调查,可以采取谈话函询、书面调查、现场调查、依托单位或者科研不端行为人所在单位调查等方式开展。必要时也可以采取邀请专家参与调查、邀请专家或者第三方机构鉴定以及召开听证会等方式开展。

第十九条 自然科学基金委对于依职权发现的涉嫌科研不端行为,应当及时审查并依照相关规定处理。

第二十条 进行书面调查的,应当对投诉举报材料、当事人陈述材料、有关证明材料等进行审查,形成书面调查报告。

第二十一条 进行现场调查的,调查人员不得少于两人,并且应当向当事人或者有关人员出示工作证件或者公函。

当事人或者有关人员应当如实回答询问并协助调查,向调查人员出示原始记录、观察笔记、图像照片或者实验样品等证明材料,不得隐瞒信息或者提供虚假信息。询问或者检查应当制作笔录,当事人和相关人员应当在笔录上签字。

第二十二条 依托单位或者当事人所在单位负责调查的,应当认真开展调查,形成完整的调查报告并加盖单位公章,按时向自然科学基金委报告有关情况。

调查过程中,调查单位应当与当事人面谈,并向自然科学基金委提供以下材料:

(一)调查结果和处理意见;

(二)相关证明材料;

(三)当事人的陈述材料;

(四)当事人与调查人员双方签字的谈话笔录;

(五)其他相关材料。

第二十三条 调查过程中,调查人员应当充分听取当事人的陈述或者申辩,对当事人提出的事实、理由和证据进行核实。当事人提出的事实、理由或者证据成立的,应当采纳。任何个人和组织不得以不正当手段影响调查工作的进行。

调查中发现当事人的行为可能影响公众健康与安全或者导致其他严重后果的,调查人员应立即报告,或者按程序移送有关部门处理。

第二十四条 科研不端行为案件应自受理之日起六个月内完成调查。

对于在前款规定期限内不能完成调查的重大复杂案件,经自然科学基金委监督委员会主要负责人或者自然科学基金委负责人批准后可以延长调查期限,延长时间最长不得超过一年。对于上级机关和有关部门移交的案件,调查延期情况应向移交机关或者部门报备。

调查中发现关键信息不充分、暂不具备调查条件或者被调查人在调查期间死亡的,经自然科学基金委监督委员会主要负责人或者自然科学基金委负责人批准后可以中止或者终止调查。

条件具备时,应及时启动已中止的调查,中止的时间不计入调查时限。对死亡的被调查人中止或终止调查不影响对案件涉及的其他被调查人的调查。

第三章 处 理

第二十五条 调查终结后,应当形成调查报告,调查报告应当载明以下事项:

(一)调查的对象和内容;

(二)主要事实、理由和依据;

(三)调查结论和处理建议;

(四)其他需要说明的内容。

第二十六条 自然科学基金委作出处理决定前,应当书面告知当事人拟作出处理决定的事实、理由及依据,并告知当事人依法享有陈述与申辩的权利。

当事人没有进行陈述或者申辩的,视为放弃陈述与申辩的权利。当事人作出陈述或者申辩的,应当充分听取其意见。

第二十七条 调查终结后,自然科学基金委应当对调查结果进行审查,根据不同情况,分别作出以下决定:

(一)确有科研不端行为的,根据事实及情节轻重,作出处理决定;

(二)未发现存在科研不端行为的,予以结案;

(三)涉嫌违纪违法的,移送相关机关处理。

第二十八条 自然科学基金委作出处理决定时应当制作处理决定书。处理决定书应当载明以下事项:

(一)当事人基本情况;

(二)实施科研不端行为的事实和证据;

(三)处理依据和措施;

(四)救济途径和期限;

(五)作出处理决定的单位名称和日期;

(六)其他应当载明的内容。

第二十九条 自然科学基金委作出处理决定后,应及时将处理决定书送达当事人,并将处理结果告知实名投诉举报人。

处理结果涉及不予公开或者保密内容的,投诉举报人应予以保密。泄露、扩散或者不当使用相关信息的,应承担相应责任。

第三十条 对实施科研不端行为的科研人员的处理措施包括:

(一)警告;

(二)责令改正;

(三)通报批评;

(四)暂缓拨付项目资金;

(五)科学基金项目处于申请或者评审过程的,撤销项目申请;

(六)科学基金项目正在实施的,终止原资助项目并追回结余资金;

(七)科学基金项目正在实施或者已经结题的,撤销原资助决定并追回已拨付资金;

(八)取消一定期限内申请或者参与申请科学基金项目资格。

第三十一条 对实施科研不端行为的评审专家的处理措施包括:

(一)警告;

(二)责令改正;

(三)通报批评;

(四)一定期限内直至终身取消评审专家资格。

第三十二条 对实施科研不端行为的依托单位的处理措施包括:

(一)警告;

(二)责令改正;

(三)通报批评;

(四)取消一定期限内依托单位资格。

第三十三条 对科研不端行为的处理应当考虑以下因素:

(一)科研不端行为的性质与情节;

(二)科研不端行为的结果与影响程度;

(三)实施科研不端行为的主观恶性程度;

(四)实施科研不端行为的次数;

(五)承认错误与配合调查的态度;

(六)应承担的责任大小;

(七)其他需要考虑的因素。

第三十四条 科研不端行为情节轻微并及时纠正,危害后果较轻的,可以给予谈话提醒、批评教育。

第三十五条 有下列情形之一的,从轻或者减轻处理:

(一)主动消除或者减轻科研不端行为危害后果的;

(二)受他人胁迫实施科研不端行为的;

(三)积极配合调查并且主动承担责任的;

(四)其他从轻或者减轻处理的情形。

第三十六条 有下列情形之一的,从重处理:

(一)伪造、销毁或者藏匿证据的;

(二)阻止他人投诉举报或者提供证据的;

(三)干扰、妨碍调查核实的;

(四)打击、报复投诉举报人的;

(五)多次实施或者同时实施数种科研不端行为的;

(六)造成严重后果或者恶劣影响的;

(七)其他从重处理的情形。

第三十七条 同时涉及数种科研不端行为的,应当合并处理。合并处理的幅度不超过《国家自然科学基金条例》规定的上限。

第三十八条 二人以上共同实施科研不端行为的,按照各自所起的作用、造成的后果以及应负的责任,分清主要责任、次要责任和同等责任,分别进行处理。无法分清主要责任与次要责任的,视为同等责任一并处理。

第三十九条 负责受理、调查和处理的工作人员应当严格遵守相关回避与保密规定。当事人认为前述人员与案件处理有直接利害关系的,有权申请回避。

上述人员与当事人有近亲属关系、同一法人单位关系、师生关系或者合作关系等可能影响公正处理的,应当主动申请回避。自然科学基金委也可以直接作出回避决定。

上述人员未经允许不得披露未公开的有关证明材料、调查处理的过程或者结果等与科研不端行为处理相关的信息,违反保密规定的,依照有关规定处理。

依托单位或者当事人所在单位调查人员可以不受本条第二款中同一法人单位规定的限制。

第四章　处理细则

第四十条 项目申请人、参与者在项目申请书或者列入项目申请书的论文等科研成果中有抄袭、剽窃、伪造、篡改等行为之一的,根据项目所处状态,撤销项目申请、终止原资助项目并追回结余资金或者撤销原资助决定并追回已拨付资金。除上述处理措施外,情节较轻的,取消项目申请或者参与申请资格一至三年,给予警告或者通报批评;情节较重的,取消项目申请或者参与申请资格三至五年,给予通报批评;情节严重的,取消项目申请或者参与申请资格五至七年,给予通报批评。

第四十一条 项目申请人、参与者在项目申请过程中有下列行为之一的,科学基金项目处于申请或者评审过程的,撤销项目申请。除上述处理措施外,情节较轻的,给予谈话提醒、批评教育或者警告;情节较重的,终止原资助项目并追回结余资金或者撤销原资助决定并追回已拨付资金,取消项目申请或者参与申请资格一至三年,给予警告或者通报批评;情节严重的,终止原资助项目并追回结余资金或者撤销原资助决定并追回已拨付资金,取消项目申请或者参与申请资格三至五年,给予通报批评:

（一）代写、委托代写或者买卖项目申请书的；

（二）委托第三方机构修改项目申请书的；

（三）提供虚假信息、隐瞒相关信息以及提供信息不准确的；

（四）冒充他人签名或者伪造参与者姓名的；

（五）擅自将他人列为项目参与人员的；

（六）违规重复申请的；

（七）其他违反项目申请规范的行为。

第四十二条 项目申请人、参与者在列入项目申请书的论文等科研成果中有下列行为之一的，科学基金项目处于申请或者评审过程的，撤销项目申请。除上述处理措施外，情节较轻的，给予谈话提醒、批评教育或者警告；情节较重的，终止原资助项目并追回结余资金或者撤销原资助决定并追回已拨付资金，取消项目申请或者参与申请资格一至三年，给予警告或者通报批评；情节严重的，终止原资助项目并追回结余资金或者撤销原资助决定并追回已拨付资金，取消项目申请或者参与申请资格三至五年，给予通报批评：

（一）一稿多发或者重复发表的；

（二）买卖或者代写的；

（三）委托第三方机构投稿的；

（四）虚构同行评议专家及评议意见的；

（五）其他违反论文发表规范、引用规范的行为。

第四十三条 项目申请人、参与者在列入项目申请书的论文等科研成果中有下列行为之一的，科学基金项目处于申请或者评审过程的，撤销项目申请。除上述处理措施外，情节较轻的，给予谈话提醒、批评教育或者警告；情节较重的，终止原资助项目并追回结余资金或者撤销原资助决定并追回已拨付资金，取消项目申请或者参与申请资格一至三年，给予警告或者通报批评；情节严重的，终止原资助项目并追回结余资金或者撤销原资助决定并追回已拨付资金，取消项目申请或者参与申请资格三至五年，给予通报批评：

（一）未经同意使用他人署名的；

（二）虚构其他署名作者的；

（三）篡改作者排序和贡献的；

（四）未做出实质性贡献而署名的；

（五）将做出实质性贡献的作者或者单位排除在外的；

（六）擅自标注他人科学基金项目的；

（七）标注虚构的科学基金项目的；

（八）在与科学基金项目无关的科研成果中标注基金项目的；

（九）其他不当署名或者不当标注的行为。

第四十四条 项目申请人、参与者在与项目相关的评审中有下列行为之一的,科学基金项目处于申请或者评审过程的,撤销项目申请。除上述处理措施外,情节较轻的,给予谈话提醒、批评教育或者警告;情节较重的,终止原资助项目并追回结余资金或者撤销原资助决定并追回已拨付资金,取消项目申请或者参与申请资格一至三年,给予警告或者通报批评;情节严重的,终止原资助项目并追回结余资金或者撤销原资助决定并追回已拨付资金,取消项目申请或者参与申请资格三至五年,给予通报批评:

（一）请托、游说或者打招呼的；

（二）违规获取相关评审信息的；

（三）贿赂评审专家或者自然科学基金委工作人员的；

（四）其他对评审工作的独立、客观、公正造成影响的行为。

第四十五条 项目负责人、参与者在项目实施过程中有下列行为之一的,给予警告,暂缓拨付资金并责令改正;逾期不改正的,终止原资助项目并追回结余资金或者撤销原资助决定并追回已拨付资金;情节较重的,终止原资助项目并追回结余资金或者撤销原资助决定并追回已拨付资金,取消项目申请或者参与申请资格三至五年,给予通报批评;情节严重的,终止原资助项目并追回结余资金或者撤销原资助决定并追回已拨付资金,取消项目申请或者参与申请资格五至七年,给予通报批评:

（一）擅自变更研究方向或者降低申报指标的；

（二）不按照规定提交项目结题报告或者研究成果报告等材料的；

（三）提交弄虚作假的报告或者原始记录等材料的；

（四）挪用、滥用或者侵占项目资金的；

（五）违反国家有关科研伦理的规定的；

（六）其他不按照规定履行研究职责的行为。

第四十六条 项目负责人、参与者在项目结题报告等材料中有本办法第四十条、第四十一条、第四十二条或者第四十三条规定的行为之一的，分别依照第四十条、第四十一条、第四十二条或者第四十三条的规定进行处理。

第四十七条 项目负责人、参与者在标注基金资助的论文等科研成果中有本办法第四十条、第四十二条或者第四十三条规定的行为之一的，分别依照第四十条、第四十二条或者第四十三条的规定进行处理。

第四十八条 科研人员在其他科学技术活动中有抄袭、剽窃他人研究成果或者弄虚作假等行为的，自然科学基金委可以依照本办法相关条款的规定，依据情节轻重，禁止其在一定期限内申请科学基金项目。

第四十九条 项目申请人、负责人或者参与者因实施本办法规定的科研不端行为而导致负责或者参与的科学基金项目被撤销的，自然科学基金委可以建议行为人所在单位撤销其因为负责或者参与该科学基金项目而获得的相应荣誉以及利益。

第五十条 评审专家在项目评审过程中有下列行为之一的，取消评审专家资格二至五年，给予警告并责令改正；情节较重的，取消评审专家资格五至七年，给予警告或者通报批评并责令改正；情节严重的，不再聘请为评审专家，给予通报批评：

（一）违反保密或者回避规定的；

（二）打击报复、诬陷或者故意损毁申请者名誉的；

（三）由他人代为评审的；

（四）因接受请托等原因而进行不公正评审的；

（五）利用工作便利谋取不正当利益的；

（六）其他违反评审行为规范的行为。

在科学技术活动中存在本办法第四十条至第四十七条规定不端行为的，

自然科学基金委可以取消其一定年限评审专家资格,且取消的评审专家资格年限不低于取消的申请资格年限,直至不再聘请为评审专家。

第五十一条 项目申请人、负责人、参与者或者评审专家因实施本办法规定的科研不端行为受到相应处理的,自然科学基金委可以依据科研不端行为的情节、后果等情形,建议行为人所在单位给予其相应的党纪政务处分。

第五十二条 对于不在自然科学基金委职责管辖范围内的科研不端案件同案违规人员,自然科学基金委可以责成相关依托单位进行处理。

第五十三条 依托单位有下列行为之一的,给予警告并责令改正;逾期不改正的,取消依托单位资格一至三年,给予警告或者通报批评;情节严重的,取消依托单位资格三至五年,给予通报批评:

(一)对项目申请人、负责人或者参与者发生的科研不端行为负有疏于管理责任的;

(二)纵容、包庇或者协助有关人员实施科研不端行为的;

(三)擅自变更项目负责人的;

(四)组织、纵容工作人员参与请托游说、打招呼或者违规获取相关评审信息等行为的;

(五)违规挪用、克扣、截留项目资金的;

(六)不履行科学基金项目研究条件保障职责的;

(七)不履行科研伦理或者科技安全的审查职责的;

(八)不配合监督、检查科学基金项目实施的;

(九)不履行科研不端行为的调查处理职责的;

(十)其他不履行科学基金资助管理工作职责的行为。

依托单位实施前款规定的科研不端行为的,由自然科学基金委记入信用档案。

第五十四条 对依托单位的相关处理措施,由自然科学基金委执行;对项目申请人、负责人、参与者或者评审专家等给予的谈话提醒、批评教育等处理措施,由行为人所在单位执行。

第五十五条 自然科学基金委根据有关规定适用终止原资助项目并追回

结余资金或者撤销原资助决定并追回已拨付资金的处理措施。

第五十六条 自然科学基金委建立问题线索移送机制，对于不在自然科学基金委职责管辖范围的问题线索，移送相关部门或者机构处理。

项目申请人、负责人、参与者、评审专家或者自然科学基金委工作人员（含兼职、兼聘人员和流动编制工作人员）等实施的科研不端行为涉嫌违纪违法的，移送相关纪检监察组织处理。

第五章 申诉与复查

第五十七条 当事人对处理决定不服的，可以在收到处理决定书后十五日内，向自然科学基金委提出书面复查申请。

自然科学基金委应在收到复查申请之日起十五个工作日内作出是否受理的决定。决定不予复查的，应当通知申请人，并告知不予复查的理由；决定复查的，应当自受理之日起九十个工作日内作出复查决定。复查依照本办法规定的调查处理程序进行，复查不影响处理决定的执行。

第五十八条 当事人对复查结果不服的，可以向自然科学基金委的上级主管部门提出书面申诉。

第六章 附 则

第五十九条 科研不端行为案件中的当事人或者单位属于军队管理的，自然科学基金委可以将案件移交军队相关部门，由军队按照其规定进行调查处理。

第六十条 本办法由自然科学基金委负责解释。

第六十一条 本办法自 2021 年 1 月 1 日起实施。2005 年 3 月 16 日发布的《国家自然科学基金委员会监督委员会对科学基金资助工作中不端行为的处理办法（试行）》同时废止。

国家自然科学基金资助项目资金管理办法

（财政部、国家自然科学基金委员会,2021 年 9 月）

第一章 总 则

第一条 为规范国家自然科学基金资助项目(以下简称项目)资金管理和使用,提高资金使用效益,根据《国家自然科学基金条例》、《中共中央办公厅 国务院办公厅印发〈关于进一步完善中央财政科研项目资金管理等政策的若干意见〉的通知》、《国务院关于优化科研管理提升科研绩效若干措施的通知》(国发〔2018〕25 号)、《国务院办公厅关于改革完善中央财政科研经费管理的若干意见》(国办发〔2021〕32 号)等要求,以及国家有关财经法规和财务管理制度,结合国家自然科学基金(以下简称自然科学基金)管理特点,制定本办法。

第二条 本办法所称项目资金,是指自然科学基金用于资助科学技术人员开展基础研究和科学前沿探索,支持人才和团队建设的专项资金。

第三条 财政部根据国家科技发展规划,结合自然科学基金资金需求和国家财力可能,将项目资金列入中央财政预算,并负责宏观管理和监督。

第四条 国家自然科学基金委员会(以下简称自然科学基金委)依法负责项目的立项和审批,并对项目资金进行具体管理和监督。

第五条 依托单位是项目资金管理的责任主体,应当建立健全"统一领导、分级管理、责任到人"的项目资金管理体制和制度,完善内部控制、绩效管理和监督约束机制,合理确定科研、财务、人事、资产、审计、监察等部门的责任和权限,加强对项目资金的管理和监督。

依托单位应当落实项目承诺的自筹资金及其他配套条件,对项目组织实施提供条件保障。

第六条 项目负责人是项目资金使用的直接责任人,对资金使用的合规性、合理性、真实性和相关性负责。

第七条 根据预算管理方式不同,自然科学基金项目资金管理分为包干制和预算制。

第二章 项目资金开支范围

第八条 项目资金支出是指与项目研究工作相关的、由项目资金支付的各项费用支出。项目资金由直接费用和间接费用组成。

第九条 直接费用是指在项目实施过程中发生的与之直接相关的费用,主要包括:

(一)设备费:是指在项目实施过程中购置或试制专用仪器设备,对现有仪器设备进行升级改造,以及租赁外单位仪器设备而发生的费用。计算类仪器设备和软件工具可在设备费科目列支。应当严格控制设备购置,鼓励开放共享、自主研制、租赁专用仪器设备以及对现有仪器设备进行升级改造,避免重复购置。

(二)业务费:是指项目实施过程中消耗的各种材料、辅助材料等低值易耗品的采购、运输、装卸、整理等费用,发生的测试化验加工、燃料动力、出版/文献/信息传播/知识产权事务、会议/差旅/国际合作交流等费用,以及其他相关支出。

(三)劳务费:是指在项目实施过程中支付给参与项目研究的研究生、博士后、访问学者以及项目聘用的研究人员、科研辅助人员等的劳务性费用,以及支付给临时聘请的咨询专家的费用等。

项目聘用人员的劳务费开支标准,参照当地科学研究和技术服务业从业人员平均工资水平,根据其在项目研究中承担的工作任务确定,其由单位缴纳的社会保险补助、住房公积金等纳入劳务费科目列支。

支付给临时聘请的咨询专家的费用,不得支付给参与本项目及所属课题研究和管理的相关人员,其管理按照国家有关规定执行。

第十条 间接费用是指依托单位在组织实施项目过程中发生的无法在直接费用中列支的相关费用。主要包括:依托单位为项目研究提供的房屋占用,日常水、电、气、暖等消耗,有关管理费用的补助支出,以及激励科研人员的绩效支出等。

第三章 包干制项目资金申请与审批

第十一条 包干制项目申请人应当本着科学、合理、规范、有效的原则申请资助额度,无需编制项目预算。

多个单位共同承担一个项目的,由项目申请人汇总申请资助额度。

第十二条 自然科学基金委组织专家对包干制项目和申请资助额度进行评审,根据专家评审意见并参考同类项目平均资助强度确定项目资助额度。

第十三条 包干制项目资金由项目负责人自主决定使用,按照本办法第九条规定的开支范围列支,无需履行调剂程序。

对于依托单位为项目研究提供的房屋占用,日常水、电、气、暖等消耗,有关管理费用的补助支出,由依托单位根据实际管理需要,在充分征求项目负责人意见基础上合理确定。

对于激励科研人员的绩效支出,由项目负责人根据实际科研需要和相关薪酬标准自主确定,依托单位按照工资制度进行管理。

第十四条 项目资金应当纳入依托单位财务统一管理,单独核算,专款专用。

第十五条 依托单位应当制定项目经费包干制管理规定,管理规定应当包括经费使用范围和标准、各方责任、违规惩戒措施等内容,报自然科学基金委备案。

第四章　预算制项目资金申请与审批

第十六条　预算制项目负责人(或申请人)应当根据政策相符性、目标相关性和经济合理性原则,编制项目收入预算和支出预算。

收入预算应当按照从各种不同渠道获得的资金总额填列。包括自然科学基金资助的资金以及从依托单位和其他渠道获得的资金。

支出预算应当根据项目需求,按照资金开支范围编列。直接费用中除50万元以上的设备费外,其他费用只提供基本测算说明,不需要提供明细。

第十七条　对于预算制项目,依托单位应当组织其科研和财务管理部门对项目预算进行审核。

有多个单位共同承担一个项目的,依托单位的项目负责人(或申请人)和合作研究单位参与者应当根据各自承担的研究任务分别编报项目预算,经所在单位科研、财务部门审核并签署意见后,由项目负责人(或申请人)汇总编制。

第十八条　预算制项目申请人申请自然科学基金项目,应当按照本办法中对于直接费用的规定编制项目预算,经依托单位审核后提交自然科学基金委。

第十九条　自然科学基金委组织专家或者择优遴选第三方对预算制项目进行项目评审并同步开展预算评审,根据项目实际需求确定预算。评审专家应满足相关回避要求。

预算评审应当按照规范的程序和要求,坚持独立、客观、公正、科学的原则,对项目申报预算的政策相符性、目标相关性和经济合理性进行评审。不得将预算编制细致程度作为评审预算的因素,不得简单按比例核减预算。

第二十条　依托单位应当组织预算制项目负责人根据批准的项目资助额度,按规定调整项目预算,并在收到资助通知之日起20日内完成审核,报自然科学基金委核准。

第二十一条　预算制项目的直接费用应当纳入依托单位财务统一管理,

单独核算,专款专用。

预算制项目的间接费用由依托单位统筹安排使用。依托单位应当建立健全间接费用的内部管理办法,公开透明、合规合理使用间接费用,处理好分摊间接成本和对科研人员激励的关系。绩效支出安排应当与科研人员在项目工作中的实际贡献挂钩。依托单位可将间接费用全部用于绩效支出,并向创新绩效突出的团队和个人倾斜。依托单位不得在间接费用以外,再以任何名义在项目资金中重复提取、列支相关费用。

第二十二条 预算制项目的间接费用一般按照不超过项目直接费用扣除设备购置费后的一定比例核定,并实行总额控制,具体比例如下:

(一)500 万元及以下部分为 30%;

(二)超过 500 万元至 1000 万元的部分为 25%;

(三)超过 1000 万元的部分为 20%。

其中,对于数学等纯理论基础研究的预算制项目,间接费用一般按照不超过项目直接费用扣除设备购置费后的一定比例核定,并实行总额控制,具体比例如下:

(一)500 万元及以下部分为 60%;

(二)超过 500 万元至 1000 万元的部分为 50%;

(三)超过 1000 万元的部分为 40%。

第二十三条 预算制项目实施过程中,项目预算有以下情况确需调剂的,应当按相关程序报自然科学基金委审批。

(一)由于研究内容或者研究计划作出重大调整等原因需要对预算总额进行调剂的;

(二)同一项目课题之间资金需要调剂的。

第二十四条 预算制项目实施过程中,在项目预算额度不变的情况下,预算确需调剂的,按以下规定予以调剂:

(一)设备费预算如需调剂,由项目负责人根据科研活动的实际需要提出申请,报依托单位审批。依托单位应当统筹考虑现有设备配置情况、科研项目实际需求等,及时办理调剂手续。

（二）劳务费、业务费预算如需调剂，由项目负责人根据科研活动实际需要自主安排。

（三）项目间接费用预算总额不得调增，依托单位与项目负责人协商一致后可调减用于直接费用。

第二十五条 对于需开展中期项目检查的预算制项目，可由自然科学基金委组织专家同步对资金的使用进行检查或评估。

第五章　预算执行与决算

第二十六条 自然科学基金委应当按照国库集中支付制度规定，根据不同类型科研项目特点、研究进度、资金需求等，合理制定经费拨付计划并在资助项目计划书签订后 30 日内，将经费按计划拨付至依托单位，切实保障科研活动需要。

有多个单位共同承担一个项目的，依托单位应当及时按资助项目计划书和合同转拨合作研究单位资金，并加强对转拨资金的监督管理。

项目负责人应当结合科研活动需要，科学合理安排项目资金支出进度。依托单位应当关注项目资金执行进度，有效提高资金使用效益。

第二十七条 项目资金管理使用不得存在以下行为：

（一）编报虚假预算；

（二）未对项目资金进行单独核算；

（三）列支与本项目任务无关的支出；

（四）未按规定执行和调剂预算、违反规定转拨项目资金；

（五）虚假承诺其他来源资金；

（六）通过虚假合同、虚假票据、虚构事项、虚报人员等弄虚作假，转移、套取、报销项目资金；

（七）截留、挤占、挪用项目资金；

（八）设置账外账、随意调账变动支出、随意修改记账凭证、提供虚假财务会计资料等；

（九）使用项目资金列支应当由个人负担的有关费用和支付各种罚款、捐款、赞助、投资、偿还债务等；

（十）其他违反国家财经纪律的行为。

第二十八条 项目资助期满后，项目负责人应当会同科研、财务、资产等管理部门及时清理账目与资产，如实编制项目决算。

有多个单位共同承担一个项目的，依托单位的项目负责人和合作研究单位的参与者应当分别编报项目决算，经所在单位科研、财务管理部门审核并签署意见后，由依托单位项目负责人汇总编制。

依托单位应当组织其科研、财务管理部门审核项目决算，并签署意见后报自然科学基金委。

第二十九条 自然科学基金委准予结题的项目，结余资金留归依托单位使用。依托单位应当将结余资金统筹安排用于基础研究直接支出，优先考虑原项目团队科研需求，并加强结余资金管理，健全结余资金盘活机制，加快资金使用进度。

自然科学基金委不予结题的项目，依托单位应当负责将结余资金在通知书下达后 30 日内按原渠道退回自然科学基金委。

第三十条 项目实施过程中，因故终止执行的项目，依托单位应当负责将结余资金按原渠道退回自然科学基金委。

因故被依法撤销的项目，依托单位应当负责将已拨付的资金全部按原渠道退回自然科学基金委。

依托单位发生变更的项目，原依托单位应当及时向新依托单位转拨需转拨的项目资金。

第三十一条 依托单位应当严格执行国家有关支出管理制度。对应当实行"公务卡"结算的支出，按照中央财政科研项目使用公务卡结算的有关规定执行。对于设备、大宗材料、测试化验加工、劳务、专家咨询等费用，原则上应当通过银行转账方式结算。

第三十二条 在项目实施过程中，依托单位因科研活动实际需要，邀请国内外专家、学者和有关人员参加由其主办的会议等，对确需负担的城市间交通费、国际旅费,可在会议费等费用中报销。对国内差旅费中的伙食补助费、市内交通费和难以取得发票的住宿费可实行包干制。对野外考察、心理测试等科研活动中无法取得发票或者财政性票据的,在确保真实性的前提下,可按实际发生额予以报销。

第三十三条　依托单位应当优化和完善内部管理规定,简化科研仪器设备采购流程。对科研急需的设备和耗材采用特事特办、随到随办的采购机制,可以不进行招标投标程序。

项目实施过程中,行政事业单位使用项目资金形成的固定资产属于国有资产,应当按照国家有关国有资产管理的规定执行。企业使用项目资金形成的固定资产,按照《企业财务通则》等相关规章制度执行。项目资金形成的知识产权等无形资产的管理,按照国家有关规定执行。使用项目资金形成的大型科学仪器设备、科学数据、自然科技资源等,按照规定开放共享。

第三十四条　依托单位要切实强化法人责任,制定内部管理办法,落实项目预算调剂、间接费用统筹使用、劳务费管理、结余资金使用等管理权限。

第三十五条　依托单位应当创新服务方式,让科研人员潜心从事科学研究。应当全面落实科研财务助理制度,确保每个项目配有相对固定的科研财务助理,为科研人员在预算编制、经费报销等方面提供专业化服务。科研财务助理所需人力成本费用(含社会保险补助、住房公积金),可由依托单位根据情况通过科研项目经费等渠道统筹解决。应当改进财务报销管理方式,充分利用信息化手段,建立符合科研实际需要的内部报销机制。

第六章　绩效管理与监督检查

第三十六条　自然科学基金委应当建立项目资金绩效管理制度,对项目资金管理使用效益进行绩效评价。进一步强化绩效导向,加强分类绩效评价,对自由探索型、任务导向型等不同类型科研项目,健全差异化的绩效评价指标体系,强化绩效评价结果运用,将绩效评价结果作为项目调整、后续支持的重要依据。

依托单位应当切实加强绩效管理,引导科研资源向优秀人才和团队倾斜,提高科研经费使用效益。

第三十七条 财政部、自然科学基金委、审计署、相关主管部门、依托单位应当根据职责和分工,建立覆盖资金管理使用全过程的资金监督机制。加强审计监督、财会监督与日常监督的贯通协调,增强监督合力,加强信息共享,避免交叉重复。

第三十八条 财政部按规定对自然科学基金项目资金管理和使用情况进行监督管理。

第三十九条 审计署、自然科学基金委按规定对依托单位项目资金管理和使用情况进行监督检查。依托单位和项目负责人应当积极配合并提供有关资料。

第四十条 相关主管部门应当督促所属依托单位加强内控制度和监督制约机制建设、落实项目资金管理责任,配合财政部、自然科学基金委开展监督检查和整改工作。

第四十一条 依托单位应当按照本办法和国家相关财经法规及财务管理规定,完善内部控制和监督制约机制,动态监管资金使用并实时预警提醒,确保资金合理规范使用;加强支撑服务条件建设,提高对科研人员的服务水平,建立常态化的自查自纠机制,保证项目资金安全。

第四十二条 项目资金管理建立承诺机制。依托单位应当承诺依法履行项目资金管理的职责。项目负责人应当承诺提供真实的项目信息,并认真遵守项目资金管理的有关规定。依托单位和项目负责人对违反承诺导致的后果承担相应责任。

对依托单位和科研人员在项目资金管理使用过程中出现的失信情况,应当纳入信用记录管理,对严重失信行为实行追责和惩戒。

第四十三条 项目资金管理建立信息公开机制。自然科学基金委应当及时公开非涉密项目预算安排情况,接受社会监督。

依托单位应当在单位内部公开非涉密项目立项、主要研究人员、资金使用(重点是间接费用、外拨资金、结余资金使用等)、决算、大型仪器设备购置以及项目研究成果等情况,接受内部监督。

第四十四条　任何单位和个人发现项目资金在使用和管理过程中有违规行为的,有权检举或者控告。

第四十五条　财政部、自然科学基金委及其相关工作人员、评审专家在自然科学基金预算审核环节,自然科学基金委及其相关工作人员在项目立项及其资金分配等环节,存在违反规定安排资金或其他滥用职权、玩忽职守、徇私舞弊等违法违规行为的,依法责令改正,对负有责任的领导人员和直接责任人员依法给予处分;涉嫌犯罪的,依法移送有关机关处理。

第四十六条　依托单位及其相关工作人员、项目负责人及其团队成员对于资金管理使用过程中,不按规定管理和使用项目资金、不按时编报项目决算、不按规定进行会计核算,存在截留、挪用、侵占项目资金等违法违规行为的,按照《中华人民共和国预算法》及其实施条例、《中华人民共和国会计法》、《国家自然科学基金条例》、《财政违法行为处罚处分条例》等国家有关规定追究相应责任。涉嫌犯罪的,依法移送有关机关处理。

第四十七条　自然科学基金委对项目资金管理、监督和检查等过程中发现的问题以及收到的投诉举报依法开展调查,并依法严肃查处违规违纪行为。

第七章　附　则

第四十八条　本办法由财政部、自然科学基金委负责解释。

第四十九条　本办法自发布之日起施行。

三、国家重点研发计划

国家重点研发计划资金管理办法

（财政部、科技部，2016 年 12 月）

第一章 总 则

第一条 为规范国家重点研发计划资金管理和使用，提高资金使用效益，根据《国务院关于改进加强中央财政科研项目和资金管理的若干意见》（国发〔2014〕11 号）、《国务院印发关于深化中央财政科技计划（专项、基金等）管理改革方案的通知》（国发〔2014〕64 号）和《中共中央办公厅 国务院办公厅印发〈关于进一步完善中央财政科研项目资金管理等政策的若干意见〉的通知》，以及国家有关财经法规和财务管理制度，结合国家重点研发计划管理特点，制定本办法。

第二条 国家重点研发计划由若干目标明确、边界清晰的重点专项组成，重点专项采取从基础前沿、重大共性关键技术到应用示范全链条一体化组织实施方式。重点专项下设项目，项目可根据自身特点和需要下设课题。重点专项实行概预算管理，重点专项项目实行预算管理。

第三条 国家重点研发计划实行多元化投入方式，资金来源包括中央财政资金、地方财政资金、单位自筹资金和从其他渠道获得的资金。中央财政资金支持方式包括前补助和后补助，具体支持方式在编制重点专项实施方案和年度项目申报指南时予以明确。

第四条 本办法主要规范中央财政安排的采用前补助支持方式的国家重点研发计划资金（以下简称"重点研发计划资金"），中央财政后补助支持方式具体规定另行制定。其他来源的资金应当按照国家有关财务会计制度和相关资金提供方的具体使用管理要求，统筹安排和使用。

第五条 重点专项项目牵头承担单位、课题承担单位和课题参与单位（以下简称"承担单位"）应当是在中国大陆境内注册、具有独立法人资格的科研院所、高等院校、企业等。

第六条 重点研发计划资金的管理和使用遵循以下原则：

（一）集中财力，突出重点。重点研发计划资金聚焦重点专项研发任务，重点支持市场机制不能有效配置资源的公共科技活动。注重加强统筹规划，避免资金安排分散重复。

（二）明晰权责，放管结合。政府部门不再直接管理具体项目，委托项目管理专业机构（以下简称"专业机构"）开展重点专项项目资金管理。充分发挥承担单位资金管理的法人责任，完善内控机制建设，提高管理服务水平。

（三）遵循规律，注重绩效。重点研发计划资金的管理和使用，应当体现重点专项组织实施的特点，遵循科研活动规律和依法理财的要求。强化事中和事后监管，完善信息公开公示制度，建立面向结果的绩效评价机制，提高资金使用效益。

第七条 重点研发计划资金实行分级管理、分级负责。财政部、科技部负责研究制定重点研发计划资金管理制度，组织重点专项概算编制和评估，组织开展对重点专项资金的监督检查；财政部按照资金管理制度，核定批复重点专项概预算；专业机构是重点专项资金管理和监督的责任主体，负责组织重点专项项目预算申报、评估、下达和项目财务验收，组织开展对项目资金的监督检查；承担单位是项目资金管理使用的责任主体，负责项目资金的日常管理和监督。

第二章　重点专项概预算管理

第八条 重点专项概算是指对专项实施周期内，专项任务实施所需总费用的事前估算，是重点专项预算安排的重要依据。重点专项概算包括总概算和年度概算。

第九条 专业机构根据重点专项的目标和任务,编报重点专项概算,报财政部、科技部。

第十条 重点专项概算应当同时编制收入概算和支出概算,确保收支平衡。

重点专项收入概算包括中央财政资金概算和其他来源的资金概算。

重点专项支出概算包括支出总概算和年度支出概算。专业机构应当在充分论证、科学合理分解重点专项任务基础上,根据任务相关性、配置适当性和经济合理性的原则,按照任务级次和不同研发阶段编列支出概算。

第十一条 财政部、科技部委托相关机构对重点专项概算进行评估。根据评估结果,结合财力可能,财政部核定并批复重点专项中央财政资金总概算和年度概算。

第十二条 中央财政资金总概算一般不予调整。重点专项任务目标发生重大变化等导致中央财政资金总概算确需调整的,专业机构在履行相关任务调整审批程序后,提出调整申请,经科技部审核后,按程序报财政部审批。总概算不变,重点专项年度间重大任务调整等导致年度概算需要调整的,由专业机构提出申请,经科技部审核后,按程序报财政部审批。

第十三条 专业机构根据核定的概算组织项目预算申报和评估,提出项目安排建议和重点专项中央财政资金预算安排建议,项目安排建议按程序报科技部,预算安排建议按照预算申报程序报财政部。无部门预算申报渠道的专业机构,通过科技部报送。

第十四条 科技部对项目安排建议进行合规性审核。财政部结合科技部意见,按照预算管理要求向专业机构下达重点专项中央财政资金预算(不含具体项目预算),并抄送科技部。

第十五条 重点专项中央财政资金预算一般不予调剂,因概算变化等确需调剂的,由专业机构提出申请,按程序报财政部批准。

第十六条 在重点专项实施周期内,由于年度任务调整等导致专业机构当年未下达给项目牵头承担单位的资金,可以结转下一年度继续使用。由于重点专项因故中止等原因,专业机构尚未下达给项目牵头承担单位的资金,按规定上缴中央财政。

第三章　项目资金开支范围

第十七条　重点专项项目资金由直接费用和间接费用组成。

第十八条　直接费用是指在项目实施过程中发生的与之直接相关的费用。主要包括:

(一)设备费:是指在项目实施过程中购置或试制专用仪器设备,对现有仪器设备进行升级改造,以及租赁外单位仪器设备而发生的费用。应当严格控制设备购置,鼓励开放共享、自主研制、租赁专用仪器设备以及对现有仪器设备进行升级改造,避免重复购置。

(二)材料费:是指在项目实施过程中消耗的各种原材料、辅助材料等低值易耗品的采购及运输、装卸、整理等费用。

(三)测试化验加工费:是指在项目实施过程中支付给外单位(包括承担单位内部独立经济核算单位)的检验、测试、化验及加工等费用。

(四)燃料动力费:是指在项目实施过程中直接使用的相关仪器设备、科学装置等运行发生的水、电、气、燃料消耗费用等。

(五)出版/文献/信息传播/知识产权事务费:是指在项目实施过程中,需要支付的出版费、资料费、专用软件购买费、文献检索费、专业通信费、专利申请及其他知识产权事务等费用。

(六)会议/差旅/国际合作交流费:是指在项目实施过程中发生的会议费、差旅费和国际合作交流费。在编制预算时,本科目支出预算不超过直接费用预算10%的,不需要编制测算依据。承担单位和科研人员应当按照实事求是、精简高效、厉行节约的原则,严格执行国家和单位的有关规定,统筹安排使用。

(七)劳务费:是指在项目实施过程中支付给参与项目的研究生、博士后、访问学者以及项目聘用的研究人员、科研辅助人员等的劳务性费用。

项目聘用人员的劳务费开支标准,参照当地科学研究和技术服务业从业人员平均工资水平,根据其在项目研究中承担的工作任务确定,其社会保险补助纳入劳务费科目开支。劳务费预算应据实编制,不设比例限制。

(八)专家咨询费:是指在项目实施过程中支付给临时聘请的咨询专家的费用。专家咨询费不得支付给参与本项目及所属课题研究和管理的相关工作人员。专家咨询费的管理按照国家有关规定执行。

(九)其他支出:是指在项目实施过程中除上述支出范围之外的其他相关支出。其他支出应当在申请预算时详细说明。

第十九条 间接费用是指承担单位在组织实施项目过程中发生的无法在直接费用中列支的相关费用。主要包括:承担单位为项目研究提供的房屋占用,日常水、电、气、暖消耗,有关管理费用的补助支出,以及激励科研人员的绩效支出等。

第二十条 结合承担单位信用情况,间接费用实行总额控制,按照不超过课题直接费用扣除设备购置费后的一定比例核定。具体比例如下:

(一)500 万元及以下部分为 20%;

(二)超过 500 万元至 1000 万元的部分为 15%;

(三)超过 1000 万元以上的部分为 13%。

第二十一条 间接费用由承担单位统筹安排使用。承担单位应当建立健全间接费用的内部管理办法,公开透明、合规合理使用间接费用,处理好分摊间接成本和对科研人员激励的关系。绩效支出安排应当与科研人员在项目工作中的实际贡献挂钩。

课题中有多个单位的,间接费用在总额范围内由课题承担单位与参与单位协商分配。承担单位不得在核定的间接费用以外,再以任何名义在项目资金中重复提取、列支相关费用。

第四章　项目预算编制与审批

第二十二条 重点专项项目预算由收入预算与支出预算构成。项目预算

125

由课题预算汇总形成。

（一）收入预算包括中央财政资金和其他来源资金。对于其他来源资金，应充分考虑各渠道的情况，并提供资金提供方的出资承诺，不得使用货币资金之外的资产或其他中央财政资金作为资金来源。

（二）支出预算应当按照资金开支范围确定的支出科目和不同资金来源分别编列，并对各项支出的主要用途和测算理由等进行详细说明。

第二十三条　重点专项项目不得在预算申报前先行设置控制额度，可在重点专项年度申报指南中公布重点专项概算。

项目实行两轮申报的，预申报环节时，项目申报单位提出所需专项资金预算总额；正式申报环节时，专业机构综合考虑重点专项概算、项目任务设置、预申报情况以及专家建议等，组织项目申报单位编报预算。

项目实行一轮申报的，按照正式申报环节要求组织编报预算。

第二十四条　项目申报单位应当按照政策相符性、目标相关性和经济合理性原则，科学、合理、真实地编制预算，对仪器设备购置、参与单位资质及拟外拨资金进行重点说明，并申明现有的实施条件和从单位外部可能获得的共享服务。项目申报单位对直接费用各项支出不得简单按比例编列。

第二十五条　专业机构委托相关机构开展项目预算评估。预算评估机构应当具有丰富的国家科技计划预算评估工作经验、熟悉国家科技计划和资金管理政策、建立了相关领域的科技专家队伍支撑、拥有专业的预算评估人才队伍等。

第二十六条　预算评估应当按照规范的程序和要求，坚持独立、客观、公正、科学的原则，对项目以及课题申报预算的政策相符性、目标相关性和经济合理性进行评估。

预算评估过程中不得简单按比例核减直接费用预算，同时应当建立健全与项目申报单位的沟通反馈机制。

第二十七条　专业机构根据预算评估结果，提出重点专项项目预算安排建议，并予以公示。

第二十八条　专业机构根据财政部下达的重点专项预算和科技部对项目

安排建议的审核意见,向项目牵头承担单位下达重点专项项目预算,并与项目牵头承担单位签订项目任务书(含预算)。

项目任务书(含预算)是项目和课题预算执行、财务验收和监督检查的依据。项目任务书(含预算)应以项目预算申报书为基础,突出绩效管理,明确项目考核目标、考核指标及考核方法,明晰各方责权,明确课题承担单位和参与单位的资金额度,包括其他来源资金和其他配套条件等。

第五章 项目预算执行与调剂

第二十九条 专业机构应当按照国库集中支付制度规定,及时办理向项目牵头承担单位支付年度项目资金的有关手续。实行部门预算批复前项目资金预拨制度。

项目牵头承担单位应当根据课题研究进度和资金使用情况,及时向课题承担单位拨付资金。课题承担单位应当按照研究进度,及时向课题参与单位拨付资金。课题参与单位不得再向外转拨资金。

逐级转拨资金时,项目牵头承担单位或课题承担单位不得无故拖延资金拨付,对于出现上述情况的单位,专业机构将采取约谈、暂停项目后续拨款等措施。

第三十条 承担单位应当严格执行国家有关财经法规和财务制度,切实履行法人责任,建立健全项目资金内部管理制度和报销规定,明确内部管理权限和审批程序,完善内控机制建设,强化资金使用绩效评价,确保资金使用安全规范有效。

第三十一条 承担单位应当建立健全科研财务助理制度,为科研人员在项目预算编制和调剂、资金支出、财务决算和验收方面提供专业化服务。

第三十二条 承担单位应当将项目资金纳入单位财务统一管理,对中央财政资金和其他来源的资金分别单独核算,确保专款专用。按照承诺保证其他来源的资金及时足额到位。

第三十三条 承担单位应当建立信息公开制度,在单位内部公开项目立项、主要研究人员、资金使用(重点是间接费用、外拨资金、结余资金使用等)、大型仪器设备购置以及项目研究成果等情况,接受内部监督。

第三十四条 承担单位应当严格执行国家有关支出管理制度。对应当实行"公务卡"结算的支出,按照中央财政科研项目使用公务卡结算的有关规定执行。对于设备费、大宗材料费和测试化验加工费、劳务费、专家咨询费等,原则上应当通过银行转账方式结算。对野外考察、心理测试等科研活动中无法取得发票或者财政性票据的,在确保真实性的前提下,可按实际发生额予以报销。

第三十五条 承担单位应当严格按照资金开支范围和标准办理支出,不得擅自调整外拨资金,不得利用虚假票据套取资金,不得通过编造虚假劳务合同、虚构人员名单等方式虚报冒领劳务费和专家咨询费,不得通过虚构测试化验内容、提高测试化验支出标准等方式违规开支测试化验加工费,不得随意调账变动支出、随意修改记账凭证,严禁以任何方式使用项目资金列支应当由个人负担的有关费用和支付各种罚款、捐款、赞助、投资等。

第三十六条 承担单位应当按照下达的预算执行。项目在研期间,年度剩余资金结转下一年度继续使用。预算确有必要调剂时,应当按照以下调剂范围和权限,履行相关程序:

(一)项目预算总额调剂,项目预算总额不变、课题间预算调剂,课题预算总额不变、课题参与单位之间预算调剂以及增减参与单位的,由项目牵头承担单位或课题承担单位逐级向专业机构提出申请,专业机构审核评估后,按有关规定批准。

(二)课题预算总额不变,课题直接费用中材料费、测试化验加工费、燃料动力费、出版/文献/信息传播/知识产权事务费、其他支出预算如需调剂,课题负责人根据实施过程中科研活动的实际需要提出申请,由课题承担单位批准,报项目牵头承担单位备案。设备费、差旅/会议/国际合作交流费、劳务费、专家咨询费的预算一般不予调增,需调减用于课题其他直接支出的,可按上述程序办理调剂审批手续;如有特殊情况确需调增的,由项目(课题)负责人提出申请,经项目牵头承担单位同意后,报专业机构批准。

(三)课题间接费用预算总额不得调增,经课题承担单位与课题负责人协商一致后,可以调减用于直接费用。

第三十七条 项目牵头承担单位应当在每年的 4 月 20 日前,审核课题上年度收支情况,汇总形成项目年度财务决算报告,并报送专业机构。决算报告应当真实、完整,账表一致。

项目资金下达之日起至年度终了不满三个月的项目,当年可以不编报年度财务决算,其资金使用情况在下一年度的年度决算报告中编制反映。

第三十八条 项目实施过程中,行政事业单位使用中央财政资金形成的固定资产属于国有资产,应当按照国家有关国有资产管理的规定执行。企业使用中央财政资金形成的固定资产,按照《企业财务通则》等相关规章制度执行。

承担单位使用中央财政资金形成的知识产权等无形资产的管理,按照国家有关规定执行。

使用中央财政资金形成的大型科学仪器设备、科学数据、自然科技资源等,按照规定开放共享。

第三十九条 项目或课题因故撤销或终止,项目牵头承担单位或课题承担单位财务部门应当及时清理账目与资产,编制财务报告及资产清单,报送专业机构。专业机构组织清查处理,确认并回收结余资金(含处理已购物资、材料及仪器设备的变价收入),统筹用于重点专项后续支出。

第六章　项目财务验收

第四十条 项目执行期满后,项目牵头承担单位应当及时组织课题承担单位清理账目与资产,如实编制课题资金决算。项目牵头承担单位审核汇总后向专业机构提出财务验收申请。

财务验收申请应当在项目执行期满后的三个月内提出。

第四十一条 专业机构按照有关规定组织财务验收。财务验收前,应当选择符合要求的会计师事务所进行财务审计,财务审计报告是财务验收的重要依据。

财务验收工作应当在项目牵头承担单位提出财务验收申请后的六个月内完成。

在财务验收前,专业机构应按照项目任务书的规定检查承担单位的科技报告呈交情况,未按规定呈交的,应责令其补交科技报告。

第四十二条 财务验收应当按项目组织,以项目下设的课题为单元开展和出具财务验收结论,综合形成项目财务验收意见,并告知项目牵头承担单位。

第四十三条 存在下列行为之一的,不得通过财务验收:

(一)编报虚假预算,套取国家财政资金;

(二)未对重点研发计划资金进行单独核算;

(三)截留、挤占、挪用重点研发计划资金;

(四)违反规定转拨、转移重点研发计划资金;

(五)提供虚假财务会计资料;

(六)未按规定执行和调剂预算;

(七)虚假承诺其他来源的资金;

(八)资金管理使用存在违规问题拒不整改;

(九)其他违反国家财经纪律的行为。

第四十四条 课题承担单位应当在财务验收完成后一个月之内及时办理财务结账手续。

完成课题任务目标并通过财务验收,且承担单位信用评价好的,结余资金在财务验收完成起两年内由承担单位统筹安排用于科研活动的直接支出;两年后结余资金未使用完的,上缴专业机构,统筹用于重点专项后续支出。

未通过财务验收或整改后通过财务验收的课题,或承担单位信用评价差的,结余资金由专业机构收回,统筹用于重点专项后续支出。

第四十五条 专业机构应当在财务验收完成后一个月内,将财务验收相关材料整理归档,并将验收结论报科技部备案。验收结论应当按规定向社会公开。

第四十六条　科技部对财务审计和财务验收进行随机抽查。对财务审计,重点抽查审计依据充分性、结论可靠性、审计工作质量及对重大违规问题的披露情况;对财务验收,重点抽查验收程序规范性、依据充分性、结论可靠性和项目结余资金管理情况。

第七章　监督检查

第四十七条　财政部、科技部、相关主管部门、专业机构和承担单位应当根据职责和分工,建立覆盖资金管理使用全过程的资金监督检查机制。监督检查应当加强统筹协调,加强信息共享,避免交叉重复。

第四十八条　科技部、财政部应当根据重点研发计划资金监督检查年度计划和实施方案,通过专项检查、专项审计、年度报告分析、举报核查、绩效评价等方式,对专业机构内部管理、重点专项资金管理使用规范性和有效性进行监督检查,对承担单位法人责任和内部控制、项目资金拨付的及时性、项目资金管理使用规范性、安全性和有效性等进行抽查。

第四十九条　相关主管部门应当督促所属承担单位加强内控制度和监督制约机制建设、落实重点专项项目资金管理责任,配合财政部、科技部开展监督检查和整改工作。

第五十条　专业机构应当组织开展对重点专项资金的管理和监督,并配合有关部门开展监督检查;对监督检查中发现问题较多的承担单位,采取警示、指导和培训等方式,加强对承担单位的事前风险预警和防控。

专业机构应当在每年末总结当年的重点专项资金管理和监督情况,并报科技部备案。

第五十一条　承担单位应当按照本办法和国家相关财经法规及财务管理规定,完善内部控制和监督制约机制,加强支撑服务条件建设,提高对科研人员的服务水平,建立常态化的自查自纠机制,保证项目资金安全。

项目牵头承担单位应当加强对课题承担单位的指导和监督,积极配合有关部门和机构的监督检查工作。

第五十二条　承担单位在预算编报、资金拨付、资金管理和使用、财务验收、监督检查等环节存在违规行为的,应当严肃处理。科技部、财政部、专业机构视情况轻重采取约谈、通报批评、暂停项目拨款、终止项目执行、追回已拨资金、阶段性或永久取消项目承担者项目申报资格等措施,并将有关结果向社会公开。涉嫌犯罪的,移送司法机关处理。

监督检查和验收过程中发现重要疑点和线索需要深入核查的,科技部、财政部可以移交相关单位的主管部门。主管部门应当按照有关规定和要求及时进行核查,并将核查结果及处理意见反馈科技部、财政部。

第五十三条　经本办法第五十二条规定作出正式处理,存在违规违纪和违法且造成严重后果或恶劣影响的责任主体,纳入科研严重失信行为记录,加强与其他社会信用体系衔接,实施联合惩戒。

第五十四条　重点研发计划资金管理实行责任倒查和追究制度。财政部、科技部及其相关工作人员在重点专项概预算审核下达,专业机构及其相关工作人员在重点专项项目资金分配等环节,存在违反规定安排资金或其他滥用职权、玩忽职守、徇私舞弊等违法违纪行为的,按照《预算法》、《公务员法》、《行政监察法》、《财政违法行为处罚处分条例》等有关规定追究相关单位和人员的责任,涉嫌犯罪的,移送司法机关处理。

第五十五条　科技部、财政部按照信用管理相关规定,对专业机构、承担单位、项目(课题)负责人、评估机构、会计师事务所、咨询评审专家等参与资金管理使用的行为进行记录和信用评价。

相关信用记录是重点研发计划项目预算核定、结余资金管理、监督检查、专业机构遴选和调整等的重要依据。信用记录与资金监督频次挂钩,对于信用好的机构和人员,可减少或在一定时期内免除监督检查;对于信用差的,应当作为监督检查的重点,加大监督检查频次。

第八章　附　则

第五十六条　管理要求另有规定的重点专项按有关规定执行。

第五十七条　本办法自发布之日起施行。2015 年 7 月 7 日财政部、科技部颁布的《关于中央财政科技计划管理改革过渡期资金管理有关问题的通知》（财教〔2015〕154 号）和 2016 年 4 月 18 日财政部办公厅、科技部办公厅颁布的《关于国家重点研发计划重点专项预算管理有关规定（试行）的通知》（财办教〔2016〕25 号）同时废止。

国家重点研发计划管理暂行办法

（科技部、财政部，2017 年 6 月）

第一章 总 则

第一条 为保证国家重点研发计划的顺利实施，实现科学、规范、高效和公正的管理，按照《国务院关于改进加强中央财政科研项目和资金管理的若干意见》（国发〔2014〕11 号）、《国务院印发关于深化中央财政科技计划（专项、基金等）管理改革方案的通知》（国发〔2014〕64 号）等的要求，制定本办法。

第二条 国家重点研发计划由中央财政资金设立，面向世界科技前沿、面向经济主战场、面向国家重大需求，重点资助事关国计民生的农业、能源资源、生态环境、健康等领域中需要长期演进的重大社会公益性研究，事关产业核心竞争力、整体自主创新能力和国家安全的战略性、基础性、前瞻性重大科学问题、重大共性关键技术和产品研发，以及重大国际科技合作等，加强跨部门、跨行业、跨区域研发布局和协同创新，为国民经济和社会发展主要领域提供持续性的支撑和引领。

第三条 国家重点研发计划按照重点专项、项目分层次管理。重点专项是国家重点研发计划组织实施的载体，聚焦国家重大战略任务、以目标为导向，从基础前沿、重大共性关键技术到应用示范进行全链条创新设计、一体化组织实施。

项目是国家重点研发计划组织实施的基本单元。项目可根据需要下设一定数量的课题。课题是项目的组成部分,按照项目总体部署和要求完成相对独立的研究开发任务,服务于项目目标。

第四条 国家重点研发计划的组织实施遵循以下原则:

(一)战略导向,聚焦重大。瞄准国家目标,聚焦重大需求,优化配置科技资源,着力解决当前及未来发展面临的科技瓶颈和突出问题,发挥全局性、综合性带动作用。

(二)统筹布局,协同推进。充分发挥部门、行业、地方、各类创新主体在总体任务布局、重点专项设置、实施与监督评估等方面的作用,强化需求牵引、目标导向和协同联动,促进产学研结合,普及科学技术知识,支持社会力量积极参与。

(三)简政放权,竞争择优。建立决策、咨询和具体项目管理工作既相对分开又相互衔接的管理制度,主要通过公开竞争方式遴选资助优秀创新团队,发挥市场配置技术创新资源的决定性作用和企业技术创新主体作用,尊重科研规律,赋予科研人员充分的研发创新自主权。

(四)加强监督,突出绩效。建立全过程嵌入式的监督评估体系和动态调整机制,加强信息公开,注重关键节点目标考核和组织实施效果评估,着力提升科技创新绩效。

第五条 国家重点研发计划纳入公开统一的国家科技管理平台,充分发挥国家科技计划(专项、基金等)管理部际联席会议、战略咨询与综合评审委员会、项目管理专业机构、评估监管与动态调整机制、国家科技管理信息系统的作用,与国家自然科学基金、国家科技重大专项、技术创新引导专项(基金)、基地和人才专项等加强统筹衔接。

第二章　组织管理与职责

第六条 国家科技计划(专项、基金等)管理部际联席会议(以下简称联席会议)负责审议国家重点研发计划的总体任务布局、重点专项设置、专业机构遴选择优等重大事项。

第七条 战略咨询与综合评审委员会（以下简称咨评委）负责对国家重点研发计划的总体任务布局、重点专项设置及其任务分解等提出咨询意见，为联席会议提供决策参考。

第八条 科技部是国家重点研发计划的牵头组织部门，主要职责是会同相关部门和地方开展以下工作：

（一）研究制定国家重点研发计划管理制度；

（二）研究提出重大研发需求、总体任务布局及重点专项设置建议；

（三）编制重点专项实施方案，编制发布年度项目申报指南；

（四）提出承接重点专项具体项目管理工作的专业机构建议，代表联席会议与专业机构签署任务委托协议，并对其履职尽责情况进行监督检查；

（五）开展重点专项年度与中期管理、监督检查和绩效评估，提出重点专项优化调整建议；

（六）建立重点专项组织实施的协调保障机制，推动重点专项项目成果的转化应用和信息共享；

（七）组建各重点专项专家委员会，支撑重点专项的组织实施与管理工作；

（八）开展科技发展趋势的战略研究和政策研究，优化国家重点研发计划总体任务布局。

第九条 相关部门和地方通过联席会议机制推动国家重点研发计划的组织实施，主要职责是：

（一）凝练形成相关领域重大研发需求，提出重点专项设置的相关建议；

（二）参与重点专项实施方案和年度项目申报指南编制；

（三）参与重点专项年度与中期管理、监督检查和绩效评估等；

（四）为相关重点专项组织实施提供协调保障支持，加强对所属单位承担国家重点研发计划任务和资金使用情况的日常管理与监督；

（五）做好产业政策、规划、标准等与重点专项组织实施工作的衔接，协调推动重点专项项目成果在行业和地方的转移转化与应用示范。

第十条 重点专项专家委员会由重点专项实施方案编制参与部门（含地

方,以下简称专项参与部门)推荐的专家组成,主要职责是:

（一）开展重点专项的发展战略研究和政策研究；

（二）为重点专项实施方案和年度项目申报指南编制工作提供专业咨询；

（三）在项目立项的合规性审核环节提出咨询意见；

（四）参与重点专项年度和中期管理、监督检查、项目验收、绩效评估等,对重点专项的优化调整提出咨询意见。

第十一条 项目管理专业机构（以下简称专业机构）根据国家重点研发计划相关管理规定和任务委托协议,开展具体项目管理工作,对实现任务目标负责,主要职责是：

（一）组织编报重点专项概算；

（二）参与编制重点专项年度项目申报指南；

（三）负责项目申报受理、形式审查、评审、公示、发布立项通知、与项目牵头单位签订项目任务书等立项工作；

（四）负责项目资金拨付、年度和中期检查、验收、按程序对项目进行动态调整等管理和服务工作；

（五）加强重点专项下设项目间的统筹协调,整体推进重点专项的组织实施；

（六）按要求报告重点专项及其项目实施情况和重大事项,接受监督；

（七）负责项目验收后的后续管理工作,对项目相关资料进行归档保存,促进项目成果的转化应用和信息共享；

（八）按照公开、公平、公正和利益回避的原则,充分发挥专家作用,支撑具体项目管理工作。

第十二条 项目牵头单位负责项目的具体组织实施工作,强化法人责任。主要职责是：

（一）按照签订的项目任务书组织实施项目,履行任务书各项条款,落实配套条件,完成项目研发任务和目标；

（二）严格执行国家重点研发计划各项管理规定,建立健全科研、财务、诚信等内部管理制度,落实国家激励科研人员的政策措施；

（三）按要求及时编报项目执行情况报告、信息报表、科技报告等；

（四）及时报告项目执行中出现的重大事项，按程序报批需要调整的事项；

（五）接受指导、检查并配合做好监督、评估和验收等工作；

（六）履行保密、知识产权保护等责任和义务，推动项目成果转化应用。

第十三条　项目下设课题的，课题承担单位应强化法人责任，按照项目实施的总体要求完成课题任务目标；课题任务须接受项目牵头单位的指导、协调和监督，对项目牵头单位负责。

第三章　重点专项与项目申报指南

第十四条　科技部围绕国家重大战略和相关规划的贯彻落实，牵头组织征集部门和地方的重大研发需求，根据"自下而上"和"自上而下"相结合的原则，会同相关部门和地方研究提出国家重点研发计划的总体任务布局，经咨评委咨询评议后，提交联席会议全体会议审议。

第十五条　根据联席会议审议通过的总体任务布局，科技部会同相关部门和地方凝练形成目标明确的重点专项，并组织编制重点专项实施方案，作为重点专项任务分解、概算编制、项目申报指南编制、项目安排、组织实施、监督检查、绩效评估的基本依据。

实施方案要围绕国家重大战略需求和规划部署，聚焦本专项要解决的重大科学问题或要突破的共性关键技术，全链条创新设计，合理部署基础研究、重大共性关键技术、应用示范等研发阶段的主要任务，并明确任务部署的进度安排。

第十六条　重点专项实施方案由咨评委咨询评议，并按照突出重点、区分轻重缓急的原则提出启动建议后，提交联席会议专题会议审议，并将审议结果向联席会议全体会议报告。联席会议审议通过的重点专项应按程序报批。

第十七条　重点专项实行目标管理，执行期一般为五年，执行期间可根据需要优化调整。重点专项完成预期目标或达到设定时限的，应当自动终止；确有必要的,可延续实施。

需要优化调整或延续实施的重点专项,由科技部、财政部商相关部门提出建议,经咨评委咨询评议后报联席会议专题会议审议,按程序报批。

第十八条 拟启动实施的重点专项,应按规定明确承接具体项目管理工作的专业机构并签订任务委托协议,由专业机构组织编报重点专项概算,并与财政预算管理要求相衔接。

第十九条 重点专项的年度项目申报指南,由科技部会同专项参与部门及专业机构编制。重点专项专家委员会为指南编制提供专业支撑。指南编制工作应充分遵循实施方案提出的总体目标和任务设置,细化分解形成重点专项年度项目安排。

项目应相对独立完整,体量适度,设立可考核可评估的具体指标。指南不得直接或变相限定项目的技术路线和研究方案。对于同一指南方向下不同技术路线的申报项目,可以择优同时支持。

第二十条 项目申报指南应明确项目遴选方式,主要通过公开竞争择优确定项目承担单位。对于组织强度要求较高、行业内优势单位较为集中或典型应用示范区域特征明显的指南方向,也可采取定向择优等方式遴选项目承担单位,但须对申报单位的资质、与项目相关的研究基础以及配套资金等提出明确要求。

第二十一条 经公开征求意见与审核评估后,项目申报指南通过国家科技管理信息系统(以下简称信息系统)公开发布。发布指南时可公布重点专项年度拟立项项目数及相应的总概算。指南编制专家名单、形式审查条件要求等应与指南一并公布。保密项目采取非公开方式发布指南。自指南发布日到项目申报受理截止日,原则上不少于50天。

第二十二条 建立多元化的投入体系,鼓励地方、行业、企业与中央财政共同出资,组织实施重点专项,建立由出资各方共同管理、协同推进的组织实施模式,支持重点专项项目成果在地方、行业和企业推广应用、转化落地。

第四章　项目立项

第二十三条　具有较强科研能力和条件、运行管理规范、在中国大陆境内注册、具有独立法人资格的科研机构、高等学校、企业等，可根据项目申报指南要求申报项目。多个单位组成申报团队联合申报的，应签订联合申报协议，并明确一家单位作为项目牵头单位。项目下设课题的，也应同时明确课题承担单位。

第二十四条　申报项目应明确项目（课题）负责人。项目（课题）负责人应具有领导和组织开展创新性研究的能力，科研信用记录良好，年龄、工作时间等符合指南要求。项目（课题）负责人及研发骨干人员按相关规定实行限项管理。

第二十五条　国家重点研发计划实行对外开放与合作。境外科研机构、高等学校、企业等在中国大陆境内注册的独立法人机构，可根据指南要求牵头或参与项目申报；受聘于在中国大陆境内注册的独立法人机构的外籍科学家及港、澳、台地区科研人员，符合指南要求的可作为项目（课题）负责人申报。

第二十六条　项目申报一般包括预申报和正式申报两个环节，并相应开展首轮评审和答辩评审。项目评审专家应从国家科技专家库中选取，按照相关规定向社会公布，并实行回避制度和轮换机制。鼓励邀请外籍专家参与国家重点研发计划的项目评审工作。

第二十七条　项目牵头单位应按照项目申报指南的要求，通过信息系统提交简要的预申报书。专业机构受理项目预申报并进行形式审查后，采取网络评审、通讯评审或会议评审等方式组织开展首轮评审，不要求项目申报团队答辩。

第二十八条　专业机构通过首轮评审择优遴选出3—4倍于拟立项数量的申报项目，通知项目牵头单位通过信息系统填报正式申报书，经形式审查后，以视频会议等方式组织开展答辩评审。

第二十九条　预申报项目数低于拟立项数量3—4倍的，专业机构可不组织首轮评审,直接通知项目牵头单位填报正式申报书,经形式审查后进入答辩评审环节。

第三十条 组织答辩评审时,专业机构应要求评审专家提前审阅评审材料,并在评审前就指南内容、评审规则等向评审专家进行说明。

第三十一条 专业机构根据指南要求和答辩评审结果,按照择优支持原则提出年度项目安排方案,报科技部进行合规性审核。

第三十二条 科技部对项目立项程序的规范性、拟立项项目与指南的相符性等进行审核,形成审核意见反馈专业机构。审核工作应以适当方式听取重点专项专家委员会专家的咨询意见。

第三十三条 专业机构对通过合规性审核的拟立项项目通过信息系统进行公示,并依据公示结果发布立项通知,与项目牵头单位签订项目任务书。项目下设课题的,项目牵头单位也应与课题承担单位签订课题任务书。

项目(课题)任务书应以项目申报书和专家评审意见为依据,突出绩效管理,明确考核目标、考核指标、考核方式方法,以及普及科学技术知识的要求。对于保密项目,专业机构应与项目牵头单位签订保密协议。

第三十四条 专业机构完成立项工作后,应将立项情况报告专项参与部门。

第三十五条 对于突发、紧急的国家重大科技需求,科技部可根据党中央、国务院要求,组织相关部门或地方对已设立的重点专项研发任务进行调整,研究提出快速反应项目,采取定向择优等方式组织实施。涉及重点专项中央财政资金总概算调整的,按程序报批。

第三十六条 专业机构应将形式审查和评审结果通过信息系统及时反馈项目牵头单位,并建立项目申诉处理机制,按规定受理项目相关申诉意见和建议,开展申诉调查,及时向申诉者反馈处理意见。

第五章　项目实施

第三十七条 项目承担单位(包括项目牵头单位、课题承担单位和参与单位等)应根据项目(课题)任务书确定的目标任务和分工安排,履行各自的责任和义务,按进度高质量完成相关研发任务。应按照一体化组织实施的要求,加强不同任务间的沟通、互动、衔接与集成,共同完成项目总体目标。

第三十八条 项目牵头单位和项目负责人应切实履行牵头责任,制定本项目一体化组织实施的工作方案,明确定期调度、节点控制、协同推进的具体方式,在项目实施中严格执行,全面掌握项目进展情况,并为各研究任务的顺利推进提供支持。对可能影响项目实施的重大事项和重大问题,应及时报告专业机构并研究提出对策建议。

第三十九条 课题承担单位和参与单位应积极配合项目牵头单位组织开展的督导、协调和调度工作,按要求参加集中交流、专题研讨、信息共享等沟通衔接安排,及时报告研究进展和重大事项,支持项目牵头单位加强研究成果的集成。

第四十条 项目实施中,专业机构应安排专人负责项目管理、服务和协调保障工作,通过全程跟进、集中汇报、专题调研等方式全面了解项目进展和组织实施情况,及时研究处理项目牵头单位提出的有关重大事项和重大问题,及时判断项目执行情况、承担单位和人员的履约能力等。在项目实施的关键节点,及时向项目牵头单位提出有关意见和建议。

第四十一条 对于具有创新链上下游关系或关联性较强的相关项目,专业机构应当建立专门的统筹管理机制,督导相关项目牵头单位在项目实施中加强协调和联动,按照重点专项实施方案的部署和进度安排,共同完成研发任务。

第四十二条 实行项目年度报告制度。项目牵头单位应按照科技报告制度要求,于每年11月底前,通过信息系统向专业机构报送项目年度执行情况报告。项目执行不足3个月的,可在下一年度一并上报。

第四十三条 实行项目中期检查制度。执行周期在3年及以上的项目,在项目实施中期,专业机构应对项目执行情况进行中期检查,对项目能否完成预定任务目标做出判断,并形成中期执行情况报告。具有明确应用示范目标的项目,专业机构应邀请有关部门和地方共同开展中期检查工作。

第四十四条 项目实施中须对以下事项作出必要调整的,应按程序通过信息系统报批:

(一)变更项目牵头单位、课题承担单位、项目(含课题)负责人、项目实施周期、项目主要研究目标和考核指标等重大调整事项,由项目牵头单位提出书面申请,专业机构研究形成意见,或由专业机构直接提出意见,报科技部审核后,由专业机构批复调整;

(二)变更课题参与单位、研发骨干人员、课题实施周期、课题主要研究目标和考核指标等重要调整事项,由项目牵头单位提出书面申请,专业机构研究审核批复,并报科技部备案;

(三)其他一般性调整事项,专业机构可委托项目牵头单位负责,并做好指导和管理工作。

第四十五条 项目实施中遇到下列情况之一的,项目任务书签署方均可提出撤销或终止项目的建议。专业机构应对撤销或终止建议研究提出意见,报科技部审核后,批复执行。

(一)经实践证明,项目技术路线不合理、不可行,或项目无法实现任务书规定的进度且无改进办法;

(二)项目执行中出现严重的知识产权纠纷;

(三)完成项目任务所需的资金、原材料、人员、支撑条件等未落实或发生改变导致研究无法正常进行;

(四)组织管理不力或者发生重大问题导致项目无法进行;

(五)项目实施过程中出现严重违规违纪行为,严重科研不端行为,不按规定进行整改或拒绝整改;

(六)项目任务书规定其它可以撤销或终止的情况。

第四十六条 撤销或终止项目的,项目牵头单位应对已开展工作、经费使用、已购置设备仪器、阶段性成果、知识产权等情况做出书面报告,经专业机构核查批准后,依规完成后续相关工作。对于因非正当理由致使项目撤销或终止的,专业机构应通过调查核实或后评估明确责任人和责任单位,并纳入科研诚信记录。

第四十七条 专业机构应对受托管理重点专项下设项目的总体执行情况定期梳理汇总,形成重点专项执行情况报告,以及进一步完善重点专项组织实施工作的意见和建议,通过书面或会议方式向专项参与部门报告,为重点专项管理工作提供支撑。

执行满6个月以上的重点专项,专业机构在每年12月份向科技部提交当年度执行情况报告;执行期5年及以上的重点专项,专业机构在第3年提交中期执行情况报告。

第四十八条 专项参与部门应当加强重点专项的年度及中期管理工作,定期听取重点专项执行情况报告,每年不少于一次,及时研究解决重点专项实施中的重大问题,加强协调保障和组织推动,对专业机构进一步完善具体项目管理工作提出意见和建议。

第四十九条 事关重点专项总体实施效果的重大项目取得超过预期的重大突破或实施进度严重滞后,或外部环境发生重大变化时,科技部、财政部应会同其他专项参与部门及时研究提出优化调整或终止执行重点专项的建议,按程序报批。

第六章 项目验收与成果管理

第五十条 项目执行期满后,专业机构应立即启动项目验收工作,要求项目牵头单位在3个月内完成验收准备并通过信息系统提交验收材料,在此基础上于6个月内完成项目验收,不得无故逾期。项目下设课题的,项目牵头单位应在项目验收前组织完成课题验收。

第五十一条 项目因故不能按期完成须申请延期的,项目牵头单位应于项目执行期结束前6个月提出延期申请,经专业机构提出意见报科技部审核后,由专业机构批复执行。项目延期原则上只能申请1次,延期时间原则上不超过1年。

未按要求提出延期申请的,专业机构应按照正常进度组织验收工作。

第五十二条 专业机构应根据不同项目类型,组织项目验收专家组,采用同行评议、第三方评估和测试、用户评价等方式,依据项目任务书所确定的任务目标和考核指标开展验收。

对于具有创新链上下游关系或关联性较强的相关项目,验收时应有整体设计,强化对一体化实施绩效的考核。

第五十三条 项目验收专家组一般由技术专家、管理专家和产业专家等共同组成。验收专家组构成应充分听取专项参与部门意见。验收专家执行回避制度。

第五十四条 项目验收专家组在审阅资料、听取汇报、实地考核、观看演示、提问质询的基础上,按照通过验收、不通过验收或结题三种情况形成验收结论。

(一)按期保质完成项目任务书确定的目标和任务,为通过验收;

(二)因非不可抗拒因素未完成项目任务书确定的主要目标和任务,按不通过验收处理;

(三)因不可抗拒因素未完成项目任务书确定的主要目标和任务的,按照结题处理。

第五十五条 提供的验收文件、资料、数据存在弄虚作假,或未按相关要求报批重大调整事项,或不配合验收工作的,按不通过验收处理。

第五十六条 专业机构应统筹做好项目验收和财务验收工作。验收工作结束后 3 个月内,专业机构应将项目验收结论与财务验收意见一并通知项目牵头单位,并报科技部备案;项目承担单位应按相关规定填写科技报告和成果信息,纳入国家科技报告系统和科技成果转化项目库。项目验收结论及成果除有保密要求外,应及时向社会公示。

第五十七条 项目形成的研究成果,包括论文、专著、样机、样品等,应标注"国家重点研发计划资助"字样及项目编号,英文标注:"National Key R&D Program of China"。第一标注的成果作为验收或评估的确认依据。

第五十八条 项目形成的知识产权的归属、使用和转移,按照国家有关法律、法规和政策执行。相关单位应事先签署正式协议,约定成果和知识产权的归属及权益分配。为了国家安全、国家利益和重大社会公共利益的需要,国家可以许可他人有偿实施或者无偿实施项目形成的知识产权。

第五十九条　依法取得知识产权的单位应当积极应用和有序扩散项目成果，传播和普及科学知识，促进技术交易和成果转化，并落实支持成果转化的科研人员激励政策。专项参与部门应在协调推动项目成果转移转化和应用示范方面给予支持。

第六十条　对涉及国家秘密的项目及取得的成果，按有关规定进行密级评定、确认和保密管理。

第七章　监督与评估

第六十一条　国家重点研发计划建立全过程嵌入式的监督评估机制，对重点专项及其项目管理和实施中指南编制、立项、专家选用、项目实施与验收等工作中相关主体的行为规范、工作纪律、履职尽责情况等进行监督，并对重点专项总体实施和资金使用情况及效果进行评估评价，创造公平公开公正的科研环境，提高创新绩效。

第六十二条　监督评估工作应以国家重点研发计划的相关制度规定、重点专项实施方案、项目申报指南、任务书、协议、诚信承诺书等为依据，按照责权一致的原则和放管服要求确定监督评估对象和重点。接受监督评估的单位应当建立健全内控制度和常态化的自查自纠机制，加强风险防控，强化管理人员、科研人员的责任意识、绩效意识、自律意识和科研诚信，积极配合监督评估工作。

第六十三条　监督评估工作由科技部、财政部会同其他专项参与部门组织开展，一般应先行制定年度工作方案，明确当年监督评估的范围、重点、时间、方式等，避免交叉重复，并注重发挥重点专项专家委员会专家的作用。涉及项目监督评估的，应主要针对事关重点专项总体实施效果的重大项目。

第六十四条　监督工作应当深入科研和管理一线，加强事中、事后和关键环节的监督，但不得干涉正常的具体项目管理工作，不得额外增加专业机构和项目承担单位的负担。监督的主要内容包括但不限于以下方面：

（一）科技计划相关管理部门管理科技计划的科学性、规范性，科技计划的实施绩效；

（二）专业机构管理工作的科学性、规范性，及其在项目管理过程中的履职尽责和绩效情况；

（三）项目承担单位法人责任制落实情况、项目执行情况及资金的管理使用情况；

（四）参与科技计划、项目咨询评审和监督工作的专家，以及支撑机构的履职尽责情况；

（五）科研人员在项目申报、实施和资金管理使用中的科研诚信和履职尽责情况。

第六十五条 建立公众参与监督的工作机制。按照公开为常态，不公开为例外的原则，加大项目立项、验收、资金安排和专家选用等信息公开力度，主动接受公众和舆论监督，听取意见，推动和改进相关工作。收到投诉举报的，应当按有关规定登记、分类处理和反馈；投诉举报事项不在权限范围内的，应按有关规定移交相关部门和地方处理。

项目承担单位应当在单位内部公开项目立项、主要研究人员、科研资金使用、项目合作单位、大型仪器设备购置以及研究成果情况等信息，加强内部监督。

第六十六条 建立监督工作应急响应机制。发现重大项目执行风险、接到重大违规违纪线索、出现项目管理重大争议事件时，相关部门应立即启动应急响应机制，进行调查核实，或责成专业机构调查核实，提出意见和建议。

第六十七条 监督工作应当形成监督结论和意见，及时向相关部门或专业机构反馈。对于需进一步改进完善项目管理或组织实施工作的，应提出明确建议或要求，责成相关专业机构及时核查具体情况，采取相应措施进行整改。

第六十八条 因发生重大变化须对重点专项进行优化调整的，应根据需要委托第三方机构，对重点专项实施情况进行定性与定量相结合的评估，与专家咨询意见一起作为决策参考。

第六十九条　重点专项即将达到或已经达到执行期限时,应责成专业机构对重点专项实施情况进行总结评估,在此基础上委托第三方机构开展总体绩效评估,对重点专项的目标实现程度、任务布局合理性、组织管理水平、效果与影响等做出全面评价。

第七十条　及时严肃处理违规行为,并实行逐级问责和责任倒查。对有违规行为的咨询评审专家,予以警告、责令限期改正、通报批评、阶段性或永久性取消咨询评审和申报参与项目资格等处理;对有违规行为的项目承担单位和科研人员,予以约谈、通报批评、暂停项目拨款、追回已拨项目资金、终止项目执行、阶段性或永久性取消申报参与项目资格等处理;对有违规行为的专业机构,予以约谈、通报批评、解除委托协议、阶段性或永久性取消项目管理资格等处理。

处理结果应以适当方式向社会公布,并纳入科研诚信记录。违法、违纪的,应及时移交司法机关和纪检部门。

第七十一条　建立统一的信息系统,为重点专项及其项目管理和监督评估提供支撑。重点专项的形成、年度与中期管理、动态调整、监督评估,以及项目的立项、资金安排、过程管理、验收与跟踪管理等信息,统一纳入信息系统,全程留痕,可查询、可申诉、可追溯。

第八章　附　则

第七十二条　涉及资金使用、管理等事项,执行国家重点研发计划资金管理办法及相关规定。管理要求另有规定的重点专项,按有关规定执行。

第七十三条　本办法自发布之日起施行。科技部依据本办法制定相应的实施管理细则。2015年12月6日科技部、财政部颁布的《关于改革过渡期国家重点研发计划组织管理有关事项的通知》(国科发资〔2015〕423号)同时废止。

国家重点研发计划重点专项
项目预算编报指南

(科技部,2017 年 8 月)

第一节 项目(课题)预算的概述

国家重点研发计划由若干目标明确、边界清晰的重点专项组成,重点专项下设项目,项目可根据自身特点和需要下设课题。

重点专项项目实行预算管理。经过批复的项目预算,将作为任务书签订、资金拨付、预算执行、财务验收和监督检查的重要依据。

重点专项项目预算由课题预算汇总形成。负责项目预算申报工作的项目牵头单位、课题承担单位和课题参与单位(以下统称"承担单位")按照分级管理、分级负责的原则,由项目牵头单位负责协调各课题承担单位编报课题预算,课题承担单位负责组织课题参与单位以课题为单元编报课题预算,在此基础上,由项目牵头单位审核、汇总提交项目预算。

重点专项项目预算由收入预算与支出预算构成。收入预算包括中央财政资金和其他来源资金(包括地方财政资金、单位自筹资金和从其他渠道获得的资金)。对于其他来源资金,应充分考虑各渠道的情况,不得使用货币资金之外的资产或其他中央财政资金作为资金来源。支出预算应当按照《国家重点研发计划资金管理办法》确定的支出科目和不同来源分别编列,并与项目研究开发任务密切相关。本指南主要规范中央财政安排的重点研发计划资金,其他来源资金应当按照国家有关会计制度和相关资金提供方的具体要求编列。

第二节　项目(课题)预算的政策依据和编报原则、总体要求

一、政策依据和编报原则

1.项目(课题)预算的政策依据

中央办公厅、国务院办公厅《关于进一步完善中央财政科研项目资金管理等政策的若干意见》、《国务院关于改进加强中央财政科研项目和资金管理的若干意见》(国发〔2014〕11号)、《国务院印发关于深化中央财政科技计划(专项、基金等)管理改革方案的通知》(国发〔2014〕64号)、《国家重点研发计划资金管理办法》(以下简称《资金管理办法》,财科教〔2016〕113号)、《关于落实〈关于进一步完善中央财政科研项目资金管理等政策的若干意见〉的通知》(财科教〔2017〕6号)等相关制度。

2.项目(课题)预算的编报原则

(1)项目(课题)收入预算由中央财政资金预算和其他来源资金预算构成,其他来源资金预算包括地方财政资金、单位自筹资金和其他资金。因资金来源各有不同,在编报预算时要结合项目(课题)任务实际需要以及资金来源方的要求编制预算,做到全面、完整、真实、准确填报,不得虚假承诺配套。

(2)项目(课题)支出预算的开支范围和开支标准,应符合《资金管理办法》及国家财经法规的规定。

政策相符性:项目(课题)预算科目的开支范围和开支标准,应符合国家财经法规和《资金管理办法》的相关规定。

目标相关性:项目(课题)预算应以其任务目标为依据,预算支出应与项目(课题)研究开发任务密切相关,预算的总量、结构等应与设定的项目(课题)任务目标、工作内容、工作量及技术路线相符。

经济合理性:项目(课题)预算应综合考虑国内外同类研究开发活动的状况以及我国相关产业行业特点等,与同类科研活动支出水平相匹配,并结合项目(课题)研究开发的现有基础、前期投入和支撑条件,在考虑技术创新风险

和不影响项目(课题)任务的前提下进行安排,并提高资金的使用效益。

二、编报总体要求

承担单位应当按照政策相符性、目标相关性和经济合理性原则,科学、合理、真实地编制预算,在明确项目(课题)研究目标、任务、实施周期和资金安排(包括间接费用分配)等内容的基础上,对仪器设备购置、承担单位资质及拟外拨资金进行重点说明,并申明现有的实施条件和从单位外部可能获得的共享服务。

承担单位对直接费用各项支出不得简单按比例编列。承担单位已形成的工作基础及科研条件等前期投入不得列入项目(课题)资金预算。在同一支出科目中需要同时编列中央财政资金和其他来源资金的,应在预算说明中分别就中央财政资金、其他来源资金在本科目中的具体用途予以说明。

承担单位对项目(课题)资金管理使用负有法人责任,按照"谁申报项目(课题)、谁承担研究任务、谁管理使用资金"的要求,如法人单位实际承担研究任务且管理使用资金,不应以上级单位的名义申报;如以法人单位名义申报的,应由本单位组织任务实施并管理使用资金,不得将资金转拨给其下级法人单位,如大学的附属医院、集团公司或母公司的全资或控制子公司、科研院及下属的研究所等。

若项目牵头单位、课题承担单位、课题参与单位之间存在关联关系,或项目负责人、课题负责人与课题参与单位之间存在关联关系的,应予以披露。项目牵头单位在预算编报、资金过程管理以及财务验收等工作中应重点予以审核、把关。

承担单位应采用支出预算和收入预算同时编制的方法编制项目(课题)预算,平衡公式为:资金支出预算合计=资金收入预算合计。项目(课题)预算期间应与项目(课题)实施周期一致。

课题预算应以课题为单元编报,无需再将课题预算拆分成参与单位或子任务进行编报。

第三节　课题预算说明的主要内容

一、对承担单位前期已形成的工作基础及科研条件，以及相关部门承诺为本课题研发提供的支撑条件等情况进行详细说明。

重点按以下内容进行说明：一是说明项目牵头单位、课题承担单位、课题参与单位以及相关部门，在课题研发方面的前期投入情况和已经形成的相关科研条件，如为课题研究开发提供的场地（实验示范基地、实验室等），提供的仪器设备、装置、软件、数据库，具备的测试化验加工条件，以及研究团队等情况；二是上述相关科研条件对课题研发活动起到的支撑保障作用。

二、对本课题各科目支出主要用途、与课题研发的相关性、必要性及测算方法、测算依据进行详细说明。

本部分是预算说明的重点，若在同一科目既有中央财政资金预算又有其他来源资金预算，应对中央财政资金和其他来源资金分别说明。课题资金由直接费用和间接费用组成，各科目具体如下：

（一）设备费

设备费：是指在项目（课题）实施过程中购置或试制专用仪器设备，对现有仪器设备进行升级改造，以及租赁外单位仪器设备而发生的费用。

编制设备费预算应注意：

1. 应当严格控制设备购置，鼓励开放共享、自主研制、租赁专用仪器设备以及对现有仪器设备进行升级改造，避免重复购置。

2. 应对购置仪器设备重点予以说明，包括设备的主要性能指标、主要技术参数和用途，对项目（课题）研究的作用，购置单台套50万元（含）以上的仪器设备，还需重点说明购买的必要性和数量的合理性等。购置仪器设备的选型应在能够完成项目（课题）任务的前提下，选择性价比好的仪器设备。

购置单台套10万元（含）以上的设备，需提供3家以上报价单。如果是独家代理或生产，可提供1家报价单，但应予以说明。

3. 试制设备费是现有仪器设备无法满足项目（课题）检测、实验、验证或示范等研究任务需要而试制专用仪器设备发生的费用,一般由零部件、材料等成本,以及零部件加工、设备安装调试、燃料动力等费用构成。

当试制设备为过程产品时(即为完成项目(课题)任务而研制的零部件或工具性产品),试制设备发生的相关成本(含直接相关的小型仪器设备费、材料费、测试加工费、燃料动力费等)应列入试制设备费科目,试制 10 万元(含)以上仪器设备需提供相应成本清单;当试制设备为目标产品(即项目(课题)主要任务就是研制该设备)时,应当分别在设备费、材料费、测试化验加工费、燃料动力费、劳务费等科目编列测算。

4. 应区分设备购置费和设备试制费,不得为提高间接费用水平将设备购置费列入试制设备费。

5. 设备改造费是指因项目(课题)任务目标需要,对现有设备进行局部改造以改善提升性能而发生的费用,及项目(课题)实施过程中相关设备发生损坏需维修而发生的费用,一般由零部件、材料等成本和安装调试等费用构成。

因安装使用新增设备而对实验室进行小规模维修改造的费用,可在设备改造费中编列,应提供测算依据和说明。

6. 设备租赁费是指项目(课题)研究过程中需要租用承担单位以外其他单位的设备而发生的费用。租赁费主要包括设备的租金、安装调试费、维修保养费及其他相关费用等。

与项目(课题)研究任务相关的科学考察、野外实验勘探等车、船、航空器等交通工具的租赁费可在设备租赁费中编列,并提供测算依据和说明。

不得编列承担单位自有仪器设备的租赁费用。

7. 原则上,中央财政资金中不应编列生产性设备的购置费、基建设施的建造费、实验室的常规维修改造费以及属于承担单位支撑条件的专用仪器设备购置费,并严格控制常规或通用仪器设备的购置。

(二)材料费

材料费:是指在项目(课题)实施过程中消耗的各种原材料、辅助材料、低值易耗品等的采购及运输、装卸、整理等费用。

编制材料费预算应注意:

1.项目(课题)实施过程中消耗的主要材料,如某一品种材料预算合计达到10万元(含)以上的大宗原辅材料、贵重材料等,应详细说明其与项目(课题)任务的相关性、购买的必要性、数量的合理性等。其余辅助材料、低值易耗品可按类别简要说明。

2.材料的运输、装卸、整理费用主要是指采购材料时必须发生的物流运输、材料装卸、整理等费用。编报材料费预算应将材料运输、卸、整理等费用与材料出厂(供应)价格统一合并测算,无需单独编列测算。

3.应避免与试制设备费中的材料重复编列。

4.中央财政资金中不应编列用于生产经营和基本建设的材料。

5.与专用设备同时购置的备品、备件等可纳入设备费预算,单独购置备品、备件等可纳入材料费预算。

(三)测试化验加工费

测试化验加工费:是指在项目(课题)实施过程中支付给外单位(包括承担单位内部独立经济核算单位)的检验、测试、化验及加工等费用。

编制测试化验加工费预算应注意:

1.单次或累计费用在10万元(含)以上的测试化验加工项目,应详细说明其与项目(课题)研究任务的相关性、必要性,以及次数、价格等测算依据,并详细说明承接测试化验加工业务的外单位(包括承担单位内部独立经济核算单位)所具备的资质或相应能力。

如承接方与承担单位存在利益关联关系,应披露双方利益关联情况。

2.单次或累计费用在10万元以下的测试化验加工项目,可结合项目(课题)研究任务分类说明。

3.内部独立经济核算单位是指在单位统一会计制度控制下,单位内部实行独立经济核算的机构或部门,其承担的测试化验加工任务应按照测试、化验、加工内容发生的实际成本或内部结算价格进行测算。

4.与项目(课题)研究任务相关的软件测试、数据加工整理、大型计算机机时等费用可在本科目编列。

5.按照研究任务分工,需由承担单位独立完成的测试化验加工任务,相关费用不在本科目中核算,应在材料费、燃料动力费和劳务费等预算科目编列。

6.应由承担单位完成的研究任务,不得以测试化验加工费的名义分包。

(四)燃料动力费

燃料动力费:是指在项目(课题)实施过程中直接使用的相关仪器设备、科学装置等运行发生的水、电、气、燃料消耗费用等。

编制燃料动力费预算应注意:

1.详细说明直接使用的相关仪器设备、科学装置等在项目(课题)研究任务中的作用。

2.应按照相关仪器、科学装置等预计运行时间和所消耗的水、电、气、燃料等即期(预算编报时)价格测算,在测算过程中还应提供各参数来源或分摊依据、测算方法等。

3.承担单位的日常水、电、气、暖消耗等费用不应在此科目编列,应在间接费用中解决。

4.与项目(课题)研究任务相关的科学考察、野外实验勘探等发生的车、船、航空器的燃油费用可在燃料动力费中编列。

(五)出版/文献/信息传播/知识产权事务费

出版/文献/信息传播/知识产权事务费:是指在项目(课题)实施过程中,需要支付的出版费、资料费、专用软件购买费、文献检索费、查新费、专业通信费、专利申请及其他知识产权事务等费用。

编制出版/文献/信息传播/知识产权事务费预算应注意:

1.出版费:主要包括项目(课题)研究任务产生的论文、专著、标准、图集等出版费用。

2.资料费:主要包括项目(课题)研究任务必需的图书、学术资料、数据资源等购买费用,以及与项目(课题)任务相关的资料翻译、打印、复印、装订等费用。对于单价10万元(含)以上的资料购买费用,应说明其购买的必要性和数量的合理性等。

3.购买单价在10万元(含)以上的专用软件,应说明专用软件的主要技术指标和用途,购买的必要性和数量的合理性等,并需提供3家以上报价单。

如果专用软件为独家代理或生产,可提供 1 家报价单,但应予以说明。

中央财政资金中不应编列通用性操作系统、办公软件等非专用软件的购置费。

4.委托外单位开发的单价在 10 万元(含)以上的定制软件,应说明定制软件的用途,定制的必要性、数量的合理性等。

如项目(课题)主要任务目标为软件开发,不应将课题研究的主要任务通过定制软件的方式外包,其研发软件发生的费用应计入相应科目中,不计入本科目。

5.中央财政资金中不应编列日常手机和办公固定电话的通讯费、日常办公网络费和电话充值卡费用等。

6.专利申请及其他知识产权事务费用:为完成本项目(课题)研究目标而申请专利的费用,以及该专利在项目(课题)实施周期内发生的维护费用,和办理其他知识产权事务发生的费用,如计算机软件著作权、集成电路布图设计权、临床批件、新药证书等。

(六)会议/差旅/国际合作交流费

会议/差旅/国际合作交流费:是指在项目(课题)实施过程中发生的差旅费、会议费和国际合作交流费。承担单位和科研人员应当按照实事求是、精简高效、厉行节约的原则,严格执行国家和单位的有关规定,统筹安排使用。

编制会议/差旅/国际合作交流费预算应注意:

1.本科目预算不超过直接费用预算 10%的,不需要对预算内容和资金安排进行说明,更不需要提供测算依据。

2.本科目预算超过直接费用 10%的,应对会议费、差旅费、国际合作交流费分类分别进行测算。

(1)会议费:是指在项目(课题)实施过程中承担单位为组织开展学术研讨、咨询以及协调项目(课题)等活动而发生的会议费用。

会议费可按照会议类别(如学术交流研讨、咨询座谈、验收等)对会议次数、规模、开支标准等进行说明,无需对每次会议做单独的测算和说明。

会议次数、天数、人数以及会议费开支范围、标准等,中央高校、科研院所应按照其内部制定的管理办法测算,并提供管理办法作为附件。除中央高校、科研院所外,其他单位应参照国家关于会议费的相关开支标准进行测算。

(2)差旅费:是指在项目(课题)实施过程中开展科学实验(试验)、科学考察、业务调研、学术交流等所发生的外埠差旅费、市内交通费用等。

差旅费可按照差旅类别(如科学实验/试验、科学考察、业务调研、学术交流等)对出差次数、人数、人均出差费用等进行分类说明,无需对每一次出差事项做单独的测算和说明。

预算中若涉及到乘坐交通工具等级和住宿费标准等,中央高校、科研院所应按照其内部制定的管理办法测算,并提供管理办法作为附件。除中央高校、科研院所外,其他单位应参照国家关于差旅费的相关开支标准进行测算。

(3)国际合作交流费:是指项目(课题)实施过程中课题研究人员出国(境)及外国专家来华的费用。

国际合作交流费应根据国际合作交流的类型,如项目(课题)研究人员出国(境)进行的学术交流、考察调研等,海外专家来华进行的技术培训、业务指导等,分别说明相关活动与项目(课题)研究任务的相关性、必要性。

课题研究人员出国(境)和外国专家来华应与项目(课题)研究任务相关,在编报预算时应合理考虑出国(境)目的地、外国专家主要工作内容、出国(境)或来华的天数、出国(境)批次数和出国(境)团组人数等。

出国(境)费用应按照国家的相关规定测算。外国专家来华工作发生的住宿费、差旅费,应参考国内同行专家的标准编报。

3. 参加与项目(课题)研究任务相关的国内和国际学术交流会议的注册费,以及因项目(课题)研究任务需要,邀请国内外专家、学者和有关人员参加会议,对确需负担的城市间交通费、国际旅费、签证费等可列入会议/差旅/国际合作交流费科目编列。

(七)劳务费

劳务费:是指在项目(课题)实施过程中支付给参与项目(课题)的研究生、博士后、访问学者以及项目(课题)聘用的研究人员、科研辅助人员等的劳务性费用。

编制劳务费预算应注意:

1.劳务费预算不设比例限制,应根据科研人员以及相关人员参与项目(课题)的全时工作时间、承担的任务等因素据实编制并进行说明。

2.承担单位应有健全的劳务费管理办法,对访问学者、项目(课题)聘用研究人员应有细化的管理要求。在单位的相关管理规定中应明确访问学者的资格认定、审批或备案程序、归口管理部门及公开公示等内容,并制定岗位设立、工作协议、日常管理、发放标准等方面的具体规定。

3.编列研究生、博士后等人员的劳务费,应综合考虑参与项目(课题)研究的人月数、本单位研究生、博士后的科研劳务费发放管理制度规定,并结合本地区和本领域科研单位的研究生、博士后平均发放水平据实测算。

4.编列访问学者劳务费用时,应对其承担研究任务的必要性、投入工作时间的合理性以及费用标准予以重点说明。访问学者的资格应符合承担单位制订的相关管理规定,并经承担单位审批或备案程序确认。

课题组成员不得以访问学者名义在项目下各课题中编列劳务费。

5.编列项目(课题)聘用研究人员劳务费时,应对其承担研究任务的必要性、投入工作时间的合理性等予以重点说明。项目(课题)聘用研究人员应当为承担单位通过劳务派遣方式或者签订劳动合同、聘用协议等方式为项目(课题)聘用的研究人员。

6.编列项目(课题)聘用的科研辅助人员劳务费时,应对参与相关工作的必要性、投入的工作时间、工作量等进行测算说明。项目(课题)聘用的科研辅助人员包括:与项目(课题)科研工作相关的操作员、实验员等辅助工作人员;项目(课题)组因研究任务需要临时聘用人员,如科学考察、野外实验勘探等临时用工、农业季节性用工等;以及为项目(课题)组提供服务的科研助理、科研财务助理等。

7.承担单位为事业单位的,在编人员不得编列劳务费;承担单位为企业的,除为项目(课题)实施专门聘用的人员外,其他人员不得编列劳务费。上述人员可在项目(课题)间接费用的绩效支出中列支。

8.项目(课题)聘用的研究人员及科研辅助人员劳务费开支标准,可结合其在项目(课题)研究中的工作情况,参照当地科学研究和技术服务业从业人员平均工资水平以及当地相应的社会保险补助编列,从业人员平均工资水平具体可参考国家统计局上一年度发布的《中国统计年鉴》中关于从事"科学研究和技术服务业"相关地区城镇单位人员平均工资统计数据,社会保险补助包括养老保险、医疗保险、失业保险、工伤保险、生育保险。

9.劳务费的发放应符合本单位统一的薪酬体系规定,不得重复发放。

(八)专家咨询费

专家咨询费:是指在项目(课题)实施过程中支付给临时聘请的咨询专家的费用。

1.咨询专家是指承担单位在项目(课题)实施过程中,临时聘请为项目(课题)研发活动提供咨询意见的专业人员。包括高级专业技术职称人员和其他专业人员。

2.专家咨询费应按照财政部关于中央财政科研项目专家咨询费管理的有关规定编列。

3.专家咨询费的发放应当按照国家有关规定由单位代扣代缴个人所得税。编列专家咨询费预算时,可将代扣代缴的个人所得税编列在内。

4.访问学者和项目(课题)聘用的研究人员应在劳务费中编列,不应在本科目中编列。

5.专家咨询费不得支付给参与项目(课题)研究及其管理的相关人员。

(九)其他支出

其他支出:是指在项目(课题)实施过程中除上述支出范围之外的其他相关支出。其他支出应当在申请预算时详细说明并单独列示,单独核定。

编制其他支出预算时应该注意:

对项目(课题)研究过程中必须发生但不包含在上述科目中的支出,如财务验收审计费用、在农业、林业等领域发生的土地租赁费及青苗补偿费、在人口与健康领域发生的临床试验费等,可在其他支出中编列,应详细说明该支出与项目(课题)研究任务的相关性和必要性,并详细列示测算依据。

对于列支的财务验收审计费用,应本着经济合理的原则进行编制,不得列支财务咨询业务发生的费用。

（十）间接费用

间接费用：是指承担单位在组织实施项目(课题)过程中发生的无法在直接费用中列支的相关费用。主要包括：承担单位为项目研究提供的房屋占用，日常水、电、气、暖消耗，有关管理费用的补助支出，以及激励科研人员的绩效支出等。单位在申报间接费用预算时，应统筹安排，处理好分摊间接成本和对科研人员激励的关系。绩效支出安排应当与科研人员在项目工作中的实际贡献挂钩，绩效支出在间接费用中无比例限制。

1.课题间接费用实行总额控制，一般按照不超过直接费用扣除设备购置费后的一定比例核定。具体比例如下：

500万元及以下部分为20%；超过500万元至1000万元的部分为15%；超过1000万元以上的部分为13%。

2.课题间接费用无需编制预算说明。

3.项目间接费用由课题间接费用汇总形成。

三、相关利益关联关系情况，需对项目牵头单位、课题承担单位和课题参与单位之间，以及项目负责人或课题负责人与课题参与单位是否存在利益关联关系进行说明。

相关利益关联关系是指导致单位利益转移的各种关系。如不存在，填写无。如存在，需对利益关联关系情况进行披露。如：承担单位之间为母公司与子公司，或同一母公司下两个子公司关系的；两家承担单位受同一自然人控制的，或项目(课题)负责人或其直系亲属直接或间接持有承担单位股权等。

第四节　项目预算申报材料上报要求

《国家重点研发计划项目预算申报书》须经国家科技管理信息系统填报，纸件申报书须通过信息系统打印，各方签章齐全后才行上报。上报的纸件应与系统最终提交版本一致。

国家重点研发计划重点专项
项目预算评估规范

（科技部,2017 年 8 月）

第一章 总 则

第一条 为规范和指导国家重点研发计划重点专项(以下简称重点专项)项目预算评估工作,充分发挥评估活动对预算决策的参考和咨询作用,根据《中共中央办公厅 国务院办公厅印发〈关于进一步完善中央财政科研项目资金管理等政策的若干意见〉的通知》和《国家重点研发计划资金管理办法》(财科教〔2016〕113 号)(以下简称资金管理办法)等文件精神,制定本规范。

第二条 项目管理专业机构(以下简称专业机构)委托相关评估机构开展项目预算评估,评估机构应当按照规范的程序和要求,坚持独立、客观、公正、科学的原则,对项目申报预算进行评估。评估机构应当具有丰富的国家科技计划预算评估工作经验、熟悉国家科技计划和资金管理政策、建立了相关领域的科技专家队伍支撑、拥有专业的预算评估人才队伍等。

第三条 重点专项项目预算由课题预算汇总形成。评估机构以课题为单元进行预算评估,并汇总形成项目预算评估结果。

第四条 预算评估主要任务是评价项目申报预算的政策相符性、目标相关性和经济合理性,为项目预算的决策提供参考。

(一)政策相符性。预算开支范围和开支标准应符合国家财经法规和资金管理办法的相关规定。

（二）目标相关性。预算应与项目研究开发任务密切相关,预算的总量、结构等应与设定的项目任务目标、工作内容与工作量及技术路线相符。

（三）经济合理性。预算应综合考虑国内外同类研究开发活动的状况以及我国国情,与同类科研活动的支出水平相匹配,并结合项目研究开发的现有基础、前期投入和支撑条件,在考虑技术创新风险和不影响项目任务的前提下进行安排,并提高资金的使用效益。

第五条　评估机构应遵循科研活动规律,根据研发任务目标要求和不同单位实际情况,科学评价项目预算,不得简单按比例核减预算。预算评估应当健全沟通反馈机制,实现信息公开,接受各方监督。评估机构协助解答项目承担单位在预算编制过程中遇到的问题。

第二章　评估委托

第六条　专业机构根据资金管理办法要求委托评估机构开展预算评估。专业机构与评估机构协商签订工作约定书,对委托事项、时间要求、双方权利与义务以及保密要求等进行约定。专业机构应为评估机构开展预算评估提供充分的保障支撑。

第七条　评估机构根据工作约定书设计评估方案,评估方案需提交专业机构备案。评估方案应明确具体的评估内容、评估原则和依据、评估工作安排、重要的时间节点等事项。

第八条　专业机构对项目预算申报书进行形式审查,主要审查申请材料是否齐全,纸质申报材料是否签字盖章以及与电子材料是否一致等,确保相关材料的规范性和完备性。

第九条　专业机构将每个项目的拟立项项目清单、项目申报书及项目预算申报书等纸质材料移交评估机构,评估机构按照工作约定书和评估方案的进度要求,开展对拟立项项目的预算评估工作。评估机构应在接受委托后15个工作日内完成评估工作。

第三章　评估程序

第十条　项目预算评估包括专家遴选、初评、初评意见反馈、综合评估、报告形成与提交等环节。

第十一条　专家遴选。评估机构按照被评项目任务情况进行分组,并从国家科技专家库中根据项目任务特点选择咨询专家。各组咨询专家由5—9人组成,包含1—3名财务或管理方面的专家,其余为技术专家,可特邀不超过3名专家。评估机构应对聘请的咨询专家进行培训。

第十二条　初评。评估机构组织对拟立项项目预算开展初评工作,重点对直接费用(设备费、材料费、测试化验加工费、燃料动力费、出版/文献/信息传播/知识产权事务费、会议/差旅/国际合作交流费、劳务费、专家咨询费和其他支出)预算的政策相符性、目标相关性和经济合理性进行评价与分析,提出需要申报单位进一步说明的问题。

第十三条　初评意见反馈。评估机构通过国家科技管理信息系统及时反馈初评发现的问题和需要补充说明的内容。项目申报单位应将反馈的问题及时通知各课题单位,汇总各课题单位的补充材料,形成说明材料并在规定时间内提交。

第十四条　综合评估。评估机构结合项目申报单位提交的说明材料、初评结论和沟通反馈的情况,组织召开咨询专家会议,形成咨询专家意见。评估机构对预算申报材料、项目申报单位提交的说明材料、咨询专家意见等多方面信息进行分析与综合,形成项目综合评估结论。

第十五条　报告的形成与提交。

(一)评估机构根据综合评估结论,撰写评估报告。评估报告内容应包括:预算评估总体结论、预算存在的问题及调整原因、预算调整建议等。评估结论应明确、严谨;评估数据应满足平衡关系,数据调整意见应与文字意见相符;对于预算调整额度较大或预算编制可信度太差等重大问题必须在评估报告中明确说明。

(二)评估机构按工作约定书的要求,将预算评估报告、预算调整建议及有关说明加盖评估机构公章后提交专业机构。

第十六条 在预算评估工作结束后,评估机构应及时将有关材料分别归档,包括纸介质和电子版材料,供有关方面查询使用。档案保存应按档案管理和相关专项管理的有关规定执行。

第四章 评估方法

第十七条 预算评估方法主要包括政策对比法、目标任务对比法、调查法、专家经验法、案例参照法和成果反推法等。在评估过程中,应在考虑不同领域、不同规模、不同研究阶段、不同类型项目特点的基础上,选择或组合运用合适的方法,不得简单按比例核减。

(一)政策对比法,指通过对比重点专项资金管理的政策规定、国家相关财务政策等,审核预算是否与政策相符的方法。

(二)目标任务对比法,指根据项目的研究开发任务,审核预算是否与项目任务目标相关的方法。

(三)调查法,即通过调查项目某项与特定科研活动相关的支出预算在领域内的常规支出标准,判断预算合理性的方法。

(四)专家经验法,即根据同行专家对科研支出规律和特点的经验,判断项目预算合理性的方法。

(五)案例参照法,即通过对照以往领域内同类项目的典型案例,判断项目预算支出合理性的方法。

(六)成果反推法,即根据项目申报书承诺的产出成果反推项目预算资金规模合理性的方法。

第五章 质量控制

第十八条 评估机构应建立评估活动的内部质量控制体系,明确相关各方应遵守的行为准则,制定评估管理制度,规范地开展评估活动,以保证预算评估质量。

第十九条 评估机构制定工作方案和评估手册,采取包括评估培训、进度控制、行为控制、痕迹化管理、评估管理审查等措施,对评估活动进行质量控制。

第二十条 评估培训。评估机构应组织咨询专家进行集中培训,使咨询专家了解评估活动的要求、评估原则,掌握评估的方法,统一认识、统一要求、统一标准。

第二十一条 进度控制。评估机构应按照评估方案的时间要求,对评估启动、项目分组与专家遴选、初评、初评结果反馈、综合评估、评估报告撰写等关键环节开展进度控制,并对关键环节相关人员的阶段性工作结果进行检查,及时发现和解决问题,纠正偏差,以保证关键环节工作内容顺利完成。

第二十二条 行为控制。

(一)评估机构的行为控制。在评估活动中评估机构应采取必要的措施,坚持第三方立场,保证独立、客观、公正地开展工作。

(1)当参与评估活动的相关人员与被评对象有直接利害关系时,评估机构应向委托方事先申明并采取相应的回避措施。

(2)维护被评对象的知识产权,不得向与预算评估活动无关的任何单位或个人扩散项目申报材料。

(3)应为咨询专家创造有利于独立、客观、公正、充分发表意见的氛围,不得向被评单位及与预算评估活动无关的任何单位或个人透露专家咨询意见。

(4)不得以评估事项为由采取任何方式收取被评对象的报酬、费用和礼品等。

(5)不得篡改项目预算申报材料、专家咨询意见。

(6)评估机构是评估结果的责任者,应加强对项目预算申报材料的理解,提高对咨询专家意见的分析和判断能力。

(7)评估机构应当与委托方进行必要的沟通,提示其合理理解并恰当使用评估报告。

(8)未经委托方同意,评估机构不得对外发布评估结果,不得向被评对象及与预算评估无关的任何单位或个人提供项目评估报告和有关项目评估结果。

(二)咨询专家的行为控制。评估机构应与咨询专家签订工作协议,约束和规范咨询专家的行为。

(1)维护被评对象的知识产权,专家不得向与预算评估活动无关的任何单位或个人扩散项目申报材料。专家有对评估所涉及课题的研究内容、技术路线、预算方案等进行保密的义务。

(2)专家不得向单位或个人泄露项目咨询结果。

(3)专家有义务接受评估机构组织的专业培训。

(4)专家应独立、客观、实事求是地提供咨询意见。

(5)专家不得以任何方式收取被评对象的报酬、费用和礼品等。

(6)评估机构应建立评估咨询专家的信用管理制度,对专家的行为表现、工作质量等进行信用记录。

第二十三条 痕迹化管理。预算评估组织过程中,建立对各个环节和每项工作内容的过程档案管理,对专家在调研咨询、问题分析等评估中的关键信息进行记录。

第二十四条 评估机构应建立评估工作审查机制。审查内容包括组织程序的规范性、专家遴选与工作的合规性、过程档案管理的规范性、评估报告格式是否符合要求、结论是否明确和严谨、分析推理是否合乎逻辑、依据是否充分、文字表述是否清晰等。

第六章　监督检查

第二十五条 科技部应建立专业机构、评估机构、专家、项目负责人和申报单位在预算评估活动中的信用记录和动态调整机制,实现对预算评估工作的有效监督。

专业机构、评估机构均有义务接受科技部、财政部等部门对项目预算评估工作的检查和监督。

第二十六条 专业机构应当及时提供拟立项项目清单、项目申报材料、组织协调等资源和条件,保障评估活动规范开展。专业机构不得以任何方式干预评估机构独立开展预算评估工作。

第二十七条 预算评估流程结束后,若出现针对项目预算评估结果的申诉情况,专业机构可根据申诉要求调取评估文档,评估机构有义务配合专业机构了解相关评估文档。

第二十八条 评估机构应当遵守国家法律法规和评估行业规范,加强能力和条件建设,健全内部管理制度,规范评估业务流程,加强高素质人才队伍建设。评估机构存在违反评估行业规范行为的,科技部可视情节轻重,采取记录机构不良信用、批评、通报、相关项目预算评估结果无效,或取消该单位的重点专项项目预算评估资格等处理措施。

第二十九条 专家应当具备评估所需的专业能力,恪守职业道德,独立、客观、公正开展评估工作,遵守保密、回避等工作规定,不得利用评估谋取不当利益。专家存在向评估机构以外的单位或个人扩散评估结果、利用评估谋取不当利益等违规行为的,评估机构可视情节轻重,采取记录专家不良信用、专家意见无效、取消专家评估资格等处理措施,相关情况及信息应及时书面报告科技部,科技部视情节轻重,将专家不良信用信息计入严重失信行为数据库。涉嫌存在违纪行为的,移送其所在单位或主管单位的纪检监察部门调查核实处理。

第三十条 项目负责人或申报单位应当积极配合开展评估工作,及时提供真实、完整和有效的评估信息,不得以任何方式干预评估机构独立开展评估工作。项目负责人或申报单位存在干扰评估机构独立开展评估工作的违规行为的,科技部可视情节轻重,采取记录该项目负责人或申报单位不良信用、通报、暂缓甚至撤消项目及其预算、阶段性或永久取消其申请中央财政资助项目或参与项目管理的资格等处理措施。涉嫌存在违纪行为的相关人员,移送其所在单位或主管单位纪检监察部门调查核实处理。

第七章　附　则

第三十一条　本规范由科技部负责解释,自发布之日起实施。

国家重点研发计划项目综合绩效评价工作规范(试行)

(科技部办公厅,2018 年 12 月)

国家重点研发计划项目实施期满后,项目管理专业机构(以下简称专业机构)应立即启动综合绩效评价工作。项目因故不能按期完成须申请延期的,项目牵头单位应于项目执行期结束前 6 个月提出延期申请,经专业机构提出意见报科技部审核后,由专业机构批复。项目延期原则上只能申请 1 次,延期时间原则上不超过 1 年。

综合绩效评价重点包括项目(课题)任务完成情况和经费管理使用情况等方面。有关工作分为课题绩效评价和项目综合绩效评价两个阶段,在完成课题绩效评价的基础上开展项目综合绩效评价。

一、总体要求

1. 课题承担单位和参与单位,对本单位科研成果管理负主体责任,要组织对本单位科研人员的成果进行真实性审查,并按照分类分级管理的原则,对科研档案的完整性、准确性、系统性进行审查;项目牵头单位和项目负责人、课题承担单位和课题负责人,要对本项目或课题的相关成果进行审核把关,检查科技报告完成情况和科技成果填报情况,不得把项目承担单位之外的成果,或项目任务之外成果,纳入综合绩效评价材料。

2. 综合绩效评价工作中,任务完成方面主要考核项目目标和考核指标的完成情况、成果效益、人才培养和组织管理等；经费管理使用方面主要考核承担单位项目资金拨付及到位、预算执行、科研经费管理制度执行情况和经费开支合规性等。项目牵头单位负责组织课题绩效评价并对绩效评价结论负责；专业机构负责组织项目综合绩效评价。

3. 突出代表性成果和项目实施效果评价，不将"人才项目""头衔""帽子""论文数量""获得奖励"等作为评价指标。基础研究与应用基础研究类项目重点评价新发现、新原理、新方法、新规律的重大原创性和科学价值、解决经济社会发展和国家安全重大需求中关键科学问题的效能、支撑技术和产品开发的效果、代表性论文等科研成果的质量和水平，以国际国内同行评议为主。技术和产品开发类项目重点评价新技术、新方法、新产品、关键部件等的创新性、成熟度、稳定性、可靠性，突出成果转化应用情况及其在解决经济社会发展关键问题、支撑引领行业产业发展中发挥的作用。应用示范类项目绩效评价以规模化应用、行业内推广为导向，重点评价集成性、先进性、经济适用性、辐射带动作用及产生的经济社会效益，更多采取应用推广相关方评价和市场评价方式。

对于关键核心技术攻关重大项目，进一步发挥需求方、用户、产业界等的重要作用，需求方、用户、产业界代表应直接参与综合绩效评价工作，充分发表意见，并将需求方和用户对项目完成情况的评价意见，以及对项目成果的推广应用意见，作为评价的核心指标。

4. 专业机构应提前部署综合绩效评价工作，通知项目牵头单位做好准备，同时制定重点专项项目年度综合绩效评价工作方案，并报科技部备案。

二、课题绩效评价

项目下设各课题实施期满后，项目牵头单位组织对课题任务完成情况进行绩效评价，课题承担单位和负责人应认真编制课题绩效自评价报告（格式见附1）；同时，课题承担单位从国家科技管理信息系统选取具备国家科技计划（专项、基金等）资金审计资格的会计师事务所开展课题结题审计。课题承担单位应与会计师事务所签订审计协议，审计费用可从课题资金列支，应在双方协商、公允透明、经济合理的原则下确定。

（一）课题绩效评价。

1. 项目牵头单位组建课题绩效评价专家组。专家组实行回避制度和诚信承诺，人数一般不少于 7 人，其中可包括重点专项专家委员会专家和专业机构聘请的项目责任专家。

2. 专家组在审阅资料、听取汇报、实地考察等基础上，根据科研项目绩效分类评价的要求，按照任务书约定，对课题目标和考核指标完成情况、研究成果的水平及创新性、成果示范推广及应用前景、课题对项目总体目标的贡献、人才培养和组织管理等情况进行评价（专家个人意见表格式见附 2，专家组意见表格式见附 3）。评价时，既要总结成绩，又要分析存在的主要问题，并严格审核课题成果的真实性。课题绩效评价结论分为通过、未通过和结题三类。

（1）按期保质完成课题任务书确定的目标和任务，为通过。

（2）因非不可抗拒因素未完成课题任务书确定的主要目标和任务，为未通过。

（3）因不可抗拒因素未完成课题任务书确定的主要目标和任务的，按结题处理。

（4）未按期提交材料的，提供的文件、资料、数据存在弄虚作假的，未按相关要求报批重大调整事项的，课题承担单位、参与单位或个人存在严重失信行为并造成重大影响的，拒不配合绩效评价工作的，均按未通过处理。

对于项目下不设课题或仅设置一个课题的情况，可不组织课题绩效评价。

（二）课题结题审计。

1. 课题结题审计主要是对课题资金的管理使用情况进行审计。会计师事务所应严格按照《中央财政科技计划项目（课题）结题审计指引》要求，如实、准确、全面的开展结题审计，并向课题承担单位出具审计报告。项目的汇总审计报告由审计项目牵头单位的会计师事务所出具。课题承担单位如能提供本课题已接受有关政府审计、纪检等方面出具的报告，应当对相关结论予以采信。

2.结题审计后,课题承担单位应将审计报告和相关补充说明材料等统一交至项目牵头单位。对于项目下不设课题或仅设置一个课题的情况,直接出具项目审计报告。

完成上述工作后,项目牵头单位在国家科技管理信息系统中填报并提交项目综合绩效自评价报告(格式见附4)。

三、项目综合绩效评价

项目牵头单位和项目负责人应在项目执行期结束后3个月内完成项目综合绩效评价材料准备工作,并通过国家科技管理信息系统向专业机构提交如下材料。

(1)项目综合绩效自评价报告。

(2)项目所有下设课题相关绩效评价材料及绩效评价意见。

(3)项目实施过程中形成的知识产权和技术标准情况,包括专利、商标、著作权等知识产权的取得、使用、管理、保护等情况,国际标准、国家标准、行业标准等研制完成情况。

(4)与项目任务相关的第三方检测报告或用户使用报告。

(5)成果管理和保密情况,说明研究过程中公开发表论文和宣传报道、对外合作交流、接受外方资助等情况;保密项目和拟对成果定密的非保密项目还需说明成果定密的密级和保密期限建议、研究过程中保密规定执行情况等。

(6)任务书中约定应呈交的科技报告。

(7)科技资源汇交方案,根据《国务院办公厅关于印发科学数据管理办法的通知》的要求和指南规定需要汇交的数据,应提交由有关方面认可的科学数据中心出具的汇交凭证;对于项目实施过程中形成的科技文献、科学数据、具有宣传与保存价值的影视资料、照片图表、购置使用的大型科学仪器、设备、实验生物等各类科技资源,应提出明确的处置、归属、保存、开放共享等方案。

(8)审计报告和相关补充说明材料等(审计报告由会计师事务所上传)。

专业机构应在收到项目综合绩效评价材料后6个月内完成项目综合绩效

评价。

(一)评前审查。

收到综合绩效评价材料后,专业机构应组织开展评前审查。审查工作可委托第三方评估机构(以下简称评估机构)开展。评估机构应具备国家科技计划项目(课题)资金审核工作经验,熟悉国家科技计划和资金管理政策,建立了相关领域的科技专家队伍,拥有专业的人才队伍等。

审查内容包括:

(1)资料的完整性、合规性。

(2)审计报告反映的问题是否准确、客观、全面,并填写《审计报告质量评价表》。

(3)对资金管理存在的问题组织进行整改,要求项目牵头单位组织各课题承担单位于15个工作日内提交整改材料,如未按时提交整改材料,且无正当理由的,按相关支出不合理认定。

(4)对整改后各课题专项资金的收支及结余情况进行调整并出具审查意见。

审查工作应在收到综合绩效评价资料后25个工作日内完成。

(二)专家评议。

1.专业机构应按照科研项目绩效分类评价要求,根据不同项目类型,组织项目综合绩效评价专家组,采用同行评议、第三方评估和测试、用户评价等方式开展综合绩效评价工作,如有需要可现场核查。对于具有创新链上下游关系或关联性较强的相关项目,应有整体设计,强化对一体化实施绩效的考核。

为便于有关部门及时掌握专项实施成效、推动后续成果的转化应用,项目综合绩效评价时一般应邀请科技部计划管理司局、业务司局等相关司局和有关部门、地方参加。

2.项目综合绩效评价专家组实行回避制度和诚信承诺。专家组包含技术专家和财务专家等,组长由技术专家担任,副组长由财务专家担任,总人数一般不少于10人(财务专家不少于3人),原则上从国家科技专家库中选取。其中:技术专家应包括重点专项专家委员会专家和专业机构聘请的项目责任专家,其构成应体现科研项目绩效分类评价要求,并充分听取专项参与部门意见;财务专家可特邀不超过 3 人。

3. 开展项目综合绩效评价时,专家组在审阅资料、听取汇报和质询等基础上,结合项目年度、中期执行情况等信息,进行审核评议。

——在项目任务方面,根据科研项目绩效分类评价的要求,重点对项目目标和考核指标完成情况、研究成果的水平及创新性、成果示范推广及应用前景、项目组织管理和内部协作配合、人才培养等情况进行评价。

——在资金方面,重点对资金到位与拨付情况、会计核算与资金使用情况、预算执行与调整等情况进行评议,在此基础上确定课题专项资金结余,并由财务专家填写专家个人、专家组课题资金评议打分表(格式见附5、6)。

4. 技术专家填写项目综合绩效评价专家个人意见表(格式见附 7),专家组出具项目综合绩效评价专家组意见表(格式见附 8)。项目综合绩效评价结论分为通过、未通过和结题三类。对于通过综合绩效评价的项目,绩效等级分为优秀、合格两档。

(1)按期保质完成项目任务书确定的目标和任务,为通过。

(2)因非不可抗拒因素未完成项目任务书确定的主要目标和任务,为未通过。

(3)因不可抗拒因素未完成项目任务书确定的主要目标和任务的,按结题处理。

(4)未按任务书约定提交科技报告或未按期提交材料的,提供的文件、资料、数据存在弄虚作假的,未按相关要求报批重大调整事项的,项目牵头单位、课题承担单位、参与单位或个人存在严重失信行为并造成重大影响的,拒不配合综合绩效评价工作或逾期不开展课题绩效评价的,均按未通过处理。

对于通过综合绩效评价的项目,平均得分 90 分及以下的,绩效等级为合格;由专业机构根据综合绩效评价情况,在平均得分 90 分以上的项目中,确定绩效等级为优秀的项目,且每个重点专项中,绩效等级为优秀的项目比例不超过 15%。

四、综合绩效评价结论下达及其它事宜

1. 专业机构根据项目综合绩效评价情况,形成项目综合绩效评价结论。综合绩效评价工作结束后 3 个月内,专业机构应将项目综合绩效评价结论(附9)通知项目牵头单位,抄报科技部和项目牵头单位的主管部门。

2. 存在下列情况之一的,课题结余资金由专业机构收回:

(1)课题绩效评价结论为结题或未通过的。

(2)课题资金评议得分为 80 分及以下的。

(3)课题承担单位信用评价差的。

(4)项目综合绩效评价结论为结题或未通过的,项目下所有课题结余由专业机构收回。

3. 对于需上交的课题专项资金结余,项目牵头单位应及时收缴课题承担单位的结余,并汇总后上交专业机构。结余资金上交应在项目牵头单位收到综合绩效评价结论后 1 个月内完成。

4. 留用的结余由课题承担单位和参与单位在 2 年内(自综合绩效评价结论下达后次年的 1 月 1 日起计算)统筹用于本单位科研活动的直接支出。2 年后结余未使用完的,应及时上交专业机构,统筹用于重点专项后续支出。

5. 专业机构应督促项目牵头单位在收到项目综合绩效评价结论后 1 个月内,将项目综合绩效评价材料和相关技术文件归档管理。涉及科技报告、数据汇交、技术标准、成果管理、档案管理等事宜,按照有关管理规定执行。

6. 项目综合绩效评价结论及成果除有保密要求外,应及时向社会公示。

7. 保密项目和拟对成果定密的非保密项目的综合绩效评价,参照此办法并严格按照《中华人民共和国保守国家秘密法》和《科学技术保密规定》等相关规定组织实施。保密课题结题审计由专业机构组织以财务检查形式开展。

五、责任与监督

1.科技部相关司局根据职能分工采取随机抽查等方式对综合绩效评价工作进行督促检查。项目牵头单位和专业机构负责对受其管理或委托的项目相关责任主体的严重失信行为进行记录,并报送科技部进行管理和结果应用。

2.项目综合绩效评价或课题绩效评价不通过的,或项目牵头单位、课题承担单位和参与单位或个人涉及科研诚信问题的,依照相关规定和程序记入信用记录;课题承担单位和参与单位在科研资金使用中有重大违规行为,或整改不到位,或未及时足额上交结余资金的,视情节轻重,给予通报批评、停拨单位在研课题中央财政资金、取消单位或有关人员课题申报资格等处理,并记入信用记录;涉嫌犯罪的,移送司法机关处理。

3.科技部对审计报告和第三方评估测试或评价报告进行抽查监督评估,相关结果将作为对相关责任主体进行信用记录的重要依据。

建立对会计师事务所的责任追究制度。会计师事务所无正当理由不按时提交审计报告、或出具的结题审计报告未能按要求如实反映被审课题资金管理和使用情况,或出现协助承担单位弄虚作假、重大稽核失误以及其他虚假陈述或未勤勉尽责行为的,相关部门给予通报批评或取消审计资格等处理,同时按照《中华人民共和国注册会计师法》及国家有关法律法规追究相应责任;涉嫌犯罪的,移送司法机关处理。

4.专业机构是实施项目综合绩效评价的主体,对综合绩效评价结果负责。在综合绩效评价各环节出现审核疏漏、违反规则,以及滥用职权、玩忽职守、徇私舞弊等违法违纪行为的,一经查实,按照《中华人民共和国监察法》《事业单位工作人员处分暂行规定》《财政违法行为处罚处分条例》等国家有关法律法规追究相应责任;涉嫌犯罪的,移送司法机关处理。

5.评估机构应当遵守国家法律法规,规范审查业务流程。评估机构存在重大问题的,可视情节采取记录机构不良信用、批评、通报、相关审查结果无效,或取消该单位审查资格等处理措施,并依法追究相关工作人员的责任。

6.参与综合绩效评价工作的专家应恪尽职业操守,按照独立、客观、公正的原则进行审核评议。建立对专家的责任追究制度,存在明显不合理、不正当、不作为等倾向,或谋取不正当利益等行为的,其出具的相关意见无效,记入专家个人信用记录,情节严重的给予通报批评、取消专家资格等处理;涉嫌犯罪的,移送司法机关处理。

7.对专业机构以及相关人员、项目承担单位及相关人员、会计师事务所及从业人员、有关专家等的处理结果,以适当方式向社会公布。

关于进一步优化国家重点研发
计划项目和资金管理的通知

（科技部、财政部，2019 年 1 月）

各有关单位：

为贯彻落实习近平总书记在两院院士大会上的重要讲话精神和《国务院关于优化科研管理提升科研绩效若干措施的通知》（国发〔2018〕25 号）、《中共中央办公厅、国务院办公厅关于进一步加强科研诚信建设的若干意见》《国务院办公厅关于抓好赋予科研机构和人员更大自主权有关文件贯彻落实工作的通知》（国办发〔2018〕127 号）的要求，充分激发科研人员创新活力，切实减轻科研人员负担，现就国家重点研发计划组织实施有关问题补充通知如下。

1. 整合精简各类报表。系统梳理项目申报、立项、过程管理和综合绩效评价等环节，优化管理流程，整合项目申报书、任务书、年度报告、中期报告、综合绩效自评价报告等材料中的各类报表，按照减量不减质、满足管理基本需求的原则，将现有项目层面填报的表格，整合精简为 6 张；课题层面填报的表格，整合精简为 8 张，实现"一表多用、一表多能"。

2. 减少信息填报和材料报送。从项目申报到综合绩效评价各环节，全面推行信息化方式，通过国家科技管理信息系统填报材料。杜绝科研单位基本信息、科研人员基本信息、项目目标和考核指标等各类信息的重复填报，减少联合申报协议、诚信承诺书等材料的重复报送，实现项目全周期"信息一次填报、材料一次报送"。

合并年度报告和预算执行报告，不再单独编报年度财务决算报告；减少纸质材料报送,一般情况下,项目牵头单位报送的纸质材料(除任务书外)不超过2套。除共性要求外,项目管理专业机构不得额外增加半年报、季报等材料和表格报送,切实减轻科研人员负担。

3. 精简过程检查。按照任务书约定,在关键节点开展里程碑式管理;实施周期三年以下的项目,一般不开展过程检查。项目管理专业机构提前制定年度检查工作方案,相对集中时间开展检查,避免在同一年度对同一项目重复检查、多头检查。同时,注重年度报告等已有信息的分析运用,尽量让科研人员少填报信息。

4. 赋予科研人员更大技术路线决策权。科研项目申报期间,以科研人员提出的技术路线为主进行论证;科研项目实施期间,科研人员可以在研究方向不变、不降低考核指标的前提下自主调整研究方案和技术路线,由项目牵头单位报项目管理专业机构备案。

科研项目负责人可以根据项目需要,在申报期间按规定自主组建科研团队;结合项目进展情况,在实施期间按规定进行相应调整,并在遵守科研人员限项规定及符合诚信要求的前提下自主调整项目骨干、一般参与人员,由项目牵头单位报项目管理专业机构备案。

5. 简化预算编制要求。根据科研活动规律和特点,进一步完善预算编制。简化预算测算说明和编报表格,除设备费外,其他开支科目无需单独填列明细表格。会议费/差旅费/国际合作交流费预算不超过直接费用10%的,无需提供预算测算依据;超过10%的,按照会议、差旅、国际合作交流分类提供必要的测算依据,无需对每次会议、差旅做单独的测算和说明。对于纳入"绿色通道"改革试点单位的科研项目预算编制要求,按照改革试点相关规定执行。

6. 扩大承担单位预算调剂权限。直接费用中设备费预算总额一般不予调增,确需调增的应报项目管理专业机构审批;设备费预算总额调减、设备费内部预算结构调整、拟购置设备的明细发生变化,以及其他科目的预算调剂权下放给承担单位。直接费用实行分类总额控制,其中,材料费、测试化验加工费、燃料动力费、出版/文献/信息传播/知识产权事务费等四个科目在实施中按一类管理;劳务费、专家咨询费、会议费/差旅费/国际合作交流费、其他支出等四个科目在实施中按一类管理。两类之间的预算调剂应履行承担单位内部审批程序;同一类预算额度内,承担单位可结合实际情况进行审批或授权课题负责人自行调剂使用;承担单位应按照国家有关规定完善管理制度,及时为科研人员办理预算调剂手续;相关管理制度由单位主管部门报项目管理部门备案。

7. 规范结题财务审计。项目实施期满后,课题承担单位应当及时清理账目与资产,严格按照《中央财政科技计划项目(课题)结题审计指引》及相关规范组织实施结题审计工作,并做好与项目综合绩效评价工作的衔接。

8. 实施一次性项目综合绩效评价。不再单独组织技术验收、财务验收,合并有关验收程序,实施一次性综合绩效评价。项目实施期满,项目管理专业机构应当根据有关要求,严格按照任务书的约定,考核项目任务完成情况和项目资金管理使用情况,组织开展综合绩效评价,重视相关项目间的协同和项目对重点专项目标实现的支撑作用。结余经费的认定、留用与收回等按照综合绩效评价相关要求执行。

9. 突出代表性成果和项目实施效果评价。按照分类评价的要求,基础研究与应用基础研究类项目重点评价新发现、新原理、新方法、新规律的重大原创性和科学价值、解决经济社会发展和国家安全重大需求中关键科学问题的效能、支撑技术和产品开发的效果、代表性论文等科研成果的质量和水平;技术和产品开发类项目重点评价新技术、新方法、新产品、关键部件等的创新性、成熟度、稳定性、可靠性,突出成果转化应用情况及其在解决经济社会发展关键问题、支撑引领行业产业高质量发展中发挥的作用;应用示范类项目绩效评价以规模化应用、行业内推广为导向,重点评价集成性、先进性、经济适用性、辐射带动作用及产生的经济社会效益。对提交评价的论文、专利等作出数量限制规定,不将"头衔""帽子""论文数量""获得奖励"等作为评价指标。

10. 加强科学伦理审查和监管。有关承担单位和科研人员须恪守科学道德,遵守有关法律法规和伦理准则。相关单位建立资质合格的伦理审查委员会,须对相关科研活动加强审查和监管;相关科研人员应自觉接受伦理审查和监管。

11. 强化承担单位和项目管理专业机构责任。承担单位应发挥科研项目和资金管理主体责任,结合单位实际,修订完善内部科研项目和资金管理制度,严格按照任务书的承诺,做好组织实施和支撑服务;中央高校、科研院所要根据科研工作的特点,对科研需要的出差和会议按标准报销相关费用,进一步简化优化报销管理,建立起科学合理、便捷高效的报销管理机制;加强单位内部的政策宣传与培训,强化科研人员的责任和诚信意识,对违背承诺与诚信要求的,加强责任追究,对严重失信行为实行联合惩戒。项目管理专业机构要深入落实下放科技管理权限工作,及时向项目承担单位拨付资金,不得额外增加承担单位的负担。承担单位及项目管理专业机构要根据《财政部关于进一步完善中央财政科技和教育资金预算执行管理有关事宜的通知》(财库〔2018〕96 号)等要求,做好资金支付管理、公务卡管理、科研仪器设备采购管理等相关工作。

12. 做好项目政策衔接。对于执行周期结束且已开展结题验收的项目,继续按照原政策执行;项目执行周期结束但尚未开展结题验收以及仍在执行中的项目,参照本通知执行。

本通知自发布之日起施行,《国家重点研发计划管理暂行办法》(国科发资〔2017〕152 号)、《国家重点研发计划资金管理办法》(财科教〔2016〕113 号)和改革前计划有关管理办法等相关规定与本通知要求不一致的,以本通知为准。

四、国家科技重大专项

国家科技重大专项（民口）管理规定

（科技部、发展改革委、财政部，2017 年 6 月）

第一章　总　则

第一条　为贯彻党中央、国务院的决策部署，落实《国家中长期科学和技术发展规划纲要（2006—2020 年）》，保证国家科技重大专项（以下简称重大专项）任务的顺利实施，加强重大专项管理，根据《国务院办公厅关于印发国家科技重大专项组织实施工作规则的通知》（国办发〔 2016 〕 105 号）和国家科技计划管理改革的有关要求，特制定本规定。

第二条　重大专项是为了实现国家目标，通过核心技术突破和资源集成，在一定时限内完成的重大战略产品、关键共性技术和重大工程，是我国科技发展的重中之重，对提高我国自主创新能力、建设创新型国家具有重要意义。

第三条　重大专项紧紧围绕国家重大战略目标和需求，主要采取自上而下、上下结合的方式广泛研究论证提出，由党中央、国务院批准设立。组织实施重大专项要坚持"成熟一项，启动一项"的原则。

第四条　重大专项的组织实施，由国务院统一领导，国家科技教育领导小组、国家科技体制改革和创新体系建设领导小组加强统筹、协调和指导。

第五条　重大专项组织实施管理的原则：

（一）明确目标，聚焦重点。重大专项围绕国民经济和社会发展的关键领域中的重大问题，聚焦国家重大战略产品和重大产业化目标，强调坚持自主创新，通过重点突破带动关键领域跨越式发展。

（二）创新机制，统筹资源。深化科技体制改革，突出企业主体地位，促进各类创新要素向企业集聚。充分发挥部门、地方、企业、研究机构和高等院校等各方面积极性，加强重大专项与国家其他科技计划（专项、基金等）和重大工程的衔接，推动军民融合，集成和优化配置全社会科技资源。

（三）厘清权责，规范管理。重大专项纳入国家科技管理平台统一管理，在实施方案制定、启动实施、监督管理、验收和成果应用等各个环节，坚持科学、民主决策，建立健全权责明确的管理制度和机制。

（四）定期评估，突出绩效。建立健全重大专项监督评估与动态调整机制，对重大专项的组织管理、执行情况与实施成效进行跟踪检查。

（五）注重人才，创造环境。结合重大专项的实施，凝聚和培养一批高水平创新、创业、创优人才，形成一支产学研结合、创新能力强的科技队伍，完善有利于重大专项实施的配套政策和良好环境。

第六条 重大专项的资金筹集坚持多元化的原则，中央财政设立专项资金支持重大专项的组织实施，引导和鼓励地方财政、金融资本和社会资金等方面的投入。针对重大专项任务实施，科学合理配置资金，加强审计与监管，提高资金使用效益。

第七条 本规定适用于民口有关的重大专项。

第二章　组织管理与职责

第八条 国家科技计划（专项、基金等）管理部际联席会议（以下简称部际联席会议）负责审议重大专项总体布局、新增重大专项立项建议和实施方案、重大专项发展规划和有关管理规定，以及遴选确定项目管理专业机构（以下简称专业机构）等重大事项。

拟提交部际联席会议审议的重大专项议题，须按程序由战略咨询与综合评审委员会（以下简称咨评委）咨询评议。

第九条 在部际联席会议制度下，科技部会同发展改革委、财政部（以下简称三部门）负责重大专项综合协调和整体推动，研究解决重大专项组织实

施中的重大问题,各司其职,共同推动重大专项的组织实施管理。主要职责包括:

(一)牵头研究制订重大专项发展规划;

(二)研究制订重大专项管理规定和配套政策;

(三)组织重大专项实施方案(含总概算和阶段概算,下同)编制论证;

(四)指导牵头组织单位制订重大专项年度指南,负责重大专项年度指南合规性审核;

(五)负责对各重大专项阶段实施计划(一般按五年计划,含分年度概算,下同)和年度计划(含年度预算,下同)进行综合平衡;

(六)组织重大专项的监测评估、检查监督和总结验收,将重大专项实施情况的总结报告上报党中央、国务院,负责对重大专项项目管理专业机构履职尽责情况进行综合监督评估;

(七)对重大专项实施中的重大问题提出意见,包括对涉及专项目标、技术路线、概算、进度、组织实施方式等重大调整的意见;

(八)负责统筹协调各重大专项之间目标定位、政策措施、绩效监督等涉及重大专项全局的主要工作;

(九)负责统筹协调重大专项与国家其他科技计划(专项、基金等)、国家重大工程的关系;

(十)组织做好拟提交部际联席会议审议重大专项相关事项的准备工作等。

第十条 科技部负责协调重大专项与国家其他科技计划(专项、基金等)的衔接;牵头组织研究制订重大专项相关管理办法以及与实施相关的科技配套政策;汇总重大专项各类信息,提出信息汇总的统一要求;向国务院汇报年度工作计划、年度执行情况。承担重大专项日常组织协调和联络沟通工作等。

发展改革委牵头组织研究制订重大专项组织实施中的相关产业配套政策等;负责协调重大专项与国家重大工程的衔接等。

财政部负责研究制订重大专项组织实施中的相关财政政策,牵头研究制订中央财政安排的重大专项资金的管理办法;负责提出重大专项概预算编制的要求,牵头审核重大专项总概算和阶段概算,审核并批复重大专项分年度概算和年度预算;按规定审核批复重大专项概预算调剂。

第十一条 重大专项牵头组织单位负责重大专项的具体组织实施,强化宏观管理、战略规划和政策保障,建立多部门共同参与的机制,充分调动全社会力量参与重大专项实施,保证重大专项顺利组织实施并完成预期目标。同一重大专项的不同牵头组织单位之间应当加强沟通、协调与配合。主要职责包括:

（一）会同有关部门和单位成立重大专项实施管理办公室,具体负责本重大专项实施的日常工作。组建重大专项总体专家组;

（二）负责组织制订本重大专项实施管理细则、资金管理实施细则、保密工作和档案管理方案等规章制度;

（三）负责组织制订本重大专项的阶段实施计划,制订年度指南,审核上报年度计划;

（四）批复本重大专项项目（课题）的立项（多个牵头组织单位的专项,联合行文批复）;

（五）负责对本重大专项项目（课题）的执行情况进行监督检查和责任倒查,指导督促本重大专项的实施;

（六）负责加强对本重大专项项目管理专业机构队伍建设、条件保障等宏观业务的指导和监管;

（七）负责协调落实本重大专项实施的相关支撑条件,协调落实配套政策,推动本重大专项成果转化和产业化;

（八）组织落实本重大专项与国家其他科技计划（专项、基金等）、国家重大工程的衔接工作;

（九）核准实施方案、阶段实施计划、年度计划相关内容的调整,涉及专项目标、技术路线、概算、进度、组织实施方式等重大调整时,商三部门提出意见;

（十）组织编制上报本重大专项年度执行情况报告、总结报告等,根据本重大专项任务完成情况,提出本重大专项验收申请;

（十一）负责本重大专项保密工作的管理、监督和检查。按有关规定,对涉及国家秘密的项目(课题)和取得的成果,进行密级评定和确定等。

第十二条 各重大专项组建专项总体专家组,配合专项实施管理办公室做好专项的具体组织实施工作。充分发挥专家的决策咨询作用,总体专家组的咨询建议是重大专项牵头组织单位决策的重要依据。总体专家组设技术总师,全面负责重大专项总体专家组的工作,各专项可根据需要设技术副总师。总体专家组主要职责包括:

(一)负责开展相关技术发展战略与预测研究,对重大专项主攻方向、技术路线和研发进度提出咨询意见;

(二)负责对重大专项发展规划、阶段实施计划、年度指南、年度计划提出咨询建议;

(三)对重大专项集成方案设计、项目(课题)衔接和协同攻关促进重大专项成果的集成应用提出咨询建议;

(四)参与对重大专项项目(课题)的检查、评估和验收等工作等。

技术总师、副总师要求是本重大专项领域的战略科学家和领军人物,能够集中精力从事本重大专项的组织实施。重大专项总体专家组成员要求是本重大专项相关领域技术、管理和金融等方面的复合型优秀人才,能够将主要精力投入本重大专项的具体实施工作。总体专家组成员原则上不得承担重大专项项目(课题)。

第十三条 重大专项项目(课题)的具体管理工作原则上委托专业机构承担。三部门会同牵头组织单位等提出备选专业机构建议,由部际联席会议审议确定。专业机构接受部际联席会议办公室与牵头组织单位的共同委托,负责对重大专项项目(课题)的具体管理工作。

(一)负责制订本重大专项项目(课题)实施管理细则、保密工作和档案管理方案等规章制度;

(二)参与制订本重大专项阶段实施计划和年度指南,提出年度计划建议;

(三)负责组织受理重大专项项目(课题)申请,遴选项目(课题)承担单位,按批复下达立项通知并与项目(课题)承担单位签订任务合同书(含预算

书,下同),落实资金安排;

(四)组织对本重大专项项目(课题)的督促、检查;

(五)组织对本重大专项项目(课题)的验收等;

(六)研究提出本重大专项组织管理、配套政策等建议;

(七)根据有关规定和实际需要对项目(课题)进行任务调整或预算调剂;

(八)根据需要提出调整实施方案、阶段实施计划、年度计划的建议;

(九)定期报告本重大专项的实施进展情况;

(十)负责项目(课题)的档案和保密工作的管理、监督和检查等。

专业机构的有关管理要求,按照《中央财政科技计划(专项、基金等)项目管理专业机构管理暂行规定》执行。

尚未委托专业机构的重大专项,其职责由专项实施管理办公室承担。

第十四条 重大专项任务的承担单位是项目(课题)执行责任主体,要按照法人管理责任制的要求,强化内部控制与风险管理,对项目(课题)实施和资金管理负责。按照项目(课题)任务合同书要求,落实配套支撑条件,组织任务实施,规范使用资金,促进成果转化,完成既定目标。要严格执行重大专项有关管理规定,认真履行合同条款,接受指导、检查,并配合评估和验收工作。

第十五条 加强国家科技重大专项在地方的组织协调工作。地方政府加强统一领导,根据实际情况,建立科技、发展改革、财政及有关部门的协调机制,做好相关国家科技重大专项工作的统筹协调和配套支撑条件的落实工作;组织力量积极承担重大专项的研究开发任务;做好地方科技项目(专项)与国家科技重大专项的衔接配套;及时与三部门、牵头组织单位进行联络沟通。

第三章　实施方案与阶段实施计划

第十六条 实施方案是重大专项组织实施、监督检查、评估验收的依据。

第十七条 重大专项实施方案的编制论证。三部门与相关部门和单位,共同组织成立由技术、经济、管理、财务等方面专家组成的编制论证委员会,编制论证重大专项实施方案。实施方案的主要内容包括：

（一）重大专项目标。提出重大专项任务和总体目标，确定重大专项的具体目标和阶段目标，明确技术路线，提出重大专项重点任务等。

（二）重大专项启动条件。确定重大专项实施需具备的科技、产业、财力等基础和条件，提出启动重大专项的时机。

（三）组织实施方式。根据重大专项特点，按照部门职能，在充分考虑科技与产业结合、与已有工作基础相衔接等基础上，明确重大专项的牵头组织单位，提出专业机构备选建议以及组织实施方式和相应分工。

（四）筹资方案。根据重大专项的目标和任务，提出实施所需资金的概算及筹资方案。

第十八条 重大专项实施方案的审批。三部门将重大专项实施方案提交咨评委咨询评议后，报部际联席会议审议，经国家科技体制改革和创新体系建设领导小组审议通过后，按程序报国务院审定，特别重大事项报党中央审定。

第十九条 根据国务院批复的重大专项实施方案，各牵头组织单位组织总体专家组、专业机构等编制重大专项阶段实施计划。

第二十条 重大专项牵头组织单位将重大专项阶段实施计划报三部门综合平衡。

综合平衡的主要内容包括：所确定研究任务与实施方案的一致性；与已有国家其他科技计划（专项、基金等）、国家重大工程的衔接情况；利用已有科技成果、基础设施等条件的情况；分年度概算建议的合理性等。

第二十一条 重大专项牵头组织单位根据综合平衡意见，组织修改和完善阶段实施计划报三部门备案。

第二十二条 重大专项实施过程中，涉及重大专项实施方案目标、概算、进度、组织实施方式的重大调整等事项，由牵头组织单位提出建议，经三部门审核后，报国务院批准。涉及重大专项阶段实施计划目标、分年度概算和年度预算总额的重大调整等事项，由牵头组织单位按程序报三部门。涉及重大专项阶段实施计划和年度计划其他一般性调整的事项，由牵头组织单位核准，报三部门备案。

第四章　年度计划

第二十三条　重大专项任务以保障总体目标的实现为前提,坚持公平、公正的原则,采取定向委托、择优委托(包括定向择优和公开择优)、招标等方式遴选项目(课题)承担单位。

第二十四条　重大专项牵头组织单位会同相关部门依据重大专项实施方案、阶段实施计划,组织总体专家组、专业机构等编制年度指南。

第二十五条　重大专项牵头组织单位将年度指南报三部门合规性审核后,提交国家科技管理信息系统统一发布。涉密或涉及敏感信息项目(课题)的指南由重大专项牵头组织单位依照相关保密管理规定进行发布。

第二十六条　专业机构受理项目(课题)申报。对于公开择优和招标的,自指南发布日到项目(课题)申报受理截止日,原则上不少于 50 天,以保证科研人员有充足时间申报项目(课题)。

第二十七条　专业机构采取视频评审或会议评审等方式,组织开展项目(课题)任务和预算评审。评审专家应从统一的国家科技管理专家库中选取,严格执行专家回避制度,除涉密或法律法规另有规定外,评审专家名单应向社会公开,强化专家自律,接受同行质询和社会监督。项目(课题)申报材料应提前请评审专家审阅,确保评审的效果、质量和效率。

第二十八条　专业机构完成任务和预算评审工作后,形成年度计划建议(含预算建议方案),报重大专项牵头组织单位审核。

第二十九条　重大专项牵头组织单位将年度计划报三部门综合平衡。三部门将重点对立项程序的规范性、与任务目标和指南的相符性等进行审查,并及时反馈。专业机构对经过综合平衡的拟立项项目(课题)(含预算)进行公示,公示情况和处理意见经牵头组织单位审核后报三部门。三部门依据公示结果反馈正式综合平衡意见。牵头组织单位按照部门预算管理规程将综合平衡后的预算建议方案报财政部,财政部按程序审核批复预算。科技部汇编形成重大专项项目(课题)年度计划。

第三十条　重大专项牵头组织单位根据三部门综合平衡意见和财政部预算批复，向专业机构下达项目（课题）立项批复（含预算）。

第五章　组织实施与过程管理

第三十一条　专业机构根据牵头组织单位下达的立项批复，与项目（课题）承担单位签订《重大专项项目（课题）任务合同书》，加盖重大专项合同专用章；需地方（有关单位）提供配套条件和资金投入的，由地方有关部门或有关单位在项目（课题）任务合同书上盖章；对涉及国家秘密的项目（课题），由专业机构与项目（课题）承担单位签订保密协议。

第三十二条　专业机构按照项目（课题）任务合同书，检查、督促项目（课题）相关配套条件的落实，负责日常管理，并建立项目（课题）诚信档案。

第三十三条　重大专项实行年度报告制度。专业机构在总结本重大专项项目（课题）执行情况的基础上，形成重大专项年度执行情况报告，经牵头组织单位审核后，在每年12月底前提交三部门，由科技部汇总后报国务院。

第三十四条　需要调整或撤销的一般性项目（课题），由专业机构提出书面意见，报重大专项牵头组织单位核准，并报三部门备案。

第六章　评估与监督

第三十五条　三部门负责开展重大专项实施总体进展情况的评估和监督工作。三部门按计划组织力量或委托第三方独立评估机构对重大专项实施进行阶段绩效评估和年度监督评估，加强对相关项目（课题）的抽查，并进行责任倒查；会同牵头组织单位对专业机构履职尽责情况等进行监督，并督促落实监督和评估意见建议。阶段绩效评估结果作为实施方案和阶段实施计划的目标、技术路线、概算、进度、组织实施方式等调整的重要依据。三部门将阶段绩效评估和调整结果上报国务院。

第三十六条　重大专项牵头组织单位组织力量或委托具备条件的第三方

独立评估机构,负责对重大专项任务的执行情况进行监督检查和责任倒查。

第三十七条 重大专项指南、评审、立项及监督评估等相关信息应按照有关规定公开公示,主动接受社会监督。

第三十八条 建立科研信用管理机制。要根据相关规定,客观、规范地记录重大专项项目(课题)管理过程中的各类科研信用信息,包括项目(课题)申请者在申报过程中的信用状况,承担单位和项目(课题)负责人在项目(课题)实施过程中的信用状况,专家参与项目(课题)评审评估、检查和验收过程中的信用状况,并按照信用评级实行分类管理。建立严重失信行为记录制度,阶段性或永久性取消具有严重失信行为相关责任主体申请重大专项项目(课题)或参与项目(课题)管理的资格。

第三十九条 建立责任追究机制。对在重大专项实施过程中失职、渎职,弄虚作假,截留、挪用、挤占、骗取重大专项资金等行为,按照有关规定追究相关责任人和单位的责任;构成犯罪的,依法追究刑事责任。

第七章 总结与验收

第四十条 项目(课题)验收。

专业机构负责组织项目(课题)总结验收(包括任务验收和财务验收),验收结果报牵头组织单位,并抄送三部门。项目(课题)验收工作应在任务合同到期后 6 个月内完成,原则上,延期时间不超过 1 年。

按照国家科技报告制度的有关要求,每个项目(课题)在验收时向专业机构提交完整的、统一格式的技术报告,专业机构按季度将书面材料和电子版汇总后提交牵头组织单位,并抄送科技部。

项目(课题)验收等相关情况纳入重大专项管理信息系统,并记入诚信档案。

每年 12 月底前提交项目(课题)年度执行情况报告,定期向部际联席会议和牵头组织单位报告重大专项实施进展情况,组织编制重大专项验收材料。

第四十一条 阶段总结。

各重大专项每个五年计划的最后一年组织进行阶段总结。重大专项牵头组织单位组织专业机构编制形成重大专项阶段执行情况报告,报送三部门。

三部门将阶段总结及评估监督情况汇总,上报国务院。

第四十二条 各重大专项总结验收。

重大专项牵头组织单位根据重大专项任务目标完成及项目(课题)验收情况,形成实施情况报告并向三部门提出整体验收申请。原则上,应于重大专项即将达到执行期限或执行期限结束后6个月内提出验收申请。组织实施顺利、提前完成任务目标的,可提前申请验收。

三部门收到验收申请后,根据各重大专项实施方案,组织开展整体验收工作,重点从目标指标完成程度、组织实施和管理情况、资金使用情况和效益、实施成效和影响等方面进行综合评价,形成验收报告和整体验收结论,并将各重大专项整体验收结论和实施情况总结报告上报党中央、国务院。

第八章 资金管理

第四十三条 重大专项资金来源包括中央财政资金、地方财政资金、单位自筹资金以及从其他渠道获得的资金。

第四十四条 统筹使用各渠道资金,提高资金使用效益。中央财政资金严格执行财政预算管理和重大专项资金管理办法的有关规定;其他来源的资金按照相应的管理规定进行管理。重大专项资金要专款专用、单独核算、注重绩效。

第四十五条 重大专项的资金使用要严格按照有关审计规定进行重大专项审计,保障资金使用规范、有效。

第九章 成果、知识产权和资产管理

第四十六条 各重大专项要建立知识产权保护和管理的长效机制,制定明确的知识产权目标,指定专门机构和人员负责知识产权工作,跟踪国内外相关领域知识产权动态,形成知识产权分析报告,为科学决策提供参考。各重大专项要建立知识产权管理、考核和目标评估制度。必要时,可委托知识产权专业机构负责相关工作。

第四十七条 在重大专项牵头组织单位的指导下,专业机构具体负责重大专项成果与知识产权的管理。

第四十八条 重大专项取得的相关知识产权的归属和使用,按照《中华人民共和国科学技术进步法》、《中华人民共和国促进科技成果转化法》、《国家知识产权战略纲要》等执行。对承担重大专项项目(课题)形成的知识产权,有向国内其他单位有偿或无偿许可实施的义务。

第四十九条 专业机构应与项目(课题)承担单位事先约定知识产权归属、使用、许可等事项,促进成果转化和应用,为实现重大专项总体目标提供保证。

第五十条 各重大专项要采取切实措施促进科技成果的转化和产业化。对取得的涉及国家秘密的成果,依照国家保密法律法规进行管理。

第五十一条 重大专项项目(课题)实施过程中形成的无形资产,由项目(课题)承担单位负责管理和使用。成果转化及无形资产使用产生的经济效益按《中华人民共和国促进科技成果转化法》和国家有关规定执行。

第五十二条 使用中央财政资金形成的固定资产,按照国家有关规定执行。

第十章 信息、档案和保密管理

第五十三条 科技部负责建立统一的重大专项信息管理平台,并纳入国家科技管理信息系统管理。各重大专项建立信息管理分平台,与管理平台衔接,保障信息畅通。

第五十四条 信息内容主要包括重大专项实施方案、阶段实施计划、年度计划、项目(课题)立项、资金预算、监督和评估、科技报告、验收和成果等有关信息。

第五十五条　各重大专项项目（课题）任务合同的有关信息、项目（课题）的执行情况信息、项目（课题）的验收与成果信息，随同年度执行情况报告于每年 12 月底前报送科技部，并抄送发展改革委、财政部。

第五十六条　各重大专项按照国家和三部门有关档案管理规定，建立和完善本重大专项档案管理制度，做好有关档案的整理、保存、归档和移交工作，将重大专项档案管理工作贯穿于重大专项方案制定、论证、实施、考核验收的全过程，确保档案收集齐全、保存完整。

第五十七条　重大专项组织实施必须严格遵守国家保密法律法规，建立层次清晰、职责明确的保密工作责任体系，确保重大专项保密工作责任落实到人。

第五十八条　各重大专项实施期间的保密管理工作由重大专项牵头组织单位负责。在重大专项牵头组织单位的指导下，专业机构认真开展重大专项保密工作的管理、监督、检查以及教育培训和宣传等工作。

第五十九条　严格遵守国家有关加强信息安全工作的规定和要求，重大专项涉密信息和档案等严格按照国家有关保密法律法规要求进行管理。

第十一章　国际合作

第六十条　为了充分利用国际资源，要积极开展平等、互利、共赢的国际合作活动。结合重大专项目标，注重引进、消化、吸收再创新，制定系统的引进消化吸收和提升自主创新能力方案和措施，经严格科学论证后执行。

第六十一条　在牵头组织单位的指导下，专业机构负责重大专项国际合作的具体工作。

第六十二条　项目（课题）承担单位开展与重大专项有关的重大国际合作活动，由专业机构审批，重大专项牵头组织单位核准。

第六十三条　重大专项国际合作活动应遵守有关外事工作规定、保密工作规定。

第十二章　附　则

第六十四条　各重大专项依照本规定,结合重大专项特点,制定相应的实施管理细则,报三部门备案。

第六十五条　本规定由三部门负责解释,自发布之日起施行。《国家科技重大专项管理暂行规定》(国科发计〔2008〕453号)同时废止。

国家科技重大专项(民口)资金管理办法

(财政部、科技部、发展改革委,2017年6月)

第一章　总　则

第一条　为保障国家科技重大专项(民口)(以下简称重大专项)的组织实施,规范和加强重大专项资金管理,根据《国务院关于改进加强中央财政科研项目和资金管理的若干意见》(国发〔2014〕11号)、《国务院印发关于深化中央财政科技计划(专项、基金等)管理改革方案的通知》(国发〔2014〕64号)、《中共中央办公厅　国务院办公厅印发〈关于进一步完善中央财政科研项目资金管理等政策的若干意见〉的通知》、《国务院办公厅关于印发国家科技重大专项组织实施工作规则的通知》(国办发〔2016〕105号)、《国家科技重大专项(民口)管理规定》(国科发专〔2017〕145号)及国家有关财经法规和财务管理制度,制定本办法。

第二条　重大专项的资金来源坚持多元化原则,资金来源包括中央财政资金、地方财政资金、单位自筹资金以及从其他渠道获得的资金。

本办法适用于中央财政安排的重大专项资金(以下简称重大专项资金)。其他来源的资金应当按照国家有关财务会计制度和相关资金提供方的具体要求执行。

第三条　重大专项资金主要用于支持在中国大陆境内注册,具有独立法人资格,承担重大专项任务的科研院所、高等院校、企业等,开展重大专项实施过程中市场机制不能有效配置资源的基础性和公益性研究,以及企业竞争前的共性技术和重大关键技术研究开发等公共科技活动,并对重大技术装备或产品进入市场的产业化前期工作予以适当支持。重大专项实行概预算管理,项目(课题)实行预算管理。

第四条 重大专项的财政支持方式分为前补助、后补助。具体支持方式根据重大专项组织实施的要求和项目(课题)的特点,在年度指南和年度计划(含年度预算,下同)中予以明确。

(一)前补助是指项目(课题)立项后核定预算,并按照项目(课题)执行进度拨付资金的财政支持方式。

(二)后补助是指单位先行投入资金组织开展研究开发、成果转化和产业化活动,在项目(课题)完成并取得相应成果后,按规定程序通过审核验收、评估评审后,给予相应补助的财政支持方式。后补助包括事前立项事后补助、事后立项事后补助两种方式。

(三)对于基础性和公益性研究,以及重大共性关键技术研究、开发、集成等公共科技活动,一般采取前补助方式支持。对于具有明确的、可考核的产品目标和产业化目标的项目(课题),以及具有相同研发目标和任务、并由多个单位分别开展研发的项目(课题),一般采取后补助方式支持。

第五条 重大专项资金的使用和管理遵循以下原则:

(一)集中财力,聚焦重点。聚焦国家重大战略产品和重大产业化目标,发挥举国体制的优势,集中财力,突出重点,避免资金安排分散重复。

(二)放管结合,权责对等。进一步转变政府职能,坚持做好"放管服",充分发挥相关管理机构的作用,明确职责,强化担当,落实资金管理责任。

(三)多元投入,注重绩效。坚持多元化投入原则,积极发挥市场配置技术创新资源的决定性作用和企业技术创新的主体作用,突出需求牵引和成果绩效导向,提高资金使用效益。

(四)专款专用,单独核算。各种渠道获得的资金都应当按照"专款专用、单独核算"的原则使用和管理。

第二章　管理机构与职责

第六条　按照重大专项的组织管理体系,重大专项资金实行分级管理,分级负责。

第七条　在部际联席会议制度下,科技部会同发展改革委、财政部负责组织重大专项实施方案(含总概算和阶段概算)编制论证,开展阶段实施计划(含分年度概算,下同)、年度计划综合平衡工作,统筹协调重大专项与国家其他科技计划(专项、基金等)、国家重大工程的关系;组织重大专项的监测评估、检查监督和总结验收等。

第八条　财政部会同科技部、发展改革委制定重大专项资金管理制度,评估审核专项总概算和阶段概算。财政部会同科技部组织开展阶段概算的分年度概算评审;对专项牵头组织单位、项目管理专业机构(以下简称专业机构)的重大专项资金管理情况进行监督检查,对项目(课题)资金使用情况和财务验收情况进行抽查。财政部审核批复分年度概算,按部门预算程序审核批复年度预算、执行中的重大概预算调剂等。

出资的地方财政部门负责落实其承诺投入的资金,提出资金安排意见,并加强对资金使用的管理。

第九条　牵头组织单位负责重大专项具体实施工作,制定资金管理实施细则,协调落实重大专项实施的相关支撑条件和配套政策;组织编报分年度概算,制定年度指南;审核上报年度计划建议(含年度预算建议,下同);批复项目(课题)立项(含预算),按规定程序审核批复预算调剂;监督检查本专项预算执行情况,报告年度资金使用情况,按规定组织开展专项项目(课题)绩效评价;成立重大专项实施管理办公室等。

第十条　专业机构接受部际联席会议办公室与牵头组织单位的共同委托,负责重大专项项目(课题)的具体管理工作。负责组织项目(课题)立项、预算评审、提出年度计划建议;负责与项目(课题)牵头承担单位签订项目(课题)任务合同书(含预算书,下同);按规定程序审核批复预算调剂;负责项目

（课题）过程管理、结题验收和决算；定期报告年度资金使用情况；督促项目（课题）预算执行，监督检查项目（课题）资金使用情况；建立健全重大专项项目（课题）资金管理、财务验收、内部监督等制度，以及预算执行人失信警示和联合惩戒机制等。

第十一条　项目（课题）承担单位（以下简称承担单位）是项目（课题）资金使用和管理的责任主体，应强化法人责任，规范资金管理。负责编制和执行所承担的重大专项项目（课题）预算；按规定程序履行相关预算调剂职责；严格执行各项财务规章制度，接受监督、检查和审计，并配合评估和验收；编报重大专项资金决算，报告资金使用情况等；负责项目（课题）资金使用情况的日常监督和管理；落实单位自筹资金及其他配套条件等。

第三章　重大专项概算管理

第十二条　重大专项概算是指对专项实施周期内，专项实施所需总费用的事前估算，是重大专项预算安排的重要依据。重大专项概算包括总概算、阶段概算和分年度概算。

第十三条　重大专项概算应当同时编制收入概算和支出概算，确保收支平衡。

重大专项收入概算包括中央财政资金概算和其他来源资金概算。

重大专项支出概算包括支出总概算、支出阶段概算和支出分年度概算。支出概算应当在充分论证、科学合理的基础上，根据任务相关性、配置适当性和经济合理性的原则，按照任务级次和不同研发阶段分别编列。

第十四条　牵头组织单位会同专业机构根据国务院批复的实施方案中确定的总概算和阶段概算，结合编制阶段实施计划，进一步细化年度任务目标，编制分年度概算。

第十五条　财政部会同科技部组织开展专项分年度概算评审。财政部根据评审结果，结合财力可能，按照有关规定核定并批复专项中央财政资金分年度概算。

第十六条 经国务院批复的总概算及阶段概算原则上不得调增。分年度概算在不突破阶段概算的前提下,可以在本阶段年度间调整,由牵头组织单位提出申请,按程序报财政部审批。重大专项任务目标发生重大变化等原因导致中央财政资金总概算、阶段概算确需调增的,由牵头组织单位提出调整申请,财政部、科技部、发展改革委审核后按程序报国务院批准。

第四章 资金核定方式及开支范围

第十七条 重大专项资金由项目(课题)资金和管理工作经费组成,分别核定与管理。

第十八条 重大专项项目(课题)资金由直接费用和间接费用组成,适用于前补助和事前立项事后补助项目(课题)。

(一)直接费用是指在项目(课题)实施过程(包括研究、中间试验试制等阶段)中发生的与之直接相关的费用。主要包括:

1. 设备费:是指在项目(课题)实施过程中购置或试制专用仪器设备,对现有仪器设备进行升级改造,以及租赁使用外单位仪器设备而发生的费用。应当严格控制设备购置,鼓励共享、试制、租赁专用仪器设备以及对现有仪器设备进行升级改造,避免重复购置。

2. 材料费:是指在项目(课题)实施过程中由于消耗各种必需的原材料、辅助材料等低值易耗品而发生的采购、运输、装卸和整理等费用。

3. 测试化验加工费:是指在项目(课题)实施过程中支付给外单位(包括承担单位内部独立经济核算单位)的检验、测试、设计、化验、加工及分析等费用。

4. 燃料动力费:是指在项目(课题)实施过程中相关大型仪器设备、专用科学装置等运行发生的水、电、气、燃料消耗费用等。

5. 会议/差旅/国际合作与交流费:是指在项目(课题)实施过程中发生的会议费、差旅费和国际合作与交流费。

会议费:是指在项目(课题)实施过程中为组织开展相关的学术研讨、咨询以及协调任务等活动而发生的会议费用。

差旅费：是指在项目（课题）实施过程中开展科学实验（试验）、科学考察、业务调研、学术交流等所发生的外埠差旅费、市内交通费用等。

国际合作与交流费：是指在项目（课题）实施过程中相关人员出国（境）、外国专家来华及港澳台专家来内地（大陆）工作而发生的费用。

在编制项目（课题）预算时，本科目支出预算不超过直接费用10%的，不需要提供预算测算依据。承担单位和科研人员应当按照实事求是、精简高效、厉行节约的原则，严格执行国家和单位的有关规定，统筹安排使用。

6. 出版/文献/信息传播/知识产权事务费：是指在项目（课题）实施过程中，需要支付的出版费、资料费、专用软件购买费、文献检索费、专业通信费、专利申请及其他知识产权事务等费用。

7. 劳务费：是指在项目（课题）实施过程中支付给参与研究的研究生、博士后、访问学者以及项目（课题）聘用的研究人员、科研辅助人员等的劳务性费用。

项目（课题）聘用人员的劳务费标准，参照当地科研和技术服务业人员平均工资水平，根据其在项目（课题）研究中承担的工作任务确定，其社会保险补助纳入劳务费科目列支。劳务费预算不设比例限制，据实编制。

8. 专家咨询费：是指在项目（课题）实施过程中支付给临时聘请的咨询专家的费用。专家咨询费不得支付给参与项目（课题）研究及其管理相关的工作人员。专家咨询费的标准按国家有关规定执行。

9. 基本建设费：是指项目（课题）实施过程中发生的房屋建筑物构建、工程配套机电设备购置等基本建设支出，应当单独列示，并参照基本建设财务制度执行。

10. 其他费用：是指在项目（课题）实施过程中除上述支出项目之外的其他直接相关的支出。其他费用应当在申请预算时详细说明。

（二）间接费用是指承担单位在项目（课题）组织实施过程中无法在直接费用中列支的相关费用。主要包括承担单位为项目（课题）研究提供的房屋占用，日常水、电、气、暖消耗，有关管理费用的补助支出，以及激励科研人员的绩效支出等。

结合承担单位信用情况，间接费用实行总额控制，按照不超过课题直接费用扣除设备购置费和基本建设费后的一定比例核定。具体比例如下：500万元及以下部分为20%，超过500万元至1000万元的部分为15%，超过1000万元以上的部分为13%。

间接费用由承担单位统筹使用和管理。承担单位应当建立健全间接费用的内部管理办法，公开透明、合规合理使用间接费用，处理好分摊间接成本和对科研人员激励的关系，绩效支出安排应当与科研人员在项目工作中的实际贡献挂钩。

项目（课题）中有多个单位的，间接费用在总额范围内由项目（课题）牵头承担单位与参与单位协商分配。承担单位不得在核定的间接费用以外，再以任何名义在项目（课题）资金中重复提取、列支相关费用。

第十九条　重大专项管理工作经费是指在重大专项组织实施过程中，科技部、发展改革委和财政部（以下简称三部门）、牵头组织单位、专业机构等承担重大专项管理职能且不直接承担项目（课题）的有关单位和部门，开展与实施重大专项相关的研究、论证、招标、监理、咨询、评估、评审、审计、监督、检查、培训等管理性工作所需的费用，由财政部单独核定。

第二十条　管理工作经费按照"分年核定、专款专用、勤俭节约、合理规范"的原则使用和管理。管理工作经费不得用于弥补相应单位的日常公用经费。

第二十一条　管理工作经费开支范围包括：会议费、差旅费、专家咨询费、劳务费、审计/评审评估/招投标/监理费、出版物/文献/信息传播费、设备购置费及其他费用等。

（一）会议费是指专项组织实施和管理过程中召开的研讨会、论证会、评审评估会、培训会等会议费用。会议费的开支应当按照国家有关规定执行，严格控制会议的规模、数量、开支标准和会期。

（二）差旅费是指专项组织实施和管理过程中临时聘请的咨询专家发生的外埠差旅费、市内交通费用等，开支标准应当按照国家有关规定执行。

（三）专家咨询费是指专项组织实施和管理过程中支付给临时聘请的咨询专家的费用。专家咨询费不得支付给参与专项管理的相关工作人员，开支标准按国家有关规定执行。

（四）劳务费是指专项组织管理工作中支付给临时聘用且没有工资性（包括退休工资）收入人员的劳务性费用。

（五）审计/评审评估/招投标/监理费是指专项组织实施和管理过程中发生的审计、立项评审、招投标、项目监理等相关费用，开支标准应当按照国家有关规定执行。

（六）出版物/文献/信息传播费是指专项组织实施和管理过程中需要支付的出版费、资料费、专用软件购买费、文献检索费、宣传费等费用。

（七）设备购置费主要用于重大专项管理工作所必需的达到固定资产标准的小型设备购置。设备购置费原则上不予开支，确有需要的，应单独报批。

（八）其他费用是指在专项组织实施过程中除上述支出项目之外的其他与重大专项管理工作直接相关的支出。其他费用应当在申请预算时单独列示。

第二十二条 管理工作经费纳入部门预算管理。经费使用部门（单位）按照部门预算管理有关规定编报经费需求，财政部按规定审核下达管理工作经费预算。管理工作经费应当按规定纳入相应使用单位财务，统一管理，单独核算。管理工作经费的结转结余资金按照中央部门结转和结余资金管理有关规定执行。

第五章　预算编制与审批

第二十三条 预算编制与审批程序适用于前补助和事前立项事后补助项目（课题）。

第二十四条 重大专项实行全口径预算编制，应当全面反映重大专项组织实施过程中的各项收入和支出，明确提出各项支出所需资金的来源渠道。预算包括收入预算和支出预算，做到收支平衡。

第二十五条 专业机构根据年度指南,组织项目(课题)申报及预算编报,不得在预算申报前先行设置控制额度,可在年度指南中公布重大专项年度拟立项项目概算数。

第二十六条 承担单位按照政策相关性、目标相符性和经济合理性原则,科学、合理、真实地编制项目(课题)预算。对仪器设备购置、参与单位资质及拟外拨资金进行重点说明,并申明现有的实施条件和从单位外部可能获得的共享服务,项目(课题)申报单位对直接费用各项支出不得简单按比例编列。

第二十七条 专业机构委托具有独立法人资格的、具有相应资质的第三方机构进行预算评审。

预算评审第三方机构应当具备丰富的国家科技计划预算评审工作经验,熟悉国家科技计划(专项、基金等)和资金管理政策,建立了相关领域的科技专家队伍支撑,拥有专业的预算评审人才队伍等。

预算评审应当按照规范的程序和要求,坚持独立、客观、公正、科学的原则,对项目(课题)申报预算的政策相关性、目标相符性和经济合理性进行评审,预算评审过程中不得简单按比例核减预算。预算评审应当建立健全沟通反馈机制,承担单位对预算评审意见存在重大异议的,可向专业机构申请复议。

第二十八条 专业机构提出年度计划建议报牵头组织单位,牵头组织单位审核同意后,于每年9月底前将下一年年度计划报三部门综合平衡。财政部根据三部门综合平衡意见核定年度预算,按规定程序下达牵头组织单位,同时抄送科技部、发展改革委。

由地方政府作为牵头组织单位的重大专项按照有关规定执行。

第二十九条 专业机构应按照有关规定公示拟立项项目(课题)名单和预算(涉密内容除外),并接受监督。

第三十条 牵头组织单位根据三部门综合平衡意见和财政部预算批复,向专业机构下达项目(课题)立项批复(含预算)。

第三十一条 专业机构根据立项批复(含预算)与项目(课题)牵头承担单位签订项目(课题)的任务合同书。

任务合同书是项目（课题）预算执行、财务验收和监督检查的依据。任务合同书应以项目（课题）预算申报书为基础，突出绩效管理，明确项目（课题）考核目标、考核指标及考核方法，明晰各方责权，明确项目（课题）牵头承担单位和参与单位的资金额度，包括其他来源资金和其他配套条件等。

第三十二条 事前立项事后补助是指单位围绕重大专项目标任务，按照前补助规定的程序立项后，先行投入组织研发活动并取得预期成果，按规定程序通过审核、评估和验收后，给予相应补助的财政支持方式。

采用事前立项事后补助方式的项目（课题），可事先拨付不超过该项目（课题）中央财政核定专项资金总额30%的启动资金，启动资金列入立项当年预算。待专业机构对项目（课题）进行验收、提出其余中央财政资金预算安排建议，经牵头组织单位审批后，在以后年度预算中安排，承担单位可以统筹安排使用。

第三十三条 事后立项事后补助是对单位已取得了符合重大专项目标要求，但未纳入重大专项支持范围的核心关键技术等研究成果，按规定程序通过审核、评估后给予相应补助的财政支持方式。

采用事后立项事后补助方式的项目（课题），由专业机构组织开展成果征集、项目（课题）评估、技术验证和价值评估，结合项目（课题）的实际支出，提出后补助预算安排建议，并纳入年度计划建议，论证结果和预算安排建议应向社会公示（涉密内容除外）。事后立项事后补助方式获得的资金，承担单位可以统筹安排使用。

第六章 预算执行

第三十四条 自2018年1月1日起，重大专项资金不再通过特设账户拨付，资金支付按照国库集中支付制度有关规定执行。取消特设账户有关事项另行规定。

第三十五条 专业机构按照国库集中支付制度规定，及时办理向项目（课题）牵头承担单位支付年度项目（课题）资金的有关手续。实行部门预算批复前项目（课题）资金预拨制度。

项目（课题）牵头承担单位应当根据项目（课题）研究进度和资金使用情况，及时向项目（课题）参与单位拨付资金。课题参与单位不得再向外转拨资金。

项目（课题）牵头承担单位不得对参与单位无故拖延资金拨付，对于出现上述情况的单位，专业机构将采取约谈、暂停项目（课题）后续拨款等措施。

第三十六条 承担单位应当严格执行国家有关财经法规和财务管理制度，切实履行法人责任，建立健全项目（课题）资金内部管理制度和报销规定，明确内部管理权限和审批程序，完善内控机制建设，强化资金使用绩效评价，确保资金使用安全、规范、有效。

第三十七条 承担单位应当建立健全科研财务助理制度，为科研人员在项目编制和调剂、资金支出、财务决算和验收方面提供专业化服务。

第三十八条 承担单位应当将项目（课题）资金纳入单位财务统一管理，对中央财政资金和其他来源的资金分别单独核算，确保专款专用。按照承诺保证其他来源的资金及时足额到位。

第三十九条 承担单位应当建立信息公开制度，在单位内部公开立项、主要研究人员、资金使用（重点是间接费用、外拨资金、结余资金使用等）、大型仪器设备购置以及项目（课题）研究成果等情况，接受内部监督。

第四十条 承担单位应当严格执行国家有关支出管理制度。对应当实行"公务卡"结算的支出，按照中央财政科研项目使用公务卡结算的有关规定执行。对设备费、大宗材料费和测试化验加工费、劳务费、专家咨询费等支出，原则上应当通过银行转账方式结算。对野外考察、心理测试等科研活动中无法取得发票或者财政性票据的，在确保真实性的前提下，可按实际发生额予以报销。

第四十一条 承担单位应当按照下达的预算执行。项目（课题）在研期间，年度剩余资金结转下一年度继续使用。预算确有必要调剂时，应当按照调剂范围和权限，履行相关程序。

（一）专项年度预算总额的调剂，由专业机构提出申请，牵头组织单位审核后报财政部批复。

（二）项目（课题）年度预算总额调剂，由项目（课题）牵头承担单位向专业机构提出申请，专业机构按原预算评审程序委托预算评审第三方机构评审后，报牵头组织单位审批。

（三）项目（课题）年度预算总额不变，课题间预算调剂，课题承担单位之间预算调剂以及增减项目（课题）参与单位的预算调剂，由项目（课题）牵头承担单位审核汇总后，报专业机构审批。

（四）项目（课题）预算总额不变，直接费用中材料费、测试化验加工费、燃料动力费、出版/文献/信息传播/知识产权事务费、会议/差旅/国际合作与交流费、其他费用等预算如需调剂，由项目（课题）负责人根据实施过程中科研活动的实际需要提出申请，由项目（课题）牵头承担单位审批。设备费、劳务费、专家咨询费、基本建设费预算一般不予调剂，如需调减可按上述程序调剂用于其他方面支出；如需调增，需由项目（课题）牵头承担单位报专业机构审批。

（五）项目（课题）的间接费用预算总额不得调增，经承担单位与项目（课题）负责人协商一致后，可以调减用于直接费用。

第四十二条 重大专项资金实行全口径决算报告制度。对按规定应列入项目（课题）决算的所有资金，应全部纳入项目（课题）决算。

第四十三条 项目（课题）牵头承担单位应当在每年的 4 月 20 日前，审核上年度收支情况，汇总形成项目（课题）年度财务决算报告，并报送专业机构。决算报告应当真实、完整、账表一致。

项目（课题）资金下达之日起至年度终了不满 3 个月的项目（课题），当年可以不编报年度财务决算报告，其资金使用情况在下一年度的年度财务决算报告报表中编制反映。

第四十四条 专业机构按规定组织项目（课题）财务验收，并将财务验收结果报牵头组织单位备案。有下列行为之一的，不得通过财务验收：

（一）编报虚假预算，套取国家财政资金；

（二）未对专项资金进行单独核算；

（三）截留、挤占、挪用专项资金；

（四）违反规定转拨、转移专项资金；

（五）提供虚假财务会计资料；

（六）未按规定执行和调剂预算；

（七）虚假承诺、单位自筹资金不到位；

（八）资金管理使用存在违规问题拒不整改；

（九）其他违反国家财经纪律的行为。

第四十五条 重大专项项目（课题）通过财务验收后，各承担单位应当在一个月内及时办理财务结账手续。

第四十六条 项目（课题）因故撤销或终止，承担单位应当及时清理账目与资产，编制财务报告及资产清单，报送专业机构。专业机构研究提出清查处理意见并报牵头组织单位审核批复，牵头组织单位确认后，按规定程序将结余资金（含处理已购物资、材料及仪器设备的变价收入）上缴国库。

第四十七条 对于项目（课题）结余资金（不含审计、年度监督评估等监督检查中发现的违规资金），项目（课题）完成任务目标并一次性通过验收，且承担单位信用评价好的，结余资金按规定留归承担单位使用，2年内（自验收结论下达后次年的1月1日起计算）统筹安排用于科研活动的直接支出。2年后结余资金未使用完的，按规定原渠道收回。

未一次性通过财务验收的项目（课题），或承担单位信用评价差的，结余资金按规定原渠道收回。

第四十八条 重大专项资金使用中涉及政府采购的，按照国家政府采购有关规定执行。

第四十九条 行政事业单位使用中央财政资金形成的固定资产属国有资产，应当按照国家有关国有资产的管理规定执行。企业使用中央财政资金形成的固定资产，按照《企业财务通则》等相关规章制度执行。中央财政资金形成的知识产权等无形资产的管理，按照国家有关规定执行。

中央财政资金形成的大型科学仪器设备、科学数据、自然科技资源等，按照规定开放共享。

第七章　监督检查

第五十条　三部门、牵头组织单位、专业机构和承担单位应当根据职责和分工,建立覆盖资金管理使用全过程的资金监督检查机制。监督检查应当加强统筹协调,加强信息共享,避免重复交叉。

第五十一条　三部门通过监督评估、专项检查、年度报告分析、举报核查、绩效评价等方式,按计划对专业机构内部管理、重大专项资金管理使用规范性和有效性进行监督检查;对承担单位法人责任落实情况,内部控制机制和管理制度的建设及执行情况,项目(课题)资金拨付的及时性,项目(课题)资金管理使用规范性、安全性和有效性以及财务验收情况等进行抽查。

第五十二条　牵头组织单位应当指导专业机构做好重大专项资金管理工作,对重大专项的实施进展情况、资金使用和管理情况进行监督检查。牵头组织单位按照规定组织开展项目(课题)绩效评价。牵头组织单位对监督检查中发现的问题,及时督促专业机构整改,追踪问责。

第五十三条　专业机构应当建立健全资金监管制度,组织开展重大专项资金的管理和监督,并配合有关部门监督检查,对发现问题的承担单位,采取警示、约谈等方式,督促整改,追踪问责。

专业机构应当在每年末总结当年的重大专项资金管理和监督情况,并报牵头组织单位备案。

第五十四条　承担单位应当按照本办法和国家相关财经法规及财务管理制度,完善内部控制和监督制约机制,加强支撑服务条件建设,提高对科研人员的服务水平,建立常态化的自查自纠机制,保证项目(课题)资金安全。

承担单位应当强化预算约束,规范资金使用行为,严格按照本办法规定的开支范围和标准支出,严禁使用重大专项资金支付各种罚款、捐款、赞助等,严禁以任何方式牟取私利。承担单位应当建立健全各种费用开支的原始资料登记和材料消耗、统计盘点制度,做好预算与财务管理的各项基础性工作。

第五十五条　重大专项资金管理实行责任倒查和追究制度。对存在失职,渎职,弄虚作假,截留、挪用、挤占、骗取重大专项资金等违法违纪行为的,按照相关规定追究相关责任人和单位的责任;涉嫌犯罪的,移送司法机关处理。

财政部及其相关工作人员在重大专项概预算审核下达,牵头组织单位、专业机构及其相关工作人员在重大专项项目(课题)资金分配等环节,存在违反规定安排资金或其他滥用职权、玩忽职守、徇私舞弊等违法违纪行为的,按照《预算法》《公务员法》《行政监察法》《财政违法行为处罚处分条例》等国家有关规定追究相关单位和人员的责任;涉嫌犯罪的,移送司法机关处理。

第五十六条 重大专项组织管理过程中,相关机构和人员应严格遵守国家保密规定。对于违反保密规定的,给国家安全和利益造成损害的,应当依照有关法律、法规给予有关责任机构和人员处分,构成犯罪的,依法追究刑事责任。

第八章　附　则

第五十七条 牵头组织单位应当根据本办法制定实施细则,报三部门备案。

第五十八条 本办法由财政部负责解释。

第五十九条 本办法自发布之日起施行,《财政部　科技部　发展改革委关于印发〈民口科技重大专项资金管理暂行办法〉通知》(财教〔2009〕218号)、《财政部关于印发〈民口科技重大专项管理工作经费管理暂行办法〉的通知》(财教〔2010〕673号)、《财政部关于民口科技重大专项课题预算调整规定的补充通知》(财教〔2012〕277号)、《财政部关于印发〈民口科技重大专项后补助课题资金管理办法〉的通知》(财教〔2013〕443号)、《财政部关于民口科技重大专项项目(课题)结题财务决算工作的通知》(财教〔2013〕489号)、《财政部　科技部　发展改革委关于〈民口科技重大专项资金管理暂行办法〉的补充通知》(财科教〔2016〕56号)、《财政部关于〈民口科技重大专项管理工作经费管理暂行办法〉的补充通知》(财科教〔2016〕57号)、《财政部关于民口科技重大专项项目(课题)预算调整规定的补充通知》(财科教〔2016〕58 号)、《财政部关于〈民口科技重大专项后补助项目(课题)资金管理办法〉的补充通知》(财科教〔2016〕59 号)、《财政部关于民口科技重大专项项目(课题)结题财务决算工作的补充通知》(财科教〔2016〕60 号)同时废止。

国家科技重大专项（民口）项目（课题）财务验收办法

（财政部,2017 年 6 月）

第一章　总　　则

第一条　为做好国家科技重大专项（民口）（以下简称重大专项）项目（课题）财务验收工作,保证财务验收工作的科学性、公正性和规范性,根据《国家科技重大专项（民口）管理规定》（国科发专〔2017〕145 号）、《国家科技重大专项（民口）资金管理办法》（财科教〔2017〕74 号）以及国家有关财经法规和财务管理制度,制定本办法。

第二条　重大专项项目（课题）财务验收是重大专项项目（课题）验收的重要组成部分。财务验收旨在客观评价重大专项资金使用的总体情况,进一步促进提高重大专项资金使用效益,更好地推进重大专项顺利实施。

第三条　凡经批准列入重大专项管理的项目（课题）均应当进行财务验收。项目（课题）财务验收与项目（课题）任务验收要统一部署、同期实施,在任务合同规定完成时间到期后六个月内完成。不能按期完成任务的,需提前三个月提出延期财务验收申请,说明延期理由和延期时间,报项目管理专业机构（以下简称专业机构）批复。延期时间一般不超过一年。

第四条　重大专项以项目（课题）为基本单元进行财务验收。项目（课题）分管理级次的,各重大专项的专业机构可以根据专项组织管理情况分级次组织、监督财务验收。

第五条　财务验收以国家相关财经法规和财务管理制度,以及批复的重大专项项目(课题)预算为依据。财务验收的资金范围为纳入重大专项预算管理的全部资金,包括中央财政资金、地方财政资金、单位自筹资金以及从其他渠道获得的资金等。

第二章　财务验收的组织管理

第六条　财政部指导重大专项的项目(课题)财务验收工作,并负责对财务验收工作进行监督检查。财政部根据有关规定对专业机构组织开展的财务验收工作及其结果,组织开展财务验收抽查工作。

第七条　牵头组织单位根据政府采购有关规定,确定开展财务审计工作的会计师事务所入围范围,并根据专业机构上报的项目(课题)财务审计计划,安排负责项目(课题)财务审计的会计师事务所。

第八条　专业机构负责相应重大专项项目(课题)财务验收工作。财务验收工作可以通过组织财务验收专家组和按规定委托第三方机构进行。

第九条　财务验收专家组、受托第三方机构应当按合同要求,独立、客观、公正地开展财务验收工作,依据财务验收内容、验收指标等出具初步财务验收意见和验收报告。

第十条　财务验收专家组应当包括财务专家、技术专家等。财务验收专家组成员原则上不少于7人,其中财务专家不少于5人。专家组组长由财务专家担任。

第十一条　项目(课题)牵头承担单位应当按要求及时提交财务验收申请报告及相关材料,并积极配合专家组完成财务验收相关工作。对于多个单位承担的项目(课题),参与单位应当积极配合牵头承担单位做好上述工作。

第十二条　实行回避制度。重大专项项目(课题)承担单位及其合作单位的人员不得作为验收专家参加本单位验收工作。专业机构工作人员不得作为验收专家参加验收工作。

第三章 财务验收的方式和内容

第十三条 财务验收采取现场验收、非现场验收或两者相结合等方式。专业机构可以视具体情况确定验收方式。

(一)现场验收:主要是通过深入项目(课题)承担单位现场,查验会计凭证和相关财务资料、现场听取有关汇报等,形成项目(课题)财务验收意见。

(二)非现场验收:主要是通过非现场听取汇报、查阅资料、咨询等形式进行财务验收,形成项目(课题)财务验收意见。对确需到项目(课题)现场核查有关资料的,可以组织专家到现场查阅相关资料。

第十四条 财务验收的主要内容有:财务管理及相关制度建设情况、资金到位和拨付情况、会计核算和财务支出情况、预算执行情况和资产管理情况等。

第十五条 财务管理及相关制度建设情况主要包括:项目(课题)承担单位是否建立预算管理、资金管理、合同管理、政府采购、审批报销、资产管理和内部控制等制度;如项目(课题)涉及基本建设,则需制定基建管理制度;以及上述制度的内容是否合理等。

第十六条 资金到位和拨付情况主要包括:重大专项各渠道资金的到位情况,以及项目(课题)牵头承担单位是否按预算批复和任务合同书(含预算书,下同)对参与单位及时足额拨付资金等。

第十七条 会计核算和财务支出情况主要包括:项目(课题)承担单位的会计核算是否规范、准确、真实;项目(课题)的实际支出是否按照预算执行(包括调剂后的预算);项目(课题)的实际支出是否符合有关规定的支出范围和支出标准;项目(课题)的支出与项目(课题)内容的相关性和合理性等。

第十八条 预算执行情况主要包括:项目(课题)的预算执行情况和项目(课题)的预算调剂是否按照规定程序和权限进行,以及各类资金结余情况等。

第十九条 资产管理情况主要包括:资产配置是否符合新增资产配置预

算、政府采购及合同管理制度的规定,资产使用及处置是否符合资产管理制度情况,设备类资产的使用效率及开放共享情况;以及无形资产管理的情况等。

第二十条 在财务验收过程中,有《国家科技重大专项(民口)资金管理办法》(财科教〔2017〕74号)第四十四条规定的九种情况之一的,验收结论为"不通过财务验收"。

第二十一条 财务验收评价采取定性与定量相结合的方式。依据规定的验收内容、验收指标及相应评价标准和分值(财务验收指标详见附2),形成财务验收综合得分,同时对存在的问题提出整改意见。

第四章 财务验收程序

第二十二条 专业机构根据专项任务完成情况和总体工作安排,结合专项特点,制定专项项目(课题)财务验收工作方案,并报牵头组织单位备案。

专业机构根据财务验收工作方案向项目(课题)牵头承担单位发出进行财务验收的通知。

第二十三条 项目(课题)牵头承担单位应当在任务完成后的30日内,在认真清理账目、编制项目(课题)财务收支执行情况报告的基础上,向专业机构提交财务验收材料,主要包括:

(一)项目(课题)任务合同书和其他有关批复文件;

(二)项目(课题)财务收支执行情况报告(报告内容、格式见附1);

(三)项目(课题)结余资金情况说明;

(四)其他需要提供的材料。

项目(课题)验收文件资料须加盖项目(课题)承担单位公章。项目(课题)承担单位对提供的验收文件资料和相关数据的真实性、准确性和完整性负责。

第二十四条 专业机构收到财务验收材料后,要及时进行形式审查。对通过形式审查的项目(课题),牵头组织单位从确定的会计师事务所范围内选定会计师事务所进行财务审计。

第二十五条　财务审计结束后,会计师事务所应当及时向牵头组织单位出具财务审计报告,牵头组织单位向专业机构做出回复。财务审计报告是财务验收的重要依据;对于财务审计无问题的,专业机构应当及时组织财务验收工作;对于财务审计有问题的,专业机构应当及时组织项目（课题）承担单位进行整改,整改完成后再进行财务验收。

第二十六条　进行项目（课题）财务验收时,每位专家应当在认真学习领会有关政策和制度要求、深入了解项目（课题）相关情况基础上,独立填写并提交财务验收专家意见（详见附3）。总体财务验收结论意见须由全体验收专家讨论通过,由验收专家组组长组织填写财务验收专家组意见（详见附4）并由专家组组长签名。

第二十七条　专业机构在汇总、分析项目（课题）财务验收意见的基础上,初步形成财务验收结论,并将财务验收结论下发至项目（课题）牵头承担单位。

第二十八条　对存在问题需要整改的项目（课题）,项目（课题）承担单位应当于接到财务验收结论后一个月内,按照财务验收结论的要求整改完毕,并将整改情况书面报告专业机构重新进行财务验收,一个项目（课题）仅有一次整改机会。整改到位的财务验收结论为"整改后通过财务验收",整改不到位的财务验收结论为"不通过财务验收"。

第二十九条　专业机构汇总整改后的财务验收意见及相关材料,形成最终财务验收结论,并编写财务验收报告（报告内容、格式见附5）,报送牵头组织单位备案。财政部对财务验收工作的程序、内容、质量和验收结论等进行抽查。

第三十条　对于财务验收抽查工作中发现的问题,专业机构及项目（课题）承担单位应当及时进行整改,并将整改情况报送牵头组织单位,牵头组织单位按照规定作相应处理。

第三十一条　涉密项目（课题）的财务验收工作,应严格按照国家有关保密法律法规要求进行管理,由专业机构商牵头组织单位另行组织实施。

第五章　财务验收结论及相关责任

第三十二条　重大专项财务验收结论分为"通过财务验收"（"整改后通过财务验收"）和"不通过财务验收"两种。

项目（课题）综合得分总分值为 100 分，综合得分高于 80 分为"通过财务验收"；综合得分低于 80 分（含 80 分）为"不通过财务验收"或"整改后重新财务验收"，其中，"整改后重新财务验收"的项目（课题）按照本办法第二十八条规定执行。

第三十三条　项目（课题）通过验收后一个月内，各项目（课题）承担单位应当办理完毕财务结账手续。项目（课题）资金如有结余，应当按照相关财经法规和财务管理制度处理。

第三十四条　到期无故不申请验收、验收未通过的项目（课题），项目（课题）负责人不得再申报重大专项项目（课题），项目（课题）承担单位 5 年内不得再申报重大专项项目（课题）。

第三十五条　在财务验收过程中发现弄虚作假，截留、挪用、挤占、骗取重大专项资金等行为，对相关单位及个人，按照《预算法》和《财政违法行为处罚处分条例》进行处罚；涉嫌犯罪的，移送司法机关处理。

第三十六条　验收专家组在验收过程中，出现不按照有关要求审核资料、偏袒特定承担单位、收受贿赂，以及其他滥用职权、玩忽职守、徇私舞弊等违法违纪行为的，一经查实，终止或取消其参与重大专项财务验收工作的资格；同时按照信用管理相关规定进行记录和评价，并按照有关规定追究相应责任；涉嫌犯罪的，移送司法机关处理。

会计师事务所等第三方机构人员在验收过程中，出现协助承担单位弄虚作假、重大稽核失误以及其他虚假陈述或未勤勉尽责行为的，一经查实，不再委托其参与重大专项财务验收工作；同时按照《中华人民共和国注册会计师法》及国家有关规定追究相应责任；涉嫌犯罪的，移送司法机关处理。

相关单位及其工作人员、相关管理人员在验收过程中，出现违规参与评审、干扰验收过程和结果，收受贿赂，以及其他滥用职权、玩忽职守、徇私舞弊等违法违纪行为的，一经查实，按照《预算法》、《公务员法》、《行政监察法》、《财政违法行为处罚处分条例》等国家有关规定追究相应责任；涉嫌犯罪的，移送司法机关处理。

第六章　附　则

第三十七条　各专业机构依据本办法，制定相应的项目（课题）财务验收管理实施细则，报牵头组织单位和财政部备案。

第三十八条　专业机构组织财务验收等所需经费，在专业机构管理工作经费中列支；牵头组织单位组织会计师事务所遴选费用、项目（课题）财务审计费用等，在牵头组织单位管理工作经费中列支；财政部组织财务验收抽查等所需经费，在三部门管理工作经费中列支。经费的开支内容和标准严格按照《国家科技重大专项（民口）资金管理办法》（财科教〔2017〕74 号）执行。

第三十九条　本办法由财政部负责解释，自发布之日起施行。《财政部关于印发〈民口科技重大专项项目（课题）财务验收办法〉的通知》（财教〔2011〕287 号）同时废止。

国家科技重大专项（民口）验收管理办法

（科技部、发展改革委、财政部，2018 年 2 月）

第一章　总　则

第一条　为加强国家科技重大专项（以下简称重大专项）总结验收及其项目（课题）验收管理，保证验收工作的科学性、规范性和公正性，根据《关于深化中央财政科技计划（专项、基金等）管理改革的方案》（国发〔2014〕64号）、《国家科技重大专项（民口）管理规定》（国科发专〔2017〕145 号）、《国家科技重大专项（民口）资金管理办法》（财科教〔2017〕74 号），以及国家科技管理相关规定、国家有关财经法规和财务管理制度等，制定本办法。

第二条　重大专项验收是重大专项组织管理的重要环节，旨在客观评价重大专项及其项目（课题）目标任务执行、成果产出、资金使用的总体情况，促进创新成果推广应用及产业化，提高资金使用效益，推动重大专项顺利实施和完成目标，更好地支撑国民经济社会发展。

第三条　重大专项总结验收以国务院审议通过的实施方案、发展规划、重大专项有关管理规定等为主要依据。总结验收综合考察重大专项目标指标、组织实施、资金使用、档案管理、成效影响、成果转化、后续管理等内容。

第四条　重大专项项目（课题）验收以项目（课题）任务合同书、相关单位批复的项目（课题）预算、重大专项有关管理规定、国家相关财经法规和财务管理制度等为主要依据。

项目（课题）验收包括档案验收、任务验收和财务验收。档案验收、任务验收和财务验收要统一部署。档案验收先于任务验收和财务验收开展，原则上，任务验收和财务验收同期实施。档案验收按《国家科技重大专项（民口）档案管理规定》（国科发专〔2017〕348号）执行，财务验收按《国家科技重大专项（民口）项目（课题）财务验收办法》（财科教〔2017〕75号）执行。

第五条 重大专项验收工作坚持依法依规、客观公正、科学规范、重质求效的原则，确保验收工作的严肃性、科学性和权威性。

第六条 本办法适用于民口有关的重大专项及其项目（课题）验收工作。

第二章 验收组织

第七条 科技部会同发展改革委、财政部（以下简称三部门）负责组织开展重大专项总结验收，做好项目（课题）验收的工作指导和监督检查。

第八条 在三部门指导下，各重大专项牵头组织单位（以下简称牵头组织单位）负责形成本专项实施情况报告和提出总结验收申请，配合三部门做好专项总结验收工作，并指导和监督重大专项项目管理专业机构（以下简称专业机构）开展项目（课题）验收工作。

第九条 在牵头组织单位领导下，专业机构具体负责项目（课题）验收的组织实施，形成项目（课题）验收报告，并配合做好专项总结验收工作。尚未委托专业机构的重大专项，其职责由专项实施管理办公室（以下简称专项办）承担。

第十条 重大专项项目（课题）承担单位（以下简称承担单位，包括牵头承担单位和参与单位）要充分履行法人责任，配合专业机构开展项目（课题）验收工作，负责形成本项目（课题）自评价报告等验收文件资料，并对其真实性、准确性、完整性负责。

第三章　重大专项总结验收

第十一条　牵头组织单位根据专项任务目标完成及项目(课题)验收情况,形成实施情况报告并向三部门提出整体验收申请,提交相关总结验收材料。

原则上,应于专项即将达到执行期限或执行期限结束后六个月内提出验收申请。组织实施顺利、提前完成任务目标的,可提前申请验收。

第十二条　三部门收到验收申请后,组织开展对重大专项总结验收材料的形式审查,形成审查意见。审查意见包括"通过"和"整改"两种。

第十三条　对通过审查的重大专项,三部门依据审查意见和专项实施具体情况,组织研究制定专项总结验收方案、工作计划和成立专家组,组织开展专项总结验收工作,并形成专项验收报告和总结验收意见。对要求整改的重大专项,牵头组织单位应在收到通知后的 30 日内补充完善总结验收材料,向三部门再次提出总结验收申请。原则上每个专项有一次整改机会。

第十四条　重大专项总结验收专家组应覆盖专项涉及的关键领域,由技术、管理、财务以及经济和政策等方面专家共同组成,总人数原则上不少于15人,确定 1 名组长;专家组成员应具有相当的权威性、代表性和广泛性,对重大专项组织实施有一定了解,具有较强的战略思考和决策咨询能力,在国内外业界具有良好的声望和较强的影响。对于不涉及国家安全的专项,可邀请部分海外知名专家加入专家组。专家组依据总结验收方案和有关要求,独立、客观、公正地开展总结验收工作,研究提出总结验收意见。

被验收重大专项相关管理人员、总体组成员不能作为验收专家参加本专项总结验收工作。

第十五条　重大专项总结验收的主要内容包括:专项目标指标完成程度、组织实施和管理情况(含档案管理)、资金使用情况和效益、实施成效和影响,以及重大专项成果转化应用和后续管理的有关安排等。

第十六条　重大专项总结验收意见分为"通过"和"不通过"两种。存在下列情况之一，按"不通过"处理。

（一）未达到重大专项实施方案、发展规划等确定的主要技术经济指标；

（二）实施取得的标志性成果及其影响与重大专项战略定位、战略目标和国家投入不相匹配；

（三）主要项目（课题）或核心任务未通过验收或未完成验收工作。

第十七条 三部门根据重大专项验收报告和总结验收意见，形成各重大专项整体验收结论和实施情况总结报告，并及时上报党中央、国务院。

第十八条 在总结验收后六个月内，牵头组织单位完成所有项目（课题）验收，以及专项档案的整理、保存、归档和移交工作等。

第四章 项目（课题）任务验收程序

第十九条 凡经批准列入重大专项管理的项目（课题），均应进行验收，对于验收前已批准中止或撤销的项目（课题）不纳入验收范围。项目（课题）验收工作应在任务合同到期后六个月内完成。

不能按期完成目标任务的项目（课题），需在任务合同到期 90 日前向专业机构提出延期申请，说明延期理由和拟延期时间。专业机构批准同意，并报牵头组织单位核准后，报三部门备案。原则上，延期时间不超过一年。

第二十条 专业机构要根据任务完成情况和有关要求，做好项目（课题）验收工作的整体时间安排，制订验收工作计划，并报牵头组织单位和科技部备案。

对于需同步验收的项目（课题），专业机构要做好相关承担单位和验收专家组的组织协调和时间安排，确保验收工作的有序开展。

第二十一条 项目（课题）牵头承担单位应在任务合同书规定完成日期后的 60 日内，向专业机构提交项目（课题）验收申请书（格式参见附件 1），同时需提交以下验收文件资料。

（一）档案验收合格结论书。

（二）项目（课题）自评价报告（格式参见附件 2）。主要包括项目（课题）

概况、实施情况、成果应用及其经济社会效益、经费使用和管理情况、组织管理情况、后续计划安排、存在问题及建议等。填写主要研究人员表，项目（课题）财务收支执行情况表，主要成果一览表，成果信息表，建设的生产线、中试线、平台基地、示范点（工程）一览表。提供产品（成果）的测试报告或检测报告、用户使用报告等相关证明材料。

（三）项目（课题）财务收支执行情况报告、项目（课题）结余资金情况说明。

项目（课题）验收文件资料须加盖项目（课题）承担单位公章。对于多个单位联合承担的项目（课题），参与单位应在牵头承担单位的统一组织下，配合做好相关验收资料的准备工作。

第二十二条　专业机构在收到验收申请书、相关文件资料后，要在 30 日内进行形式审查，并向牵头承担单位作出是否同意验收的回复。

第二十三条　对于通过形式审查的验收申请，专业机构按照验收工作计划，与牵头承担单位商定具体验收的日程安排，并发出组织验收的通知，同时抄送牵头组织单位。

对于未通过形式审查的验收申请，专业机构应及时通知牵头承担单位限时补充或修改验收材料。

第二十四条　任务验收专家在审阅资料、观看演示、现场测试（含委托第三方机构进行的测试）、实地考察、听取汇报的基础上，认真审查和质询，填写《重大专项项目（课题）任务验收评议表》（格式参见附件 3），讨论形成项目（课题）的任务验收意见。

第二十五条　专业机构根据项目（课题）任务验收和财务验收意见，形成验收结论，填写《重大专项项目（课题）验收结论书》（格式参见附件 4），报牵头组织单位备案，并抄送三部门。专业机构负责向牵头承担单位下达《重大专项项目（课题）验收结论书》。

三部门可通过抽查、复查等方式，对项目（课题）验收工作的程序、内容、质量和结论进行监督检查。

第二十六条　涉密项目（课题）的验收工作，应严格按照国家有关保密法律法规要求执行。

第五章 项目(课题)任务验收方式和内容

第二十七条 项目(课题)任务验收专家组应由技术专家、管理专家和知识产权专家等共同组成,原则上不少于 9 人,确定 1 名组长。对于具有产业化目标的项目(课题),要有用户代表参加。

被验收项目(课题)承担单位及其合作单位的人员不能作为验收专家参加验收工作。

第二十八条 项目(课题)任务验收主要采取实地考察、现场测试、功能演示、会议审查、查阅资料等方式进行。根据需要,可以采取一种或多种方式进行。

对于有测试要求或有推广应用、示范要求的项目(课题),应采用现场测试、实地考察等方式进行验收。对于需要平行测试或专家组存在异议的项目(课题),专业机构可委托第三方机构进行测试。

对于成果已经得到应用的项目(课题),要根据用户报告或在充分听取用户意见的基础上,形成任务验收意见。

第二十九条 对于同一类型、具有上下游关系或具有很强相关性的项目(课题),要以"项目群"或"课题群"的方式同步组织验收。

第三十条 对于具有应用目标和产业化目标的项目(课题),要按照"下家考核上家、系统考核部件、应用考核技术、市场考核产品"等成果评价方式进行评价。

第三十一条 项目(课题)任务验收的主要内容包括:项目(课题)合同计划任务的完成情况,合同规定的目标和考核指标的完成情况(包括知识产权任务目标完成、保护及应用情况等);项目(课题)对重大专项总体目标发挥作用情况;成果水平及其应用情况,直接经济效益和社会效益情况,人才培养与团队建设情况;组织管理和机制创新情况等。

第六章　项目（课题）验收结论

第三十二条　项目（课题）任务验收结论分为"通过"（包括"整改后通过"）和"不通过"两种。存在下列情况之一的项目（课题）不得通过验收。

（一）未达到合同约定的主要技术经济指标；

（二）提供的验收文件、资料、数据不真实；

（三）擅自修改项目（课题）任务合同书的考核目标、内容、技术路线等。

第三十三条　每个项目（课题）原则上有一次整改机会，应当于接到整改通知后的三个月内完成整改，将整改情况书面报告专业机构，并提请重新验收。整改到位的任务验收结论为"整改后通过"，整改不到位的任务验收结论为"不通过"。

第三十四条　项目（课题）验收结论分为"通过"和"不通过"两种。任务验收与财务验收结论均为"通过"（含"整改后通过"）的，项目（课题）验收结论为"通过"；二者之一的结论为"不通过"的，项目（课题）验收结论为"不通过"。

第三十五条　专业机构应按《国家科技重大专项（民口）档案管理规定》，及时做好项目（课题）验收的文件资料整理和归档工作。专业机构及专项办在每年6月底及12月底，将本专项项目（课题）及管理档案移交至科技部重大专项办公室，并纳入统一的国家科技管理信息系统。

第三十六条　年度项目（课题）验收结束后，专业机构要及时形成《重大专项项目（课题）验收工作总结报告》，连同各项目（课题）验收结论书提交牵头组织单位，并抄送科技部。

第七章　项目（课题）验收相关责任

第三十七条　项目（课题）验收过程中各责任主体存在违规行为的，应当严肃处理。三部门、牵头组织单位、专业机构视情况轻重采取约谈、通报批评、追回已拨资金、阶段性或永久取消项目(课题)承担者申报资格等措施,并将有关结果以适当方式向社会公开。涉嫌犯罪的,移送司法机关处理。

对上述已作出正式处理,存在违规违纪和违法且造成严重后果或恶劣影响的责任主体,纳入科研严重失信行为记录,并加强与其他社会信用体系衔接,实施联合惩戒。

第三十八条 到期无故不申请验收、拒不整改或虚假整改、验收结论为"不通过"的项目(课题),专业机构将不再受理该项目(课题)负责人以及直接责任人的重大专项项目(课题)申请,并在5年内不再受理牵头承担单位以及具有直接责任的参与单位申报该重大专项的项目(课题),同时按照信用管理相关规定进行记录和评价。

第三十九条 对在项目(课题)验收过程中发现的弄虚作假及渎职,截留、挪用、挤占、骗取等行为,一经查实,将终止或取消项目(课题)负责人和承担单位继续承担重大专项项目(课题)的资格,并按照国家有关法律法规追究有关单位及个人的责任。涉嫌犯罪的,移送司法机关处理。

第四十条 在重大专项验收过程中,验收专家组成员出现索贿受贿、滥用职权、玩忽职守、徇私舞弊等违法违纪行为的,一经查实,将终止或取消其参与重大专项各项任务和工作的资格;同时按照信用管理相关规定进行记录和评价,并按照有关规定追究相应责任。涉嫌犯罪的,移送司法机关处理。

相关机构及其工作人员、相关管理人员在验收过程中,出现不按照有关要求审核资料、偏袒特定承担单位、协助承担单位弄虚作假、重大稽核失误、违规参与评审、干扰验收过程和结果、索贿受贿等违法违纪行为的,一经查实,将终止或取消其参与重大专项各项任务和工作的资格,并按照有关规定追究相应责任。涉嫌犯罪的,移送司法机关处理。

第四十一条 参加项目(课题)验收的有关人员未经允许擅自披露、使用或者向他人提供被验收项目(课题)成果的,一经查实,将终止或取消其参与重大专项各项任务和工作的资格;给国家、有关单位和个人造成损失的,将依照有关规定和法律追究责任。涉及国家秘密的,按有关法律法规处理。

第八章　验收后续管理

第四十二条　承担单位应加强项目（课题）后续管理，充分利用好重大专项支持形成的资源、能力，加强档案、成果、知识产权、开放共享等管理，持续做好相关工作。

第四十三条　专业机构要加强项目（课题）验收与专项成果、知识产权、档案管理的有机衔接。针对涉及国家战略的重大任务和主要项目（课题），专业机构要建立相应工作机制，推动成果转移转化、资源开放共享。

第四十四条　牵头组织单位要指导和督促专业机构开展后续管理，对工作开展情况进行监督检查，并充分协调和调动行业资源、社会力量，加强宏观管理、战略规划和政策保障，积极创造良好的环境条件。

第四十五条　三部门加强对后续管理的统筹协调与宏观指导，促进重大专项科研资源能力的巩固优化和共享利用，推动重大创新成果的产业化应用与扩散。

第九章　附　　则

第四十六条　各重大专项牵头组织单位依据本办法，结合本重大专项的特点，组织制定修订相应的项目（课题）验收管理实施细则，报三部门备案。

第四十七条　重大专项总结验收和项目（课题）验收工作所需经费严格按照《国家科技重大专项（民口）资金管理办法》等执行。

第四十八条　本办法由三部门负责解释，自发布之日起实行。《国家科技重大专项项目（课题）验收暂行管理办法》（国科发专〔2011〕314号）同时废止。

进一步深化管理改革　激发创新活力
确保完成国家科技重大专项
既定目标的十项措施

（科技部、发展改革委、财政部，2018 年 12 月）

为全面贯彻习近平总书记关于科技创新的重要论述，落实党中央、国务院关于推进科技领域"放管服"改革和《国务院关于优化科研管理提升科研绩效若干措施的通知》（国发〔2018〕25 号）（以下简称 25 号文）的要求，充分激发科研人员创新活力，加快国家科技重大专项（以下简称"专项"）组织实施，突破核心领域关键技术，保障专项总体目标圆满完成，为国家经济社会高质量发展提供科技支撑，科技部、发展改革委、财政部（以下简称"三部门"）按照明确责任、规范流程、讲求绩效、综合激励的原则，制定以下措施。

一、完善管理制度，提高科学管理水平

（一）明确课题申报和批复程序要求。

1. 增加定向支持项目（课题）（以下简称课题）比例。对于目标清晰、研究团队较为明确的任务，原则上以定向支持为主，主要通过定向择优或定向委托的方式，从具备资质和能力的一家或几家单位中择优遴选优势单位承担，并切实保障公平公正。

2. 每年 1 月 31 日之前发布下一年度指南。牵头组织单位按照审定的实施方案和阶段实施计划编制年度指南，在国家科技管理信息系统发布，课题应

列明绩效目标。定向支持课题应明确注明，申报准备时间为 25 个工作日；公开招标课题申报准备时间为 45 个工作日。每年 4 月 10 日前完成课题申报工作。

3. 每年 7 月 31 日前完成论证、评审上报。项目管理专业机构（以下简称"专业机构"，尚未委托专业机构的重大专项，其职责由专项实施管理办公室承担）应及时完成课题（含预算）论证、评审，并形成下一年度计划建议报牵头组织单位，牵头组织单位完成审核并报三部门。

4. 每年 9 月 30 日前完成综合平衡。三部门组织开展综合平衡（内容包括年度实施计划和年度预算），依据专业机构公示（时间为 5 个工作日）结果形成综合平衡意见，并正式反馈牵头组织单位。财政部根据三部门综合平衡意见核定下一年度预算，按《预算法》相关规定和程序纳入相关专项牵头组织单位年初部门预算中。

5. 每年 10 月 31 日前完成立项批复。牵头组织单位按照三部门综合平衡意见，向专业机构下达下一年度新立项课题批复（含预算）。

6. 每年 12 月 15 日前完成合同签订。立项批复下达后，专业机构开展《重大专项项目（课题）任务合同书》审查，并及时与课题承担单位签订。

（二）减少实施周期内的各类评估、检查、抽查、审计等活动。

7. 统筹监督检查工作计划。科技部牵头负责专项监督检查统筹工作计划。牵头组织单位、专业机构分别于每年 1 月底前，向科技部提交围绕重点工作的监督检查和绩效评价年度工作计划。科技部会同发展改革委、财政部于每年 2 月底前，研究制定并公布各专项监督检查和绩效评价年度工作计划。

8. 减少检查频次。重点核心任务攻关课题坚持定期检查；一般性课题实施周期内原则上按不超过 5% 的比例抽查；实施周期三年（含）以下的自由探索类基础研究课题一般不开展过程检查。相对集中时间开展联合检查，避免在同一年度对同一课题重复检查、多头检查。

9. 整合精简上报材料。科技部牵头完成管理流程、申报材料与表格的整合精简工作，推行"材料一次报送"制度，实现管理表格共享，专项各级管理主体不得要求重复填报相关信息（动态更新的信息除外）。

（三）精简课题验收程序。

10. 实施一次性综合绩效评价。不再单独组织技术验收，合并技术、财务、档案验收程序，由项目管理专业机构实施以目标导向为核心的一次性综合绩效评价。综合绩效评价专家组原则上不少于 11 人，由技术专家、财务专家（2 人）、档案检查专家（1 人）、管理专家和知识产权专家等共同组成，对于具有产业化目标的课题，要有用户代表参加。综合绩效评价专家组联合验收，实现同步下达验收结论。

11. 不再单独组织财务验收。综合绩效评价前，由课题承担单位自主选择具备资质的第三方机构完成结题财务审计，并作为综合绩效评价的依据。

12. 不再单独组织档案验收。综合绩效评价前，由档案检查专家对课题全周期文件档案归档情况进行检查，并作为综合绩效评价的依据。

13. 突出课题实施效果评估。按照分类评价的要求，基础研究与应用基础研究类课题主要评价研究的原创性、学术贡献和解决关键领域核心竞争力重大科学问题的效能；技术和产品开发类课题主要评价自主创新能力、产业技术水平和国际竞争力；应用示范类课题主要评价集成性、先进性、经济适用性和辐射带动作用及产生的经济社会效益。

（四）实现信息互联共享。

14. 开放国家科技管理信息系统。在做好保密工作的前提下，按职能和管理权限向牵头组织单位、专业机构和课题承担单位等相关主体开放国家科技管理信息系统，加强专项公开数据与其他科技计划和科研机构的共享运用，推动高效管理。

15. 明确数据填报责任。课题承担单位和课题负责人负责数据的真实性和准确性，做好非涉密信息网上填报工作。

16. 提供综合服务。通过管理信息系统对新立项课题申报、评审、监督、评估、验收等全过程进行信息管理，为综合平衡、过程管理、绩效评价等提供支撑服务。

二、优化科研项目和经费管理,赋予科研
人员和科研单位更大自主权

(五)赋予重大专项科研人员更大的技术路线决策权。

17. 课题负责人自主选择和调整技术路线。重大专项课题负责人具有自主选择和调整技术路线的权利,科研项目申报期间,以课题负责人提出的技术路线为主进行论证,科研项目实施期间,课题负责人可以在研究方向不变、不降低申报指标的前提下自主调整研究方案和技术路线,报项目管理专业机构备案。单位主管部门、项目管理部门应充分尊重科研人员意见。同时,各牵头组织单位要落实好服务、保障和监管责任。

18. 开展专项年度计划申报"绿色通道"试点。选择综合实施绩效优秀、有代表性的专项开展年度计划申报"绿色通道"试点:在既定目标和概算范围内专项对立项计划和预算安排拥有自主权;三部门在牵头组织单位审核同意后仅开展形式审核,并形成综合平衡意见。

(六)进一步优化概预算管理方式。

19. 进一步落实重大专项概预算管理改革。根据形势和任务变化,在不突破阶段概算的前提下,牵头组织单位可及时申请分年度概算在年度间的调整。项目管理专业机构要简化重大专项预算编制要求,精简说明和报表。结合评审结果,专项在分年度概算控制数内,自主决定新立项课题预算安排。

20. 实行部门预算批复前课题资金预拨制度。年度部门预算在正式批复前,各专项牵头组织单位结合科研任务进展,可在当年一季度预先申请和拨付延续课题和新立项课题资金,确保不影响科研人员一季度使用课题资金。

21. 赋予科研单位科研课题经费管理使用自主权。直接费用中除设备费外,其他科目费用调剂权全部下放给课题承担单位,单位应完善管理制度,及时为科研人员办理调剂手续。

(七)开展基于绩效、诚信和能力的重大专项科研管理改革试点。

22. 开展简化预算编制试点。根据25号文精神确定的改革试点单位,在

编制承担重大专项课题预算时,可简化预算编制,直接费用中除设备费外,其他费用只提供基本测算说明,不提供明细,进一步精简合并其他直接费用科目。

23.进一步落实重大专项课题结余经费使用的相关要求。对于课题结余资金(不含审计、年度监督评估等监督检查中发现的违规资金),课题完成任务目标并一次性通过验收,且承担单位信用评价好的,结余资金按规定留归承担单位使用,2 年内(自验收结论下达后次年的 1 月 1 日起计算)统筹安排用于科研活动的直接支出,2 年后结余资金未使用完的,按规定原渠道收回。

三、弘扬科学精神,激发科研人员创新活力

(八)完善以增加知识价值为导向的激励措施。

24.开展加大间接经费预算比例试点。根据 25 号文精神确定的改革试点单位,对试验设备依赖程度低和实验材料耗费少的软件研发、集成电路设计等智力密集型课题,提高间接经费比例,500 万元以下的部分为不超过 30%,500万元至 1000 万元的部分为不超过 25%,1000 万元以上的部分为不超过 20%。对数学等纯理论基础研究课题可根据实际情况适当突破上述比例。间接经费的使用应向创新绩效突出的团队和个人倾斜。

25.探索开展绩效总量核定试点。选择承担专项重点任务,落实国家科技体制改革政策到位、科技创新绩效突出的单位,试点探索在核定绩效工资总量方面给予倾斜支持。

(九)加大特殊人才薪酬激励力度。

26.探索提高核心攻关任务负责人薪酬。专项可探索对全职承担专项任务的团队负责人以及高端引进人才的薪酬实行一项一策、清单式管理和年薪制,按程序报相关部门批准后执行。年薪所需经费在课题经费中单独核定,在本单位绩效工资总量中单列,相应增加单位当年绩效工资总量。

27.绩效支出向青年科研骨干倾斜。在保障专项任务完成和间接费用总额不变的前提下,承担单位统筹考虑本单位实际情况、与课题负责人协商一致

后,可从课题间接费用中提取一定比例的绩效支出,优先支持青年科研骨干。

(十)弘扬科学精神,转变科研作风。

28.打造崇尚使命、献身科技的优良作风。弘扬为国奉献、求真务实、刻苦钻研、淡泊名利的精神,倡导甘为人梯、理性质疑、诚实守信的科研作风。

29.开展科研作风整治。有针对性地治理浮夸浮躁、弄虚作假、拜金主义、"圈子文化"、"学阀现象"等违背科学精神的科研作风问题;严格控制科研人员超额申报或承担课题,防止"囤项目"、"挂名争项目"等问题。

30.探索实施非物质激励方式。在各专项推荐的基础上,按比例遴选科研作风优良,在关键技术突破、成果推广应用、科研管理创新等工作中作出突出贡献的承担单位和科研(管理)人员,可定期进行荣誉激励。

五、国家社会科学基金

国家社会科学基金管理办法

（全国哲学社会科学工作办公室,2013 年 5 月修订）

第一章 总 则

第一条 为了规范国家社会科学基金（以下简称国家社科基金）管理,提高国家社科基金使用效益,促进多出优秀成果、多出优秀人才,更好地发挥国家社科基金的示范引导作用,推动我国哲学社会科学繁荣发展,充分发挥认识世界、传承文明、创新理论、咨政育人、服务社会的重要功能,制定本办法。

第二条 国家社科基金用于资助哲学社会科学研究和培养哲学社会科学人才,重点支持关系经济社会发展全局的重大理论和现实问题研究,支持有利于推进哲学社会科学创新体系建设的重大基础理论问题研究,支持新兴学科、交叉学科和跨学科综合研究,支持具有重大价值的历史文化遗产抢救和整理,支持对哲学社会科学长远发展具有重要作用的基础建设等。

第三条 国家社科基金来源于中央财政拨款。

中央财政将国家社科基金的经费列入预算,并随着财政经常性收入增长逐年增加投入。

国家社科基金的预算、财务依法接受国务院财政部门的管理和监督。国家社科基金的使用和管理依法接受审计机关的审计和监督。

第四条 国家社科基金管理工作必须坚持正确导向、突出国家水准、注重科学管理、服务专家学者,倡导和弘扬理论联系实际的学风。

第五条 组织实施国家社科基金项目,应当遵循公开、公平、公正的原则,充分发挥哲学社会科学界专家学者的作用,采取宏观引导、自主申请、平等竞争、同行评审、择优支持的机制。

第六条　国家社科基金设立专项资金,用于培养哲学社会科学青年人才和扶持民族地区、边疆地区哲学社会科学研究队伍。

第二章　组织与职责

第七条　全国哲学社会科学规划领导小组(以下简称全国社科规划领导小组)领导国家社科基金管理工作。其主要职责是:

(一)研究提出贯彻落实中央繁荣发展哲学社会科学方针原则的政策措施,对国家社科基金管理中的重大问题作出决定;

(二)制定国家哲学社会科学研究中长期规划和年度实施计划,明确国家社科基金资助方向和资助重点;

(三)审批国家社科基金年度经费预算和项目选题规划,审批国家社科基金项目;

(四)制定国家社科基金管理办法,会同国务院财政部门制定国家社科基金项目经费管理办法;

(五)领导国家社科基金项目优秀成果评奖工作;

(六)指导国家哲学社会科学研究专家咨询委员会和国家社科基金学科规划评审组工作,聘任、调整专家咨询委员会委员和学科规划评审组专家;

(七)决定其他重大事项。

第八条　全国哲学社会科学规划办公室(以下简称全国社科规划办)作为全国社科规划领导小组的办事机构,负责国家社科基金日常管理工作。其主要职责是:

(一)落实全国社科规划领导小组的决定,向全国社科规划领导小组报告国家社科基金管理年度工作;

(二)执行和落实国家哲学社会科学研究规划,制定和实施国家社科基金年度经费预算和项目选题规划;

（三）受理国家社科基金项目申请,组织专家评审;

（四）监督国家社科基金项目实施和资助经费使用;

（五）组织国家社科基金项目研究成果的鉴定、审核、验收以及宣传推介;

（六）承办全国社科规划领导小组交办的其他事项。

第九条 各省、自治区、直辖市和新疆生产建设兵团哲学社会科学规划办公室及全军哲学社会科学规划办公室(以下简称省区市社科规划办),以及中央党校科研部、中国社会科学院科研局、教育部社会科学司(以下简称在京委托管理机构),受全国社科规划办委托,协助做好本地区本系统国家社科基金项目申请和管理工作。其主要职责是:

（一）组织本地区本系统哲学社会科学研究人员申请国家社科基金项目;

（二）审核本地区本系统申请人或者项目负责人所提交材料的真实性和有效性;

（三）督促落实国家社科基金项目实施的保障条件;

（四）配合全国社科规划办对国家社科基金项目的实施和资助经费的使用进行监督、检查,对国家社科基金项目的研究成果进行鉴定审核和宣传推介。

全国社科规划办对省区市社科规划办和在京委托管理机构的相关工作进行指导、监督。

第十条 中华人民共和国境内的高等学校、党校、社会科学院等科研院(所),党政机关研究部门,军队系统研究部门,以及其他具有独立法人资格的公益性社会科学研究机构,作为国家社科基金项目申请和管理的责任单位,履行下列职责:

（一）组织本单位哲学社会科学研究人员申请国家社科基金项目;

（二）审核本单位申请人或者项目负责人所提交材料的真实性和有效性;

（三）提供国家社科基金项目实施的条件;

（四）跟踪管理国家社科基金项目的实施和资助经费的使用;

（五）配合全国社科规划办、省区市社科规划办和在京委托管理机构对国家社科基金项目的实施和资助经费的使用进行监督、检查。

全国社科规划办、省区市社科规划办和在京委托管理机构对责任单位的相关工作进行指导、监督。

第十一条 设立国家哲学社会科学研究专家咨询委员会,由在学术上有突出贡献、在哲学社会科学界有较高威望的资深专家组成。专家咨询委员会委员由全国社科规划领导小组聘任,设召集人若干名。其主要职责是为全国社科规划领导小组决策提供咨询建议。

第十二条 国家社科基金分学科设立学科规划评审组,由政治素质高、学术造诣深、社会责任感强的专家组成。学科规划评审组成员由全国社科规划领导小组聘任,实行任期制,每届任期五年,连任不超过两届,连任届满后再次聘任的时间间隔不少于 5 年。

学科规划评审组的职责是:

(一)定期开展哲学社会科学学科发展状况调查,对制定国家哲学社会科学研究规划和国家社科基金项目选题规划提出建议;

(二)评审国家社科基金项目申请,提出国家社科基金项目资助建议;

(三)协助全国社科规划办对国家社科基金项目的实施进行监督、检查,提出评估意见和改进建议;

(四)对重要课题的研究成果进行鉴定、审核和评介;

(五)推荐哲学社会科学研究优秀成果和优秀人才。

全国社科规划领导小组根据国家社科基金管理工作实际需要和学科规划评审组专家履行职责情况,对学科规划评审组进行动态调整。

第三章　项目与规划

第十三条 国家社科基金设立重大项目、年度项目、青年项目、后期资助项目、中华学术外译项目、西部项目、特别委托项目等项目类型。

国家社科基金项目类型根据经济社会发展变化和哲学社会科学发展需要,进行适时调整和不断完善。不同类型项目的资助领域和范围各有侧重。

第十四条 重大项目资助中国特色社会主义经济、政治、文化、社会和生态文明建设及军队、外交、党的建设的重大理论和现实问题研究,资助对哲学社会科学发展起关键性作用的重大基础理论问题研究。

第十五条　年度项目包括重点项目、一般项目,主要资助对推进理论创新和学术创新具有支撑作用的一般性基础研究,以及对推动经济社会发展实践具有指导意义的专题性应用研究。

第十六条　青年项目资助培养哲学社会科学青年人才。

第十七条　后期资助项目资助哲学社会科学基础研究领域先期没有获得相关资助、研究任务基本完成、尚未公开出版、理论意义和学术价值较高的研究成果。

第十八条　中华学术外译项目资助翻译出版体现中国哲学社会科学研究较高水平、有利于扩大中华文化和中国学术国际影响力的成果。

第十九条　西部项目资助涉及推进西部地区经济持续健康发展、社会和谐稳定,促进民族团结、维护祖国统一,弘扬民族优秀文化、保护民间文化遗产等方面的重要课题研究。

第二十条　特别委托项目资助因经济社会发展急需或者其他特殊情况临时提出的重大课题研究。

第二十一条　国家社科基金应当通过项目选题规划明确优先支持的研究领域和范围。项目选题规划主要以课题指南或申报公告的形式发布。

制定国家社科基金项目选题规划,应当广泛征求意见,组织专家进行科学、充分的论证。

第二十二条　国家社科基金根据党和国家的中心工作和战略需求,依托学科优势突出、专业特色鲜明、研究实力雄厚的哲学社会科学研究机构,设立并资助若干国家重点思想库、重点实验室和重点数据库,组织富有开拓创新精神、注重理论联系实际、协作攻关能力强的科研团队,在相关领域开展长期、持续、深入的专项研究,为党和政府决策提供有价值、有深度的咨询服务。

第二十三条　国家社科基金根据需要,资助办刊导向正确、学术水准高、社会影响大的哲学社会科学重点学术期刊,发挥其引导学风建设、促进哲学社会科学研究健康发展的作用。

第二十四条　国家社科基金根据需要,设立中外合作研究项目。项目申请、资助和管理的具体办法另行制定。

第四章　申请与评审

第二十五条　申请国家社科基金项目的申请人,应当具备下列条件:

（一）遵守中华人民共和国宪法和法律;

（二）具有独立开展研究和组织开展研究的能力,能够承担实质性研究工作;

（三）具有副高级以上专业技术职称（职务）,或者具有博士学位。

不具有副高级以上专业技术职称（职务）或者博士学位的,可以申请青年项目,但必须有两名具有正高级专业技术职称（职务）的专家进行书面推荐。申请青年项目的申请人年龄不超过 35 周岁。申请西部项目的申请人必须是西部地区科研单位的在编人员。

第二十六条　申请人可以根据研究的实际需要,吸收境外研究人员作为课题组成员参与申请国家社科基金项目。

第二十七条　申请人申请国家社科基金项目,应当根据课题指南或申报公告的要求确定研究课题,也可以根据自己的研究优势和学术积累自主确定研究课题。

申请人申请应用研究课题,应当紧贴经济社会发展实际,突出研究的现实针对性;申请基础研究课题,应当瞄准国内国际学术发展前沿,突出研究的原创性。

第二十八条　申请人申请国家社科基金项目,必须在规定期限内按照规定程序提出书面申请。

申请人申请的研究课题已获得其他资助的,或者与博士学位论文、博士后出站报告密切相关的,必须在申请材料中予以说明。

课题指南或申报公告有其他特殊要求的,申请人应当提交符合该要求的证明材料。

第二十九条　全国社科规划办在申请截止30日内完成对申请材料的初步审查。对于符合本办法规定条件的,予以受理;对于不符合本办法规定条件的,或者不符合课题指南或申报公告要求的,不予受理。

第三十条　全国社科规划办对已经受理的国家社科基金项目申请,先组织同行专家进行通讯评审,再组织学科规划评审组专家进行会议评审。

第三十一条　评审专家评审国家社科基金项目申请,应当从政治方向、学术创新、实践价值以及研究方案的可行性等方面进行独立判断和评价,同时综合考虑申请人和参与者的研究经历、前期相关研究成果、资助经费使用计划的合理性、研究内容获得其他资助的情况等因素,提出客观、公正的评审意见。

会议评审提出的评审意见必须通过投票表决。

第三十二条　全国社科规划办根据本办法的规定和专家提出的评审意见,对会议评审结果进行复核,提出拟资助项目。

全国社科规划办应当将拟资助项目进行公示,公示期一般为7天。在公示期内,凡对拟资助项目有异议的,可以向全国社科规划办提出实名书面意见。全国社科规划办经调查核实予以回复。

第三十三条　全国社科规划领导小组对拟资助项目及资助经费数额行使最终审批决定权。决定予以资助的,全国社科规划办及时予以公布,并书面通知申请人及责任单位;决定不予资助的,全国社科规划办应当通过一定方式通知申请人及责任单位。

第三十四条　申请人对不予资助的决定持异议的,可以自资助项目公布之日起15日内,向全国社科规划办提出书面复审请求。对评审专家的学术判断有不同意见,不得作为提出复审请求的理由。

申请人只能提出一次复审请求。

第三十五条　国家社科基金项目评审工作中,评审专家、学科规划评审组秘书、工作人员有下列情形之一的,应当主动申请回避:

(一)评审专家、学科规划评审组秘书、工作人员是申请人、参与者的近亲属,或者与申请人、参与者存在可能影响公正评审的其他关系;

(二)评审专家、学科规划评审组秘书申请本年度国家社科基金项目。

全国社科规划办根据申请,经审查作出是否回避的决定;也可以根据掌握的情况直接作出回避决定。

申请人可以向全国社科规划办提出 3 名以内不适宜评审其申请的评审专家名单,全国社科规划办在选择评审专家时根据实际情况予以考虑。

第三十六条 全国社科规划办、省区市社科规划办和在京委托管理机构工作人员不得申请或者参与申请国家社科基金项目,不得干预评审专家的评审工作。

第五章 资助与实施

第三十七条 项目负责人自收到全国社科规划办资助通知之日起 30 日内,应当按照批准的资助经费数额编制经费支出预算,报全国社科规划办批准。无特殊情况,逾期不报视为自动放弃资助。

项目负责人必须严格按照批准的经费支出预算使用资助经费。项目负责人、责任单位不得以任何方式侵占、挪用资助经费。资助经费使用与管理的具体办法另行制定。

第三十八条 项目负责人必须按照国家社科基金项目申请书的承诺组织开展研究工作,做好国家社科基金项目实施情况的原始记录,并向责任单位提交项目年度进展报告。

责任单位应当审核项目年度进展报告,查看项目实施情况的原始记录,并向省区市社科规划办或在京委托管理机构提交本单位项目年度实施情况报告。

省区市社科规划办和在京委托管理机构应当对本地区本系统各单位项目年度实施情况报告进行审查,并向全国社科规划办提交汇总报告。

全国社科规划办应当对各地区各部门项目实施情况进行实地抽查,并作出国家社科基金项目年度实施整体情况报告,向全国社科规划领导小组汇报。

第三十九条 自项目资助期满 30 日内,项目负责人应当提交最终研究成果和项目结项申请。最终研究成果通过同行专家鉴定和全国社科规划办审核、验收后，方可正式结项、公开出版。

最终研究成果的鉴定一般采取双向匿名通讯鉴定的方式，分类组织实施。其中，重大项目、后期资助项目、中华学术外译项目、特别委托项目的最终研究成果鉴定，由全国社科规划办负责组织；年度项目、青年项目和西部项目的最终研究成果鉴定，由全国社科规划办委托省区市社科规划办或在京委托管理机构负责组织。

第四十条 国家社科基金项目实施中，因正当理由可以申请项目延期。应用研究项目延期时间不得超过 1 年，基础研究项目延期时间不得超过 2 年。

申请项目延期，项目负责人必须在资助期满 2 个月前提交书面申请，经责任单位报省区市社科规划办或在京委托管理机构审批；省区市社科规划办或在京委托管理机构定期将延期审批情况报全国社科规划办备案。如有特殊情况，延期超过规定时限的，必须报全国社科规划办审批。

第四十一条 国家社科基金项目实施中，有下列情形之一的，责任单位应当及时提出变更项目负责人或者终止项目实施的申请，经省区市社科规划办或在京委托管理机构审核，报全国社科规划办批准；全国社科规划办也可以直接作出终止项目实施的决定：

（一）项目负责人无力继续开展研究工作的；

（二）项目负责人在其他学术研究活动中有剽窃他人科研成果或者弄虚作假等学术不端行为的；

（三）临近资助期满未取得实质性研究进展的；

（四）最终研究成果质量低劣的，或者最终研究成果未经批准结项擅自公开出版的；

（五）严重违反资助经费使用和管理制度的；

（六）存在其他严重情况的。

第四十二条 国家社科基金项目实施中，有下列情形之一的，全国社科规划办作出撤销项目的决定：

（一）研究成果（包括最终研究成果和阶段性研究成果）有严重政治问

题的;

(二)项目研究中有剽窃他人科研成果或者弄虚作假等学术不端行为的;

(三)逾期不提交延期申请或最终研究成果的;

(四)存在其他严重问题的。

第四十三条 国家社科基金项目实施中,有下列情形之一的,项目负责人必须及时提交书面申请,经责任单位同意、省区市社科规划办或在京委托管理机构审核,报全国社科规划办批准:

(一)改变项目名称的;

(二)改变最终研究成果形式的;

(三)研究内容或者研究计划有重大调整的;

(四)涉及国家秘密或者重要敏感问题的阶段性研究成果准备出版、发表的;

(五)终止研究协议的;

(六)其他重要事项的变更。

第四十四条 全国社科规划办、省区市社科规划办和在京委托管理机构、责任单位应当充分利用报刊、广播电视、互联网等媒体,积极宣传推介国家社科基金项目优秀成果及项目研究中涌现出的优秀人才,并建立稳定的宣传推介载体和渠道。

全国社科规划办应当将具有重要实践指导意义和决策参考价值的项目研究成果及时摘报有关领导和部门。

省区市社科规划办、在京委托管理机构和责任单位如果向有关领导和部门提交有决策参考价值的项目研究成果,必须同时报送全国社科规划办。

第四十五条 国家社科基金项目研究成果在公开出版和发表,或者向有关领导和部门报送时,应当注明受到国家社科基金资助。

第四十六条 设立国家哲学社会科学成果文库,对哲学社会科学研究优秀成果进行表彰奖励并资助出版,推动哲学社会科学界以优良学风打造更多精品力作。国家哲学社会科学成果文库每年评选一次。

第六章　监督与处罚

第四十七条　申请人、参与者伪造或者变造申请材料的,由全国社科规划办给予警告;其申请项目已获得资助的,全国社科规划办作出撤销项目决定,追回已拨付的资助经费;情节严重的,5 年内不得申请或者参与申请国家社科基金项目。

第四十八条　项目负责人、参与者违反本办法规定,有下列行为之一的,由全国社科规划办给予警告,暂缓拨付资助经费,并责令限期改正;逾期不改正的,全国社科规划办作出撤销项目决定,追回已拨付的资助经费;情节严重的,5 年内不得申请或者参与申请国家社科基金项目:

(一)不按照国家社科基金项目申请书的承诺开展研究的;

(二)擅自变更研究内容或者研究计划的;

(三)不依照本办法规定提交项目年度进展报告的;

(四)提交虚假的原始记录或者相关材料的;

(五)违规使用、侵占、挪用资助经费的。

第四十九条　根据本办法第四十一条和第四十二条规定,项目被终止实施或者撤销的,追回已拨付的资助经费,项目负责人 5 年内不得申请或者参与申请国家社科基金项目。

第五十条　全国社科规划办建立项目申请人、负责人的信誉档案,并将其作为批准国家社科基金项目申请的重要依据。

第五十一条　责任单位有下列情形之一的,由全国社科规划办给予警告,责令限期改正;情节严重的,通报批评:

(一)未对申请人或者项目负责人提交材料的真实性、有效性进行审查的;

(二)未履行保障项目研究条件的职责的;

(三)未依照本办法规定提交本单位项目年度实施情况报告的;

(四)纵容、包庇项目申请人、负责人弄虚作假的;

（五）擅自变更项目负责人的；

（六）不配合全国社科规划办、省区市社科规划办和在京委托管理机构监督、检查项目实施的；

（七）截留、挪用资助经费的。

第五十二条 评审专家有下列行为之一的，由全国社科规划办给予警告，责令改正；情节严重的，通报批评，不再聘请：

（一）未履行本办法规定的职责的；

（二）未依照本办法规定申请回避的；

（三）披露未公开的与评审有关的信息的；

（四）未公正评审项目申请的；

（五）利用评审工作便利谋取不正当利益的；

（六）有剽窃他人科研成果或者弄虚作假等学术不端行为的。

第五十三条 全国社科规划办对评审鉴定专家履行职责情况进行评估；根据评估结果，建立评审鉴定专家信誉档案。

第五十四条 国家社科基金项目评审中，工作人员有下列行为之一的，由全国社科规划领导小组给予处分：

（一）未依照本办法规定申请回避的；

（二）披露未公开的与评审有关的信息的；

（三）干预评审专家评审工作的；

（四）利用评审工作中的便利谋取不正当利益的。

第五十五条 全国社科规划办应当在每个会计年度结束时，总结分析本年度国家社科基金发展情况，并面向社会公布相关报告。

全国社科规划办依照本办法规定对外公开有关信息，应当遵守国家有关保密规定。

第七章 附 则

第五十六条 国家社科基金教育学、艺术学、军事学的管理工作，分别委托教育部、文化部、军事科学院负责组织实施。具体管理办法依照本办法另行制定。

第五十七条 本办法由全国社科规划领导小组负责解释。

第五十八条 本办法自发布之日起开始施行。本办法施行前的有关规定,凡与本办法不符的,均以本办法为准。

关于进一步完善国家社会科学基金项目管理的有关规定

（全国哲学社会科学工作领导小组、
财政部,2019 年 4 月）

为全面贯彻习近平总书记在哲学社会科学工作座谈会上的重要讲话精神,落实党中央、国务院关于推进科技领域"放管服"改革和中共中央办公厅、国务院办公厅《关于深化项目评审、人才评价、机构评估改革的意见》、《国务院关于优化科研管理提升科研绩效若干措施的通知》、《国务院办公厅关于抓好赋予科研机构和人员更大自主权有关文件贯彻落实工作的通知》等文件的要求,充分激发社科界创新活力,优化科研项目和经费管理,减轻科研人员负担,现就国家社会科学基金(以下简称国家社科基金)项目管理明确以下规定。

一、简化项目申请管理要求

1. 精简项目申请要求。国家社科基金青年项目负责人可根据研究实际需要自主确定科研团队,申请时不再需要列出参与者。不具有副高级以上专业技术职称(职务)或者博士学位的,申请国家社科基金青年项目,不再需要专家书面推荐。取消后期资助项目申报成果须由三名正高职称同行专家书面推荐的规定。

2. 放宽项目申请人资格。正式受聘于内地(大陆)高校和科研院所等的港澳台研究人员,可以根据相关条件申请国家社科基金各类项目。在站博士后人员均可申请国家社科基金项目,不再要求在职;其中在职博士后可从所在工作单位或博士后工作站申请,全脱产博士后从所在博士后工作站申请。

3.突出代表性成果评价。重点考察国家社科基金项目申请人标志性成果的同行评价和社会效益。重大项目申请人学术简历中所列承担的各类项目情况由原来不设上限改为设置上限为5项,与申请课题相关的主要研究成果数目由原来不设上限改为设置上限为10项,子课题负责人相关代表性成果上限为5项。其他各类项目的前期相关成果由原来不设上限改为设置上限为5项。

二、精简项目过程管理要求

4.简化变更批复程序。分类实施国家社科基金项目重要事项变更申请:第一类,变更项目负责人或项目责任单位、改变项目名称、研究内容有重大调整、改变最终研究成果形式、涉及国家秘密或重要政治敏感问题的阶段性成果出版发表等事项,由全国哲学社会科学工作办公室(以下简称全国社科工作办)审批;第二类,在研究方向不变、不降低预期目标的前提下,调整研究思路或研究计划、变更重大项目子课题负责人,以及因身体原因或不可抗拒因素自行申请终止或撤销项目,均由责任单位审批同意后按程序报全国社科工作办备案;第三类,调整各类项目的课题组成员,由责任单位直接审批。

5.明确项目延期和清理工作要求。各类项目原则上要求按照申请书中计划完成时间申请结项,对按时完成项目且成果验收达到优秀等级的负责人在申请新的国家社科基金项目时予以适当政策倾斜。对逾期未完成的项目实行定期清理制,能够在清理期内完成的项目不再需要提交延期申请。个别研究难度大、在清理期内确实无法完成的项目,可按程序提交延期申请报全国社科工作办审批。

6.精简项目过程检查。各省区市社科管理部门或在京委托管理机构负责组织国家社科基金各类项目中期检查,针对关键节点实行"里程碑"式管理,按照每个项目在研期间均只进行 1 次中期检查的原则,确定每个年度的项目检查范围,重点检查研究工作情况和阶段性成果。中期检查结果报全国社科工作办备案。实施周期三年以下的项目以责任单位自我管理为主,可以不进行中期检查。

7. 减少信息填报和材料报送。国家社科基金项目(不含涉密研究项目)经费预算填报和中后期管理环节全面推行信息化方式,通过"国家社会科学基金科研创新服务管理平台"网上办理相关业务,减少纸质材料报送,提高工作效率。

8. 扩大委托鉴定范围。国家社科基金项目最终研究成果的鉴定一般采取匿名通讯鉴定或会议鉴定的方式,分类组织实施。重大项目、年度项目、青年项目、西部项目、后期资助项目和中华学术外译项目等的最终研究成果鉴定,由全国社科工作办委托各省区市社科管理部门或在京委托管理机构负责组织,重大项目一般采用会议鉴定方式,其他项目采用通讯鉴定方式,鉴定后的材料均报全国社科工作办验收审批。特别委托项目、重大研究专项的最终成果鉴定,由全国社科工作办负责组织。

9. 修改关于终止和撤项的处罚规定。国家社科基金项目在申请和实施过程中,成果存在严重政治问题,或者成果未能达到申请书的目标,或者有严重违约、违背科研诚信要求行为等情形的,视情节轻重分别予以终止或撤销项目的处理。被终止项目的负责人 3 年内不得申请或者参与申请国家社科基金项目,被撤销项目的负责人 5 年内不得申请或者参与申请国家社科基金项目。被终止或撤销的项目,应视情节轻重按要求退回已拨经费或剩余资金。所退资金,由全国社科工作办统筹用于资助项目研究。

三、优化项目资助经费管理

10. 赋予科研单位项目经费管理使用自主权。国家社科基金项目除增列外拨经费外,直接费用预算调剂权全部下放给项目责任单位。责任单位应按照国家有关规定完善管理制度,及时为课题组办理调剂手续。相关管理制度由项目责任单位按程序报全国社科工作办备案。

对于 2016 年(不含)以前批准资助的在研项目,是否列支间接费用由项目责任单位自主决定。如列支,则在项目预算总额不变的前提下,由项目责任单位按规定自主进行预算调剂。

11. 落实项目结余经费使用相关要求。国家社科基金项目通过结题验收并且项目责任单位信用良好的,在保证项目后续研究或成果出版的前提下,结余资金可由项目责任单位统筹安排,用于科研的直接支出。若 2 年后(自验收结项下达后次年的 1 月 1 日起计算)结余资金仍有剩余的,应当按原渠道退回国家社科基金,统筹用于资助项目研究。

四、营造优良学术环境

12. 加强科研诚信管理。把科研诚信要求融入国家社科基金项目管理全过程。继续做好国家社科基金项目负责人和参与者、评审(鉴定)专家的科研诚信记录,对严重违背科研诚信要求的人员记入"黑名单"。加强科研诚信信息跨部门跨区域共享共用,依法依规对严重违背科研诚信要求责任人采取联合惩戒措施。

13. 强化相关参与人员公正性承诺制度。项目申请人和参与者、责任单位和合作研究单位、评审(鉴定)专家及国家社科基金全体工作人员均需签署相关维护国家社科基金公正性的承诺,杜绝各种干扰评审(鉴定)工作的不端行为。对于发现和收到的涉及违背承诺的违纪违规线索和举报,将按照管理权限移交责任单位或相关纪检监察部门处理。

14. 避免国家社科基金项目"帽子化"倾向。国家社科基金学科组评审专家、同行评议专家、成果鉴定专家、重大项目首席专家或项目负责人,不是荣誉称号,也不是"永久"的标签,有关部门和责任单位要设置科学合理的评价标准,让项目回归学术研究本质,避免与物质待遇挂钩,为广大研究人员潜心研究创造良好氛围。

15. 强化责任单位主体责任。国家社科基金项目责任单位要认真履行管理主体责任，加强和规范国家社科基金项目及其研究成果管理，结合单位实际修订完善内部科研项目管理制度和内部报销规定，对科研需要的出差和会议按标准报销相关费用并简化相关手续，切实解决调查研究、问卷调查、数据采集等科研活动中无法取得发票或财政性票据，以及邀请外国专家来华参加学术交流发生费用等报销问题。要充分尊重科研自主权，保护、调动和发挥专家学者积极性，加大科研成果宣传推介力度。加快建立健全学术助理和财务助理制度，通过购买财会等专业服务，把专家学者从报表、报销等具体事务中解脱出来，相关费用可由项目责任单位根据工作实际通过科研项目资金等渠道解决。

16. 做好国家社科基金在研项目政策衔接。对于本规定发布前的国家社科基金项目，执行周期结束且已开展结题验收的项目，继续按照原政策执行；项目执行周期结束但尚未开展结题验收以及仍在执行中的项目，参照本规定执行。

本规定自发布之日起施行，《国家社会科学基金管理办法》《国家社会科学基金项目资金管理办法》及原国家社科基金有关管理规章与本规定要求不一致的，以本规定为准。

国家社会科学基金项目资金管理办法

（财政部、全国哲学社会科学工作领导小组，
2021 年 10 月）

第一章 总 则

第一条 为规范国家社会科学基金（以下简称国家社科基金）项目资金使用和管理，提高资金使用效益，更好推动哲学社会科学繁荣发展，根据国家财政财务管理有关法律法规和《中共中央办公厅 国务院办公厅印发〈关于进一步完善中央财政科研项目资金管理等政策的若干意见〉的通知》、《国务院关于优化科研管理提升科研绩效若干措施的通知》（国发〔2018〕25 号）、《国务院办公厅关于改革完善中央财政科研经费管理的若干意见》（国办发〔2021〕32 号）等要求，结合国家社科基金管理特点，制定本办法。

第二条 国家社科基金项目资金来源于中央财政拨款，是用于资助哲学社会科学研究，促进哲学社会科学学科发展、人才培养和队伍建设的专项资金。

第三条 国家社科基金项目资金管理，应当以多出优秀成果、培养优秀人才为目标，坚持以人为本、遵循规律、强化绩效、依法规范、公正合理和安全高效的原则。

第四条 财政部根据国家哲学社会科学发展规划，结合国家社科基金资金需求、国家财力可能和绩效结果等，将项目资金列入中央财政预算，并负责宏观管理和监督。

第五条　全国哲学社会科学工作办公室（以下简称全国社科工作办）依法负责项目的立项和审批，并对项目资金进行具体管理和监督检查。

第六条　所在省区市社科工作办和在京委托管理机构配合全国社科工作办对项目资金进行具体管理和监督检查。

第七条　项目责任单位是项目资金管理的责任主体，应当建立健全"统一领导、分级管理、责任到人"的项目资金管理体制和制度，完善内部控制、绩效管理和监督约束机制，合理确定科研、财务、人事、资产、审计、监察等部门的责任和权限，加强对项目资金的管理和监督。

第八条　项目负责人是项目资金使用的直接责任人，对资金使用的合规性、合理性、真实性和相关性负责。

第九条　根据预算管理方式不同，国家社科基金项目资金管理分为预算制和包干制。

第二章　项目资金开支范围

第十条　项目资金支出是指与项目研究工作相关的、由项目资金支付的各项费用支出。项目资金由直接费用和间接费用组成。

第十一条　直接费用是指在项目实施过程中发生的与之直接相关的费用，主要包括：

（一）业务费：指在项目实施过程中购置图书、收集资料、复印翻拍、检索文献、采集数据、翻译资料、印刷出版、会议/差旅/国际合作与交流等费用，以及其他相关支出。

（二）劳务费：指在项目实施过程中支付给参与项目研究的研究生、博士后、访问学者和项目聘用的研究人员、科研辅助人员等的劳务性费用，以及支付给临时聘请的咨询专家的费用等。

项目聘用人员的劳务费开支标准，参照当地社科研究从业人员平均工资水平，根据其在项目研究中承担的工作任务确定，其由单位缴纳的社会保险补助、住房公积金等纳入劳务费科目列支。

支付给临时聘请的咨询专家的费用,不得支付给参与本项目及所属课题研究和管理的相关人员,其管理按照国家有关规定执行。

(三)设备费:指在项目实施过程中购置设备和设备耗材、升级维护现有设备以及租用外单位设备而发生的费用。应当严格控制设备购置,鼓励共享、租赁设备以及对现有设备进行升级。

第十二条 间接费用是指项目责任单位在组织实施项目过程中发生的无法在直接费用中列支的相关费用。主要包括:项目责任单位为项目研究提供的房屋占用,日常水、电、气、暖等消耗,有关管理费用的补助支出,以及激励科研人员的绩效支出等。

第三章 预算制项目资金管理

第十三条 项目负责人应当按照目标相关性、政策相符性和经济合理性原则,根据项目研究需要和资金开支范围,科学合理、实事求是地编制项目预算。直接费用只提供基本测算说明,不需要提供明细。

项目负责人应当在收到立项通知之日起30日内完成预算编制。无特殊情况,逾期不提交的,视为自动放弃资助。

第十四条 项目预算经项目责任单位、所在省区市社科工作办或在京委托管理机构审核并签署意见后,提交全国社科工作办审核。未通过审核的,应当按要求调整后重新上报。

第十五条 跨单位合作的项目,确需外拨资金的,应当在项目预算中单独列示,并附外拨资金直接费用支出预算。间接费用外拨金额,由项目责任单位和合作研究单位协商确定。

第十六条 间接费用由项目责任单位统筹安排使用。项目责任单位应当建立健全间接费用的内部管理办法,公开透明、合理合规使用间接费用,处理好分摊间接成本和对科研人员激励的关系。绩效支出安排应当与科研人员在项目工作中的实际贡献挂钩。项目责任单位可将间接费用全部用于绩效支出,并向创新绩效突出的团队和个人倾斜。项目责任单位不得在间接费用以外,再以任何名义在项目资金中重复提取、列支相关费用。

第十七条 间接费用基础比例一般按照不超过项目资助总额的一定比例核定,具体如下:50万元及以下部分为40%;超过50万元至500万元的部分为30%;超过500万元的部分为20%。

项目成果通过审核验收后,依据结项等级调整间接费用比例,具体如下:

(一)结项等级为"优秀"的,50万元及以下部分可提高到不超过60%;超过50万元至500万元的部分可提高到不超过50%;超过500万元的部分可提高到不超过40%。

(二)结项等级为"良好"的,50万元及以下部分可提高到不超过50%;超过50万元至500万元的部分可提高到不超过40%;超过500万元的部分可提高到不超过30%。

(三)结项等级为"合格",或以"免于鉴定"方式结项未分等级的,间接费用比例不再提高。

项目在研期间,可按照核定的基础比例支出间接费用。项目成果通过审核验收后,依据结项等级确定间接费用比例。

第十八条 项目预算有以下情况确需调剂的,由项目负责人提出申请,经项目责任单位、所在省区市社科工作办或在京委托管理机构审核同意后,报全国社科工作办审批。

(一)由于研究内容或者研究计划作出重大调整等原因,需要增加或减少项目预算总额的;

(二)原项目预算未列示外拨资金,需要增列的。

第十九条 项目预算有以下情况确需调剂的,由项目责任单位审批或备案。

(一)设备费预算、外拨资金如需调剂的,由项目负责人根据科研活动的实际需要提出申请,报项目责任单位审批。

(二)业务费、劳务费预算如需调剂的,由项目负责人根据科研活动实际需要自主安排,并报项目责任单位备案。

(三)项目在研期间,间接费用预算总额不得调增,项目责任单位与项目负责人协商一致后可调减用于直接费用。依据项目结项等级确定间接费用比例后,间接费用由项目责任单位商项目负责人,从项目经费中调剂安排。

项目责任单位应当根据科研项目的实际需求及时办理调剂手续。

第四章　包干制项目资金管理

第二十条　包干制项目无需编制项目预算。

第二十一条　包干制项目负责人在承诺遵守科研伦理道德和作风学风诚信要求、经费全部用于与项目研究工作相关支出的基础上,本着科学、合理、规范、有效的原则自主决定资金使用,按照本办法第十条规定的开支范围列支,无需履行调剂程序。

对于项目责任单位为项目研究提供的房屋占用,日常水、电、气、暖等消耗,有关管理费用的补助支出,由项目责任单位根据实际管理需要,在充分征求项目负责人意见基础上合理确定。

对于激励科研人员的绩效支出,由项目负责人根据实际科研需要和相关薪酬标准自主确定,项目责任单位按照工资制度进行管理。

第二十二条　项目责任单位应当制定项目资金包干制管理规定。管理规定应当包括资金使用范围和标准、各方责任、违规惩戒措施等内容,报全国社科工作办备案。

第五章　预算执行与决算

第二十三条　全国社科工作办应当根据不同类别项目特点、研究内容、资金需求等确定资助额度,在立项或预算回执获批后 30 日内,将经费拨付至项目责任单位,切实保障科研活动需要。项目资金的支付按照国库集中支付制度有关规定执行。

有外拨资金的,项目责任单位应当及时将资金按资助项目预算拨至合作研究单位,并加强对外拨资金的监督管理。

项目负责人应当结合科研活动需要，科学合理安排项目资金支出进度。项目责任单位应当关注项目资金执行进度，有效提高资金使用效益。

第二十四条 国家社科基金项目资金实行预留资金制度。预留资金在项目成果通过审核验收后支付。未通过审核验收的项目，预留资金不予支付。

第二十五条 项目资金应当纳入项目责任单位财务统一管理，单独核算，专款专用。

第二十六条 项目责任单位应当严格执行国家有关支出管理制度。对应当实行"公务卡"结算的支出，按照中央财政科研项目使用"公务卡"结算的有关规定执行。劳务费支出原则上应当通过银行转账方式结算。

项目资金属于政府采购范围的，应当按照政府采购有关规定执行。

第二十七条 项目实施过程中，项目责任单位因科研活动实际需要，邀请国内外专家学者和有关人员参加由其主办的会议等，对确需负担的城市间交通费、国际旅费，可在会议费等费用中报销。对国内差旅费中的伙食补助费、市内交通费和难以取得发票的住宿费可实行包干制。对野外考察、数据采集等科研活动中无法取得发票或财政票据的支出，在确保真实性的前提下，可按实际发生额予以报销。

第二十八条 项目实施过程中，使用项目资金形成的固定资产、无形资产等属于国有资产，应当按照国家有关国有资产管理的规定执行。

第二十九条 项目责任单位要切实强化法人责任，制定内部管理办法，落实项目预算调剂、间接费用统筹使用、劳务费管理、结余资金使用等管理权限。

第三十条 项目责任单位应当创新服务方式，让科研人员潜心从事科学研究。应当全面落实科研财务助理制度，确保每个项目配有相对固定的科研财务助理，为科研人员在预算编制、经费报销等方面提供专业化服务。科研财务助理所需人力成本费用（含社会保险补助、住房公积金），可由项目责任单位根据情况通过科研项目经费等渠道统筹解决。应当改进财务报销管理方式，充分利用信息化手段，建立符合科研实际需要的内部报销机制。

第三十一条 项目研究完成后，项目责任单位和项目负责人应当如实编制《国家社会科学基金项目结项审批书》中的项目决算表。

有外拨资金的项目,外拨资金决算经合作研究单位财务、审计部门审核并签署意见后,由项目负责人汇总编制项目资金决算。

第三十二条 项目研究成果首次鉴定的费用由全国社科工作办另行支付。首次鉴定未通过需组织第二次鉴定的,鉴定费用从项目预留资金中扣除。

第三十三条 项目在研期间,年度剩余资金可以结转下一年度继续使用。项目通过审核验收后,结余资金由项目责任单位统筹安排用于项目最终成果出版及后续研究的直接支出,优先考虑原项目团队科研需求。项目责任单位应当加强结余资金管理,健全结余资金盘活机制,加快资金使用进度。

第三十四条 对于因故被终止执行或被撤销的项目,全国社科工作办视情节轻重分别作出退回结余资金、退回结余资金和绩效支出、退回已拨资金处理。项目责任单位应当在接到通知后 30 日内按原渠道退回全国社科工作办。所退资金由全国社科工作办按照财政预算管理的有关规定,统筹用于资助项目研究。

项目责任单位发生变更的项目,原项目责任单位应当及时向新项目责任单位转拨需转拨的项目资金。

第六章　绩效管理与监督检查

第三十五条 全国社科工作办应当建立项目资金绩效管理制度,对项目资金管理使用效益进行绩效评价。进一步强化绩效导向,加强分类绩效评价,健全绩效评价指标体系,强化绩效评价结果运用,将绩效评价结果作为项目调整、后续支持的重要参考。

项目责任单位应当切实加强绩效管理,引导科研资源向优秀人才和团队倾斜,提高科研经费使用效益。

第三十六条 项目责任单位和项目负责人应当依法依规管理使用项目资金,不得存在以下行为:

(一)虚假编报项目预算;

(二)未对项目资金进行单独核算;

（三）列支与项目任务无关的支出；

（四）未按规定执行和调剂预算、违反规定转拨项目资金；

（五）通过虚假合同、虚假票据、虚构事项、虚报人员等弄虚作假,转移、套取、报销项目资金；

（六）截留、挤占、挪用项目资金；

（七）设置账外账、随意调账变动支出、随意修改记账凭证、提供虚假财务会计资料等；

（八）在使用项目资金中以任何方式列支应由个人负担的有关费用和支付各种罚款、捐款、赞助、投资、偿还债务等；

（九）其他违反国家财经纪律的行为。

项目负责人使用项目资金情况应当自觉接受有关部门的监督检查。

第三十七条 财政部、全国社科工作办、审计署、各省区市社科工作办和在京委托管理机构、项目责任单位应当根据职责和分工,建立覆盖资金管理使用全过程的资金监督机制。加强审计监督、财会监督与日常监督的贯通协调,增强监督合力,加强信息共享,避免交叉重复。

第三十八条 财政部按规定对国家社科基金项目资金管理和使用情况进行监督管理,并根据工作需要开展绩效评价。

第三十九条 审计署、全国社科工作办按规定对项目责任单位项目资金管理和使用情况进行监督检查。项目责任单位和项目负责人应当积极配合并提供有关资料。

第四十条 各省区市社科工作办和在京委托管理机构应当督促项目责任单位加强内控制度和监督制约机制建设、落实项目资金管理责任,配合财政部、全国社科工作办开展监督检查和督促整改工作。

第四十一条 项目责任单位应当按照本办法和国家相关财经法规及财务管理规定,完善内部控制和监督制约机制,动态监管资金使用并实时预警提醒,确保资金合理规范使用;加强支撑服务条件建设,提高对科研人员的服务水平,建立常态化的自查自纠机制,保证项目资金安全。

第四十二条 项目资金管理建立承诺机制。项目责任单位应当承诺依法履行项目资金管理的职责。项目负责人应当承诺提供真实的项目信息,并认真遵守项目资金管理的有关规定。项目责任单位和项目负责人对违反承诺导致的后果承担相应责任。

对项目责任单位和科研人员在项目资金管理使用过程中出现的失信情况,应当纳入信用记录管理,对严重失信行为实行追责和惩戒。

第四十三条 项目资金管理建立信息公开机制。项目责任单位应当在单位内部公开项目预算、预算调剂、决算、项目组人员构成、设备购置、外拨资金、劳务费发放以及间接费用和结余资金使用等情况,自觉接受监督。

第四十四条 财政部、全国社科工作办及其相关工作人员在项目资金分配使用、审核管理等相关工作中,存在违反规定安排资金或其他滥用职权、玩忽职守、徇私舞弊等违法违规行为的,依法责令改正,对负有责任的领导人员和直接责任人员依法给予处分;涉嫌犯罪的,依法移送有关机关处理。

项目责任单位及其相关工作人员、项目负责人及其团队成员在资金管理使用过程中,不按规定管理使用项目资金、不按时编报项目决算、不按规定进行会计核算,存在截留、挪用、侵占项目资金等违法违规行为的,按照《中华人民共和国预算法》及其实施条例、《中华人民共和国会计法》、《财政违法行为处罚处分条例》等国家有关规定追究相应责任。涉嫌犯罪的,依法移送有关机关处理。

第七章 附 则

第四十五条 本办法适用于国家社科基金各项目类型,以及教育学、艺术学、军事学三个单列学科。

第四十六条 本办法由财政部、全国哲学社会科学工作领导小组负责解释。

第四十七条 本办法自发布之日起施行,《财政部 全国哲学社会科学规划领导小组关于印发〈国家社会科学基金项目资金管理办法〉的通知》(财教〔2016〕304号)同时废止。

六、监督检查

中央财政科技计划(专项、基金等)
监督工作暂行规定

(科技部、财政部,2015 年 12 月)

第一章 总 则

第一条 为加强和规范中央财政科技计划(专项、基金等)(以下简称科技计划)监督工作,根据《国务院关于改进加强中央财政科研项目和资金管理的若干意见》(国发〔2014〕11 号)、《国务院印发关于深化中央财政科技计划(专项、基金等)管理改革方案的通知》(国发〔2014〕64 号)和有关法律法规,制定本规定。

第二条 本规定所指监督是指按照有关规章制度,对科技计划、项目、资金的管理和执行情况所开展的检查、督导和问责,以促进管理的科学规范、公平公开,提高财政科技资金使用效益。

第三条 监督的主要内容包括:

(一)科技计划相关管理部门管理科技计划及资源配置的科学性、规范性,科技计划的实施绩效;

(二)项目管理专业机构管理工作的科学性、规范性,及其在项目管理过程中的履职尽责和绩效情况;

(三)项目承担单位法人责任制落实情况、项目执行情况及资金的管理使用情况;

(四)参与科技计划、项目咨询评审和监督工作的专家,以及支撑机构的履职尽责情况；

（五）科研人员在项目实施和资金管理使用中的科研诚信和履职尽责情况。

第四条 监督工作应当遵循以下原则：

（一）坚持决策、执行、监督相互制约又相互协调。监督工作既要将有关内容和要求融入管理工作，又独立于管理工作开展，确保客观、公正。

（二）坚持遵循规律。根据科技计划、项目的性质和特点，分类开展监督工作，既强化监督的刚性要求，又要发挥监督的督导和服务功能。

（三）坚持分层分级监督。结合科技计划管理层级，实行分层分级监督机制，强化事中、事后监督和绩效评估评价，加强责任倒查，突出对关键环节的监督。

（四）坚持内部管理与外部监督相结合。在完善有关规章制度的基础上，强化内部管理、法人负责和科研人员自律，加强公开公示和外部监督，减少对正常科技管理和科研活动的影响。

（五）坚持绩效导向。加强绩效评估评价，强化监督结果运用，完善考核问责机制，加大对违规行为的惩处力度，突出有力有效，构建科研信用体系，促进管理优化。

第二章 职 责

第五条 各类科技计划、项目组织实施的各个环节都应当明确责任主体。按照谁主责谁接受监督、权责对等的原则，各责任主体都要自觉接受监督。

第六条 明确各监督主体的责任，科技部和财政部、有关部门和地方、项目管理专业机构以及项目承担单位等各监督主体，对受其管理或委托的责任主体履职尽责情况进行监督、评价、问责。

第七条 科技部、财政部是监督工作的牵头部门，主要监督职责包括：

（一）研究制定监督相关管理制度规范；

（二）加强监督工作的统筹协调、综合指导和基础能力建设；

（三）组织开展对科技计划需求征集和凝练、实施方案编制、项目管理专业机构遴选和委托等重点环节管理工作规范性和科学性的监督,开展对科技计划目标实现、结果产出、效果和影响等绩效评估评价；

（四）组织开展对战略咨询和综合评审委员会履职的独立、客观、公正性,以及廉洁自律、保密制度和回避规则遵守和执行情况等监督；

（五）组织开展对项目管理专业机构的法人治理和内部管理、项目管理的规范性和有效性监督；

（六）会同有关部门对项目和资金管理使用情况开展随机抽查；

（七）加强监督结果的反馈和运用,建立统一的科研信用体系。

第八条 有关部门和地方应当加强监督工作,主要监督职责包括：

（一）按照有关科技计划管理职责,加强对相关科技计划、项目和资金的监督；

（二）负责组织对承担科技计划、项目的所属单位日常管理和监督,配合相关监督主体对所属单位存在的重点问题和线索进行核查；

（三）加强对所属单位作为项目管理专业机构建设、日常运行的管理和监督；

（四）参与对相关领域科技计划、项目的研发质量、成果转化应用以及绩效目标实现等绩效评估评价；

（五）配合科技部、财政部开展相关监督工作。

第九条 项目管理专业机构主要负责对科技计划、项目的日常监督,主要监督职责包括：

（一）开展对相关项目和资金使用管理情况监督；

（二）开展对相关项目的绩效评估评价；

（三）开展对参与项目立项、过程管理和验收等咨询评审专家履职尽责情况的监督。

第十条 项目承担单位是项目实施主体,主要监督职责包括：

（一）负责对项目实施及资金使用情况的日常监督和管理；

（二）开展科研人员遵规守纪宣传和培训,强化科研人员自律意识和科研诚信。

第十一条　科技部、财政部牵头建立部门间会商机制，加强监督制度、年度计划、结果运用等的统筹协调，重大事项向国家科技计划管理部际联席会议报告。

第十二条　科技部、财政部，有关部门和地方以及项目管理专业机构等各监督主体都应接受审计、纪检等部门监督。

第三章　内部管理和自律

第十三条　科技计划、项目管理各责任主体应积极履行职责，将监督工作融于科技计划、项目管理工作中，通过制度规范建设、履行法人责任、强化内部控制和自律等，实现科学决策，规范管理。

第十四条　按照监督与科技计划、项目管理同步部署的原则，各类科技计划、项目管理应当建立健全计划、项目及资金管理制度，制定相关实施细则或工作规范，将监督内容和要求纳入其中，明确计划和项目立项、项目管理专业机构遴选和管理、专家遴选和使用、项目组织实施、验收和绩效评估评价、成果汇交等各个环节的具体流程、责任主体以及监督主体，强化管理的制度化、规范化。

第十五条　在科技计划、项目管理过程中，涉及工作委托和任务下达的，应按照有关要求，在合同（任务书、协议等）中约定工作任务、考核目标和指标、监督考核方式、违约责任等具体事项，明晰各方责、权、利，为监督工作提供依据。

第十六条　项目管理专业机构应当完善法人治理结构，建立健全机构管理和运行的各类规章制度，提高专业化管理水平。

项目承担单位要强化法人责任，切实履行在项目申请、组织实施、验收和科研资金使用等方面的管理职责，加强支撑服务条件建设，提高管理能力和服务水平。

第十七条　各责任主体应当按照国家有关规定，结合单位实际情况，建立健全内部风险防控和监管体系。建立监督制约机制,明确内部监督机构或专门人员的监督职责,确保不相容岗位相互分离。建立常态化的自查自纠机制,加强内部审查,督促依法合规开展工作,严肃查处违规行为。

第十八条 实施全过程"痕迹化"管理。各责任主体应当加强科技计划、项目管理工作的日常记录和资料归档,按科技计划管理要求将相关管理信息纳入国家科技管理信息系统。

第十九条 科技计划、项目管理实行报告制度。各责任主体应当按照相关管理规定,定期报告科技计划、项目实施进展、资金使用和组织管理等相关工作情况。遇有重大事项或特殊情况,应及时报告。

第二十条 科技部、财政部建立国家科技专家数据库,建立健全专家管理制度和工作规范。专家选择应当从国家科技专家库中随机抽取,专家管理实行轮换、调整机制和回避制度。

第二十一条 科研人员和专家要弘扬科学精神,恪守科研诚信,强化责任意识,严格遵守科技计划、项目和资金管理的各项规定,自觉接受有关方面的监督。

第四章 公开公示

第二十二条 按照"公开为常态,不公开为例外"的原则,各责任主体和监督主体都要建立公开公示制度,明确公开公示事项、渠道、时限等管理内容和要求。

第二十三条 科技计划相关管理部门、项目管理专业机构根据相关规定,应当将相关管理制度和规范、项目立项和资金安排、验收结果、绩效评价和监督报告以及专家管理和使用等信息,在国家科技管理信息系统或政府官方网站上,及时主动向全社会公开,接受各方监督。涉密及法律法规另有规定的除外。

第二十四条 项目承担单位应当在单位内部公开项目立项、主要研究人员、科研资金使用、项目合作单位、大型仪器设备购置以及项目研究成果情况等信息,接受内部监督。

第二十五条　公开公示应注重时效性。项目指南发布日到项目申报受理截止日,原则上不少于 50 天;各类事项公示时间一般不少于 5 个工作日。

第二十六条　各责任主体应重视公众和舆论监督,听取意见,推动和改进有关工作。

第五章　外部监督

第二十七条　在各责任主体内部管理基础上,各监督主体根据职责和实际需要,开展外部监督。

监督对象的选择应当根据工作需要,采用随机抽取和对风险度高、受理举报等重点抽取相结合的方式,合理确定对项目管理专业机构和项目承担单位开展现场监督的比例。

第二十八条　各监督主体应当根据职责分别制定年度监督工作计划方案,明确监督对象、内容、时间、方式、实施主体和结果要求等。

科技部和财政部加强各监督主体年度监督工作计划的衔接,避免重复开展监督。

第二十九条　现场监督一般应集中时间开展,加强项目执行情况和资金管理使用监督的协同。原则上,对一个项目执行情况现场监督一年内不超过 1 次,执行期 3 年以内的项目原则上执行情况现场监督只进行 1 次。

对风险较高、信用等级差的项目承担单位及其承担的项目,可加大监督频次。

第三十条　外部监督一般采取专项检查、专项审计、绩效评估评价等方式。

专项检查重点是对相关责任主体落实法人责任、建立健全内部管理机制、执行国家有关财经法规和科研资金管理规定、项目管理和科研资金使用情况等进行检查。

专项审计重点是对科研资金使用的合法性、合规性和合理性以及内部管理有效性进行审计。一般委托具备相应能力和条件的机构开展。

绩效评估评价重点是对科技计划和项目组织实施，以及项目管理专业机构履职尽责进行绩效评估评价。绩效评估评价内容一般包括目标实现、资源配置、管理与实施、效果与影响等。绩效评估评价一般通过公开竞争等方式择优委托第三方机构开展。

第三十一条 各监督主体应建立公众参与监督机制，受理投诉举报，并按有关规定登记、分类处理和反馈。投诉举报事项不在权限范围内的，应按有关规定移交相关部门或地方处理。

第三十二条 各监督主体应当对监督中发现重要问题和线索的真实性、完整性进行核实检查。核查工作可根据需要责成有关责任主体所在法人单位或上级主管部门开展。

第三十三条 各监督主体根据工作需要，可形成联合监督工作组，集中开展监督。

第三十四条 各监督主体应当加强与纪检监察、审计等部门的协调配合，形成监督工作合力。

第六章　结果运用和信用管理

第三十五条 各监督主体针对监督中发现的问题，按照相关制度规定下达监督结果和整改建议。相关责任主体应在规定时限内完成整改，并将整改结果书面报送有关监督主体。

有关责任主体对监督结果有异议或对处理意见不服的，可按相关规定申请复核和申诉。

第三十六条 建立监督结果共享制度。各监督主体应按照统一要求，将有关监督结果汇总到国家科技信息管理系统，并按规定向社会公开。

监督结果应包括监督主体、对象、内容、时间、程序、结论和重要事项记录等。

第三十七条 科技部、财政部会同有关部门和地方，根据监督结果和有关责任主体整改情况,提出科技计划和项目管理专业机构的动态调整意见,优化科技计划和项目管理,并将监督结果作为中央财政予以支持的重要依据;项目管理专业机构根据监督结果和项目承担单位整改情况,提出项目动态调整意见。

第三十八条　各监督主体应当严肃处理违规行为,处理结果向社会公开。对有违规行为的项目管理专业机构,采取约谈、通报批评、解除委托合同、追回已拨管理资金、取消项目管理专业机构项目管理资格等处理措施;对有违规行为的项目承担单位和科研人员,责成项目管理专业机构采取约谈、通报批评、暂停项目拨款、追回已拨项目资金、终止项目执行、取消项目承担者一定期限内项目申报资格等处理措施。涉嫌违纪的移交纪检监察部门处理,涉嫌违法犯罪的移交司法机关处理。对有违规行为的专家,采取给予警告、责令限期改正、通报批评、取消一定期限内咨询评审和监督资格等处理措施。

建立责任倒查制度,针对出现的问题倒查各责任主体及相关人员的履职尽责和廉洁自律情况,经查实存在问题的,依法依规追究责任。

第三十九条　科技部建立统一的科研信用管理体系,各监督主体及时记录项目管理专业机构、项目承担单位、监督支撑机构、专家和科研人员信用信息,实施信用管理。

第四十条　建立健全守信激励和失信惩戒机制。将信用等级作为项目管理专业机构遴选、项目立项及资金安排、专家遴选、监督支撑机构使用等管理决策重要参考。对实行间接费用管理的项目,间接费用的核定与项目承担单位信用等级挂钩。项目完成任务目标并通过验收,且项目承担单位信用评价好的,项目结余资金按规定在一定期限内由单位统筹安排用于科研活动的直接支出。

信用等级与监督频次挂钩。对于信用等级好的机构和人员,可减少或在一定时期内免除监督;对于信用等级差的,应作为监督重点,加大监督频次。

第四十一条　加强科研信用体系与其他社会领域信用体系的衔接,实施联合惩戒机制。

第四十二条　科技部会同有关部门和地方建立"黑名单"制度,将严重科研不端行为、严重违反财经纪律及违法的单位和个人列入"黑名单"，相关信息作为国家科技计划、项目管理的重要决策依据。

第七章　条件保障

第四十三条　科技部、财政部应积极培育专业化的监督支撑机构和专家队伍，严明工作规范和纪律，加强统一管理和培训交流。

各监督主体应加强内部监督机构和人员能力建设，并注重发挥监督支撑机构和专家队伍的作用。

第四十四条　实施监督的机构和人员，应当具备开展工作的基本条件以及与监督工作相适应的专业知识和业务能力，独立、客观、公正开展工作，按照相关要求保守秘密。涉及利益冲突的，应当回避。

第四十五条　监督工作发生的费用应由监督主体支付，不得转嫁给被监督方。

第四十六条　科技部、财政部应依托国家科技管理信息系统，建立统一的监督信息平台，加强监督信息共享。

各监督主体应当依托监督信息平台开展工作，积极运用互联网和大数据技术，开展智能监督和风险预警，提高监督工作精准化和针对性。

第八章　附　　则

第四十七条　各责任主体在相关管理制度规范中，应当依据本规定明确监督内容和要求；各监督主体应当依据本规定，结合工作实际制定监督工作实施细则。

其他科技管理活动的监督工作，可参照本规定执行。

第四十八条　本规定由科技部、财政部负责解释，自发布之日起实施。

国家科技计划（专项、基金等）
严重失信行为记录暂行规定

（科技部、发展改革委、教育部等，2016 年 3 月）

第一条 为加强科研信用体系建设，净化科研风气，构筑诚实守信的科技创新环境氛围，规范中央财政科技计划（专项、基金等）（以下简称科技计划）相关管理工作，保证科技计划和项目目标实现及财政资金安全，推进依法行政，根据《中华人民共和国科学技术进步法》、《国务院关于改进加强中央财政科研项目和资金管理的若干意见》（国发〔2014〕11 号）、《国务院印发关于深化中央财政科技计划（专项、基金等）管理改革方案的通知》（国发〔2014〕64 号）、《国务院关于印发社会信用体系建设规划纲要（2014—2020 年）的通知》（国发〔2014〕21 号）和有关法律法规，制定本规定。

第二条 本规定所指严重失信行为是指科研不端、违规、违纪和违法且造成严重后果和恶劣影响的行为。本规定所指严重失信行为记录，是对经有关部门/机构查处认定的，科技计划和项目相关责任主体在项目申报、立项、实施、管理、验收和咨询评审评估等全过程的严重失信行为，按程序进行的客观记录，是科研信用体系建设的重要组成部分。

第三条 严重失信行为记录应当覆盖科技计划、项目管理和实施的相关责任主体，遵循客观公正、标准统一、分级分类的原则。

第四条 本规定的记录对象为在参与科技计划、项目组织管理或实施中存在严重失信行为的相关责任主体，主要包括有关项目承担人员、咨询评审专家等自然人，以及项目管理专业机构、项目承担单位、中介服务机构等法人机构。

政府工作人员在科技计划和项目管理工作中存在严重失信行为的,依据公务员法及其相关规定进行处理。

第五条 科技部牵头制定严重失信行为记录相关制度规范,会同有关行业部门、项目管理专业机构,根据科技计划和项目管理职责,负责受其管理或委托的科技计划和项目相关责任主体的严重失信行为记录管理和结果应用工作。

充分发挥科研诚信建设部际联席会议作用,加强与相关部门合作与信息共享,实施跨部门联合惩戒,形成工作合力。

重大事项应当向国家科技计划管理部际联席会议报告。

第六条 实行科技计划和项目相关责任主体的诚信承诺制度,在申请科技计划项目及参与科技计划项目管理和实施前,本规定第四条中所涉及的相关责任主体都应当签署诚信承诺书。

第七条 结合科技计划管理改革工作,逐步推行科研信用记录制度,加强科技计划和项目相关责任主体科研信用管理。

第八条 参与科技计划、项目管理和实施的相关项目承担人员、咨询评审专家等自然人,应当加强自律,按照相关管理规定履职尽责。以下行为属于严重失信行为:

(一)采取贿赂或变相贿赂、造假、故意重复申报等不正当手段获取科技计划和项目承担资格。

(二)项目申报或实施中抄袭他人科研成果,故意侵犯他人知识产权,捏造或篡改科研数据和图表等,违反科研伦理规范。

(三)违反科技计划和项目管理规定,无正当理由不按项目任务书(合同、协议书等)约定执行;擅自超权限调整项目任务或预算安排;科技报告、项目成果等造假。

(四)违反科研资金管理规定,套取、转移、挪用、贪污科研经费,谋取私利。

(五)利用管理、咨询、评审或评估专家身份索贿、受贿;故意违反回避原则；与相关单位或人员恶意串通。

（六）泄露相关秘密或咨询评审信息。

（七）不配合监督检查和评估工作，提供虚假材料，对相关处理意见拒不整改或虚假整改。

（八）其他违法、违反财经纪律、违反项目任务书（合同、协议书等）约定和科研不端行为等情况。

第九条　参与科技计划、项目管理和实施相关项目管理专业机构、项目承担单位以及中介服务机构等法人和机构，应当履行法人管理职责，规范管理。以下行为属于严重失信行为：

（一）采取贿赂或变相贿赂、造假、故意重复申报等不正当手段获取管理、承担科技计划和项目或中介服务资格。

（二）利用管理职能，设租寻租，为本单位、项目申报单位/项目承担单位或项目承担人员谋取不正当利益。

（三）项目管理专业机构违反委托合同约定，不按制度执行或违反制度规定；管理严重失职，所管理的科技计划和项目或相关工作人员存在重大问题。

（四）项目承担单位未履行法人管理和服务职责；包庇、纵容项目承担人员严重失信行为；截留、挤占、挪用、转移科研经费。

（五）中介服务机构违反合同或协议约定，采取造假、串通等不正当竞争手段谋取利益。

（六）不配合监督检查和评估工作，提供虚假材料，对相关处理意见拒不整改或虚假整改。

（七）其他违法、违反财经纪律、违反项目任务书（合同、协议书等）约定等情况。

第十条　对具有本规定第八条、第九条行为的责任主体，且受到以下处理的，纳入严重失信行为记录。

（一）受到刑事处罚或行政处罚并正式公告。

（二）受审计、纪检监察等部门查处并正式通报。

（三）受相关部门和单位在科技计划、项目管理或监督检查中查处并以正式文件发布。

（四）因伪造、篡改、抄袭等严重科研不端行为被国内外公开发行的学术出版刊物撤稿，或被国内外政府奖励评审主办方取消评审和获奖资格并正式通报。

（五）经核实并履行告知程序的其它严重违规违纪行为。

对纪检监察、监督检查等部门已掌握确凿违规违纪问题线索和证据，因客观原因尚未形成正式处理决定的相关责任主体，参照本条款执行。

第十一条 依托国家科技管理信息系统建立严重失信行为数据库。记录信息应当包括：责任主体名称、统一社会信用代码、所涉及的项目名称和编号、违规违纪情形、处理处罚结果及主要责任人、处理单位、处理依据和做出处理决定的时间。

对于责任主体为法人和机构，根据处理决定，记录信息还应包括直接责任人员。

第十二条 对于列入严重失信行为记录的责任主体，按照科技计划和项目管理办法的相关规定，阶段性或永久取消其申请国家科技计划、项目或参与项目实施与管理的资格。同时，在后续科技计划和项目管理工作中，应当充分利用严重失信行为记录信息，对相关责任主体采取如下限制措施：

（一）在科研立项、评审专家遴选、项目管理专业机构确定、科研项目评估、科技奖励评审、间接费用核定、结余资金留用以及基地人才遴选中，将严重失信行为记录作为重要依据。

（二）对纳入严重失信行为记录的相关法人单位，以及违规违纪违法多发、频发，一年内有 2 个及以上相关责任主体被纳入严重失信行为记录管理的法人单位作为项目实施监督的重要对象，加强监督和管理。

第十三条 实行记录名单动态调整机制，对处理处罚期限届满的相关责任主体，及时移出严重失信记录名单。

第十四条 严重失信行为记录名单为科技部、相关部门，项目管理专业机构、监督和评估专业化支撑机构掌握使用，严格执行信息发布、查询、获取和修改的权限。

严重失信行为记录名单及时向责任主体通报,对于责任主体为自然人的还应向其所在法人单位通报。

对行为恶劣、影响较大的严重失信行为按程序向社会公布失信行为记录信息。

第十五条 在本规定暂行实施的基础上,总结经验,完善跨部门联动工作体系,加强与其他社会信用记录衔接,逐步形成国家统一的科研信用制度和管理体系。

第十六条 国家有关法律法规对国家科技计划和项目相关责任主体所涉及的严重失信行为另有规定的,依照其规定执行。

地方科技计划和项目管理可参照执行。

第十七条 本规定自发布之日起实施,由科技部负责解释。

科技评估工作规定(试行)

（科技部、财政部、发展改革委,2016 年 12 月）

第一章 总 则

第一条 为有效支撑和服务国家创新驱动发展战略实施,促进政府职能转变,加强科技评估管理,建立健全科技评估体系,推动我国科技评估工作科学化、规范化,依据《中华人民共和国科学技术进步法》、《国务院关于改进加强中央财政科研项目和资金管理的若干意见》(国发〔2014〕11 号)和《国务院印发关于深化中央财政科技计划(专项、基金等)管理改革方案的通知》(国发〔2014〕64 号),制定本规定。

第二条 本规定所指科技评估是指政府管理部门及相关方面委托评估机构或组织专家评估组,运用合理、规范的程序和方法,对科技活动及其相关责任主体所进行的专业化评价与咨询活动。旨在优化科技管理决策,加强科技监督问责,提高科技活动实施效果和财政支出绩效。

第三条 本规定适用范围包括,国家科技规划和科技政策、中央财政资金支持的科技计划(专项、基金等)(以下简称科技计划)及项目,科研机构、项目管理专业机构等的评估。

其它科技活动的评估工作参照执行。

第四条 科技部、财政部和发展改革委负责制定国家科技评估制度和规范,推动科技评估能力建设,牵头组织开展国家科技规划、政策的评估,组织开展中央财政科技计划、科研机构、项目管理专业机构的评估。

各有关部门和地方根据管理职责参与相关国家科技规划、政策、计划和项目管理专业机构等评估活动,组织开展本部门、地方职责范围内的其它科技活动的评估。

项目管理专业机构、项目承担单位应当根据有关科技项目管理要求和机构职责,组织开展相关科技项目评估活动。

第五条 科技部、财政部和发展改革委牵头建立部门间会商机制,加强科技评估重要制度规范建设、评估活动计划安排、评估结果运用和共享等工作的统筹协调,保障科技评估工作有序和高效进行。

第六条 科技评估工作应当遵循独立、科学、可信、有用的原则,推动评估工作的专业化和社会化,确保依据事实做出客观判断,加强评估结果公开和运用。

第七条 科技活动的各级管理部门,应当加强评估工作的制度化建设,并在相关科技活动的管理制度规范和任务合同(协议、委托书等)中约定科技评估的内容和要求。

第二章　评估内容及分类

第八条 科技评估主要考察各类科技活动的必要性、合理性、规范性和有效性:

(一)科技规划评估内容一般包括目标定位、任务部署、落实与保障、目标完成情况、效果与影响等;

(二)科技政策评估内容一般包括必要性、合规性、可行性、范围和对象、组织与实施、效果与影响等;

(三)科技计划和项目评估应突出绩效,评估内容一般包括目标定位、可行性、任务部署、资源配置与使用、组织管理、实施进展、成果产出、知识产权、人才队伍、目标完成情况、效果与影响等;

(四)科研机构评估内容一般包括机构的发展目标定位、人才队伍建设、条件建设、创新能力和服务水平、运行机制、组织管理与绩效等;

(五)项目管理专业机构评估内容一般包括能力和条件、管理工作科学性和规范性,履职尽责情况,任务目标实现和绩效等。

根据实际工作需要,可针对特定内容开展专题评估。

第九条 按照科技活动的管理过程,科技评估可分为事前评估、事中评估和事后绩效评估评价。

第十条 事前评估,是在科技活动实施前进行的评估。通过可行性咨询论证、目标论证分析、知识产权评议、投入产出分析和影响预判等工作,为科技规划、政策的出台制定,科技计划、项目和机构的设立、资源配置等决策提供参考和依据。

重要科技规划、科技政策、科技计划应当开展事前评估,评估工作可与相关战略研究或咨询论证等工作结合进行。

第十一条 事中评估,是在科技活动实施过程中进行的评估。通过对照科技计划和项目、项目管理专业机构等相关合同(协议、委托书等)约定要求,以及科技活动的目标等,对科技活动的实施进展、组织管理和目标执行等情况进行评估,为科技规划、政策调整完善,优化科技管理,任务和经费动态调整等提供依据。

实施周期3年以上的科技规划、政策、计划和项目执行过程中,以及科研机构和项目管理专业机构运行过程中,根据工作需要开展事中评估。

第十二条 事后绩效评估评价,是在科技活动完成后进行的绩效评估评价。通过对科技活动目标完成情况、产出、效果、影响等评估,为科技活动滚动实施、促进成果转化和应用、完善科技管理和追踪问效提供依据。

有时效的科技规划、科技政策、计划、项目实施结束后,以及项目管理专业机构完成相关科技活动后,都应当开展事后绩效评估评价。科技项目的事后绩效评估评价可与项目验收工作结合进行。需要较长时间才能产生效果和影响的科技活动,可在其实施结束后开展跟踪评估评价。

第三章 组织实施

第十三条 评估委托者、评估实施者、评估对象是科技评估的3类主体。

(一)评估委托者一般为科技活动的管理、监督部门或机构,包括政府部门、项目管理专业机构等,根据科技规划、科技政策、科技计划的管理职责分工,负责提出评估需求、委托评估任务、提供评估经费与条件保障。

(二)评估实施者包括评估机构和专家评估组,根据委托任务,负责制定评估工作方案,独立开展评估活动,按要求向评估委托者提交评估结果并对评估结果负责。

(三)评估对象主要包括各类科技活动及其相关责任主体,应当接受评估实施者评估,配合开展评估工作并按照评估要求提供相关资料和信息。

第十四条 对重大科技活动的评估工作,根据工作需要组织具有独立、公正立场和相应能力与条件的第三方评估机构开展。

评估委托者应当向社会公开评估的内容、周期、结果要求等,公开择优或定向委托评估机构开展评估,签订评估合同(协议、任务书等),并告知评估对象责任主体。

评估委托者应当依据评估内容和要求,提供资料,定期检查评估过程的相关工作档案。

第十五条 对于不涉密、适宜国际比较的科技活动,应邀请国际同行专家开展国际评估。

第十六条 评估方法应当根据评估对象和需求确定,一般包括专家咨询、指标评价、问卷调查、调研座谈、文献计量和案例研究等定性或定量方法。

第十七条 评估工作一般包括以下基本程序:制定评估工作方案,采集和处理评估信息,综合分析评估,形成评估报告,提交或发布评估报告,评估结果运用和反馈。根据评估工作方案,评估对象责任主体应当按照要求开展自评价。

在评估过程和评估结果形成环节,评估实施者应当根据工作需要,充分征求评估委托者意见;评估实施者可在评估委托者的允许下,与评估对象责任主体等相关方面沟通评估信息和评估结果。

第四章　质量控制

第十八条 评估委托者和评估实施者在评估合同(协议、任务书等)中,应当明确评估工作目标、范围、内容、方法、程序、时间、成果形式、经费等内容和要求。

第十九条　科技评估应当遵循科技活动规律,分类开展评估。评估实施者应当根据评估对象特点和评估需求,制定合理的、有针对性的评估内容框架和指标体系。

第二十条　评估委托者和评估实施者应当制定评估工作规范程序,建立评估全过程质量控制和评估报告审查机制,充分保证评估工作方案合理可行、评估信息真实有效、评估行为规范有序、评估过程可追溯、评估结果客观准确。

第二十一条　评估实施者应当建立评估工作档案制度,实施"痕迹化"管理,对评估合同、工作方案、证据材料、评估报告等重要信息及时记录和归档。

中央财政科技计划和项目管理专业机构的评估委托者,应当按相关管理要求将评估报告等评估工作记录纳入国家科技管理信息系统和国家科技报告服务系统。

第二十二条　实行评估机构、评估人员和评估(咨询)专家信用记录制度,对相关责任主体的信用状况进行记录;评估委托者在委托开展评估工作时,应当将有关责任主体的信用状况作为重要依据。

第五章　评估结果及运用

第二十三条　评估报告应当包括评估活动说明、信息来源和分析、评估结论、问题和建议等部分。

第二十四条　评估委托者建立评估结果反馈和综合运用机制,深入分析评估发现问题的责任主体及其原因,全面客观使用评估结果。

第二十五条　评估委托者应当及时将评估结果下达评估对象责任主体,评估对象责任主体应当认真研究分析评估意见、建议和相关整改要求,按照规定提交整改、完善、调整等意见,并改进完善相关管理和实施工作。

评估委托者应当跟踪评估对象责任主体对评估结果的运用情况,并将其作为后续评估的重要内容。

第二十六条　评估委托者应当建立评估结果与考核、激励、调整完善、问责等联动的措施。

优先支持评估结果好的科技计划、项目、科研机构和项目管理专业机构的设立及滚动实施。

把评估结果作为科技规划和政策制定、实施和调整完善等的重要参考条件，科研机构财政支持和项目管理专业机构经费支持的重要依据。

对评估结果和结果运用中发现的重要问题，评估委托者应当按照相关制度规定开展监督检查和问责。

第二十七条　实施科技评估结果共享制度，推动评估工作信息公开，按照有关规定在国家科技管理信息系统、政府部门官方网站等，对评估工作计划、评估标准、评估程序、评估结果及结果运用等信息进行公开，提高评估工作透明度。

第六章　能力建设和行为准则

第二十八条　积极开展科技评估理论方法体系研究和国内外科技评估业务交流与合作，推动建立科技评估技术标准和工作规范，加强行业自律和诚信建设。

有关部门和地方积极引导和扶持科技评估行业的发展，建立健全科技评估相关的法律法规和政策体系，完善支持方式，鼓励多层次专业化的评估机构开展科技评估工作。

第二十九条　推动评估信息化建设。评估活动应当利用科技活动组织实施、管理与监督评估中已积累的各类信息和数据，充分运用互联网、大数据等技术手段，发展信息化评估模型，提升评估工作能力、质量和效率。

第三十条　评估委托者应当提供有关信息、经费、组织协调等资源和条件，保障评估活动规范开展。评估委托者不得以任何方式干预评估实施者独立开展评估工作。

第三十一条　评估机构应当遵守国家法律法规和评估行业规范，加强能力和条件建设,健全内部管理制度,规范评估业务流程,加强高素质人才队伍建设。

第三十二条　评估人员和评估(咨询)专家应当具备评估所需的专业能力,恪守职业道德,独立、客观、公正开展评估工作,遵守保密、回避等工作规定,不得利用评估谋取不当利益。

评估(咨询)专家应当熟悉相关技术领域和行业发展状况,满足评估任务需求。

第三十三条　评估对象责任主体应当积极配合开展评估工作,及时提供真实、完整和有效的评估信息,不得以任何方式干预评估实施者独立开展评估工作。

第七章　附　则

第三十四条　科技部依据本规定研究制定科技评估工作相关规范。

有关部门、地方和机构应当依据本规定,结合工作实际,制定具体实施方案和规则。

第三十五条　本规定由科技部、财政部和发展改革委负责解释,自发布之日起施行。

中央财政科技计划项目(课题)结题审计指引

（中国注册会计师协会,2018 年 12 月）

第一章 总 则

一、制定目的与依据

为了指导注册会计师执行中央财政科技计划项目(课题)结题审计工作,明确工作要求,保证工作质量,依据国家有关财政法律法规、中央财政科技计划相关管理规定以及中国注册会计师审计准则(以下简称审计准则),制定本指引。

二、审计目标

注册会计师的目标是,按照审计准则和本指引的要求,对中央财政科技计划项目(课题)执行结题审计工作,出具审计报告,以报告被审计项目(课题)承担单位及项目(课题)负责人按照科研项目(课题)资金相关法律法规以及经批准的项目(课题)任务书和预算书的规定,对科研项目(课题)资金投入、使用、管理的具体情况,同时报告审计中发现的问题并提出相关建议。

三、总体要求

(一)掌握和尊重科研活动规律

注册会计师应当认真学习并贯彻 2016 年 5 月召开的全国科技创新大会精神,以 2018 年国务院关于优化科研管理提升科研绩效若干措施的通知(国发〔2018〕25号)等科研项目(课题)资金相关法律法规政策为依据,在执行中央财政科技计划项目(课题)结题审计工作时,掌握和尊重科研活动规律,注重实质,提高服务意识,避免给被审计项目(课题)承担单位和项目(课题)负责人造成不必要的负担。

（二）遵守职业道德要求

注册会计师执行中央财政科技计划项目(课题)结题审计业务,应当遵守中国注册会计师职业道德守则,遵循诚信、客观和公正原则,在执行审计业务时保持独立性,获取和保持专业胜任能力,保持应有的关注,对执业过程中获知的涉密信息保密,维护职业声誉,树立良好的职业形象。

（三）勤勉尽责

注册会计师在接受委托执行业务时,应当与项目主管部门充分沟通审计目标和审计报告具体要求,围绕目标和要求收集充分、适当的审计证据,并发表恰当的审计意见,以将审计风险降至可接受的低水平。在能够利用被审计项目(课题)承担单位内部审计人员或其他外部第三方工作的情况下,注册会计师应当考虑利用其工作,以减轻被审计项目(课题)承担单位和项目(课题)负责人的负担。

四、使用说明

本指引适用于注册会计师执行中央财政科技计划项目(课题)结题审计业务。中央财政科技计划项目(课题)结题审计属于特殊目的审计。本指引在审计准则的总体框架下,根据中央财政科技计划项目(课题)资金管理的要求,既遵从风险导向审计思路,又着重突出中央财政科技计划项目(课题)结题审计工作的特殊性。对于未在本指引中涉及的其他事项,注册会计师需要遵守相关审计准则中适用的规定。

第二章　初步业务活动

一、初步业务活动的目的

（一）初步业务活动的基本要求

开展初步业务活动,有助于注册会计师识别和评价可能对计划和执行审计工作产生影响的事项或情况,有助于其在计划审计工作时达到下列要求:

1. 具备执行业务所需的独立性和胜任能力。

2. 不存在因被审计项目(课题)承担单位管理层和项目(课题)负责人诚信问题而可能影响注册会计师承接或保持该项业务意愿的事项。

3. 与被审计项目（课题）承担单位之间不存在对业务约定条款的误解。

（二）开展初步业务活动需要考虑的特殊事项

1. 与被审计项目（课题）承担单位管理层和项目（课题）负责人讨论有关中央财政科技计划项目（课题）结题审计中的重大问题，包括这些重大问题对计划审计工作的影响。

2. 分派了解科研项目（课题）资金投入、使用、管理特点，熟悉相关法律法规政策，具备胜任能力的人员。针对预见到的特别风险，分派具有适当经验且专业胜任能力较强的人员。

3. 考虑被审计项目（课题）承担单位以前年度接受审计的情况。

二、初步业务活动的内容

（一）实施相应的质量控制程序

针对接受和保持客户关系和具体审计业务实施质量控制程序，并根据实施相应程序的结果作出适当的决策是注册会计师控制审计风险的重要环节。在首次接受审计委托时，注册会计师应当针对建立客户关系和承接具体审计业务实施质量控制程序；而在连续审计时，注册会计师应当针对保持客户关系和具体审计业务实施质量控制程序。

注册会计师需要考虑下列事项：

1. 被审计项目（课题）承担单位关键管理人员、项目（课题）负责人是否诚信。

注册会计师需要与被审计项目（课题）承担单位管理层、项目（课题）负责人直接沟通。必要时，与其主管单位、项目管理专业机构（以下简称专业机构）等进行沟通，或查阅相关资料，分析判断被审计项目（课题）承担单位关键管理人员、项目（课题）负责人的诚信情况。

注册会计师对被审计项目（课题）承担单位管理层、项目（课题）负责人诚信情况的考虑可能需要贯穿审计业务的全过程。

2. 注册会计师是否具备专业胜任能力以及必要的时间和资源。

中央财政科技计划项目（课题）结题审计业务要求注册会计师除了具备财务、会计、审计方面的知识和经验外，还要熟悉中央财政科技计划项目（课题)资金管理相关的法律法规和政策。在评价专业胜任能力时,注册会计师需要考虑是否接受过中央财政科技计划项目(课题)结题审计相关的培训。在考虑建立并保持客户关系和接受业务委托时,注册会计师还需要考虑能否具备必要时间和资源,以满足执行该项审计业务的需要。

(二)评价遵守相关职业道德要求(包括独立性要求)的情况

评价遵守相关职业道德要求(包括独立性要求)的情况也是一项非常重要的初步业务活动。中国注册会计师职业道德守则对包括诚信、独立性、客观和公正、专业胜任能力和应有的关注、保密、良好职业行为在内的职业道德基本原则提出要求,注册会计师应当遵守其规定。

(三)就审计业务约定条款与被审计项目(课题)承担单位达成一致意见

在作出接受或保持客户关系和接受业务委托的决策后,注册会计师需要按照《中国注册会计师审计准则第1111号——就审计业务约定条款达成一致意见》和本指引的规定,在审计业务开始前与被审计项目(课题)承担单位或项目(课题)负责人就审计业务约定条款达成一致意见,以避免双方对审计业务的理解产生分歧。

三、审计业务约定书

(一)审计的前提条件

注册会计师应当执行下列程序,以确定审计的前提条件是否存在:

1.确定被审计项目(课题)承担单位对科研项目资金核算所依据的会计准则(制度)是否是可接受的;

2.就被审计项目(课题)承担单位及项目(课题)负责人认可并理解其责任与被审计项目(课题)承担单位及项目(课题)负责人达成一致意见。

被审计项目(课题)承担单位及项目(课题)负责人的责任包括:

(1)根据《中华人民共和国会计法》规定,被审计项目(课题)承担单位有责任保证会计资料的真实性和完整性。因此,被审计项目(课题)承担单位有责任妥善保存和提供会计记录(包括但不限于会计凭证、会计账簿及其他会计资料),这些记录必须真实、完整地反映科研项目资金投入、使用和管理情况。

（2）被审计项目（课题）承担单位按照适用的会计准则和财务制度，设置会计科目进行核算和财务管理。将科研项目资金纳入单位财务统一管理，对中央财政资金和其他来源的资金分别单独核算。

（3）被审计项目（课题）承担单位及项目（课题）负责人是科研项目实施和资金管理、使用的责任主体，负责项目资金的日常管理，保证科研项目资金投入、使用、管理符合科研项目资金相关法律法规以及经批准的本项目任务书和预算书的规定。按照政策相符性、目标相关性和经济合理性原则，科学、合理、真实地编制预算，严格项目资金预算管理。按照承诺保证其他来源的资金及时足额到位。严格执行国家有关财经法规和财务制度，切实履行法人责任，建立健全项目资金内部管理制度和报销规定。严格执行国家科研项目资金有关支出管理制度。严格按照资金开支范围和标准办理支出。

（4）及时为注册会计师的审计工作提供与审计有关的所有记录、文件和其他所需的信息，对所提供的与科研项目（课题）结题审计相关的资料负责，并保证资料真实、合法、完整。

（5）确保注册会计师不受限制地接触其认为必要的内部人员和其他相关人员。

如果审计的前提条件不存在，注册会计师应当按照《中国注册会计师审计准则第 1111 号——就审计业务约定条款达成一致意见》第八条的规定，与被审计项目（课题）承担单位及项目（课题）负责人进行沟通，并根据具体情况判断承接审计业务是否适当。

（二）审计业务约定书的内容

1.审计业务约定书的具体内容可能因被审计项目（课题）的不同而存在差异，但应当包括下列主要方面：

（1）中央财政科技计划项目（课题）结题审计的目标和范围。

（2）注册会计师的责任。

（3）被审计项目（课题）承担/参与单位及项目（课题）负责人的责任。

（4）科研项目（课题）资金投入、使用、管理的标准依据。

（5）拟出具的审计报告的预期形式和内容，以及对在特定情况下出具的审计报告可能不同于预期形式和内容的说明。

2. 审计业务约定书还可能包括下列主要方面:

(1)详细说明审计工作的范围,包括提及适用的法律法规、审计准则,以及中国注册会计师协会发布的职业道德守则和其他公告。

(2)对审计业务结果的其他沟通形式。

(3)说明由于审计和内部控制的固有限制,即使审计工作按照审计准则和本指引的规定得到恰当的计划和执行,仍不可避免地存在某些重大违规未被发现的风险。

(4)计划和执行审计工作的安排,包括审计项目组的构成。

(5)管理层及项目(课题)负责人确认将提供书面声明。

(6)管理层及项目(课题)负责人同意向注册会计师及时提供科研项目(课题)结题审计相关资料,以使注册会计师能够按照预定的时间表完成审计工作。

(7)收费的计算基础和收费安排。

(8)管理层及项目(课题)负责人确认收到审计业务约定书并同意其中的条款。

3. 如果情况需要,审计业务约定书也可列明下列内容:

(1)在某些方面对利用其他注册会计师和专家工作的安排。

(2)利用被审计项目(课题)承担单位员工工作的安排。

(3)说明对注册会计师责任可能存在的限制。

(4)注册会计师与被审计项目(课题)承担单位之间需要达成进一步协议的事项。

(5)向其他机构或人员提供审计工作底稿的义务。

本指引附录一列示了审计业务约定书的参考格式。

第三章　计划审计工作

注册会计师需要合理计划中央财政科技计划项目(课题)结题审计工作,以保证审计工作的高质量完成。

一、审计范围

注册会计师需要根据科研项目(课题)资金管理相关法律法规、被审计项目(课题)承担单位执行的会计准则和财务制度、科研项目(课题)结题相关机构的报告要求等情况,界定审计范围。在界定审计范围时,注册会计师主要考虑下列事项:

1.中央财政科技计划项目(课题)结题审计报告要求;

2.预期审计工作涵盖的范围,包括项目(课题)参与单位以及需审计的科研项目(课题)承担团队的数量及所在地点;

3.拟利用以前年度审计工作中获取的审计证据的程度;

4.与被审计项目(课题)承担单位人员的时间协调和相关数据的可获得性。

二、审计的时间安排

明确审计业务的报告目标,以及计划审计的时间安排和所需沟通的性质,包括现场审计的时间安排、提交审计报告的时间以及预期与管理层和项目(课题)负责人沟通的重要日期等。

为确定报告目标、时间安排和沟通性质,注册会计师主要考虑下列事项:

1.被审计项目(课题)承担单位提交相关报告的时间表。

2.与管理层和项目(课题)负责人举行会谈,讨论审计工作的性质、时间安排和范围。

3.与管理层和项目(课题)负责人讨论注册会计师拟出具报告的类型和时间安排以及沟通的其他事项(口头或书面沟通)。

4.与管理层和项目(课题)负责人讨论预期就整个审计业务中对审计工作的进展进行的沟通。

5.审计项目组成员之间沟通的预期性质和时间安排,包括审计会议的性质和时间安排,以及复核已执行工作的时间安排。

6.预期是否需要和第三方(如专业机构)进行其他沟通,包括与审计相关的法定或约定的报告责任。

三、审计方向

注册会计师应当考虑影响审计业务的重要因素,以确定审计工作的方向,包括初步识别可能存在重大违规风险的领域,初步识别相关账户及交易,评价是否需要针对内部控制的有效性获取审计证据,识别科研项目外部监管、审计的报告要求及其他相关方面最近发生的重大变化等。

四、审计资源调配

在确定审计资源调配时,注册会计师主要考虑下列事项:

1. 审计项目组成员的选择以及对项目组成员审计工作的分派,包括向可能存在较高重大违规风险的领域分派具备适当经验的人员。

2. 项目时间预算,包括为可能存在较高重大违规风险的领域预留适当的工作时间。

3. 对审计项目组成员的指导、监督以及对其工作进行复核的性质、时间安排和范围,包括预期项目合伙人和经理的复核范围等。

五、计划实施的风险评估程序

注册会计师应当按照《中国注册会计师审计准则第 1211 号——通过了解被审计单位及其环境识别和评估重大错报风险》的规定,计划风险评估程序的性质、时间安排和范围。

六、计划实施的进一步审计程序

注册会计师应当按照《中国注册会计师审计准则第 1231 号——针对评估的重大错报风险采取的应对措施》的规定,计划进一步审计程序的性质、时间安排和范围。

1. 科研项目(课题)预算安排及执行

注册会计师可以采用综合性审计方案或实质性审计方案,特别关注科研项目预算审批、调剂、列支内容等是否符合规定。

2. 科研项目(课题)资金使用与管理

注册会计师可以采用综合性审计方案或实质性审计方案,设计相关审计程序以测试与科研项目(课题)资金支出相关的内部控制有效性,并特别关注科研项目资金支出是否符合开支范围等。

七、计划实施的其他审计程序

注册会计师需要根据审计准则的规定,计划需要实施的其他审计程序。计划实施的其他审计程序可以包括上述进一步审计程序中没有涵盖的、根据审计准则的要求注册会计师需要执行的审计程序。

需要提请关注的是,计划审计工作并非审计业务的一个孤立阶段,而是一个持续的、不断修正的过程,贯穿于整个审计业务的始终。例如,由于未预期事项的存在、条件的变化或通过实施审计程序获取的审计证据等原因,注册会计师可能需要基于修正后的风险评估结果,对总体审计策略和具体审计计划,以及相应的原计划实施的进一步审计程序的性质、时间安排和范围作出修改。

第四章　风险评估

在对中央财政科技计划项目(课题)进行审计的过程中,注册会计师需要对被审计项目(课题)承担单位的相关情况进行了解,包括相关内部控制,以识别和评估与科研项目(课题)资金投入、使用、管理相关的重大违规风险。

一、对被审计项目(课题)承担单位及课题基本情况的了解

1. 了解被审计项目(课题)承担单位情况及主管部门,包括承担单位、参与单位在任务研究期间发生合并、分立、调整等机构变更情况。

2. 了解被审计项目(课题)承担单位所处行业地位、科研技术优势、科研项目是否为新业务领域,科研项目产业化现状及趋势。

3. 了解中央财政科技计划项目(课题)资金管理适用的相关法律法规及其他规定。相关法律法规主要包括:《国务院关于优化科研管理提升科研绩效若干措施的通知》(国发〔2018〕25 号)、《关于进一步完善中央财政科研项目资金管理等政策的若干意见》(中办发〔2016〕50 号)、《国务院关于改进加强中央财政科研项目和资金管理的若干意见》(国发〔2014〕11 号)、《国家重点研发计划资金管理办法》(财科教〔2016〕113 号)及相关配套实施细则、《国家自然科学基金资助项目资金管理办法》(财教〔2015〕15 号)、《国家科技重大专项(民口)资金管理办法》(财科教〔2017〕74 号)、《国家科技重大专项

(民口)项目(课题)财务验收办法》(财科教〔2017〕75号)、《中央财政科研项目专家咨询费管理办法》(财科教〔2017〕128号)等(以下简称科研项目(课题)相关法律法规)。

4.了解被审计项目(课题)承担单位研究开发部门的设置,包括:

(1)研究开发部门及人员的数量。

(2)科研项目的课题数量和管理模式。

(3)科研项目组的成员与来源、技术职称结构。

(4)科研项目人员的考核奖励制度。

5.了解科研项目课题立项基本情况,包括:课题名称、课题编号、课题起止时间、课题负责人及主要研究人员、课题基本情况等。

6.了解科研项目实施情况。如是否存在承担单位、参与单位变更或课题负责人变更、课题延期或课题任务延迟、课题任务目标调整、预算调剂等情况。

7.了解被审计项目(课题)承担单位对科研项目资金会计政策的选择和运用是否符合适用的会计准则、财务制度和国家有关法律法规,是否符合被审计项目(课题)承担单位的具体情况,并特别考虑下列事项:

(1)被审计项目(课题)承担单位是否将科研项目(课题)资金纳入单位财务统一管理,对中央财政资金和其他来源的资金是否分别单独核算,以及会计科目设置情况、相关财务档案资料保存管理情况。

(2)科研项目(课题)核算模式。

(3)识别和确定科研项目(课题)资金支出归集的对象是否属于科研项目(课题)资金规定的范围,各类支出的识别标志、开支范围和标准。

(4)科研项目成果的验收、所有权归属等。

二、对与中央财政科技计划项目(课题)结题审计相关的内部控制的了解

被审计项目(课题)承担单位管理层及项目(课题)负责人应确保科研项目(课题)资金在投入、使用、管理方面建立并实施有效的内部控制。

注册会计师需要针对控制环境、风险评估过程、信息系统(包括相关业务流程)与沟通、控制活动、对控制的监督等内部控制要素,了解和识别与中央财政科技计划项目(课题)结题审计相关的内部控制。

1. 控制环境

控制环境是被审计项目(课题)承担单位实施内部控制的基础,是所有控制运行的环境。注册会计师需要了解控制环境各要素,以及这些要素如何被纳入被审计项目(课题)承担单位的业务流程:

(1)对诚信和道德价值观念的沟通与落实。对诚信和道德价值观念的沟通与落实既包括管理层如何处理不诚实、非法或不道德行为,也包括在被审计项目(课题)承担单位内部,通过行为规范以及高级管理人员的身体力行,营造和保持诚信和道德价值观念。道德行为规范应融入被审计项目(课题)承担单位日常科研活动中,并被持续地沟通、执行和监督。

(2)对胜任能力的重视。注册会计师应当考虑被审计项目(课题)承担单位财务会计人员及承担内部控制重要职责的其他人员是否具备足够的胜任能力并接受足够的培训,能根据被审计项目(课题)承担单位的性质和复杂程度处理业务;被审计项目(课题)承担单位是否对各岗位录用人员有明确的录用标准;是否强调对员工开展业务和道德培训;是否建立考核机制以使员工能得到正常晋升和更大的发展空间等。

(3)管理层及项目(课题)负责人的理念和运营风格。

(4)职权与责任的分配。被审计项目(课题)承担单位应当建立与其实际情况(包括规模、地理位置和业务性质等)相适应的权责分工。例如,由专人负责评估科研项目的收入和支出预算控制情况,使得为实现科研项目目标所需执行的各项活动能够被适当地计划、执行、控制和监督。此外,职责分配还包括对职责分离不充分的岗位设置足够的监督。职责分配应考虑涵盖非财务部门的工作人员。

(5)人力资源政策与实务。考虑被审计项目(课题)承担单位是否在人员招聘、培训、考核、晋升、薪酬、调动和辞退方面都有适当的政策和程序。

控制环境总体上的优势是否为内部控制的其他要素奠定了适当的基础,以及这些其他要素是否未被控制环境中存在的缺陷所削弱。

2. 风险评估过程

被审计项目(课题)承担单位面临的风险主要包括两个方面:资金投入风

险和使用风险。资金投入风险如编报虚假预算套取国家财政资金,虚假承诺其他来源的资金等。资金使用风险则集中体现为科研项目(课题)资金在使用过程中被截留、挤占、挪用的风险,以及部分科研项目(课题)资金实际使用过程中可能会出现未能按照程序或规范进行操作的风险。

注册会计师需要了解管理层识别与科研项目(课题)资金投入、使用、管理目标相关的风险评估过程,通过询问管理层或者检查有关文件确定被审计项目(课题)承担单位的风险评估过程是否发现了与科研项目(课题)资金业务流程相关的风险,并考虑这些风险是否可能导致重大违规。

3. 信息系统与沟通

与科研项目(课题)资金相关的信息系统负责对科研项目(课题)资金投入、使用、管理等信息进行收集、存储、处理、提取和传输。注册会计师需要了解在信息技术和人工系统中涉及科研项目(课题)资金收支交易的生成、记录、处理和报告的程序、相关会计记录和支持性信息,处理科研项目(课题)资金相关业务的过程,数据生成、记录、处理和汇总形成中央财政科技计划项目(课题)结题审计申报材料的过程。

注册会计师需要关注管理层及项目(课题)负责人凌驾于控制之上的风险,由于运用信息技术进行数据传输时,发生的篡改可能不会留下痕迹或证据,注册会计师还需要了解不正确的业务处理记录是如何解决的。

充分的内部沟通对于控制环境、控制活动、风险评估等各方面都起着至关重要的作用。注册会计师需要关注被审计项目(课题)承担单位是否建立完善的内部沟通体系。对于被审计项目(课题)承担单位而言,通过外部沟通获取信息非常重要,例如,相关主管单位监管反馈信息、政策法规标准类信息(如行业管理法规、行业标准)、外部反馈的信息及其投诉等。注册会计师应当关注被审计项目(课题)承担单位是否对这些外部信息做出及时反应,制定相应对策。注册会计师还需要关注被审计项目(课题)承担单位是否注重信息的公开透明程度,建立信息公开制度,在单位内部公开项目(课题)立项、主要研究人员、资金使用(重点是间接费用、外拨资金、结余资金使用等)、大型仪器设备购置以及项目研究成果等情况,接受内部监督。

4.控制活动

被审计项目（课题）承担单位在资金投入和使用环节都存在风险,应针对潜在风险采取相应的控制活动。注册会计师需要了解与审计相关的控制活动。

例如,针对被审计项目（课题）承担单位对资金的投入和使用情况,注册会计师考虑的主要因素可能包括:

（1）被审计项目（课题）承担单位是否制定了内部控制政策和程序用以规范科研项目（课题）资金的投入和使用。

（2）被审计项目（课题）承担单位是否明确科研项目（课题）支出程序和批准权限,以防范资金支出不合规风险。

（3）不相容的职责在何种程度上相分离,以降低舞弊和不当行为发生的风险。

5.对控制的监督

被审计项目（课题）承担单位对控制的监督包括检查控制是否按设计运行,是否根据情况的变化对控制作出适当修正,以发现和改进内部控制设计与运行中存在的问题和薄弱环节。对内部控制制度的健全性、有效性进行监督,例如,在资金投入循环重点关注是否对实际执行情况与预算情况进行比较;在资金使用循环重点关注项目进展情况是否与计划一致。

注册会计师在实施审计程序时需要了解被审计项目（课题）承担单位对与科研项目（课题）资金投入、使用、管理相关的内部控制的监督活动,并了解如何采取纠正措施。监督活动可能包括利用与外部有关机构或人员沟通所获取的信息,这些外部信息可能显示内部控制存在的问题或需要改进的领域。

三、了解与科研项目（课题）资金相关的业务流程和控制活动

本指引以科研项目（课题）最常见的业务流程为例,说明注册会计师如何了解被审计项目（课题）承担单位业务流程层面的内部控制。

需要说明的是,不同被审计项目（课题）承担单位的具体业务流程可能不尽相同,本指引不可能涵盖实际工作中的所有情况。在执行中央财政科技计

划项目(课题)结题审计工作时,注册会计师需要结合被审计项目(课题)承担单位的具体情况和最新的法律法规政策要求,作出相应的选择和调整。

(一)了解科研项目(课题)资金相关业务流程的主要环节

科研项目(课题)资金控制通常属于被审计项目(课题)承担单位收入管理、费用和成本控制的重要组成部分,在对科研项目(课题)资金控制进行了解时,注册会计师需要了解科研项目相关业务流程。科研项目(课题)相关业务通常包括下列主要活动:

1. 立项和预算管理

(1)项目(课题)的申请和批准。

(2)项目(课题)预算的编制和批准。

(3)项目(课题)预算的调剂。

2. 项目(课题)资金管理与核算

(1)项目(课题)资金拨付。

(2)项目(课题)资金结算。

(3)项目(课题)资金核算。

3. 项目(课题)直接费用管理

(1)直接费用支出。

(2)直接费用记录。

(3)资产(成果)验收和使用。

4. 项目(课题)间接费用管理

(1)间接费用支出。

(2)间接费用记录。

5. 项目过程及验收管理

(1)项目年度执行情况报告。

(2)项目中期执行情况报告、中期检查意见。

(3)项目调整、延期、撤销或终止。

(4)项目验收。

了解控制的程序包括检查科研项目(课题)资金投入、使用、管理相关控制手册和其他书面指引,询问各部门的相关人员,观察操作流程,执行穿行测试等。例如,注册会计师可以询问科研项目(课题)负责人,了解科研项目(课题)的立项和预算情况;可以询问采购管理人员,了解设备采购程序及被审计项目(课题)承担单位内部采购管理规定的要求和流程;也可以询问会计人员,了解有关账务处理的流程。注册会计师应当考虑流程在各部门之间如何衔接,如单据的流转和核对,以及各部门人员的职责分工等。

注册会计师可以通过文字叙述、流程图等方式记录上述业务流程。

(二)确定违规可能发生的环节

注册会计师需要结合了解的结果,确定被审计项目(课题)承担单位需要在哪些环节设置控制,以防止或发现并纠正业务流程中的违规事项,即确定违规事项可能发生的环节。本指引以表格的形式列举了科研项目业务流程中违规事项可能发生的环节,以说明注册会计师如何确定被审计项目(课题)承担单位的控制目标是否得以实现。

"违规事项可能发生的环节"示例

1. 预算
怎样确保科研项目(课题)预算或调剂得到批复?
2. 项目(课题)资金管理与核算
怎样确保项目(课题)资金(国拨和自筹)投入及时、足额、真实到位?
怎样确保项目(课题)资金投入均已入账?
怎样确保项目(课题)资金专款专用、单独核算?
怎样确保项目(课题)资金支付结算方式合规?
怎样确保项目(课题)资金使用与本项目研究任务的相关性?
怎样避免随意调账、随意修改会计凭证等行为?
3. 项目(课题)直接费用管理
怎样确保直接费用的开支范围符合相关规定?
怎样确保直接费用的支出审批流程完善?
怎样确保直接费用的支出证据材料完整、真实、准确?

怎样确保直接费用的支出金额在批复或调剂后的预算范围内?
4.项目(课题)间接费用管理
怎样确保间接费用不超过批复的预算额度?
5.项目(课题)过程和验收管理
怎样确保应付未付支出和预计支出适当?
怎样确保因故撤销或终止的项目或课题资金及时清理?
怎样确保科研项目形成的资产被合理使用?
怎样确保包括中期检查等项目(课题)管理过程中发现的违规问题及时整改到位?

需要注意的是,一方面,某项控制目标可能涉及几项控制,注册会计师需要重点考虑某项控制单独或连同其他控制,是否能够防止或发现并纠正重大违规。另一方面,某些控制可能涉及多项控制目标。因此,在实务工作中,为提高审计效率,注册会计师需要优先考虑了解和识别能针对多项控制目标的控制。

(三)了解和识别相关控制

注册会计师需要根据被审计项目(课题)承担单位的实际情况,通过询问、观察、检查、穿行测试等审计程序,了解和识别相关控制,并对其结果形成审计工作记录,包括记录控制由谁执行以及如何执行。在了解和识别内部控制时,注册会计师需要重点考虑能够发现并纠正违规的关键控制。

以下是科研项目(课题)业务流程控制的示例:

控制目标	常用的控制活动
1.预算	
科研项目(课题)预算或调剂得到批复	项目(课题)承担单位负责部门跟踪科研项目(课题)预算审批结果,获取经批准的项目(课题)任务书(含预算),建立项目(课题)档案。 如需预算调剂,按规定履行有关程序。 负责部门及时登记项目(课题)变更信息,更新完善项目(课题)档案。

续表

控制目标	常用的控制活动
2. 项目（课题）资金管理与核算	
确保项目（课题）资金投入及时、足额、真实到位	定期核对并调查拨款进度及金额与任务书存在重大差异的原因，提出改进措施。
项目（课题）资金投入均已入账	负责部门将拨款进度信息及时告知财务部门，财务部门收到拨入款后，记账并告知负责部门已收款信息。期末，负责部门与财务进行对账，核对项目（课题）资金是否均已入账，如存在差异，则查找原因，保证项目（课题）资金纳入单位财务统一管理。
确保项目（课题）资金专款专用、单独核算	财务部门设置明细科目或项目（课题）辅助明细账，对中央财政资金和其他来源资金分别进行单独核算。按照项目（课题）支出明细项进行费用归集。
确保项目（课题）资金支付结算方式合规。	资金支付除必须使用现金外，应通过银行转账方式支付，并得到授权支出批准。
	已实行公务卡制度改革的行政事业单位，按中央财政科研项目使用公务卡结算的有关规定执行，并得到授权支出批准。
确保项目（课题）资金使用与本项目研究任务的相关性	项目（课题）资金需用于与本项目研究任务相关的支出，费用支出报销单证经过项目（课题）负责人或其授权人批准后，方可提交付款支出申请。
避免随意调账、随意修改会计凭证等行为	项目（课题）资金核算应规范、清晰，调账或更正会计凭证需遵照有关规定进行。更正申请经项目（课题）负责人或其授权人批准，交由财务审核批准后，方可调账或更正会计凭证。
3. 项目（课题）直接费用管理	
直接费用的支出审批流程完善	项目（课题）直接费用支出需建立完善的审批流程并遵照执行。每笔支出均需经过完整的审批流程方可办理。
直接费用的开支范围符合相关规定	财务人员审核项目（课题）直接费用开支范围是否符合相关资金管理办法的规定。
直接费用的支出证据材料完整、真实、准确	项目（课题）组办理项目（课题）直接费用支出时应提供相应的证据材料，项目（课题）承担单位相关层级审批人员需按职责权限审核批准。

控制目标	常用的控制活动
直接费用的支出金额在批复或调剂后的预算范围内	项目(课题)承担单位相关层级审批人员在预算范围内批准支出金额。
4. 项目(课题)间接费用管理	
间接费用不超过批复的预算额度	在核定的总额内列支间接费用,超预算支出不被批准。
5. 项目(课题)过程和验收管理	
应付未付支出和预计支出是适当的	项目(课题)组应及时报销费用支出,对于项目(课题)执行周期内发生的与项目(课题)研发活动直接相关的费用尚未支付、需要在基准日后进行支付的款项,项目(课题)承担单位需提供明细表及相关证明材料,经审核批准后确认为应付未付支出。
	项目(课题)组编制项目(课题)在审计基准日之后发生的或预计发生的与项目(课题)验收相关的必需支出清单,经审核批准后确认为预计支出。
因故撤销或终止的项目(课题)资金应及时清理	项目(课题)因故撤销或终止,财务部门应及时清理账目与资产,编制财务报告及资产清单,报送项目主管单位。项目主管单位组织清查处理,确认并回收结余资金(含处理已购物资、材料及仪器设备的变价收入),统筹用于相关专项后续支出。
科研项目形成的资产被恰当管理和使用	行政事业单位使用中央财政资金形成的固定资产属于国有资产,按照国家有关国有资产管理的规定执行。企业使用中央财政资金形成的固定资产,按照《企业财务通则》等相关规章制度执行。
	使用中央财政资金形成的知识产权等无形资产的管理,按照国家有关规定执行。
	使用中央财政资金形成的大型科学仪器设备、科学数据、自然科技资源等,按照规定开放共享。
	期末,资产管理部门对实物资产进行盘点,如有账实差异,需查找原因,经审批后及时进行账务处理。 如果出现资产减值迹象,进行减值测试,报经审批后进行账务处理。

续表

控制目标	常用的控制活动
中期检查等项目（课题）管理过程中发现的违规问题及时整改到位	被审计项目（课题）承担单位接受中期检查等监督检查过程中发现的问题应及时进行整改，确保整改到位。

（四）执行穿行测试

注册会计师需要针对不同业务循环中的具体业务流程，选择一笔或几笔交易进行穿行测试，以追踪交易从发生到最终被反映在项目（课题）结题报告中的整个处理过程，并考虑之前对相关控制的了解是否正确和完整，确定相关控制是否得到执行。

在执行穿行测试时，注册会计师需要询问执行业务流程和控制的相关人员，并根据需要检查有关单据和文件，询问其对已发现违规的处理。注册会计师还需要按照《中国注册会计师审计准则第 1211 号——通过了解被审计单位及其环境识别和评估重大错报风险》的规定，对相关控制设计是否合理和是否得到执行进行评价，以确定进一步审计程序。

第五章　控制测试

一、一般要求

在评估重大违规风险时，如果预期控制的运行是有效的，或者仅实施实质性程序不能提供充分、适当的审计证据，注册会计师需要设计和实施控制测试，针对相关控制运行的有效性，获取充分、适当的审计证据。注册会计师只对那些设计合理，能够防止、发现并纠正科研项目（课题）资金投入、使用、管理重大违规的内部控制进行测试以验证其运行是否有效。

二、控制测试程序

注册会计师对内部控制的测试涵盖内部控制的五个要素，这里重点说明与科研项目（课题）相关的控制活动。

　　以下通过示例说明与被审计项目(课题)承担单位上述科研项目(课题)业务活动相关的常用的控制测试。需要说明的是,由于被审计项目(课题)承担单位的情况千差万别,以下示例并不能涵盖实际工作中的所有情况,在执行审计业务时,注册会计师需要结合被审计项目(课题)承担单位的实际情况,并结合最新的法律法规政策要求,作出相应的选择和调整。

控制目标	常用的控制活动	常用的控制测试
1. 预算		
科研项目(课题)预算或调剂得到批复	项目(课题)承担单位负责部门跟踪科研项目(课题)预算审批结果,获取经批准的项目(课题)任务书(含预算),建立项目(课题)档案。如需预算调剂,按规定履行有关程序。负责部门及时登记项目(课题)变更信息,更新完善项目(课题)档案。	询问相关负责人,了解项目(课题)预算管理、审批、变更是否按照规定流程执行。检查是否保留项目(课题)任务书(含预算)及变更调剂相关记录。
2. 项目(课题)资金管理与核算		
确保项目(课题)资金投入及时、足额、真实到位	定期核对并调查拨款进度及金额与任务书存在重大差异的原因,提出改进措施。	查看项目(课题)各项来源资金的拨款单证等资金投入到位的证明材料,对重大差异事项需查明原因及项目(课题)承担单位是否已有改进措施。
项目(课题)资金投入均已入账	负责部门将拨款进度信息及时告知财务部门,财务部门收到拨入款后,记账并告知负责部门已收款信息。期末,负责部门与财务进行对账,核对项目(课题)资金是否均已入账,如存在差异,则查找原因,保证项目(课题)资金纳入单位财务统一管理。	查看单位财务系统,确认项目(课题)资金是否纳入被审计项目(课题)承担单位财务系统统一核算管理。
确保项目(课题)资金专款专用、单独核算	财务部门设置明细科目或项目(课题)辅助明细账,对中央财政资金和其他来源资金分别进行单独核算。按照项目(课题)支出明细项进行费用归集。	询问相关负责人,了解项目(课题)资金财务核算与管理情况,查看是否可以通过财务核算系统查阅相关数据信息。

控制目标	常用的控制活动	常用的控制测试
确保项目（课题）资金支付结算方式合规	资金支付除必须使用现金外，应通过银行转账方式支付，并得到授权支出批准。 已实行公务卡制度改革的行政事业单位，按中央财政科研项目使用公务卡结算的有关规定执行，并得到授权支出批准。	询问相关负责人，了解项目（课题）资金支付是否按照规定的结算方式执行，抽查支付项目是否符合规定，审批手续是否完备。
确保项目（课题）资金使用与本项目研究任务的相关性	项目（课题）资金需用于与本项目研究任务相关的支出，费用支出报销单证经过项目（课题）负责人或其授权人批准后，方可提交付款支出申请。	询问相关负责人，了解项目（课题）资金支出是否按照规定的审核流程执行，抽查支出项目是否提供相关性证明材料，审批手续是否完备。
避免随意调账、随意修改会计凭证等行为	项目（课题）资金核算应规范、清晰，调账或更正会计凭证需遵照有关规定进行。更正申请经项目（课题）负责人或其授权人批准，交由财务审核批准后，方可调账或更正会计凭证。	询问相关负责人，了解调账和更改凭证是否按照规定流程执行，抽查调账是否按规定程序批准；调账或更正会计凭证的行为是否规范，修改会计凭证是否有不同岗位的相互制约并留痕。

3. 项目（课题）直接费用管理

控制目标	常用的控制活动	常用的控制测试
直接费用的支出审批流程完善	项目（课题）直接费用支出需建立完善的审批流程并遵照执行。每笔支出均需经过完整的审批流程方可办理。	询问相关负责人，了解支出审批是否按照规定流程办理，查看项目（课题）承担单位支出审批的相关规定，抽查支出凭单是否履行审批手续。
直接费用的开支范围符合相关规定	财务人员审核项目（课题）直接费用开支范围是否符合相关资金管理办法的规定。	询问相关负责人，了解是否按照相关规定审核开支范围，查看项目（课题）支出内容，检查超范围支出申请是否被阻止。
直接费用的支出证据材料完整、真实、准确	项目（课题）组办理项目（课题）直接费用支出时应提供相应的证据材料，项目（课题）承担单位相关层级审批人员需按职责权限审核批准。	抽查直接费用支出凭证后所附单据与相关证据材料是否齐全、真实，是否可以证明业务真实性、经济合理性等。

控制目标	常用的控制活动	常用的控制测试
直接费用的支出金额在批复或调剂后的预算范围内	项目（课题）承担单位相关层级审批人员在预算范围内批准支出金额。	询问相关负责人，了解是否按照相关规定审核支出金额，检查项目（课题）直接费用支出是否在批准或调剂的预算范围内。
4.项目（课题）间接费用管理		
间接费用不超过批复的预算额度	在核定的总额内列支间接费用，超预算支出不被批准。	询问相关负责人，了解间接费用支出是否按照规定程序执行，检查支出是否在批准的预算范围内。
5.项目（课题）过程和验收管理		
应付未付支出和预计支出是适当的	项目（课题）组应及时报销费用支出，对于项目（课题）执行周期内发生的与项目（课题）研发活动直接相关的费用尚未支付、需要在基准日后进行支付的款项，项目（课题）承担单位需提供明细表及相关证明材料，经审核批准后确认为应付未付支出。	询问相关负责人，了解应付及预计支出管理是否按照规定流程执行，检查应付及预计支出明细清单审批手续是否完备。
	项目（课题）组编制项目（课题）在审计基准日之后发生的或预计发生的与项目（课题）验收相关的必需支出清单，经审核批准后确认为预计支出。	
因故撤销或终止的项目（课题）资金应及时清理	项目（课题）因故撤销或终止，财务部门应及时清理账目与资产，编制财务报告及资产清单，报送项目主管单位。项目主管单位组织清查处理，确认并回收结余资金（含处理已购物资、材料及仪器设备的变价收入），统筹用于相关专项后续支出。	询问相关负责人，了解项目（课题）清理是否按照规定流程执行，抽查撤销或终止的项目（课题）是否已及时清理。

续表

控制目标	常用的控制活动	常用的控制测试
科研项目形成的资产被恰当管理和使用	行政事业单位使用中央财政资金形成的固定资产属于国有资产,按照国家有关国有资产管理的规定执行。企业使用中央财政资金形成的固定资产,按照《企业财务通则》等相关规章制度执行。	询问相关负责人,了解资产管理和使用是否按照规定流程或程序执行,抽查资产盘点表是否经审批后及时处理,对科研项目形成的资产进行实地抽盘。
	使用中央财政资金形成的知识产权等无形资产的管理,按照国家有关规定执行。	
	使用中央财政资金形成的大型科学仪器设备、科学数据、自然科技资源等,按照规定开放共享。	
	期末,资产使用部门对实物资产进行盘点,如有账实差异,经审批后及时进行账务处理。如果出现资产减值迹象,进行减值测试,报经审批后进行账务处理。	
中期检查等项目(课题)管理过程中发现的违规问题及时整改到位	被审计项目(课题)承担单位接受中期检查等监督检查过程中发现的问题应及时进行整改,确保整改到位。	询问相关负责人,了解是否接受过检查,了解是否按规定流程检查整改,检查项目(课题)承担单位接受监督检查的相关检查结果文件,核对是否对违规问题及时整改到位并在审计报告中披露。

第六章　实质性程序

一、实质性程序的总体要求

针对评估的在科研项目(课题)资金投入、使用、管理方面存在的重大违规风险,注册会计师应当在确定是否实施控制测试以及拟对控制的依赖程度的基础上,计划拟实施实质性程序的性质、时间安排和范围。如果发现拟信赖的控制出现偏差,注册会计师应当考虑是否需要针对潜在的违规风险修改计划的实质性程序。

无论对重大违规风险的评估结果如何,注册会计师都应当针对所有重大类别的交易、账户余额和披露,设计和实施实质性程序。

如果认为评估的重大违规风险是特别风险,注册会计师应当专门针对该风险实施实质性程序。如果针对特别风险实施的程序仅为实质性程序,这些程序应当包括细节测试。

二、实质性程序的目标

中央财政科技计划项目(课题)结题审计的对象是被审计项目(课题)承担/参与单位的科研项目(课题)资金投入、使用、管理情况,其审计目标是科研项目(课题)资金投入、使用、管理相关科目中的交易是否真实发生,是否符合科研项目(课题)资金管理相关法律法规以及经批准的项目(课题)任务书和预算书的规定。

三、实质性程序

下文从分析会计核算要求入手,对科研项目(课题)的直接费用和间接费用的实质性程序进行举例。

需要说明的是,由于被审计项目(课题)承担单位的情况千差万别,以下示例并不能涵盖所有情况,在执行审计业务时,注册会计师需要考虑被审计项目(课题)承担单位的实际情况,特别是重大违规风险的评估结果,并结合最新的法律法规政策要求,作出相应的调整和取舍。

直接费用是指在项目实施过程中发生的与之直接相关的费用。主要包括设备费、材料费、测试化验加工费、燃料动力费、出版/文献/信息传播/知识产权事务费、会议/差旅/国际合作交流费、劳务费、专家咨询费、其他支出等。

间接费用是指被审计项目(课题)承担单位在组织实施项目过程中发生的无法在直接费用中列支的相关费用。主要包括被审计项目(课题)承担单位为项目研究提供的房屋占用,日常水、电、气、暖消耗,有关管理费用的补助支出,以及用于激励科研人员的绩效支出等。注册会计师需要在充分了解直接费用和间接费用特点的基础上,实施适当的实质性程序。

直接费用:资金支出依据任务书中的预算,审计时关注项目(课题)直接费用分类管理的形式,即关注直接费用支出预算是按明细分类管理,还是按大类分类管理,并关注相关支出是否符合列支规定。

1.设备费:是指在项目(课题)实施过程中购置或试制专用仪器设备,对现有仪器设备进行升级改造,以及租赁外单位仪器设备而发生的费用。

(1)获取设备支出明细账和购置明细账,核对是否与项目任务书中的预算或调剂后的预算一致。

(2)检查设备费支出与签订合同时间、付款时间、发票时间及到货时间是否均在项目执行期内(合同尾款可在执行期后),仪器设备(购置、试制)使用及管理是否与预算或调剂批复一致,如存在差异,查明原因,并披露差异情况。

(3)检查列支的设备费原始凭证(如审批单、银行单据、发票、合同、验收单等)是否齐全并相互勾稽。

(4)检查中央级高校和科研院所采购进口仪器设备是否已按规定备案。

(5)检查设备租赁费是否为租赁使用本单位以外其他单位的设备而发生的费用以及租赁设备的交付使用手续是否完备。

(6)检查支付设备费是否存在非银行转账方式结算,关注资金实际流向是否与开具发票单位一致。

(7)检查被审计项目(课题)承担单位符合固定资产确认条件的资产是否准确计量和记录,是否存在账外资产,是否按单位资产管理办法对购入设备及符合使用条件的试制设备办理验收和交付使用手续。试制设备费及改造费成本归集的合理性、相关性。

(8)实地查看设备,检查是否账实相符,关注设备的使用情况,检查是否存在未使用固定资产。固定资产异地存放的,应当评估其合理性,并视情况实施必要的审计程序。

2.材料费:是指在项目实施过程中消耗的各种原材料、辅助材料等低值易耗品的采购及运输、装卸、整理等费用。

(1)获取材料支出明细账。

(2)检查大宗原辅材料采购合同是否与货物清单、验收购入单等信息相匹配。

(3)检查是否列支与项目(课题)无关或执行期外的材料费用,重点关注科研用材料的采购或领用是否与单位日常经营活动或生产、基本建设用材料有明确区分。

(4)检查支付大宗材料费是否存在非银行转账方式结算,关注资金实际流向是否与开具发票单位一致。

(5)检查科研购入材料相关购入、验收和领用手续是否完备,购入验收手续是否具有实质性管理作用。

(6)检查材料结存管理是否符合相关规定。

3.测试化验加工费:是指在项目实施过程中支付给外单位(包括被审计项目(课题)承担单位内部独立经济核算单位)的检验、测试、化验及加工等费用。

(1)获取测试化验加工费支出明细账。

(2)检查是否列支项目(课题)执行期外发生的费用、是否存在明显与项目(课题)无关的测试化验加工费用。

(3)关注检验、测试、化验、加工承担单位是否具有相应资质或能力,收费有无明显偏高或偏低。

(4)检验、测试、化验等是否取得结果报告或分析测试报告等成果性资料。

(5)检查支付大宗测试化验加工费是否存在非银行转账方式结算,关注资金实际流向是否与开具发票单位一致。

(6)加工件完工后是否办理完备的验收移交手续。

(7)对于支付被审计项目(课题)承担单位内部独立经济核算单位的检验、测试、化验及加工等费用,检查是否有测试记录、收费标准、内部结算规定等,结算程序是否规范。

(8)关注是否以测试化验加工费的名义转包科研任务。

4.燃料动力费：是指在项目实施过程中直接使用的相关仪器设备、科学装置等运行发生的水、电、气、燃料消耗费用等。

（1）获取燃料动力费支出明细账。

（2）检查是否列支课题执行期外发生的费用、是否存在明显与项目研究无关的燃料动力费。

（3）检查是否列支或分摊被审计项目（课题）承担单位日常运行的水、电、气、暖等支出，该类支出属于间接费用开支范围。

5.出版/文献/信息传播/知识产权事务费：是指在项目实施过程中，需要支付的出版费、资料费、专用软件购买费、文献检索费、专业通信费、专利申请及其他知识产权事务等费用。

（1）获取出版/文献/信息传播/知识产权事务费支出明细账。

（2）检查是否列支课题执行期外发生的费用、是否存在明显与项目无关的专业资料等费用，重点检查大宗专业资料和软件购置费支出。

（3）检查是否列支通用性操作系统、办公软件费用，是否列支日常普通通讯费及耗材等日常办公费用或个人通讯费、网费。

（4）检查符合无形资产确认条件的资产是否准确计量和记录，是否存在账外资产。

（5）检查购买专业资料、软件以及自行开发软件是否办理验收和领用手续。

（6）检查支付大宗出版/文献/信息传播/知识产权事务费是否存在非银行转账方式结算，关注资金实际流向是否与开具发票单位一致。

（7）如项目（课题）的任务目标为软件开发，关注单位是否以定制或者购买软件的形式将任务外包。

（8）关注是否在本项目中列支非本项目形成的专利申请费和维护费。

6.会议/差旅/国际合作交流费：是指在项目实施过程中发生的会议费、差旅费和国际合作交流费。

（1）获取会议/差旅/国际合作交流费支出明细账。

（2）检查是否列支项目（课题）执行期外发生的费用，是否列支非项目（课题)组成员国际合作交流费或与项目(课题)无关的会议/差旅/国际合作交流费。

(3)关注中央级高校、中央级科研院所相关支出是否符合被审计项目(课题)承担单位管理规定。关注其他单位相关支出是否符合中办发〔2016〕50号以及本地科研资金管理规定。

(4)检查列支依据是否充分,所附原始凭证等资料是否完整。

(5)检查中央高校、科研院所对于难以取得住宿费发票,据实报销城市间交通费,并按规定标准发放伙食补助费和市内交通费的,是否已有确保其真实性的判断依据。

(6)检查是否列支会议中发生的专家咨询费,该类支出属于专家咨询费开支范围。

7.劳务费:是指在项目(课题)实施过程中支付给参与项目(课题)的研究生、博士后、访问学者以及项目(课题)聘用的研究人员、科研辅助人员等的劳务性费用。

(1)获取劳务费支出明细账。

(2)检查是否列支课题执行期外发生的费用。

(3)获取劳务聘用合同或支持性证据,检查提供劳务内容是否与课题研究任务直接相关。

(4)检查开支标准是否符合相关规定。项目聘用人员的劳务费开支标准,参照当地科学研究和技术服务业从业人员平均工资水平,根据其在项目研究中承担的工作任务确定,其社会保险补助纳入劳务费科目开支。

(5)重点关注大额劳务费支出的记账凭证及发放签收单相关信息,检查发放签收单内容是否齐全,应包括姓名、职称(职务)、身份证号、金额、发放期间、提供劳务内容等项目。检查劳务费是否据实列支。

(6)关注访问学者、项目(课题)聘用研究人员的费用支出依据资料是否完备,如对访问学者的资格认定、审批备案程序、工作协议等。

(7)检查劳务费发放方式是否符合相关要求,原则上应通过银行转账方式,重点关注大额现金发放劳务费情况。

8. 专家咨询费：是指在项目实施过程中支付给临时聘请的咨询专家的费用。

（1）获取专家咨询费支出明细账。

（2）检查是否列支发放对象或提供咨询服务内容与项目（课题）无关的费用，是否列支课题执行期外发生的费用。

（3）检查开支标准、内容、范围等是否符合相关规定。是否列支发放对象或提供咨询服务内容与项目无关的费用，是否列支课题执行期外发生的费用，是否向项目（课题）组成员以及参与项目（课题）管理的相关工作人员发放专家咨询费。

（4）重点关注大额专家咨询费支出的记账凭证及发放签收单相关信息，检查发放签收单内容是否齐全，应包括姓名、职称（职务）、工作单位、身份证号、金额、咨询时间、咨询内容等项目。

（5）检查专家咨询费发放方式是否符合相关要求，原则上应通过银行转账方式，重点关注大额现金发放专家咨询费情况。

9. 其他支出：是指在项目实施过程中除上述支出范围之外的其他相关支出。

（1）获取其他支出明细账。

（2）检查是否列支与项目无关的费用，如各种罚款、捐款、赞助、投资等支出。

（3）检查是否与前述1—8项预算科目的支出内容重复。

10. 间接费用：是指被审计项目（课题）承担单位在组织实施项目过程中发生的无法在直接费用中列支的相关费用。主要包括：被审计项目（课题）承担单位为项目研究提供的房屋占用，日常水、电、气、暖消耗，有关管理费用的补助支出，以及用于激励科研人员的绩效支出等。结合被审计项目（课题）承担单位的信用情况，间接费用实行总额控制，按照不超过课题直接费用扣除设备购置费后的一定比例核定。

（1）核对支出金额是否超过项目任务书预算所列金额。

（2）检查是否存在用于支付各种罚款、捐款、赞助、投资等开支。

（3）关注被审计项目（课题）承担单位是否在间接费用以外，在项目（课题）中重复提取、列支相关费用。

11. 科研项目（课题）经费拨付情况：经费资金来源包括中央财政资金、地方财政资金、单位自筹资金和从其他渠道获得的资金。

（1）获取科研项目（课题）专项经费拨付相关明细账，核对专项经费拨付是否与项目（课题）任务书预算及调剂后预算一致，如有差异，查明原因，重点关注预算外拨款情况。

（2）重点关注课题专项经费拨付的记账凭证及银行汇款单，检查是否存在未及时全额拨付资金的情形，如有，需查明原因。

（3）检查中央财政资金结余情况，是否存在违反规定事项。对于结余经费比例较大的（超过30%），重点核实结余情况及原因。

（4）检查其他来源资金到位情况，检查银行转账等原始单据，检查是否与资金提供方的出资承诺一致。

12. 应付未付支出和预计支出：应付未付支出指课题执行期内发生的与课题研发活动直接相关的费用尚未支付、需在基准日后支付的款项；审计基准日后发生的或预计发生的与课题验收相关的必需支出为预计支出。

（1）获取应付未付支出明细清单，检查相关支出是否为课题执行期内已发生业务且与课题研发活动直接相关。

（2）询问并逐一确认未支付原因，是否存在不需支付事项，获取协议或合同、使用计划（须经单位和课题负责人签章确认的证明材料）等。

（3）获取预计支出明细清单，逐一检查各预算科目预计后续支出金额及使用计划。

第七章　审计报告

审计报告是注册会计师根据审计准则和本指引的规定，在实施审计工作的基础上，对被审计项目（课题）承担单位科研项目资金投入、使用、管理情况发表审计意见的书面文件。注册会计师应当在审计报告中明确表述审计结论。

一、完成审计工作

在实施恰当的审计程序后,注册会计师应当汇总实施审计程序得出的结果,评价根据审计证据得出的结论是否恰当。在得出结论时,注册会计师应当考虑:

1. 按照《中国注册会计师审计准则第1231号——针对评估的重大错报风险采取的应对措施》的规定,是否已获取充分、适当的审计证据。

2. 按照《中国注册会计师审计准则第1251号——评价审计过程中识别出的错报》的规定,未更正违规事项单独或汇总起来是否重大。重大违规事项通常包括:

(1)编报虚假预算,套取国家财政资金。

(2)截留、挤占、挪用中央财政科技计划项目资金。

(3)违反规定转拨、转移中央财政科技计划项目资金。

(4)提供虚假财务会计资料。

(5)虚假承诺其他来源的资金。

(6)资金管理使用存在重大违规问题。

(7)其他违反国家财经纪律的行为。

3. 对于被审计项目(课题)承担单位科研项目资金的投入、使用和管理,就以下方面做出报告:

(1)被审计项目(课题)承担单位是否按照经批准的任务书和预算书(含调剂后的预算)执行预算,预算调剂是否符合科研项目资金相关法律法规的要求,预算或其他来源的资金是否及时足额到位。

(2)被审计项目(课题)承担单位是否建立健全项目资金内部管理制度,包括建立科研项目资金有关支出管理制度。项目资金相关的内部管理主要包括:预算管理、资金管理、经费支出授权批准、财务报销管理、会计核算、资产管理、采购管理、合同管理、外拨经费管理、劳务费、会议费、差旅费管理、绩效支出管理、结余资金管理等。

(3)被审计项目(课题)承担单位是否按照适用的会计准则(制度)对科研项目资金进行核算和管理,将科研项目资金纳入单位财务统一管理,对中央财政资金和其他来源的资金分别单独核算,保证专款专用。

(4)被审计项目(课题)承担单位是否严格按照资金开支范围和标准办理和列支项目资金支出,不存在重大违规支出事项。

二、审计报告的基本内容

审计报告应当包括下列要素:标题;收件人;引言段;课题基本情况段;课题预算安排及执行情况段;课题资金管理和使用存在的主要问题及建议段;审计意见(综合评价)段;其他需要说明的事项段;其他事项段;附表;注册会计师的签名和盖章;会计师事务所的名称、地址及盖章;报告日期。与审计报告一并附送的材料清单。

(一)标题

审计报告的标题统一规范为"中央财政科技计划项目(课题)结题审计报告"。

(二)收件人

审计报告的收件人是指注册会计师按照审计业务约定书的要求致送审计报告的对象。收件人一般是被审计项目(课题)承担单位。如果属于第三方委托,收件人一般为委托方。审计报告需要载明收件人的全称。

(三)引言段

引言段需要说明,被审计项目(课题)承担单位及项目(课题)名称、结题审计基准日、被审计项目(课题)承担单位的责任、注册会计师的审计责任。

(四)课题基本情况段

课题基本情况段需要说明,被审计课题承担单位基本情况、课题立项基本情况、课题实施情况、课题资金核算情况、被审计课题承担单位项目资金内部管理制度建设及执行情况。

(五)课题预算安排及执行情况段

课题预算安排及执行情况段需要说明,中央财政资金预算安排及调剂情况、中央财政资金到位及拨付情况、中央财政资金使用情况、执行周期内中央财政资金结余情况、中央财政资金应付未付情况、中央财政资金预计支出情况、其他来源资金预算安排和到位情况、其他来源资金使用情况、财务档案保存情况。

（六）课题资金管理和使用存在的主要问题及建议段

课题资金管理和使用存在的主要问题及建议段需要说明，审计过程中发现的问题，引用有关制度规定，并提出审计建议。

（七）审计意见段

审计意见段需要说明，被审计项目（课题）承担单位承担的课题资金投入、使用、管理是否在所有重大方面符合科研项目资金相关法律法规以及本项目经批准的任务书和预算书的规定，不存在重大违规事项。

（八）其他需要说明的事项段

会计师事务所就结题审计过程中发现的问题，要与被审计项目（课题）承担单位进行充分的沟通，交换审计意见。审计过程中，单位已对审计问题整改的，可在该部分予以披露整改情况。

除"（六）课题资金管理和使用存在的主要问题及建议段"中披露的事项外，注册会计师认为其他需要披露或提醒验收时予以关注的事项，可在"其他需要说明的事项"中予以披露。

如果课题在执行过程中，存在专项审计、中期检查、巡视检查等发现需整改的问题，需披露其整改情况。

（九）其他事项段

说明报告的使用范围。说明本审计报告仅供被审计项目（课题）承担单位的课题验收使用。非法律、行政法规规定，本审计报告的全部或部分内容不得提供给其它任何单位和个人，不得见诸于公共媒体。本审计报告正文部分及附表不可分割，应一同阅读和使用。对任何因审计报告使用不当产生的后果，与执行本审计业务的注册会计师及其所在的会计师事务所无关。

（十）附表

附表主要包括：

（1）课题基本情况表；

（2）课题承担单位资金拨付情况审计表；

（3）课题资金支出情况审计汇总表；

（4）课题购置/试制设备情况审计表；

（5）课题测试化验加工费支出情况审计表；

（6）课题劳务费支出情况审计表；

（7）课题参与单位资金支出情况审计表（根据参与单位数量自行增加）。

（十一）注册会计师的签名和盖章

审计报告需要由注册会计师签名和盖章。

（十二）会计师事务所的名称、地址及盖章

审计报告需要载明会计师事务所的名称和地址，并加盖会计师事务所公章。

（十三）报告日期

审计报告需要注明报告日期。审计报告日不应早于注册会计师获取充分、适当的审计证据，并在此基础上对被审计项目（课题）承担单位科研项目资金投入、使用、管理形成审计意见的日期。

（十四）与审计报告一并附送的材料清单

根据课题结题审计要求附送的佐证资料。注册会计师应在审核原文件后，复印相关资料并加盖被审计项目（课题）承担单位财务专用章，将加盖红章的佐证资料与结题审计报告一起装订。同时，应复印一份盖章后的佐证资料，注明与原件内容一致，存入审计工作底稿。

本指引附录二列示了中央财政科技计划课题结题审计报告的参考格式。

如果注册会计师判断需要出具否定意见或无法表示意见审计报告，应当按照《中国注册会计师审计准则第 1502 号—在审计报告中发表非无保留意见》的要求出具审计报告。

三、审计汇总报告

审计汇总报告是注册会计师在项目牵头单位提供的各课题结题审计报告的基础上，对项目牵头单位出具的报告。负责出具审计汇总报告的注册会计师承担各课题结题审计报告的汇总责任，由于未对本项目的科研项目资金投入、使用和管理进行审计或审阅，因此不在汇总报告中提出鉴证结论。被审计项目（课题）承担单位注册会计师对课题结题审计报告承担审计责任。在出具汇总报告时，如果注意到各课题结题审计报告中信息不正确、不完整等影响本项目汇总的事项,出具汇总报告的注册会计师应当通过被审计项目(课题)承担单位要求其聘请的注册会计师予以更正,并将是否更正的情况,在汇总报告汇总意见中予以说明。

(一)审计汇总报告的基本内容

审计汇总报告应当包括下列要素:标题;收件人;引言段;项目基本情况段;项目预算安排及执行情况段;项目资金管理和使用存在的主要问题及建议段;汇总意见段;其他需要说明的事项段;其他事项段;附表;会计师事务所的名称、地址及盖章;报告日期。

1.标题

审计汇总报告的标题统一规范为"中央财政科技计划项目结题审计汇总报告"。

2.收件人

审计报告的收件人是指注册会计师按照审计业务约定书的要求致送审计报告的对象。审计汇总报告的收件人一般是项目牵头单位。如果属于第三方委托,收件人一般为委托方。审计报告需要载明收件人的全称。

3.引言段

引言段需要说明项目牵头单位及项目名称、项目执行期间(起止时间)、项目牵头单位的责任、被审计项目(课题)承担单位注册会计师的审计责任、项目牵头单位注册会计师的汇总责任。

4.项目基本情况段

项目基本情况段需要说明项目牵头单位、被审计项目(课题)承担单位及主管部门基本情况、项目实施情况。

5.项目预算安排及执行情况段

项目预算安排及执行情况段需要说明中央财政资金预算安排和到位情况、中央财政资金拨付情况、中央财政资金使用情况、其他来源资金预算安排和到位情况、其他来源资金使用情况。

6.项目资金管理和使用存在的主要问题及建议段

按照课题逐项列示课题审计过程中发现的问题,引用的有关制度规定,提出的审计建议。

7. 汇总意见段

逐项列示各课题审计意见。

8. 其他需要说明的事项段

按照课题分别汇总课题结题审计报告中披露的其他需要说明的事项。

9. 其他事项段

说明汇总报告的使用范围。说明本汇总报告仅供项目牵头单位科研项目结题使用。非法律、行政法规规定,本汇总报告的全部或部分内容不得提供给其他任何单位和个人,不得见诸于公共媒体。本汇总报告正文部分及附表不可分割,应一同阅读使用。对任何因汇总报告使用不当产生的后果,与执行本审计报告汇总业务的注册会计师及其所在的会计师事务所无关。

10. 附表

附表主要包括:

(1)项目基本情况表;

(2)项目牵头单位中央财政资金拨付情况汇总表;

(3)项目资金支出情况汇总表。

11. 会计师事务所的名称、地址及盖章

审计汇总报告需要载明会计师事务所的名称和地址,并加盖会计师事务所公章。

12. 报告日期

审计汇总报告需要注明报告日期。审计汇总报告日不应早于项目牵头单位注册会计师获取项目牵头单位管理层提供的各课题结题审计报告,并在此基础上形成项目结题审计汇总报告的日期。

本指引附录三列示了审计汇总报告的参考格式。

四、审计工作底稿

除用于审计报告的佐证材料外,注册会计师通常无需复印被审计项目(课题)承担单位的记账凭证等资料,但应在工作底稿中记录所核查具体项目或事项的识别特征。

科研诚信案件调查处理规则（试行）

（科技部等，2019 年 9 月）

第一章　总　则

第一条　为规范科研诚信案件调查处理工作，根据《中华人民共和国科学技术进步法》《中华人民共和国高等教育法》《关于进一步加强科研诚信建设的若干意见》等规定，制定本规则。

第二条　本规则所称的科研诚信案件，是指根据举报或其他相关线索，对涉嫌违背科研诚信要求的行为开展调查并作出处理的案件。

前款所称违背科研诚信要求的行为（以下简称科研失信行为），是指在科学研究及相关活动中发生的违反科学研究行为准则与规范的行为，包括：

（一）抄袭、剽窃、侵占他人研究成果或项目申请书；

（二）编造研究过程，伪造、篡改研究数据、图表、结论、检测报告或用户使用报告；

（三）买卖、代写论文或项目申请书，虚构同行评议专家及评议意见；

（四）以故意提供虚假信息等弄虚作假的方式或采取贿赂、利益交换等不正当手段获得科研活动审批，获取科技计划项目（专项、基金等）、科研经费、奖励、荣誉、职务职称等；

（五）违反科研伦理规范；

（六）违反奖励、专利等研究成果署名及论文发表规范；

（七）其他科研失信行为。

第三条　任何单位和个人不得阻挠、干扰科研诚信案件的调查处理，不得推诿包庇。

第四条　科研诚信案件被调查人和证人等应积极配合调查，如实说明问题，提供相关证据，不得隐匿、销毁证据材料。

第二章　职责分工

第五条　科技部和社科院分别负责统筹自然科学和哲学社会科学领域科研诚信案件的调查处理工作。应加强对科研诚信案件调查处理工作的指导和监督，对引起社会普遍关注，或涉及多个部门（单位）的重大科研诚信案件，可组织开展联合调查，或协调不同部门（单位）分别开展调查。

主管部门负责指导和监督本系统科研诚信案件调查处理工作，建立健全重大科研诚信案件信息报送机制，并可对本系统重大科研诚信案件独立组织开展调查。

第六条　科研诚信案件被调查人是自然人的，由其被调查时所在单位负责调查。调查涉及被调查人在其他曾任职或求学单位实施的科研失信行为的，所涉单位应积极配合开展调查处理并将调查处理情况及时送被调查人所在单位。

被调查人担任单位主要负责人或被调查人是法人单位的，由其上级主管部门负责调查。没有上级主管部门的，由其所在地的省级科技行政管理部门或哲学社会科学科研诚信建设责任单位负责组织调查。

第七条　财政资金资助的科研项目、基金等的申请、评审、实施、结题等活动中的科研失信行为，由项目、基金管理部门（单位）负责组织调查处理。项目申报推荐单位、项目承担单位、项目参与单位等应按照项目、基金管理部门（单位）的要求，主动开展并积极配合调查，依据职责权限对违规责任人作出处理。

第八条　科技奖励、科技人才申报中的科研失信行为，由科技奖励、科技人才管理部门（单位）负责组织调查，并分别依据管理职责权限作出相应处理。科技奖励、科技人才推荐（提名）单位和申报单位应积极配合并主动开展调查处理。

第九条 论文发表中的科研失信行为，由第一通讯作者或第一作者的第一署名单位负责牵头调查处理，论文其他作者所在单位应积极配合做好对本单位作者的调查处理并及时将调查处理情况报送牵头单位。学位论文涉嫌科研失信行为的，学位授予单位负责调查处理。

发表论文的期刊编辑部或出版社有义务配合开展调查，应当主动对论文内容是否违背科研诚信要求开展调查，并应及时将相关线索和调查结论、处理决定等告知作者所在单位。

第十条 负有科研诚信案件调查处理职责的相关单位，应明确本单位承担调查处理职责的机构，负责科研诚信案件的登记、受理、调查、处理、复查等。

第三章 调 查

第一节 举报和受理

第十一条 科研诚信案件举报可通过下列途径进行：

（一）向被举报人所在单位举报；

（二）向被举报人单位的上级主管部门或相关管理部门举报；

（三）向科研项目、科技奖励、科技人才计划等的管理部门（单位）、监督主管部门举报；

（四）向发表论文的期刊编辑部或出版机构举报；

（五）其他方式。

第十二条 科研诚信案件的举报应同时满足下列条件：

（一）有明确的举报对象；

（二）有明确的违规事实；

（三）有客观、明确的证据材料或查证线索。

鼓励实名举报，不得恶意举报、诬陷举报。

第十三条 下列举报,不予受理:

(一)举报内容不属于科研失信行为的;

(二)没有明确的证据和可查线索的;

(三)对同一对象重复举报且无新的证据、线索的;

(四)已经做出生效处理决定且无新的证据、线索的。

第十四条 接到举报的单位应在 15 个工作日内进行初核。初核应由 2 名工作人员进行。

初核符合受理条件的,应予以受理。其中,属于本单位职责范围的,由本单位调查;不属于本单位职责范围的,可转送相关责任单位或告知举报人向相关责任单位举报。

举报受理情况应在完成初核后 5 个工作日内通知实名举报人,不予受理的应说明情况。举报人可以对不予受理提出异议并说明理由,符合受理条件的,应当受理;异议不成立的,不予受理。

第十五条 下列科研诚信案件线索,符合受理条件的,有关单位应主动受理,主管部门应加强督查。

(一)上级机关或有关部门移送的线索;

(二)在日常科研管理活动中或科技计划、科技奖励、科技人才管理等工作中发现的问题和线索;

(三)媒体披露的科研失信行为线索。

第二节 调 查

第十六条 调查应制订调查方案,明确调查内容、人员、方式、进度安排、保障措施等,经单位相关负责人批准后实施。

第十七条 调查应包括行政调查和学术评议。行政调查由单位组织对案件的事实情况进行调查,包括对相关原始数据、协议、发票等证明材料和研究过程、获利情况等进行核对验证。学术评议由单位委托本单位学术(学位、职称)委员会或根据需要组成专家组,对案件涉及的学术问题进行评议。专家组应不少于 5 人,根据需要由案件涉及领域的同行科技专家、管理专家、科研伦理专家等组成。

第十八条 调查需要与被调查人、证人等谈话的，参与谈话的调查人员不得少于2人，谈话内容应书面记录，并经谈话人和谈话对象签字确认，在履行告知程序后可录音、录像。

第十九条 调查人员可按规定和程序调阅、摘抄、复印、封存相关资料、设备。调阅、封存的相关资料、设备应书面记录，并由调查人员和资料、设备管理人签字确认。

第二十条 调查中应当听取被调查人的陈述和申辩，对有关事实、理由和证据进行核实。可根据需要要求举报人补充提供材料，必要时经举报人同意可组织举报人与被调查人当面质证。严禁以威胁、引诱、欺骗以及其他非法手段收集证据。

第二十一条 调查中发现被调查人的行为可能影响公众健康与安全或导致其他严重后果的，调查人员应立即报告，或按程序移送有关部门处理。

第二十二条 调查中发现关键信息不充分，或暂不具备调查条件的，或被调查人在调查期间死亡的，可经单位负责人批准中止或终止调查。条件具备时，应及时启动已中止的调查，中止的时间不计入调查时限。对死亡的被调查人中止或终止调查不影响对案件涉及的其他被调查人的调查。

第二十三条 调查结束应形成调查报告。调查报告应包括举报内容的说明、调查过程、查实的基本情况、违规事实认定与依据、调查结论、有关人员的责任、被调查人的确认情况以及处理意见或建议等。调查报告须由全体调查人员签字。

如需补充调查，应确定调查方向和主要问题，由原调查人员进行，并根据补充调查情况重新形成调查报告。

第二十四条 科研诚信案件应自决定受理之日起6个月内完成调查。

特别重大复杂的案件，在前款规定期限内仍不能完成调查的，经单位主要负责人批准后可延长调查期限，延长时间最长不得超过一年。上级机关和有关部门移交的案件，调查延期情况应向移交机关或部门报备。

第四章　处　理

第二十五条　被调查人科研失信行为的事实、性质、情节等最终认定后，由调查单位按职责对被调查人作出处理决定，或向有关单位或部门提出处理建议，并制作处理决定书或处理建议书。

第二十六条　处理决定书或处理建议书应载明以下内容：

（一）责任人的基本情况（包括身份证件号码、社会信用代码等）；

（二）违规事实情况；

（三）处理决定和依据；

（四）救济途径和期限；

（五）其他应载明的内容。

做出处理决定的单位负责向被调查人送达书面处理决定书，并告知实名举报人。

第二十七条　作出处理决定前，应书面告知被处理人拟作出处理决定的事实、理由及依据，并告知其依法享有陈述与申辩的权利。被调查人没有进行陈述或申辩的，视为放弃陈述与申辩的权利。被调查人作出陈述或申辩的，应充分听取其意见。

第二十八条　处理包括以下措施：

（一）科研诚信诫勉谈话；

（二）一定范围内或公开通报批评；

（三）暂停财政资助科研项目和科研活动，限期整改；

（四）终止或撤销财政资助的相关科研项目，按原渠道收回已拨付的资助经费、结余经费，撤销利用科研失信行为获得的相关学术奖励、荣誉称号、职务职称等，并收回奖金；

（五）一定期限直至永久取消申请或申报科技计划项目（专项、基金等）、科技奖励、科技人才称号和专业技术职务晋升等资格；

（六）取消已获得的院士等高层次专家称号，学会、协会、研究会等学术团

体以及学术、学位委员会等学术工作机构的委员或成员资格;

(七)一定期限直至永久取消作为提名或推荐人、被提名或推荐人、评审专家等资格;

(八)一定期限减招、暂停招收研究生直至取消研究生导师资格;

(九)暂缓授予学位、不授予学位或撤销学位;

(十)其它处理。

上述处理措施可合并使用。科研失信行为责任人是党员或公职人员的,还应根据《中国共产党纪律处分条例》等规定,给予责任人党纪和政务处分。责任人是事业单位工作人员的,应按照干部人事管理权限,根据《事业单位工作人员处分暂行规定》给予处分。涉嫌违法犯罪的,应移送有关国家机关依法处理。

第二十九条 有关机构或单位有组织实施科研失信行为的,或在调查处理中推诿塞责、隐瞒包庇、打击报复举报人的,主管部门应撤销该机构或单位因此获得的相关利益、荣誉,给予单位警告、重点监管、通报批评、暂停拨付或追回资助经费、核减间接费用、取消一定期限内申请和承担项目资格等处理,并按照有关规定追究其主要负责人、直接负责人的责任。

第三十条 被调查人有下列情形之一的,认定为情节较轻,可从轻或减轻处理:

(一)有证据显示属于过失行为且未造成重大影响的;

(二)过错程度较轻且能积极配合调查的;

(三)在调查处理前主动纠正错误,挽回损失或有效阻止危害结果发生的;

(四)在调查中主动承认错误,并公开承诺严格遵守科研诚信要求、不再实施科研失信行为的。

第三十一条 被调查人有下列情形之一的,认定为情节较重或严重,应从重或加重处理:

(一)伪造、销毁、藏匿证据的;

(二)阻止他人提供证据,或干扰、妨碍调查核实的;

（三）打击、报复举报人的；

（四）存在利益输送或利益交换的；

（五）有组织地实施科研失信行为的；

（六）多次实施科研失信行为或同时存在多种科研失信行为的；

（七）态度恶劣，证据确凿、事实清楚而拒不承认错误的；

（八）其他情形。

有前款情形且造成严重后果或恶劣影响的属情节特别严重，应加重处理。

第三十二条 对科研失信行为情节轻重的判定应考虑以下因素：

（一）行为偏离科学界公认行为准则的程度；

（二）是否有故意造假、欺骗或销毁、藏匿证据行为，或者存在阻止他人提供证据，干扰、妨碍调查，或打击、报复举报人的行为；

（三）行为造成社会不良影响的程度；

（四）行为是首次发生还是屡次发生；

（五）行为人对调查处理的态度；

（六）其他需要考虑的因素。

第三十三条 经调查认定存在科研失信行为的，应视情节轻重给予以下处理：

（一）情节较轻的，警告、科研诚信诫勉谈话或暂停财政资助科研项目和科研活动，限期整改，暂缓授予学位；

（二）情节较重的，取消3年以内承担财政资金支持项目资格及本规则规定的其他资格，减招、暂停招收研究生，不授予学位或撤销学位；

（三）情节严重的，所在单位依法依规给予降低岗位等级或者撤职处理，取消3~5年承担财政资金支持项目资格及本规则规定的其他资格；

（四）情节特别严重的，所在单位依法依规给予取消5年以上直至永久取消其晋升职务职称、申报财政资金支持项目等资格及本规则规定的其他资格，并向社会公布。

存在本规则第二条（一）（二）（三）（四）情形之一的，处理不应低于前款（二）规定的尺度。

第三十四条 被给予本规则第三十三条(二)(三)(四)规定处理的责任人正在申报财政资金资助项目或被推荐为相关候选人、被提名人、被推荐人等的,终止其申报资格或被提名、推荐资格。

利用科研失信行为获得的资助项目、科研经费以及科技人才称号、科技奖励、荣誉、职务职称、学历学位等的,撤销获得的资助项目和人才、奖励、荣誉等称号及职务职称、学历学位,追回项目经费、奖金。

第三十五条 根据本规则规定给予被调查人一定期限取消相关资格处理和取消已获得的相关称号、资格处理的,均应对责任人在单位内部或系统通报批评,并记入科研诚信严重失信行为数据库,按照国家有关规定纳入信用信息系统,并提供相关部门和地方依法依规对有关责任主体实施失信联合惩戒。

根据前款规定记入科研诚信严重失信行为数据库的,应在处理决定书中载明。

第三十六条 根据本规则给予被调查人一定期限取消相关资格处理和取消已获得的相关称号、资格处理的,处理决定由省级及以下地方相关单位作出的,决定作出单位应在决定生效后1个月内将处理决定书和调查报告报送所在地省级科技行政管理部门或哲学社会科学科研诚信建设责任单位和上级主管部门。省级科技行政管理部门应在收到后10个工作日内通过科研诚信信息系统提交至科技部。

处理决定由国务院部门及其所属单位作出的,由该部门在处理决定生效后1个月内将处理决定书和调查报告提交至科技部。

第三十七条 被调查人科研失信行为涉及科技计划(专项、基金等)、科技奖励、科技人才等的,调查处理单位应将调查处理决定或处理建议书同时报送科技计划(专项、基金等)、科技奖励和科技人才管理部门(单位)。科技计划(专项、基金等)、科技奖励、科技人才管理部门(单位)在接到调查报告和处理决定书或处理建议书后,应依据经查实的科研失信行为,在职责范围内对被调查人同步做出处理,并制作处理决定书,送达被处理人及其所在单位。

第三十八条 对经调查未发现存在科研失信行为的,调查单位应及时以公开等适当方式澄清。

对举报人捏造事实，恶意举报的，举报人所在单位应依据相关规定对举报人严肃处理。

第三十九条 处理决定生效后，被处理人如果通过全国性媒体公开作出严格遵守科研诚信要求、不再实施科研失信行为承诺，或对国家和社会做出重大贡献的，做出处理决定的单位可根据被处理人申请对其减轻处理。

第五章　申诉复查

第四十条 当事人对处理决定不服的，可在收到处理决定书之日起15日内，按照处理决定书载明的救济途径向做出调查处理决定的单位或部门书面提出复查申请，写明理由并提供相关证据或线索。

调查处理单位（部门）应在收到复查申请之日起15个工作日内作出是否受理决定。决定受理的，另行组织调查组或委托第三方机构，按照本规则的调查程序开展调查，作出复查报告，向被举报人反馈复查决定。

第四十一条 当事人对复查结果不服的，可向调查处理单位的上级主管部门或科研诚信管理部门提出书面申诉，申诉必须明确理由并提供充分证据。

相关单位或部门应在收到申诉之日起15个工作日内作出是否受理决定。仅以对调查处理结果和复查结果不服为由，不能说明其他理由并提供充分证据，或以同一事实和理由提出申诉的，不予受理。决定受理的，应再次组织复查，复查结果为最终结果。

第四十二条 复查应制作复查决定书，复查决定书应针对当事人提出的理由一一给予明确回复。复查原则上应自受理之日起90个工作日内完成。

第六章　保障与监督

第四十三条 参与调查处理工作的人员应遵守工作纪律，签署保密协议，不得私自留存、隐匿、摘抄、复制或泄露问题线索和涉案资料，未经允许不得透露或公开调查处理工作情况。

委托第三方机构开展调查、测试、评估或评价时,应履行保密程序。

第四十四条 调查处理应严格执行回避制度。参与科研诚信案件调查处理工作的专家和调查人员应签署回避声明。被调查人或举报人近亲属、本案证人、利害关系人、有研究合作或师生关系或其他可能影响公正调查处理情形的,不得参与调查处理工作,应当主动申请回避。

被调查人、举报人以及其他有关人员有权要求其回避。

第四十五条 调查处理应保护举报人、被举报人、证人等的合法权益,不得泄露相关信息,不得将举报材料转给被举报人或被举报单位等利益涉及方。对于调查处理过程中索贿受贿、违反保密和回避原则、泄露信息的,依法依规严肃处理。

第四十六条 高等学校、科研机构、医疗卫生机构、企业、社会组织等单位应建立健全调查处理工作相关的配套制度,细化受理举报、科研失信行为认定标准、调查处理程序和操作规程等,明确单位科研诚信负责人和内部机构职责分工,加强工作经费保障和对相关人员的培训指导,抓早抓小,并发挥聘用合同(劳动合同)、科研诚信承诺书和研究数据管理政策等在保障调查程序正当性方面的作用。

第四十七条 主管部门应加强对本系统科研诚信案件调查处理的指导和监督。

第四十八条 科技部和社科院对自然科学和哲学社会科学领域重大科研诚信案件应加强信息通报与公开。

科研诚信建设联席会议各成员单位和各地方应加强科研诚信案件调查处理的协调配合、结果互认和信息共享等工作。

第七章　附　则

第四十九条 从轻处理,是指在本规则规定的科研失信行为应受到的处理幅度以内,给予较轻的处理。

从重处理,是指在本规则规定的科研失信行为应受到的处理幅度以内,给予较重的处理。

减轻处理，是指在本规则规定的科研失信行为应受到的处理幅度以外，减轻一档给予处理。

加重处理，是指在本规则规定的科研失信行为应受到的处理幅度以外，加重一档给予处理。

第五十条 各有关部门和单位应依据本规则结合实际情况制定具体细则。

第五十一条 科研诚信案件涉事人员或单位属于军队管理的，由军队按照其有关规定进行调查处理。

相关主管部门已制定本行业、本领域、本系统科研诚信案件调查处理规则且处理尺度不低于本规则的，可按照已有规则开展调查处理。

第五十二条 本规则自发布之日起实施，由科技部和社科院负责解释。

项目支出绩效评价管理办法

（财政部,2020年2月）

第一章 总 则

第一条 为全面实施预算绩效管理,建立科学、合理的项目支出绩效评价管理体系,提高财政资源配置效率和使用效益,根据《中华人民共和国预算法》和《中共中央 国务院关于全面实施预算绩效管理的意见》等有关规定,制定本办法。

第二条 项目支出绩效评价(以下简称绩效评价)是指财政部门、预算部门和单位,依据设定的绩效目标,对项目支出的经济性、效率性、效益性和公平性进行客观、公正的测量、分析和评判。

第三条 一般公共预算、政府性基金预算、国有资本经营预算项目支出的绩效评价适用本办法。涉及预算资金及相关管理活动,如政府投资基金、主权财富基金、政府和社会资本合作(PPP)、政府购买服务、政府债务项目等绩效评价可参照本办法执行。

第四条 绩效评价分为单位自评、部门评价和财政评价三种方式。单位自评是指预算部门组织部门本级和所属单位对预算批复的项目绩效目标完成情况进行自我评价。部门评价是指预算部门根据相关要求,运用科学、合理的绩效评价指标、评价标准和方法,对本部门的项目组织开展的绩效评价。财政评价是财政部门对预算部门的项目组织开展的绩效评价。

第五条 绩效评价应当遵循以下基本原则:

（一）科学公正。绩效评价应当运用科学合理的方法，按照规范的程序，对项目绩效进行客观、公正的反映。

（二）统筹兼顾。单位自评、部门评价和财政评价应职责明确，各有侧重，相互衔接。单位自评应由项目单位自主实施，即"谁支出、谁自评"。部门评价和财政评价应在单位自评的基础上开展，必要时可委托第三方机构实施。

（三）激励约束。绩效评价结果应与预算安排、政策调整、改进管理实质性挂钩，体现奖优罚劣和激励相容导向，有效要安排、低效要压减、无效要问责。

（四）公开透明。绩效评价结果应依法依规公开，并自觉接受社会监督。

第六条 绩效评价的主要依据：

（一）国家相关法律、法规和规章制度；

（二）党中央、国务院重大决策部署，经济社会发展目标，地方各级党委和政府重点任务要求；

（三）部门职责相关规定；

（四）相关行业政策、行业标准及专业技术规范；

（五）预算管理制度及办法，项目及资金管理办法、财务和会计资料；

（六）项目设立的政策依据和目标，预算执行情况，年度决算报告、项目决算或验收报告等相关材料；

（七）本级人大审查结果报告、审计报告及决定，财政监督稽核报告等；

（八）其他相关资料。

第七条 绩效评价期限包括年度、中期及项目实施期结束后；对于实施期5年及以上的项目，应适时开展中期和实施期后绩效评价。

第二章 绩效评价的对象和内容

第八条 单位自评的对象包括纳入政府预算管理的所有项目支出。

第九条 部门评价对象应根据工作需要，优先选择部门履职的重大改革发展项目，随机选择一般性项目。原则上应以5年为周期，实现部门评价重点项目全覆盖。

第十条　财政评价对象应根据工作需要,优先选择贯彻落实党中央、国务院重大方针政策和决策部署的项目,覆盖面广、影响力大、社会关注度高、实施期长的项目。对重点项目应周期性组织开展绩效评价。

第十一条　单位自评的内容主要包括项目总体绩效目标、各项绩效指标完成情况以及预算执行情况。对未完成绩效目标或偏离绩效目标较大的项目要分析并说明原因,研究提出改进措施。

第十二条　财政和部门评价的内容主要包括:

（一）决策情况;

（二）资金管理和使用情况;

（三）相关管理制度办法的健全性及执行情况;

（四）实现的产出情况;

（五）取得的效益情况;

（六）其他相关内容。

第三章　绩效评价指标、评价标准和方法

第十三条　单位自评指标是指预算批复时确定的绩效指标,包括项目的产出数量、质量、时效、成本,以及经济效益、社会效益、生态效益、可持续影响、服务对象满意度等。

单位自评指标的权重由各单位根据项目实际情况确定。原则上预算执行率和一级指标权重统一设置为:预算执行率 10%、产出指标 50%、效益指标30%、服务对象满意度指标 10%。如有特殊情况,一级指标权重可做适当调整。二、三级指标应当根据指标重要程度、项目实施阶段等因素综合确定,准确反映项目的产出和效益。

第十四条　财政和部门绩效评价指标的确定应当符合以下要求:与评价对象密切相关,全面反映项目决策、项目和资金管理、产出和效益;优先选取最具代表性、最能直接反映产出和效益的核心指标,精简实用;指标内涵应当明

确、具体、可衡量,数据及佐证资料应当可采集、可获得;同类项目绩效评价指标和标准应具有一致性,便于评价结果相互比较。

财政和部门评价指标的权重根据各项指标在评价体系中的重要程度确定,应当突出结果导向,原则上产出、效益指标权重不低于60%。同一评价对象处于不同实施阶段时,指标权重应体现差异性,其中,实施期间的评价更加注重决策、过程和产出,实施期结束后的评价更加注重产出和效益。

第十五条 绩效评价标准通常包括计划标准、行业标准、历史标准等,用于对绩效指标完成情况进行比较。

(一)计划标准。指以预先制定的目标、计划、预算、定额等作为评价标准。

(二)行业标准。指参照国家公布的行业指标数据制定的评价标准。

(三)历史标准。指参照历史数据制定的评价标准,为体现绩效改进的原则,在可实现的条件下应当确定相对较高的评价标准。

(四)财政部门和预算部门确认或认可的其他标准。

第十六条 单位自评采用定量与定性评价相结合的比较法,总分由各项指标得分汇总形成。

定量指标得分按照以下方法评定:与年初指标值相比,完成指标值的,记该指标所赋全部分值;对完成值高于指标值较多的,要分析原因,如果是由于年初指标值设定明显偏低造成的,要按照偏离度适度调减分值;未完成指标值的,按照完成值与指标值的比例记分。

定性指标得分按照以下方法评定:根据指标完成情况分为达成年度指标、部分达成年度指标并具有一定效果、未达成年度指标且效果较差三档,分别按照该指标对应分值区间100%—80%(含)、80%—60%(含)、60%—0%合理确定分值。

第十七条 财政和部门评价的方法主要包括成本效益分析法、比较法、因素分析法、最低成本法、公众评判法、标杆管理法等。根据评价对象的具体情况,可采用一种或多种方法。

(一)成本效益分析法。是指将投入与产出、效益进行关联性分析的方法。

（二）比较法。是指将实施情况与绩效目标、历史情况、不同部门和地区同类支出情况进行比较的方法。

（三）因素分析法。是指综合分析影响绩效目标实现、实施效果的内外部因素的方法。

（四）最低成本法。是指在绩效目标确定的前提下，成本最小者为优的方法。

（五）公众评判法。是指通过专家评估、公众问卷及抽样调查等方式进行评判的方法。

（六）标杆管理法。是指以国内外同行业中较高的绩效水平为标杆进行评判的方法。

（七）其他评价方法。

第十八条　绩效评价结果采取评分和评级相结合的方式，具体分值和等级可根据不同评价内容设定。总分一般设置为 100 分，等级一般划分为四档：90（含）—100 分为优、80（含）—90 分为良、60（含）—80 分为中、60 分以下为差。

第四章　绩效评价的组织管理与实施

第十九条　财政部门负责拟定绩效评价制度办法，指导本级各部门和下级财政部门开展绩效评价工作；会同有关部门对单位自评和部门评价结果进行抽查复核，督促部门充分应用自评和评价结果；根据需要组织实施绩效评价，加强评价结果反馈和应用。

第二十条　各部门负责制定本部门绩效评价办法，组织部门本级和所属单位开展自评工作，汇总自评结果，加强自评结果审核和应用；具体组织实施部门评价工作，加强评价结果反馈和应用。积极配合财政评价工作，落实评价整改意见。

第二十一条　部门本级和所属单位按照要求具体负责自评工作，对自评结果的真实性和准确性负责,自评中发现的问题要及时进行整改。

第二十二条 财政和部门评价工作主要包括以下环节:

(一)确定绩效评价对象和范围;

(二)下达绩效评价通知;

(三)研究制订绩效评价工作方案;

(四)收集绩效评价相关数据资料,并进行现场调研、座谈;

(五)核实有关情况,分析形成初步结论;

(六)与被评价部门(单位)交换意见;

(七)综合分析并形成最终结论;

(八)提交绩效评价报告;

(九)建立绩效评价档案。

第二十三条 财政和部门评价根据需要可委托第三方机构或相关领域专家(以下简称第三方,主要是指与资金使用单位没有直接利益关系的单位和个人)参与,并加强对第三方的指导,对第三方工作质量进行监督管理,推动提高评价的客观性和公正性。

第二十四条 部门委托第三方开展绩效评价的,要体现委托人与项目实施主体相分离的原则,一般由主管财务的机构委托,确保绩效评价的独立、客观、公正。

第五章 绩效评价结果应用及公开

第二十五条 单位自评结果主要通过项目支出绩效自评表的形式反映,做到内容完整、权重合理、数据真实、结果客观。财政和部门评价结果主要以绩效评价报告的形式体现,绩效评价报告应当依据充分、分析透彻、逻辑清晰、客观公正。

绩效评价工作和结果应依法自觉接受审计监督。

第二十六条 各部门应当按照要求随同部门决算向本级财政部门报送绩效自评结果。

部门和单位应切实加强自评结果的整理、分析,将自评结果作为本部门、本单位完善政策和改进管理的重要依据。对预算执行率偏低、自评结果较差的项目,要单独说明原因,提出整改措施。

第二十七条 财政部门和预算部门应在绩效评价工作完成后,及时将评价结果反馈被评价部门(单位),并明确整改时限;被评价部门(单位)应当按要求向财政部门或主管部门报送整改落实情况。

各部门应按要求将部门评价结果报送本级财政部门,评价结果作为本部门安排预算、完善政策和改进管理的重要依据;财政评价结果作为安排政府预算、完善政策和改进管理的重要依据。原则上,对评价等级为优、良的,根据情况予以支持;对评价等级为中、差的,要完善政策、改进管理,根据情况核减预算。对不进行整改或整改不到位的,根据情况相应调减预算或整改到位后再予安排。

第二十八条 各级财政部门、预算部门应当按照要求将绩效评价结果分别编入政府决算和本部门决算,报送本级人民代表大会常务委员会,并依法予以公开。

第六章 法律责任

第二十九条 对使用财政资金严重低效无效并造成重大损失的责任人,要按照相关规定追责问责。对绩效评价过程中发现的资金使用单位和个人的财政违法行为,依照《中华人民共和国预算法》、《财政违法行为处罚处分条例》等有关规定追究责任;发现违纪违法问题线索的,应当及时移送纪检监察机关。

第三十条 各级财政部门、预算部门和单位及其工作人员在绩效评价管理工作中存在违反本办法的行为,以及其他滥用职权、玩忽职守、徇私舞弊等违法违纪行为的,依照《中华人民共和国预算法》、《中华人民共和国公务员法》、《中华人民共和国监察法》、《财政违法行为处罚处分条例》等国家有关规定追究相应责任;涉嫌犯罪的,依法移送司法机关处理。

第七章 附 则

第三十一条 各地区、各部门可结合实际制定具体的管理办法和实施细则。

第三十二条 本办法自印发之日起施行。《财政支出绩效评价管理暂行办法》(财预〔2011〕285 号)同时废止。

中央财政科技计划（专项、基金等）绩效评估规范（试行）

（科技部、财政部、发展改革委，2020 年 6 月）

第一章 总 则

第一条 为指导和规范中央财政科技计划（专项、基金等）绩效评估工作，建立统一的评估监管体系，提高科技计划（专项、基金等）实施成效和中央财政资金使用效率，依据《国务院印发关于深化中央财政科技计划（专项、基金等）管理改革方案的通知》（国发〔2014〕64 号）、《中央办公厅 国务院办公厅印发〈关于深化项目评审、人才评价、机构评估改革的意见〉的通知》、《科技部 财政部 发展改革委关于印发〈科技评估工作规定（试行）〉的通知》（国科发政〔2016〕382 号）等要求，制定本规范。

第二条 本规范适用于中央财政科技计划（专项、基金等）（以下简称科技计划）绩效评估活动，包括国家自然科学基金、国家科技重大专项（含科技创新 2030—重大项目）、国家重点研发计划、技术创新引导专项（基金）、基地和人才专项等的绩效评估。

第三条 绩效评估活动应遵循以下原则：

（一）科学规范。遵循科技活动规律，根据评估需求以及项目研发、基地运行、人才成长、市场发展的特点，设置合理的评估内容和评估指标体系，采用科学可行的方法和规范程序，独立客观、分类评价。

（二）协同高效。科技计划绩效评估应与其下设的专项（基金、基地、人才计划等)、项目评估及财政预算绩效评价统筹衔接,加强数据、资料共享,充分利用已有科技管理信息,提高评估工作的整体效率。

(三)注重实效。突出科技计划设立目的和整体实施效果评价,重点评价其在解决国家重大发展需求、引领科学前沿发展、突破关键核心技术、培养科技人才、提升自主创新能力、培育壮大新动能等方面的实际成效,以及对保障国家安全、促进经济社会高质量发展、增强综合国力、提升人民福祉等方面的支撑作用。

第四条 科技部、财政部和发展改革委负责制定科技计划绩效评估规范,统筹指导评估活动,推动评估结果运用。

科技部、财政部牵头组织开展科技计划整体绩效评估。各有关部门根据管理职责参与科技计划整体绩效评估,按职责组织开展相关科技计划下设的专项(基金、基地、人才计划等)评估,提供有关专项(基金、基地、人才计划等)监测评估、财政预算绩效评价和过程管理资料。

项目管理专业机构负责提供有关项目绩效评估和项目过程管理材料,配合开展科技计划评估活动。

第五条 科技计划绩效评估根据计划(专项、基金等)特点及管理需求开展,原则上每5年开展一次全面评估,期间可以根据需要适时开展中期评估。

第二章 评估工作程序

第六条 科技部牵头会同有关部门(以下简称评估委托者)提出评估需求,制定评估工作方案,明确评估目的和任务、评估范围、组织方式、工作流程、进度要求、经费安排等。

第七条 评估委托者根据评估工作方案,综合考虑评估机构的独立性、评估能力、实践经验、组织管理、资源条件、影响力和信誉等情况,通过公开招标、竞争性磋商等方式择优遴选第三方评估机构。

第八条 评估委托者与评估机构签订委托评估协议,明确评估任务目标、范围、内容、成果形式、委托经费、质量控制、保密要求和数据使用要求等。

第九条 评估机构接受委托,独立开展评估,形成评估报告提交评估委托者。

第十条 评估活动完成后1个月内,评估委托者应将评估报告等信息汇交到国家科技管理信息系统。

第十一条 评估委托者应当加强评估结果的运用,将其作为科技计划动态调整、完善和优化布局及管理等的重要依据。

第三章 评估内容和方法

第十二条 科技计划绩效评估内容一般包括科技计划的目标定位、组织管理与实施、目标完成情况与效果影响等。在此基础上分析问题,提出相关建议。

(一)目标定位。主要评估科技计划目标定位与科技计划管理改革精神的相符性,目标定位与我国科技创新和战略需求的相关性,目标定位的明确性和可考核性,目标定位与其他科技计划或科技工作之间的协调关系,目标对未来科技发展趋势和需求的适应性等。

(二)组织管理与实施。主要评估科技计划的管理决策机制与科技计划管理改革精神的相符性,组织管理的规范性、有效性、效率,以及纳入国家科技管理信息系统进行信息化管理的情况,为实现绩效目标采取的制度措施,研发队伍和条件保障落实情况,引导资源投入情况,任务部署和实施进展情况,预算执行情况,经费管理和使用情况,资源平台开放共享与服务情况,科技报告等成果提交、档案归档、数据共享情况,科研诚信管理情况、战略咨询与综合评审委员会和项目管理专业机构的履职尽责情况等。

(三)目标完成情况与效果影响。主要评估科技计划目标任务的完成情况,成果产出和知识产权情况,标志性成果的创新性和先进性,对原始创新、技术创新、重大共性关键技术突破及协同创新的作用,对学科发展、人才培养、科技创新平台建设的作用,对促进科技成果转移转化的作用,对经济发展、社会进步、生态文明建设、人民生活质量提升、国家安全的作用,效果影响的可持续性,科技界和产业界的满意度等。

第十三条 国家自然科学基金绩效评估应重点考察基金资助基础研究和科学前沿探索的定位和导向,对推进国家创新体系建设和满足国家需求的支撑作用,对促进原始创新、学科发展、人才队伍成长的作用。

第十四条 国家科技重大专项(含科技创新 2030—重大项目)绩效评估应重点考察重大专项在重大战略产品研制、关键共性技术和重大工程建设等方面的进展和效果,核心技术突破情况,资源统筹协调和集成式协同攻关组织管理情况,带动科技与产业领域局部跃升、经济社会高质量发展的贡献和影响。

第十五条 国家重点研发计划绩效评估应关注计划与统筹科技资源、协同创新等科技计划管理改革精神的相符性,重点考察重点专项布局和任务部署的合理性,组织管理机制的有效性,计划对促进解决重大科学问题、突破重大共性关键技术和产品开发、工程应用的作用,对提高原始创新能力、提升产业核心竞争力和自主创新能力、保障国家安全、促进经济社会发展以及国际交流合作的支撑和引领作用。

第十六条 技术创新引导专项(基金)绩效评估应重点考察专项(基金)对技术创新的引导带动作用,对社会资金、金融资本和地方财政加大创新投入的引导效果,对促进科技成果转移转化和资本化、产业化的作用以及通过技术创新产生的经济社会效益等。

第十七条 基地专项绩效评估应重点考察基地的功能定位、布局和整合、能力提升,为国家重大需求(特别是重大科技任务)提供支撑保障的作用,推动原始创新、科学前沿发展、成果转化和产业化的作用,科技资源的开放交流共享和服务质量等。

人才专项绩效评估应重点考察专项布局,对培养高水平领军人才的示范作用、完善创新型科技人才队伍结构和对各类科技人才发展的示范引领和带动情况,服务质量和满意度以及与相关计划(专项、基金等)和重大任务的结合和衔接等。

第十八条 科技计划绩效评估方法主要包括政策分析、目标比较、现场考察、数据分析、问卷调查、座谈调研、专家咨询、同行评议、案例研究、成本效益分析等,根据评估对象特点和评估需求综合确定,并注重听取有关部门、产业界、关联单位、服务对象等意见建议。在符合保密要求的前提下,评估委托者可根据需要引入国际评估或邀请国际专家参与咨询。

第四章　保障和监督

第十九条　评估委托者协调有关方面依托国家科技管理信息系统,提供评估活动必需的资料信息等条件,保障评估活动有序开展。

第二十条　评估委托者应当在评估协议中要求评估机构根据评估对象特点和评估任务需求,制定具体评估方案,明确评估内容和指标、程序和方法、组织实施模式、管理措施等,报评估委托者审核认可后方可实施。

评估机构应当按照评估方案,组织专业团队开展评估,加强全过程质量控制,按时保质完成评估任务,确保评估信息收集和处理全面、可信,综合分析评估依据充分,形成的评估报告要素齐全、内容完整、数据准确、逻辑清晰、简洁易懂,评估结果客观公正。

第二十一条　评估活动中涉及国家秘密的按有关保密规定进行管理,评估机构应具备相关保密条件。评估委托者与评估机构签订保密协议,明确保密责任和有关要求。

第二十二条　评估委托者采取随机抽查、节点检查等方式对评估机构履行评估协议情况进行监督。对未按评估协议约定和评估方案开展工作、存在不当行为的,视情节轻重采取限期整改、终止评估任务、回收评估工作经费、取消承担科技计划绩效评估资格等处理措施;违反法律法规的,依法依规追究评估机构和相关人员责任。

第五章　附　则

第二十三条　各类科技计划绩效评估工作可依据本规范制定有关细则。

第二十四条 地方科技计划(专项、基金等)绩效评估工作可参照本规范执行。

第二十五条 本规范由科技部、财政部和发展改革委负责解释,自发布之日起施行。

科学技术活动违规行为处理暂行规定

（科技部,2020 年 7 月）

第一章　总　则

第一条　为规范科学技术活动违规行为处理,营造风清气正的良好科研氛围,根据《中华人民共和国科学技术进步法》等法律法规,制定本规定。

第二条　对下列单位和人员在开展有关科学技术活动过程中出现的违规行为的处理,适用本规定。

（一）受托管理机构及其工作人员,即受科学技术行政部门委托开展相关科学技术活动管理工作的机构及其工作人员;

（二）科学技术活动实施单位,即具体开展科学技术活动的科学技术研究开发机构、高等学校、企业及其他组织;

（三）科学技术人员,即直接从事科学技术活动的人员和为科学技术活动提供管理、服务的人员;

（四）科学技术活动咨询评审专家,即为科学技术活动提供咨询、评审、评估、评价等意见的专业人员;

（五）第三方科学技术服务机构及其工作人员,即为科学技术活动提供审计、咨询、绩效评估评价、经纪、知识产权代理、检验检测、出版等服务的第三方机构及其工作人员。

第三条　科学技术部加强对科学技术活动违规行为处理工作的统筹、协调和督促指导。

各级科学技术行政部门根据职责和权限对科学技术活动实施中发生的违规行为进行处理。

第四条 科学技术活动违规行为的处理,应区分主观过错、性质、情节和危害程度,做到程序正当、事实清楚、证据确凿、依据准确、处理恰当。

第二章 违规行为

第五条 受托管理机构的违规行为包括以下情形:

(一)采取弄虚作假等不正当手段获得管理资格;

(二)内部管理混乱,影响受托管理工作正常开展;

(三)重大事项未及时报告;

(四)存在管理过失,造成负面影响或财政资金损失;

(五)设租寻租、徇私舞弊、滥用职权、私分受托管理的科研资金;

(六)隐瞒、包庇科学技术活动中相关单位或人员的违法违规行为;

(七)不配合监督检查或评估评价工作,不整改、虚假整改或整改未达到要求;

(八)违反任务委托协议等合同约定的主要义务;

(九)违反国家科学技术活动保密相关规定;

(十)法律、行政法规、部门规章或规范性文件规定的其他相关违规行为。

第六条 受托管理机构工作人员的违规行为包括以下情形:

(一)管理失职,造成负面影响或财政资金损失;

(二)设租寻租、徇私舞弊等利用组织科学技术活动之便谋取不正当利益;

(三)承担或参加所管理的科技计划(专项、基金等)项目;

(四)参与所管理的科学技术活动中有关论文、著作、专利等科学技术成果的署名及相关科技奖励、人才评选等;

(五)未经批准在相关科学技术活动实施单位兼职;

(六)干预咨询评审或向咨询评审专家施加倾向性影响;

（七）泄露科学技术活动管理过程中需保密的专家名单、专家意见、评审结论和立项安排等相关信息；

（八）违反回避制度要求，隐瞒利益冲突；

（九）虚报、冒领、挪用、套取所管理的科研资金；

（十）违反国家科学技术活动保密相关规定；

（十一）法律、行政法规、部门规章或规范性文件规定的其他相关违规行为。

第七条 科学技术活动实施单位的违规行为包括以下情形：

（一）在科学技术活动的申报、评审、实施、验收、监督检查和评估评价等活动中提供虚假材料，组织"打招呼""走关系"等请托行为；

（二）管理失职，造成负面影响或财政资金损失；

（三）无正当理由不履行科学技术活动管理合同约定的主要义务；

（四）隐瞒、迁就、包庇、纵容或参与本单位人员的违法违规活动；

（五）未经批准，违规转包、分包科研任务；

（六）截留、挤占、挪用、套取、转移、私分财政科研资金；

（七）不配合监督检查或评估评价工作，不整改、虚假整改或整改未达到要求；

（八）不按规定上缴应收回的财政科研结余资金；

（九）未按规定进行科技伦理审查并监督执行；

（十）开展危害国家安全、损害社会公共利益、危害人体健康的科学技术活动；

（十一）违反国家科学技术活动保密相关规定；

（十二）法律、行政法规、部门规章或规范性文件规定的其他相关违规行为。

第八条 科学技术人员的违规行为包括以下情形：

（一）在科学技术活动的申报、评审、实施、验收、监督检查和评估评价等活动中提供虚假材料，实施"打招呼""走关系"等请托行为；

（二）故意夸大研究基础、学术价值或科技成果的技术价值、社会经济效

益,隐瞒技术风险,造成负面影响或财政资金损失;

(三)人才计划入选者、重大科研项目负责人在聘期内或项目执行期内擅自变更工作单位,造成负面影响或财政资金损失;

(四)故意拖延或拒不履行科学技术活动管理合同约定的主要义务;

(五)随意降低目标任务和约定要求,以项目实施周期外或不相关成果充抵交差;

(六)抄袭、剽窃、侵占、篡改他人科学技术成果,编造科学技术成果,侵犯他人知识产权等;

(七)虚报、冒领、挪用、套取财政科研资金;

(八)不配合监督检查或评估评价工作,不整改、虚假整改或整改未达到要求;

(九)违反科技伦理规范;

(十)开展危害国家安全、损害社会公共利益、危害人体健康的科学技术活动;

(十一)违反国家科学技术活动保密相关规定;

(十二)法律、行政法规、部门规章或规范性文件规定的其他相关违规行为。

第九条 科学技术活动咨询评审专家的违规行为包括以下情形:

(一)采取弄虚作假等不正当手段获取咨询、评审、评估、评价、监督检查资格;

(二)违反回避制度要求;

(三)接受"打招呼""走关系"等请托;

(四)引导、游说其他专家或工作人员,影响咨询、评审、评估、评价、监督检查过程和结果;

(五)索取、收受利益相关方财物或其他不正当利益;

(六)出具明显不当的咨询、评审、评估、评价、监督检查意见;

(七)泄漏咨询评审过程中需保密的申请人、专家名单、专家意见、评审结论等相关信息;

（八）抄袭、剽窃咨询评审对象的科学技术成果；

（九）违反国家科学技术活动保密相关规定；

（十）法律、行政法规、部门规章或规范性文件规定的其他相关违规行为。

第十条 第三方科学技术服务机构及其工作人员的违规行为包括以下情形：

（一）采取弄虚作假等不正当手段获取科学技术活动相关业务；

（二）从事学术论文买卖、代写代投以及伪造、虚构、篡改研究数据等；

（三）违反回避制度要求；

（四）擅自委托他方代替提供科学技术活动相关服务；

（五）出具虚假或失实结论；

（六）索取、收受利益相关方财物或其他不正当利益；

（七）泄漏需保密的相关信息或材料等；

（八）违反国家科学技术活动保密相关规定；

（九）法律、行政法规、部门规章或规范性文件规定的其他相关违规行为。

第三章　处理措施

第十一条 对科学技术活动违规行为，视违规主体和行为性质，可单独或合并采取以下处理措施：

（一）警告；

（二）责令限期整改；

（三）约谈；

（四）一定范围内或公开通报批评；

（五）终止、撤销有关财政性资金支持的科学技术活动；

（六）追回结余资金，追回已拨财政资金以及违规所得；

（七）撤销奖励或荣誉称号，追回奖金；

（八）取消一定期限内财政性资金支持的科学技术活动管理资格；

（九）禁止在一定期限内承担或参与财政性资金支持的科学技术活动；

（十）记入科研诚信严重失信行为数据库。

第十二条 违规行为涉嫌违反党纪政纪、违法犯罪的,移交有关机关处理。

第十三条 对于第三方科学技术服务机构及人员违规的,可视情况将相关问题及线索移交具有处罚或处理权限的主管部门或行业协会处理。

第十四条 受托管理机构、科学技术活动实施单位有组织地开展科学技术活动违规行为的,或存在重大管理过失的,按本规定第十一条第(八)项追究主要负责人、直接负责人的责任,具体期限与被处理单位的受限年限保持一致。

第十五条 有证据表明违规行为已经造成恶劣影响或财政资金严重损失的,应直接或提请具有相应职责和权限的行政机关责令采取有效措施,防止影响或损失扩大,中止相关科学技术活动,暂停拨付相应财政资金,同时暂停接受相关责任主体申请新的财政性资金支持的科学技术活动。

第十六条 采取本规定第十一条第(九)项处理措施的,违规行为未涉及科学技术活动核心关键任务、约束性目标或指标,但造成较大负面影响或财政资金损失,对违规单位取消 2 年以内(含 2 年)相关资格,对违规个人取消 3 年以内(含 3 年)相关资格。

上述违规行为涉及科学技术活动的核心关键任务、约束性目标或指标,并导致相关科学技术活动偏离约定目标,或造成严重负面影响或财政资金损失,对违规单位取消 2 至 5 年相关资格,对违规个人取消 3 至 5 年相关资格。

上述违规行为涉及科学技术活动的核心关键任务、约束性目标或指标,并导致相关科学技术活动停滞、严重偏离约定目标,或造成特别严重负面影响或财政资金损失,对违规单位和个人取消 5 年以上直至永久相关资格。

第十七条 有以下情形之一的,可以给予从轻处理:

(一)主动反映问题线索,并经查属实;

(二)主动承认错误并积极配合调查和整改;

(三)主动退回因违规行为所获各种利益;

(四)主动挽回损失浪费或有效阻止危害结果发生;

(五)通过全国性媒体公开作出严格遵守科学技术活动相关国家法律及

管理规定、不再实施违规行为的承诺；

（六）其他可以给予从轻处理情形。

第十八条 有以下情形之一的，应当给予从重处理：

（一）伪造、销毁、藏匿证据；

（二）阻止他人提供证据，或干扰、妨碍调查核实；

（三）打击、报复举报人；

（四）有组织地实施违规行为；

（五）多次违规或同时存在多种违规行为；

（六）其他应当给予从重处理情形。

第十九条 科学技术活动违规行为涉及多个主体的，应甄别不同主体的责任，并视其违规行为在负面影响或财政资金损失发生过程和结果中所起作用等因素分别给予相应处理。

第四章 处理程序

第二十条 科学技术活动违规行为认定后，视事实、性质、情节，按照本规定第十一条的处理措施作出相应处理决定，并制作处理决定书。

第二十一条 作出处理决定前，应告知被处理单位或人员拟作出处理决定的事实、理由及依据，并告知其享有陈述与申辩的权利及其行使的方式和期限。被处理单位或人员逾期未提出陈述或申辩的，视为放弃陈述与申辩的权利；作出陈述或申辩的，应充分听取其意见。

第二十二条 处理决定书应载明以下内容：

（一）被处理主体的基本情况；

（二）违规行为情况及事实根据；

（三）处理依据和处理决定；

（四）救济途径和期限；

（五）作出处理决定的单位名称和时间；

（六）法律、行政法规、部门规章或规范性文件规定的其他相关事项。

第二十三条　处理决定书应送达被处理单位或人员,抄送被处理人员所在单位或被处理单位的上级主管部门,并可视情通知被处理人员或单位所属相关行业协会。

处理决定书可采取直接送达、委托送达、邮寄送达等方式;被送达人下落不明的,可公告送达。涉及保密内容的,按照保密相关规定送达。

对于影响范围广、社会关注度高的违规行为的处理决定,除涉密内容外,应向社会公开,发挥警示教育作用。

第二十四条　被处理单位或人员对处理决定不服的,可自收到处理决定书之日起 15 个工作日内,按照处理决定书载明的救济途径向作出处理决定的相关部门或单位提出复查申请,写明理由并提供相关证据或线索。

处理主体应自收到复查申请后 15 个工作日内作出是否受理的决定。决定受理的,应当另行组织对处理决定所认定的事实和相关依据进行复查。

复查应制作复查决定书,复查原则上应自受理之日起 90 个工作日内完成并送达复查申请人。复查期间,不停止原处理决定的执行。

第二十五条　被处理单位或人员也可以不经复查,直接依法申请复议或提起诉讼。

第二十六条　采取本规定第十一条第(九)项处理措施的,取消资格期限自处理决定下达之日起计算,处理决定作出前已执行本规定第十五条采取暂停活动的,暂停活动期限可折抵处理期限。

第二十七条　科学技术活动违规行为涉及多个部门的,可组织开展联合调查,按职责和权限分别予以处理。

第二十八条　科学技术活动违规行为处理超出科学技术行政部门职责和权限范围内的,应将问题及线索移交相关部门、机构,并可以适当方式向相关部门、机构提出意见建议。

第五章　附　　则

第二十九条　科学技术行政部门委托受托管理机构管理的科学技术活动

中,项目承担单位和人员出现的情节轻微、未造成明显负面影响或财政资金损失的违规行为,由受托管理机构依据有关科学技术活动管理合同、管理办法等处理。

第三十条 各级科学技术行政部门已在职责和权限范围内制定科学技术活动违规行为处理规定且处理尺度不低于本规定的,可按照已有规定进行处理。

第三十一条 科学技术活动违规行为处理属其他部门、机构职责和权限的,由有权处理的部门、机构依据法律、行政法规及其他有关规定处理。

科学技术活动违规行为涉事单位或人员属军队管理的,由军队按照其有关规定进行处理。

第三十二条 法律、行政法规对科学技术活动违规行为及相应处理另有规定的,从其规定。

科学技术部部门规章或规范性文件相关内容与本规定不一致的,适用本规定。

第三十三条 本规定自 2020 年 9 月 1 日起施行。

第三十四条 本规定由科学技术部负责解释。

科学技术活动评审工作中
请托行为处理规定(试行)

(科技部,2020 年 12 月)

第一条 为规范科学技术活动评审工作中有关单位和个人的行为,维护公平公正的评审环境和风清气正的创新生态,根据《科学技术活动违规行为处理暂行规定》《国家科技计划项目评估评审行为准则与督查办法》《科研诚信案件调查处理规则(试行)》等,制定本规定。

第二条 科学技术活动评审工作中发生的请托行为,按照本规定处理。本规定所称评审工作包括国家科技计划(专项、基金等)科研项目、创新基地、人才工程、引导专项和科技奖励等科学技术活动中涉及的评审、评估、评价、论证、验收、监督检查等。

第三条 本规定所称请托行为,是指在科学技术活动评审过程中,相关单位或个人以直接或间接、明示或暗示等方式,向评审组织者、承担者及其工作人员和评审专家等寻求关照、谋取不正当利益的行为。包括:

(一)探听尚未公布的评审专家信息、评审结果等和未经公开的评审信息;

(二)为获得有利的评审结果进行游说、说情等;

(三)投感情票、单位票、利益票等,搞"人情评审";

(四)为他人的请托行为提供帮助、协助或其他便利;

(五)以"打招呼""走关系"或其他方式干扰评审工作、影响评审结果、破坏评审秩序的请托行为。

第四条 科学技术活动评审工作要按照国家有关法律、法规、规章和其他规范性文件的要求,坚持独立、客观、公正的原则。参与评审工作的单位和个人要严格遵守评审行为准则和工作纪律,自觉抵制请托行为,主动接受有关方面的监督。

第五条 建立评审诚信承诺制度。科学技术活动申请者应在提交申报材料时,明确承诺不以任何形式实施请托行为;评审专家应签署承诺书,承诺不接受任何单位和个人的请托,且对收到的请托事项均已按要求主动报告;评审工作人员应签署承诺书,承诺不干预评审或向评审专家施加倾向性影响。

第六条 评审专家、评审工作人员等收到请托的,应当及时主动向评审组织者、承担者或有关监督部门报告,并提供相关线索、证据等。未及时主动报告的,一经发现,按接受相关请托进行处理。

第七条 评审组织者、承担者应当全面、如实、及时记录请托情况,做到全程留痕、有据可查。记录应当采取书面记录的形式,记录要素应包括时间、地点、当事人姓名及其职务、涉及的具体评审事项、请托的具体形式及其要求等。

对领导干部违反法定职责或法定程序过问、干预评审活动的,应当如实记录并按照有关规定报告。

第八条 评审组织者、承担者和相关监督部门综合运用信访举报、随机抽查以及信息化工具等,建立健全主动发现机制,及时发现请托线索和问题。

评审组织者、承担者在评审工作过程中发现请托情况的,应当及时启动相应预案、采取相应措施,确保评审工作依规有序开展。

第九条 评审承担者是调查处理请托行为的第一责任主体,应按照职责和权限,及时做好记录、受理、调查、处理等工作。涉及评审承担者的,由评审组织者负责调查处理。涉及本单位工作人员的,按照干部管理权限由相关监督部门或纪检监察部门依规调查处理。

第十条 实施请托行为的,禁止在1~3年(含3年)内承担或参与财政性资金支持的科学技术活动;向多人请托或多次实施请托的,禁止在3~5年(含5年)内承担或参与财政性资金支持的科学技术活动;造成严重后果或影响恶劣的,禁止5年以上直至永久承担或参与财政性资金支持的科学技术活动。

有组织实施请托行为的,从重处理。

第十一条 对涉及请托行为的评审专家,视事实、情节、后果和影响作出如下处理:

(一)对主动报告且未接受请托行为的,不予处理。

(二)对主动报告但仍搞"人情评审"的,禁止在 3 年内(含 3 年)承担或参与财政性资金支持的科学技术活动。对干扰、妨碍调查的,从重处理。

(三)对隐瞒不报的,按接受相关请托进行处理,禁止在 3~5 年内(含 5 年)承担或参与财政性资金支持的科学技术活动;造成严重后果或影响恶劣的,禁止 5 年以上直至永久承担或参与财政性资金支持的科学技术活动。对干扰、妨碍调查的,从重处理。

第十二条 对涉及请托行为的评审工作人员,视事实、情节、后果和影响作出如下处理:

(一)对主动报告且未接受请托行为的,不予处理。

(二)对隐瞒不报或主动报告后仍干预评审或施加倾向性影响的,调离评审管理工作岗位,并按照干部管理权限追责问责。对干扰、妨碍调查的,加重处理。情节严重,涉嫌违反党纪政纪的,移送纪检监察机关处理。

第十三条 对因请托行为所获得的科研项目、创新基地、人才工程、引导专项、科技奖励等,一经查实,予以撤销,并追回专项经费、奖章、证书和奖金等。

第十四条 具有《科学技术活动违规行为处理暂行规定》第十七条、第十八条相应情形的,依规从轻或从重处理。

第十五条 对请托行为相关责任人的处理结果记入科研诚信严重失信行为数据库。对依照本规定给予处理的评审专家,应当及时从专家库中除名,重新入库禁止时限与本规定第十一条的处理期限保持一致。

第十六条 对请托行为的调查处理情况,在一定范围内通报,并抄送相关责任人所在单位或其上级主管部门。

第十七条 评审承担者及其工作人员、评审专家等落实本规定第六条、第七条、第九条的情况,作为考核、评价其履职尽责的重要内容。对自觉抵制请托行为的,列入科研信用良好记录。

评审组织者、承担者违反本规定第七条、第九条的,追究单位及主要负责人的责任;造成严重后果或影响恶劣的,取消科学技术活动评审承担资格。

第十八条 请托行为责任人涉嫌违反党纪政纪、违法犯罪的,移送有关机关处理。

第十九条 相关单位和个人发现评审工作中存在请托的,应及时向评审组织者、承担者或有关监督部门如实反映。对采取捏造事实、伪造材料等方式恶意举报的,依法依规严肃处理。对反映不实或不能证明存在问题的,要以适当方式及时澄清、消除影响。

第二十条 法律、行政法规、部门规章对请托行为及相应处理另有规定的,从其规定。

第二十一条 各级科学技术行政部门可参照本规定结合实际情况制定具体办法。

第二十二条 本规定自发布之日起试行。

第二十三条 本规定由科技部负责解释。

关于加强和改进国家重点研发计划项目
(课题)结题审计相关工作的通知

(科技部资源配置与管理司,2021年5月)

各相关单位:

为进一步深化科技领域放管服改革,切实落实国务院关于建立公平竞争审查制度的意见,结合《国家重点研发计划项目综合绩效评价工作规范(试行)》(国科办资〔2018〕107号)和《科技部 财政部关于进一步优化国家重点研发计划项目和资金管理的通知》(国科发资〔2019〕45号)等要求,提高国家重点研发计划项目(课题)结题审计(以下简称结题审计)服务质量,现就加强和改进新形势下结题审计相关工作通知如下。

一、会计师事务所承接结题审计服务
备案基本流程和工作要求

自本通知发布之日起,有意愿承接结题审计服务业务且近三年无行业惩戒记录和严重失信行为、有固定营业场所、有较为固定的拟从事结题审计的人员队伍的会计师事务所(含具有独立法人资格的分所,以下简称事务所),可自愿履行备案程序后开展相关工作。

1.备案基本流程。事务所自行登录"结题审计服务系统"(http://xxpt.jgzx.org/sjfw/Login)注册账号并上传相关文档(见附件1)进行备案,事务所应对备案信息的真实性负责,相关信息发生变化后,应及时自行维护、更新。对于备案材料不完备或者明显存在问题的,监管中心自事务所提交备案材料之日起 15 个工作日内反馈事务所,未反馈的,视同无意见。

2. 承接审计业务的基本程序。事务所受托开展结题审计业务时,应与委托方签订书面服务合同(协议),并于合同(协议)签订三个工作日内登录结题审计服务系统上传委托合同(协议),绑定相关项目(课题)审计业务,此后双方不能无故终止审计合作。审计业务执行完毕,事务所应将审计报告及相关附件上传到结题审计服务系统存档,并经由系统打印带条形码审计报告提供委托方。

3. 承接审计业务的基本要求。承接结题审计服务的应满足承接国家重点研发计划结题审计业务备案管理要求(见附件 2)中所列示的正面要求、负面清单和监管要求等基本要求,熟练掌握"应知应会"政策(见附件 3)和中央财政科技计划结题审计指引。在具体工作中,要尊重科研活动规律,认真落实对科研单位和科研人员减轻负担的要求,恪守职业道德,勤勉尽责,守护好财政科研资金安全。

二、压实项目(课题)承担单位结题审计管理职责

承担单位是项目(课题)资金管理使用的第一责任主体,应切实落实法人主体责任,完善内部控制和监督制约机制,创新服务方式,加强国家重点研发计划项目(课题)的资金管理和结题审计管理。

1. 在课题结题后,课题承担单位应及时清理账目与资产,汇总参研单位支出,做好结题审计相关准备。

2. 在事务所选取上,应在国科管系统结题审计事务所选取模块择优委托事务所进行结题审计,并签订书面服务合同(协议),明确双方的权、责、利。项目牵头单位还应委托事务所完成项目结题审计汇总报告。

3. 相关单位应及时提交审计资料,配合事务所的审计工作,并做好与事务所的审计沟通。

三、加强结题审计业务服务和监督

科学技术部资源配置与管理司委托科学技术部科技经费监管服务中心做好结题审计业务培训、服务与监督等工作。

1. 加强政策培训。在结题审计服务系统发布、更新业务培训课件，做好结题审计相关依据的动态调整和审计人员培训服务工作。采用线上线下等方式，加强对事务所审计人员的资金管理政策和结题审计指引等培训，促进审计人员之间的交流。

2. 加强事务所相关信息公开。对事务所的基本信息、审计人员及参加培训情况、科研项目结题审计服务业务工作量、重点研发计划结题审计工作量、重点研发计划结题审计报告日常评价情况以及监督检查等情况，向重点研发计划承担单位和相关科研人员公开，供其择优选聘作参考。

3. 加强审计业务质量监督。主动开展结题审计服务质量随机抽查和专项检查，并加强与注册会计师行业协会的对接与合作，推动将国家重点研发计划项目经费审计纳入其执业质量检查范围。经查实事务所及其审计人员存在违背负面清单等行为的，取消备案管理，并按照科技部 19 号令等相关规定处理，存在重大违法违规行为的，及时移送相关部门。

七、其他相关

中央和国家机关差旅费管理办法

（财政部，2013 年 12 月）

第一章　总　则

第一条　为加强和规范中央和国家机关国内差旅费管理，推进厉行节约反对浪费，根据《党政机关厉行节约反对浪费条例》，制定本办法。

第二条　本办法适用于中央和国家机关，以及参照公务员法管理的事业单位（以下简称中央单位）。

本办法所称中央和国家机关，是指党中央各部门，国务院各部委、各直属机构，全国人大常委会办公厅，全国政协办公厅，最高人民法院，最高人民检察院，各人民团体、各民主党派中央和全国工商联。

第三条　差旅费是指工作人员临时到常驻地以外地区公务出差所发生的城市间交通费、住宿费、伙食补助费和市内交通费。

第四条　中央单位应当建立健全公务出差审批制度。出差必须按规定报经单位有关领导批准，从严控制出差人数和天数；严格差旅费预算管理，控制差旅费支出规模；严禁无实质内容、无明确公务目的的差旅活动，严禁以任何名义和方式变相旅游，严禁异地部门间无实质内容的学习交流和考察调研。

第五条　财政部按照分地区、分级别、分项目的原则制定差旅费标准，并根据经济社会发展水平、市场价格及消费水平变动情况适时调整。

第二章　城市间交通费

第六条　城市间交通费是指工作人员因公到常驻地以外地区出差乘坐火车、轮船、飞机等交通工具所发生的费用。

第七条　出差人员应当按规定等级乘坐交通工具。乘坐交通工具的等级见下表：

交通工具 级别	火车（含高铁、动车、全列软席列车）	轮船（不包括旅游船）	飞机	其他交通工具（不包括出租小汽车）
部级及相当职务人员	火车软席（软座、软卧），高铁/动车商务座，全列软席列车一等软座	一等舱	头等舱	凭据报销
司局级及相当职务人员	火车软席（软座、软卧），高铁/动车一等座，全列软席列车一等软座	二等舱	经济舱	凭据报销
其余人员	火车硬席（硬座、硬卧），高铁/动车二等座，全列软席列车二等软座	三等舱	经济舱	凭据报销

部级及相当职务人员出差，因工作需要，随行一人可乘坐同等级交通工具。

未按规定等级乘坐交通工具的，超支部分由个人自理。

第八条　到出差目的地有多种交通工具可选择时，出差人员在不影响公务、确保安全的前提下，应当选乘经济便捷的交通工具。

第九条　乘坐飞机的，民航发展基金、燃油附加费可以凭据报销。

第十条　乘坐飞机、火车、轮船等交通工具的，每人次可以购买交通意外保险一份。所在单位统一购买交通意外保险的，不再重复购买。

第三章　住宿费

第十一条　住宿费是指工作人员因公出差期间入住宾馆(包括饭店、招待所,下同)发生的房租费用。

第十二条　财政部分地区制定住宿费限额标准。各省、自治区、直辖市和计划单列市财政厅(局)根据当地经济社会发展水平、市场价格、消费水平等因素,提出所在市(省会城市、直辖市、计划单列市,下同)的住宿费限额标准报财政部,经财政部统筹研究提出意见反馈地方审核确认后,由财政部统一发布作为中央单位工作人员到相关地区出差的住宿费限额标准(见附表)。

对于住宿价格季节性变化明显的城市,住宿费限额标准在旺季可适当上浮一定比例,具体规定由财政部另行发布。

第十三条　部级及相当职务人员住普通套间,司局级及以下人员住单间或标准间。

第十四条　出差人员应当在职务级别对应的住宿费标准限额内,选择安全、经济、便捷的宾馆住宿。

第四章　伙食补助费

第十五条　伙食补助费是指对工作人员在因公出差期间给予的伙食补助费用。

第十六条　伙食补助费按出差自然(日历)天数计算,按规定标准包干使用。

第十七条　财政部分地区制定伙食补助费标准。各省、自治区、直辖市和计划单列市财政厅(局)负责根据当地经济社会发展水平、市场价格、消费水平等因素,参照所在市公务接待工作餐、会议用餐等标准提出伙食补助费标准报财政部,经财政部统筹研究提出意见反馈地方审核确认后,由财政部统一发布作为中央单位工作人员到相关地区出差的伙食补助费标准(见附表)。

第十八条　出差人员应当自行用餐。凡由接待单位统一安排用餐的,应当向接待单位交纳伙食费。

第五章　市内交通费

第十九条　市内交通费是指工作人员因公出差期间发生的市内交通费用。

第二十条　市内交通费按出差自然(日历)天数计算,每人每天80元包干使用。

第二十一条　出差人员由接待单位或其他单位提供交通工具的,应向接待单位或其他单位交纳相关费用。

第六章　报销管理

第二十二条　出差人员应当严格按规定开支差旅费,费用由所在单位承担,不得向下级单位、企业或其他单位转嫁。

第二十三条　城市间交通费按乘坐交通工具的等级凭据报销,订票费、经批准发生的签转或退票费、交通意外保险费凭据报销。

住宿费在标准限额之内凭发票据实报销。

伙食补助费按出差目的地的标准报销,在途期间的伙食补助费按当天最后到达目的地的标准报销。

市内交通费按规定标准报销。

未按规定开支差旅费的,超支部分由个人自理。

第二十四条　工作人员出差结束后应当及时办理报销手续。差旅费报销时应当提供出差审批单、机票、车票、住宿费发票等凭证。

住宿费、机票支出等按规定用公务卡结算。

第二十五条　财务部门应当严格按规定审核差旅费开支,对未经批准出差以及超范围、超标准开支的费用不予报销。

实际发生住宿而无住宿费发票的,不得报销住宿费以及城市间交通费、伙食补助费和市内交通费。

第七章　监督问责

第二十六条　各单位应当加强对本单位工作人员出差活动和经费报销的内控管理,对本单位出差审批制度、差旅费预算及规模控制负责,相关领导、财务人员等对差旅费报销进行审核把关,确保票据来源合法,内容真实完整、合规。对未经批准擅自出差、不按规定开支和报销差旅费的人员进行严肃处理。

一级预算单位应当强化对所属预算单位的监督检查,发现问题及时处理,重大问题向财政部报告。

各单位应当自觉接受审计部门对出差活动及相关经费支出的审计监督。

第二十七条　财政部会同有关部门对中央单位差旅费管理和使用情况进行监督检查。主要内容包括:

(一)单位差旅审批制度是否健全,出差活动是否按规定履行审批手续;

(二)差旅费开支范围和标准是否符合规定;

(三)差旅费报销是否符合规定;

(四)是否向下级单位、企业或其他单位转嫁差旅费;

(五)差旅费管理和使用的其他情况。

第二十八条　出差人员不得向接待单位提出正常公务活动以外的要求,不得在出差期间接受违反规定用公款支付的宴请、游览和非工作需要的参观,不得接受礼品、礼金和土特产品等。

第二十九条　违反本办法规定,有下列行为之一的,依法依规追究相关单位和人员的责任:

(一)单位无出差审批制度或出差审批控制不严的;

(二)虚报冒领差旅费的;

(三)擅自扩大差旅费开支范围和提高开支标准的;

(四)不按规定报销差旅费的;

（五）转嫁差旅费的；

（六）其他违反本办法行为的。

有前款所列行为之一的,由财政部会同有关部门责令改正,违规资金应予追回,并视情况予以通报。对直接责任人和相关负责人,报请其所在单位按规定给予行政处分。涉嫌违法的,移送司法机关处理。

第八章　附　则

第三十条　工作人员外出参加会议、培训,举办单位统一安排食宿的,会议、培训期间的食宿费和市内交通费由会议、培训举办单位按规定统一开支;往返会议、培训地点的差旅费由所在单位按照规定报销。

第三十一条　不参照公务员法管理的事业单位参照本办法执行。

各单位应当根据本办法,结合本单位实际情况制定具体操作规定。

中国人民解放军和中国人民武装警察部队的差旅费管理办法参照本办法另行规定。

第三十二条　本办法由财政部负责解释。

第三十三条　本办法自 2014 年 1 月 1 日起施行。2006 年 11 月 13 日发布的《财政部关于印发〈中央国家机关和事业单位差旅费管理办法〉的通知》(财行〔2006〕313 号)同时废止,其他有关中央国家机关和事业单位差旅费管理规定与本办法不一致的,按照本办法执行。

关于改革完善中央高校预算拨款制度的通知

（财政部、教育部，2015 年 11 月）

党中央有关部门，国务院有关部委、有关直属机构，各省、自治区、直辖市、计划单列市人民政府，新疆生产建设兵团：

高校预算拨款制度是高等教育财政政策的核心内容之一，是支持高等教育事业发展的重要制度安排。近年来，中央高校预算拨款制度不断完善，促进提升了中央高校办学质量和服务经济社会发展能力。但是，现行中央高校预算拨款制度也出现了项目设置交叉重复、内涵式发展的激励引导作用尚需加强等问题。为深入贯彻党的十八大和十八届二中、三中、四中、五中全会精神，认真落实党中央、国务院有关决策部署，促进中央高校内涵式发展，进一步提高办学质量和水平，加快建设高等教育强国，按照全面深化改革特别是深化财税体制改革和教育领域综合改革的要求，结合中央高校实际，经国务院同意，现就改革完善中央高校预算拨款制度有关事项通知如下：

一、总体目标和基本原则

（一）总体目标。

服务国家发展战略，面向经济社会发展需要，立足高等教育发展实际，适应建立现代财政制度和提高教育质量的要求，牢固树立现代国家治理理念、公平正义观念和绩效观念，坚持问题导向，着力改革创新，强化顶层设计，积极构建科学规范、公平公正、导向清晰、讲求绩效的中央高校预算拨款制度，支持世界一流大学和一流学科建设,引导中央高校提高质量、优化结构、办出特色,加快内涵式发展,更好地为全面建成小康社会服务。

(二)基本原则。

有利于充分发挥中央高校职能作用,服务国家发展战略。引导和支持中央高校全面提升人才培养、科学研究、社会服务、文化传承创新等整体水平,为创新驱动发展战略、人才强国战略、可持续发展战略、城镇化发展战略等国家战略的实施,提供智力支持和人才保障。

有利于简政放权,进一步落实和扩大中央高校办学自主权。遵循高校办学规律,坚持依法办学,坚持放管结合,依法明晰政府与高校职能,进一步精简和规范项目设置,改进管理方式,推动政府职能转变,提高中央高校按照规定统筹安排使用资金的能力,完善中国特色现代大学制度。

有利于更加科学公正地配置资源,增强中央高校发展活力。项目设置面向所有中央高校,主要采取按照因素、标准、政策等办法科学合理分配资金,促进公平公正竞争,增强中央高校发展活力,提高发展的包容性。

有利于引导中央高校办出特色和水平,加快内涵式发展。完善资金分配的激励约束机制,传递更加清晰的政策和绩效导向,引导中央高校转变办学模式,创新人才培养机制,优化人才培养结构,重点发展特色优势学科,办出特色争创一流。

有利于完善多元投入机制,增强中央高校发展的内生动力和可持续性。坚持多元治理和可持续发展,根据人力资本投资和高等教育公共性层次的特点,进一步健全政府和受教育者合理分担成本、其他多渠道筹措经费的投入机制,鼓励多方面增加投入。进一步完善国家资助政策体系,确保家庭经济困难学生顺利完成学业。

有利于妥善处理改革与发展的关系,确保改革平稳推进。坚持机制创新与持续支持相结合,在延续现行行之有效做法的基础上,进一步改革完善财政支持方式,加强政策衔接,逐步加大投入力度,努力形成可持续的支持机制,促进中央高校平稳健康发展。

二、主要内容

加强顶层设计,兼顾当前长远,统筹考虑中央高校各项功能,完善基本支出体系,更好支持中央高校日常运转,促进结构优化;重构项目支出体系,区分不同情况,采取调整、归并、保留等方式,加大整合力度,进一步优化项目设置;改进资金分配和管理方式,突出公平公正,强化政策和绩效导向,增强中央高校按照规定统筹安排使用资金的能力,促进中央高校内涵式发展,着力提高办学质量和水平。今后根据党中央、国务院有关决策部署,结合中央高校改革发展面临的新形势,适时对项目设置、分配管理方式等进行调整完善。

(一)完善基本支出体系。

在现行生均定额体系的基础上,逐步建立中央高校本科生均定额拨款总额相对稳定机制:以2—3年为一周期,保持周期内每所中央高校本科生均定额拨款总额的基本稳定;上一周期结束后,根据招生规模、办学成本等因素,重新核定下一周期各中央高校本科生均定额拨款总额,并根据中央财力状况等情况适时调整本科生均定额拨款标准,引导中央高校合理调整招生规模和学科专业结构。逐步完善研究生生均定额拨款制度。继续对西部地区中央高校和小规模特色中央高校等给予适当倾斜。同时,将中央高校学生奖助经费由项目支出转列基本支出。

(二)重构项目支出体系。

新的项目支出体系包括以下六项内容:

中央高校改善基本办学条件专项资金。由现行中央高校改善基本办学条件专项资金、附属中小学改善基本办学条件专项资金、中央高校发展长效机制补助资金整合而成,支持中央高校及附属中小学改善基本办学条件。用于校舍维修改造、仪器设备购置、建设项目的辅助设施和配套工程等方面。主要根据办学条件等因素分配,实行项目管理方式。

中央高校教育教学改革专项资金。由现行本科教学工程、基础学科拔尖学生培养专项资金整合而成,支持中央高校深化教育教学改革,提高教学水平和人才培养质量。进一步扩充支持内容,统筹支持本专科生和研究生、教师和学生、课内和课外教育教学活动,用于教育教学模式改革、创新创业教育等方面。主要根据教育教学改革等相关因素分配,由中央高校按照规定统筹使用。

中央高校基本科研业务费。延续项目,对中央高校基本科研活动进行稳定支持。用于中央高校开展自主选题科学研究,按照现行方式分配和管理。

中央高校建设世界一流大学(学科)和特色发展引导专项资金。在"985工程"、"211工程"、优势学科创新平台、特色重点学科项目、"高等学校创新能力提升计划"以及促进内涵式发展资金等基础上整合而成,引导中央高校加快推进世界一流大学和一流学科建设以及特色发展,提高办学质量和创新能力。用于学科建设、人才队伍建设、协同创新中心建设、国际交流合作等方面。主要根据学科水平、办学特色、协同创新成效等因素分配,实行项目管理方式。

中央高校捐赠配比专项资金。延续项目,引导和激励中央高校拓宽资金来源渠道,健全多元化筹资机制。按照政策对中央高校接受的社会捐赠收入进行配比,由中央高校按照规定统筹使用。

中央高校管理改革等绩效拨款。延续项目,引导中央高校深化改革、加强管理。主要根据管理改革等相关因素分配,由中央高校按照规定统筹使用。

三、工作要求

(一)加强组织领导,抓好贯彻落实。

改革完善中央高校预算拨款制度,是财政支持方式的重大变革,是通过改革盘活存量资金用好增量资金的有力措施,是引导中央高校转变发展模式的重要制度设计,涉及政府职能转变和中央高校切身利益。有关中央部门要统一思想,强化大局意识、责任意识,切实发挥职能作用,加强业务指导和宏观管理,完善配套政策措施。各中央高校要准确把握改革精神,切实抓好贯彻落实工作,加强统筹规划,优化资源配置,确保改革措施落地生根、取得实效。

(二)统筹推进体制机制改革,增强改革的系统性协同性。

加快建立高校分类体系,推进分类管理、分类评价,引导高校合理定位,克服同质化倾向,在不同层次、不同领域办出特色争创一流。落实立德树人根本任务,创新高校人才培养机制,积极开展教育教学改革探索,把创新创业教育融入人才培养,全面提高人才培养质量,为建设创新型国家提供源源不断的人才智力支撑。深入推进政校分开、管办评分离,进一步落实和扩大高校办学自主权。完善中国特色现代大学制度,健全高校内部治理结构,加强科学民主决策,切实提高内部管理水平。

(三)坚持多元筹资和放管结合,提高资金使用效益。

根据"平稳有序、逐步推进"的原则,按照规定程序动态调整高校学费标准,进一步健全成本分担机制。积极争取社会捐赠以及相关部门、行业企业、地方政府支持中央高校改革发展,健全多元投入机制。认真落实预算法以及国务院关于深化预算管理制度改革的有关要求,全面加强和改进预算管理。强化高校财务会计制度建设,完善资金使用内部稽核和内部控制制度。坚持勤俭节约办学,促进资源共享。严格资金使用监管,确保资金使用规范、安全、有效。

本通知自印发之日起执行。凡以前规定与本通知规定不一致的,按照本通知规定执行。

各地要按照本通知精神,结合实际,改革完善地方高校预算拨款制度,促进从整体上提升高等教育质量。

中央和国家机关会议费管理办法

（财政部、国家机关事务管理局、中共中央直属
机关事务管理局,2016 年 6 月）

第一章　总　　则

第一条　为进一步加强和规范中央和国家机关会议费管理,精简会议,改进会风,提高会议效率和质量,节约会议经费开支,制定本办法。

第二条　中央和国家机关会议的分类、审批和会议费管理等,适用本办法。

本办法所称中央和国家机关,是指党中央各部门,国务院各部委、各直属机构,全国人大常委会办公厅,全国政协办公厅,最高人民法院,最高人民检察院,各人民团体、各民主党派中央和全国工商联(以下简称各单位)。

第三条　各单位召开会议应当坚持厉行节约、反对浪费、规范简朴、务实高效的原则,严格控制会议数量和规模,规范会议费管理。

第四条　各单位召开的会议实行分类管理、分级审批。

第五条　各单位应当严格会议费预算管理,控制会议费预算规模。会议费预算应当细化到具体会议项目,执行中不得突破。会议费应当纳入部门预算,并单独列示。

第二章　会议分类和审批

第六条　中央和国家机关会议分类如下:

一类会议。是以党中央和国务院名义召开的,要求省、自治区、直辖市、计划单列市或中央部门负责同志参加的会议。

二类会议。是党中央和国务院各部委、各直属机构,最高人民法院,最高人民检察院,各人民团体召开的,要求省、自治区、直辖市、计划单列市有关厅(局)或本系统、直属机构负责同志参加的会议。

三类会议。是党中央和国务院各部委、各直属机构,最高人民法院,最高人民检察院,各人民团体及其所属内设机构召开的,要求省、自治区、直辖市、计划单列市有关厅(局)或本系统机构有关人员参加的会议。

四类会议。是指除上述一、二、三类会议以外的其他业务性会议,包括小型研讨会、座谈会、评审会等。

第七条 中央和国家机关会议按以下程序和要求进行审批:

一类会议。应当由主办单位报经党中央和国务院批准。会议总务、经费预算及费用结算等工作分别由中共中央直属机关事务管理局(以下简称中直管理局)和国家机关事务管理局(以下简称国管局)负责。

二类会议。党中央和国务院各部委、各直属机构,各人民团体应当于每年12月底前,将下一年度会议计划(包括会议名称、召开的理由、主要内容、时间地点、代表人数、工作人员数、所需经费及列支渠道等)送财政部审核会签,按程序经中央办公厅、国务院办公厅审核后报批。各单位召开二类会议原则上每年不超过1次。

三类会议。各单位应当建立会议计划编报和审批制度,年度会议计划(包括会议数量、会议名称、召开的理由、主要内容、时间地点、代表人数、工作人员数、所需经费及列支渠道等)经单位领导办公会或党组(党委)会审批后执行。

四类会议。由单位分管领导审核后列入单位年度会议计划。

年度会议计划一经批准,原则上不得调整。对党中央、国务院交办等确需临时增加的会议,按规定程序报批。

第八条 一类会议会期按照批准文件,根据工作需要从严控制;二、三、四类会议会期均不得超过2天;传达、布置类会议会期不得超过1天。

会议报到和离开时间,一、二、三类会议合计不得超过2天,四类会议合计不得超过 1 天。

第九条 各单位应当严格控制会议规模。

一类会议参会人员按照批准文件,根据会议性质和主要内容确定,严格限定会议代表和工作人员数量。

二类会议参会人员不得超过 300 人,其中,工作人员控制在会议代表人数的 15%以内;不请省、自治区、直辖市和中央部门主要负责同志、分管负责同志出席。

三类会议参会人员不得超过 150 人,其中,工作人员控制在会议代表人数的 10%以内。

四类会议参会人员视内容而定,一般不得超过 50 人。

第十条 全国人大常委会办公厅、全国政协办公厅、各民主党派中央和全国工商联的会议分类、审批事项、会期及参会人员等,由上述部门依据法律法规、章程规定,参照第六条至第九条作出规定,并报财政部备案。

第十一条 各单位召开会议应当改进会议形式,充分运用电视电话、网络视频等现代信息技术手段,降低会议成本,提高会议效率。

传达、布置类会议优先采取电视电话、网络视频会议方式召开。电视电话、网络视频会议的主会场和分会场应当控制规模,节约费用支出。

第十二条 不能够采用电视电话、网络视频召开的会议实行定点管理。各单位会议应当到定点会议场所召开,按照协议价格结算费用。未纳入定点范围,价格低于会议综合定额标准的单位内部会议室、礼堂、宾馆、招待所、培训中心,可优先作为本单位或本系统会议场所。

无外地代表且会议规模能够在单位内部会议室安排的会议,原则上在单位内部会议室召开,不安排住宿。

第十三条 参会人员以在京单位为主的会议不得到京外召开。各单位不得到党中央、国务院明令禁止的风景名胜区召开会议。

第三章 会议费开支范围、标准和报销支付

第十四条 会议费开支范围包括会议住宿费、伙食费、会议场地租金、交

通费、文件印刷费、医药费等。

前款所称交通费是指用于会议代表接送站，以及会议统一组织的代表考察、调研等发生的交通支出。

会议代表参加会议发生的城市间交通费，按照差旅费管理办法的规定回单位报销。

第十五条 会议费开支实行综合定额控制，各项费用之间可以调剂使用。

会议费综合定额标准如下：

单位：元/人天

会议类别	住宿费	伙食费	其他费用	合　计
一类会议	500	150	110	760
二类会议	400	150	100	650
三、四类会议	340	130	80	550

综合定额标准是会议费开支的上限。各单位应在综合定额标准以内结算报销。

第十六条 一类会议费在部门预算专项经费中列支，二、三、四类会议费原则上在部门预算公用经费中列支。

会议费由会议召开单位承担，不得向参会人员收取，不得以任何方式向下属机构、企事业单位、地方转嫁或摊派。

第十七条 各单位在会议结束后应当及时办理报销手续。会议费报销时应当提供会议审批文件、会议通知及实际参会人员签到表、定点会议场所等会议服务单位提供的费用原始明细单据、电子结算单等凭证。财务部门要严格按规定审核会议费开支，对未列入年度会议计划，以及超范围、超标准开支的经费不予报销。

第十八条 各单位会议费支付，应当严格按照国库集中支付制度和公务卡管理制度的有关规定执行，以银行转账或公务卡方式结算，禁止以现金方式结算。

具备条件的,会议费应当由单位财务部门直接结算。

第四章　会议费公示和年度报告制度

第十九条　各单位应当将非涉密会议的名称、主要内容、参会人数、经费开支等情况在单位内部公示或提供查询,具备条件的应当向社会公开。

第二十条　一级预算单位应当于每年 3 月底前,将本级和下属预算单位上年度会议计划和执行情况(包括会议名称、主要内容、时间地点、代表人数、工作人员数、经费开支及列支渠道等)汇总后报财政部。党中央各部门同时抄送中直管理局,国务院各部门同时抄送国管局。

第二十一条　财政部对各单位报送的会议年度报告进行汇总分析,针对执行中存在的问题,及时完善相关制度。

第五章　管理职责

第二十二条　财政部的主要职责是:

(一)会同国管局、中直管理局等部门制定或修订中央本级会议费管理办法,并对执行情况进行监督检查;

(二)按规定对各单位报送的二类会议计划进行审核会签;

(三)对会议费支付结算实施动态监控;

(四)对各单位报送的会议年度报告进行汇总分析,提出加强管理的措施。

第二十三条　国管局的主要职责是:

(一)配合财政部制定或修订中央和国家机关会议费管理办法;

(二)负责国务院召开的一类会议的总务工作;

(三)配合财政部对国务院各部委、各直属机构会议费执行情况进行监督检查。

第二十四条　中直管理局的主要职责是:

（一）配合财政部制定或修订中央和国家机关会议费管理办法；

（二）负责党中央召开的一类会议的总务工作；

（三）配合财政部对中央各部门会议费执行情况进行监督检查。

第二十五条　各单位的主要职责是：

（一）负责制定本单位会议费管理的实施细则；

（二）负责单位年度会议计划编制和三类、四类会议的审批管理；

（三）负责安排会议预算并按规定管理、使用会议费，做好相应的财务管理和会计核算工作，对内部会议费报销进行审核把关，确保票据来源合法，内容真实、完整、合规；

（四）按规定报送会议年度报告，加强对本单位会议费使用的内控管理。

第六章　监督检查和责任追究

第二十六条　财政部、国管局、中直管理局会同有关部门对各单位会议费管理和使用情况进行监督检查。主要内容包括：

（一）会议计划的编报、审批是否符合规定；

（二）会议费开支范围和开支标准是否符合规定；

（三）会议费报销和支付是否符合规定；

（四）会议会期、规模是否符合规定，会议是否在规定的地点和场所召开；

（五）是否向下属机构、企事业单位或地方转嫁、摊派会议费；

（六）会议费管理和使用的其他情况。

第二十七条　严禁各单位借会议名义组织会餐或安排宴请；严禁套取会议费设立"小金库"；严禁在会议费中列支公务接待费。

各单位应严格执行会议用房标准，不得安排高档套房；会议用餐严格控制菜品种类、数量和份量，安排自助餐，严禁提供高档菜肴，不安排宴请，不上烟酒；会议会场一律不摆花草，不制作背景板，不提供水果。

不得使用会议费购置电脑、复印机、打印机、传真机等固定资产以及开支与本次会议无关的其他费用；不得组织会议代表旅游和与会议无关的参观；严禁组织高消费娱乐、健身活动;严禁以任何名义发放纪念品;不得额外配发洗漱用品。

第二十八条 违反本办法规定,有下列行为之一的,依法依规追究会议举办单位和相关人员的责任:

(一)计划外召开会议的;

(二)以虚报、冒领手段骗取会议费的;

(三)虚报会议人数、天数等进行报销的;

(四)违规扩大会议费开支范围,擅自提高会议费开支标准的;

(五)违规报销与会议无关费用的;

(六)其他违反本办法行为的。

有前款所列行为之一的,由财政部会同有关部门责令改正,追回资金,并经报批后予以通报。对直接负责的主管人员和相关负责人,报请其所在单位按规定给予行政处分。如行为涉嫌违法的,移交司法机关处理。

定点会议场所或单位内部宾馆、招待所、培训中心有关工作人员违反规定的,按照财政部定点会议场所管理的有关规定处理。

第七章 附 则

第二十九条 各单位应当按照本办法规定,结合本单位业务特点和工作需要,制定会议费管理具体规定。

第三十条 党中央、国务院直属事业单位的会议费管理参照本办法执行。中央和国家机关各部门所属事业单位的会议费管理由各部门依据从严从紧原则参照本办法作出具体规定。

第三十一条 本办法由财政部负责解释,自 2016 年 7 月 1 日起施行。《中央和国家机关会议费管理办法》(财行〔2013〕286 号)同时废止。

中央级公益性科研院所基本科研业务费专项资金管理办法

（财政部，2016 年 7 月）

第一条 为贯彻落实《中共中央　国务院关于深化体制机制改革　加快实施创新驱动发展战略的若干意见》、《国务院关于改进加强中央财政科研项目和资金管理的若干意见》（国发〔2014〕11 号）、《国务院印发关于深化中央财政科技计划（专项、基金等）管理改革方案的通知》（国发〔2014〕64 号）的有关要求，进一步加大对中央级公益性科研院所（以下简称科研院所）的稳定支持力度，充分发挥科研院所在国家创新体系中的骨干和引领作用，加强对中央级公益性科研院所基本科研业务费专项资金（以下简称基本科研业务费）的管理和使用，提高资金使用效益，依据国家有关规定以及预算管理改革的要求，制定本办法。

第二条 基本科研业务费用于支持科研院所开展符合公益职能定位，代表学科发展方向，体现前瞻布局的自主选题研究工作。基本科研业务费的使用方向包括：

（一）由科研院所自主选题开展的科研工作；

（二）所属行业基础性、支撑性、应急性科研工作；

（三）团队建设及人才培养；

（四）开展国际科技合作与交流；

（五）科技基础性工作等其他工作。

第三条 基本科研业务费的管理和使用原则包括：

（一）稳定支持,长效机制。基本科研业务费稳定支持科研院所培育优秀科研人才和团队,为科研院所形成有益于持续发展、不断创新的长效机制提供经费支持。

（二）分类分档,动态调整。财政部根据院所规模、学科特点、绩效评价结果等,结合财力可能,确定分类分档支持标准,并结合科研院所预算执行情况等因素每年对经费进行动态调整。

（三）依托院所、突出重点。基本科研业务费的使用应当依托科研院所已有的科研条件、设施和环境,优先支持有助于科研院所符合职能定位、实现学科布局与发展规划目标、有利于培育优秀科研人才和团队的选题以及所属行业基础性、支撑性、应急性科研工作。

（四）专款专用,严格管理。科研院所应当充分发挥基本科研业务费管理的法人责任,建立健全基本科研业务费内部管理制度,将基本科研业务费纳入依托单位财务统一管理,单独核算,专款专用。

第四条　财政部负责核定科研院所基本科研业务费支出规划及年度预算,以项目支出"基本科研业务费"方式随部门预算下达。

第五条　主管部门的主要职责包括:

（一）应当按照部门预算管理的有关要求,加强对基本科研业务费的管理;

（二）负责根据行业科技规划、行业应用需求以及院所职能定位,提出通过基本科研业务费支持的行业基础性、支撑性、应急性科研工作要求;

（三）负责组织基本科研业务费中期绩效评价。中期绩效评价一般每三年开展一次,对基本科研业务费管理和使用绩效进行全面考核。中期绩效评价结果需报财政部备案,作为以后年度预算安排的重要依据。

第六条　科研院所为基本科研业务费管理和使用的责任主体,主要职责包括:

（一）切实履行在资金申请、资金分配、资金使用、监督检查等方面的管理职责,建立常态化的自查自纠机制。

（二）负责组建基本科研业务费管理咨询委员会。

（三）负责开展基本科研业务费使用的年度监管，主要包括科研进展、科研产出、人才团队建设、资金使用等方面。

第七条　管理咨询委员会委员应包括主管部门科技管理部门、财务管理部门和科研院所负责人、科研人员以及经济或财务管理专家等，如设有学术委员会的科研院所，管理咨询委员会还应包括学术委员会负责人。院所两级法人的单位，应同时包括院所两级负责人。根据实际需要，可以邀请来自行业协会、其他科研院所以及高等院校的专家参加管理咨询委员会。管理咨询委员会设主任委员一名，负责主持管理咨询委员会工作，一般由科研院所负责人担任（院所两级法人的单位，由院级法人单位负责人担任）。管理咨询委员会委员应根据实际工作需要定期或不定期调整。

第八条　主管部门应当在每年9月底之前提出下年通过基本科研业务费支持的行业基础性、支撑性、应急性科研工作的具体任务。

第九条　科研院所根据主管部门提出的工作任务以及拟自主开展的有关工作，形成基本科研业务费年度支持项目及预算建议方案，提交管理咨询委员会进行咨询审议。

第十条　管理咨询委员会应当建立回避制度，并在2/3以上委员到会时开展咨询审议。咨询审议意见分为同意资助和不予资助，并对同意资助项目按照优先顺序排序。咨询审议意见是科研院所确定基本科研业务费分配结果的主要依据。

第十一条　科研院所根据咨询审议意见以及基本科研业务费年度预算规模，确定年度资助项目。管理咨询委员会咨询审议意见以及年度资助项目在科研院所内部公示（涉密项目除外）后，科研院所应当与资助对象或团队负责人签订工作任务书。资助对象或团队负责人一般为科研院所在编人员。

如需调整工作任务，需经管理咨询委员会审议后，经科研院所负责人批准，重新签订工作任务书。工作任务书格式由科研院所自行确定，其中应当明确预算数和绩效目标。

科研院所为院所两级法人的单位，院级法人与所级法人签订工作任务书；所级法人根据与院级法人签订的工作任务书，与资助对象或团队负责人签订工作任务书。

第十二条 科研院所应当在每年度终了后三个月内，向主管部门提交年度经费使用情况报告。

第十三条 科研院所可以使用基本科研业务费联合院（所）外单位共同开展研究工作。合作研究经费一般不能拨至科研院所以外单位，确需外拨时应经管理咨询委员会审议通过，并签订科研任务合同等。

第十四条 科研院所基本科研业务费中支持 40 岁以下青年科研人员牵头负责科研工作的比例，一般不得低于年度预算的 30%。

第十五条 基本科研业务费具体开支范围由科研院所按照国家有关科研经费管理规定，结合本单位实际情况确定。但不得开支有工资性收入的人员工资、奖金、津补贴和福利支出，不得分摊院所公共管理和运行费用（含科研房屋占用费），不得开支罚款、捐赠、赞助、投资等。

第十六条 基本科研业务费所发生的会议费、差旅费、小额材料费和测试化验加工费等，应当按照《财政部科技部关于中央财政科研项目使用公务卡结算有关事项的通知》（财库〔2015〕245 号）规定实行"公务卡"结算。劳务费、专家咨询费等支出，原则上应当通过银行转账方式结算，从严控制现金支付。

第十七条 科研院所应当按照国家科研信用制度的有关要求，建立基本科研业务费的科研信用制度，并按照国家统一要求纳入国家科研信用体系。

第十八条 基本科研业务费的资金支付应按照国库集中支付制度有关规定执行，属于政府采购范围的，应当按照政府采购的有关规定执行。

第十九条 使用基本科研业务费形成的固定资产、无形资产等属于国有资产，应当按照国家国有资产管理有关规定进行管理。专项经费形成的科学数据、自然科技资源等，按照规定开放共享，并按规定提交科技报告。

第二十条 基本科研业务费项目实施期间年度剩余资金可结转下一年度继续使用。连续两年未用完或者完成任务目标并通过验收、项目中止等形成的剩余资金，报财政部确认为可留归单位使用的结余资金后，由科研院所按照基本科研业务费的管理和使用要求在 2 年内统筹安排。

第二十一条　科研院所为院所两级法人的单位,应当按照预决算管理的有关要求建立健全基本科研业务费的分级管理制度。

第二十二条　科研院所应当严格遵守国家财政财务制度和财经纪律,规范和加强内部管理,自觉接受财政、审计、监察及主管部门的监督检查。

第二十三条　科研院所应当根据本办法规定制定基本科研业务费的管理实施细则,报主管部门备案。

第二十四条　本办法自印发之日起施行。《中央级公益性科研院所基本科研业务费专项资金管理办法(试行)》(财教〔2006〕288号)同时废止。

高等学校哲学社会科学繁荣
计划专项资金管理办法

（财政部、教育部,2016 年 10 月）

第一章　总　则

第一条　为促进高校哲学社会科学事业持续健康协调发展,加强和规范高等学校哲学社会科学繁荣计划专项资金(以下简称繁荣计划专项资金)管理,提高资金使用效益,根据党中央、国务院关于深入推进高等学校哲学社会科学繁荣发展的有关精神、《中共中央办公厅　国务院办公厅关于进一步完善中央财政科研项目资金管理等政策的若干意见》以及国家财政财务管理有关法律法规,制定本办法。

第二条　繁荣计划专项资金由中央财政安排,是用于支持"高等学校哲学社会科学繁荣计划"(以下简称繁荣计划)社会科学研究、学科发展、人才培养和队伍建设的专项资金。

第三条　繁荣计划专项资金以促进出成果、出人才为目标,坚持以人为本、遵循规律、"放管服"结合,坚持统筹规划、分类实施、专款专用、规范高效的管理原则。繁荣计划专项资金管理充分体现质量创新和实际贡献,赋予依托学校和项目负责人更大的管理权限。在简政放权的同时,注重规范管理、改进服务,为科研人员潜心研究创造良好条件和宽松环境,充分调动科研人员积极性创造性。

第四条　财政部、教育部负责制定繁荣计划专项资金管理制度,研究制定预算安排的总体方案。教育部负责编制繁荣计划专项资金年度预算、组织实施和管理监督工作,建立健全项目绩效考评机制。

第五条 项目依托学校是繁荣计划项目实施和资金管理使用的责任主体,应当制定和完善本单位项目和资金管理办法,按要求具体负责项目组织、实施、评价等全过程管理;将项目资金纳入学校预算,指导和审核项目预算编制,承担项目资金的财务管理和会计核算,监督项目资金使用,审核项目决算。

项目依托学校的财务和科研管理等相关部门,要根据学科特点和实际需要,加强对项目预算执行和资金使用的指导;注重科学管理、改进服务,为项目实施提供条件保障。

第六条 项目负责人是项目管理和资金使用的直接责任人,应当按照本办法规定,科学编制项目预算和决算,合理合规使用资金。

项目负责人应当严格遵守国家预算和财务管理规定,对资金使用和项目实施的合规性、合理性、真实性和相关性负责,并承担相应的经济与法律责任。

第二章　支出范围

第七条 繁荣计划专项资金分为研究项目资金、非研究项目资金和管理资金。

第八条 本办法第七条所称研究项目是指围绕繁荣计划建设任务设立的各类高校哲学社会科学研究项目的总称。研究项目资金包括在项目研究过程中发生的直接费用和间接费用。

第九条 直接费用包括图书资料费、数据采集费、会议费/差旅费/国际合作与交流费、设备费、专家咨询费、劳务费、印刷费/宣传费等。其中:

图书资料费:指在项目研究过程中购买必要的图书(包括外文图书)、专业软件,资料收集、整理、录入、复印、翻拍、翻译,文献检索等费用。

数据采集费:指在项目研究过程中开展问卷调查、田野调查、数据购买、数据分析及相应技术服务购买等费用。

会议费/差旅费/国际合作与交流费:指围绕项目研究组织开展学术研讨、

咨询交流、考察调研等活动而发生的会议、交通、食宿费用,以及项目研究人员出国及赴港澳台地区、外国专家来华及港澳台地区专家来内地开展学术合作与交流的费用。其中,不超过直接费用20%的,不需要提供预算测算依据。

设备费:指在项目研究过程中购置设备和设备耗材、升级维护现有设备以及租用外单位设备而发生的费用。应当严格控制设备购置,鼓励共享、租赁以及对现有设备进行升级改造。

专家咨询费:指在项目研究过程中支付给临时聘请的咨询专家的费用。专家咨询费由项目负责人按照项目研究实际需要编制,支出标准按照国家有关规定执行。

劳务费:指在项目研究过程中支付给参与项目研究的研究生、博士后、访问学者和项目聘用的研究人员、科研辅助人员等的劳务费用。项目聘用人员的劳务费开支标准,参照当地科学研究和技术服务业人员平均工资水平以及在项目研究中承担的工作任务确定,其社会保险补助费用纳入劳务费列支。劳务费预算由项目负责人按照项目研究实际需要编制。

印刷费/宣传费:指在项目研究过程中支付的打印、印刷和出版、成果推介等费用。

其他:指与项目研究直接相关的除上述费用之外的其他支出。其他支出应当在项目预算中单独列示,单独核定。

第十条 间接费用是指项目依托学校在组织实施项目过程中发生的无法在直接费用中列支的相关费用,主要包括补偿学校为项目研究提供的现有仪器设备及房屋、水、电、气、暖消耗等间接成本,有关管理工作费用,以及激励科研人员的绩效支出等。

间接费用一般按照不超过项目支出总额的一定比例核定。具体比例如下:50万元及以下部分为30%;超过50万元至500万元的部分为20%;超过500万元的部分为13%。严禁超额提取、变相提取和重复提取。

间接费用应当纳入项目依托学校预算统筹安排,合规合理使用。项目依托学校统筹安排间接费用时,应当处理好合理分摊间接成本和对科研人员激励的关系,绩效支出安排应当结合项目研究进度和完成质量,与科研人员在项目工作中的实际贡献挂钩。

第十一条 非研究项目资金指支撑高校哲学社会科学科研机构、团队以及智库运行、优秀成果奖励等繁荣计划建设项目的资金。

非研究项目资金按照"绩效导向、稳定支持、协议管理、动态调整"的原则进行资助和管理,可以通过第三方评估将相关优秀的研究机构(或者智库、团队)纳入资助范围。

在财政部、教育部核定的资金总额内,依托高校和相关研究机构(或者智库、团队)根据绩效目标,围绕实现培养拔尖人才、服务国家重大战略、推出学术精品力作、扩大对外学术交流等任务,按规定自主编制资金预算,自主决定使用方向。同时,应当完善资金管理办法,提高资金使用效益,注重发挥绩效激励作用,尊重科研工作者的创造性劳动,体现知识创造价值。

教育部与依托学校、受资助研究机构(或者智库、团队)约定建设周期内的目标任务,委托第三方进行评价考核,根据实际绩效实行有差别的稳定支持,并采取优胜劣汰、动态调整的管理方式。

财政部、教育部按规定对获得教育部科学研究优秀成果奖(人文社会科学)的成果进行奖励,对被采用和向有关部门报送的有价值、高水平的咨政成果实行后期资助和事后奖励。学校不得对奖励资金提取间接费用。

第十二条 管理资金是指教育部在实施繁荣计划过程中组织、协调、评审、鉴定等管理性工作所需费用。

在繁荣计划实施过程中,应按照"管、办、评"分离原则,推进政府购买服务,规范向社会力量购买服务的程序和方式,切实转变政府职能。

第十三条 繁荣计划专项资金项目中的相关开支标准,按照国家以及项目依托学校的有关规定执行。

第十四条 繁荣计划专项资金应当专款专用,不得用于偿还贷款、支付罚款、捐赠、赞助、对外投资等支出,不得用于本单位编制内人员的工资支出,不得用于繁荣计划建设项目之外的支出,不得用于其他不符合国家规定的支出。

项目负责人应当按照批准的项目预算,在依托学校财务、科研管理部门的指导下使用项目资金;依托学校和个人不得以任何理由和方式截留、挤占和挪用。繁荣计划专项资金项目中涉及仪器设备采购的,按国家关于政府采购的有关规定执行。

第三章　预算管理

第十五条　项目申请人在申报繁荣计划项目资金时,应当根据项目类别和要求,按照项目实际需要和资金开支范围规定,科学合理、实事求是地按年度编制项目预算、设定项目绩效目标,并对直接费用支出的主要用途和测算理由等作出说明。

项目资金需要转拨协作单位的,应在预算中单独列示,并对外协单位资质、承担的研究任务、外拨资金额度等进行详细说明。项目负责人应对合作(外协)业务的真实性、相关性负责。间接费用外拨金额,由项目依托学校和合作研究单位协商确定。

第十六条　教育部根据繁荣计划建设目标和建设内容,重点对项目预算的目标相关性、政策相符性、经济合理性进行评审。应建立评审专家库,建立和完善评审专家的遴选、回避、信用和问责制度。

第十七条　教育部根据部门预算编制要求,在部门预算"一上"时,将繁荣计划专项资金三年支出规划和年度预算建议数报送财政部,财政部按部门预算程序审核后批复年度预算。

第十八条　教育部根据繁荣计划项目类别和完成期限向项目依托学校下达项目预算。其中,研究项目预算一次核定、按年度分期分批下达。未通过年度或中期检查的,停止下达下一年度后续项目预算;非研究项目资金采取一次核定、按年度一次性下达。

繁荣计划专项资金支付按照国库集中支付制度有关规定执行。

第十九条　项目依托学校应当将资金纳入学校财务部门统一管理。

学校应当严格按照国家有关规定和本办法规定,制定内部管理办法,明确审批程序、管理要求和报销规定,落实项目预算调剂、间接费用统筹使用、劳务费分配管理、结转结余资金使用等管理权限,建立健全内控制度,加强对项目资金的监督和管理。

学校应当指导项目负责人科学合理编制预算,规范预算调剂程序,完善项目资金支出、报销审核监督制度,加强对专家咨询费、劳务费、外拨资金、间接费用、结转结余资金等的审核和管理。

学校应当强化对合作项目真实性、可行性和合规性的审核,严格防止虚假资源匹配和虚假合作,坚决杜绝假借合作名义骗取资金。

学校应当建立健全科研财务助理制度,为科研人员在项目预算编制和调剂、资金支出、项目资金决算和验收等方面提供专业化服务。充分利用信息化手段,建立健全单位内部科研、财务、项目负责人共享的信息平台,提高科研管理效率和便利化程度。

第二十条 项目预算一经批复,必须严格执行。确需调剂的,应当按规定报批。

由于研究内容或者研究计划作出重大调整等原因,确需增加或减少预算总额的,由依托学校审核同意后报教育部审批。

在项目预算总额不变的情况下,支出科目和金额确需调剂的,由项目负责人根据实际需要提出调剂申请,报依托学校审批。会议费/差旅费/国际合作与交流费、劳务费、专家咨询费预算一般不予调增,可以调减用于项目其他方面支出。如有特殊情况确需调增的,由项目负责人提出申请,经学校审核同意后,报教育部审批。间接费用原则上不得调剂。原项目预算未列示外拨资金,需要增列的,或者已列示的外拨资金确需调整的,由项目负责人提出申请,报依托学校审批。

第二十一条 项目依托学校应当严格执行国家有关资金支出管理制度。对应当实行"公务卡"结算的支出,按照公务卡结算的有关规定执行。专家咨询费、劳务费等支出,原则上应当通过银行转账方式结算,从严控制现金支出事项。

对于野外考察、数据采集等科研活动中无法取得发票或财政性票据的支出,在确保真实性的前提下,依托学校可按实际发生额予以报销。

第四章　决算管理

第二十二条　项目负责人应当按照规定编制项目资金年度决算。项目依托学校应将繁荣计划专项资金收支情况纳入单位年度决算统一编报。

第二十三条　项目完成后，项目负责人应当会同学校财务部门清理账目，据实编报项目决算，并附财务部门审核确认的项目资金收支明细账，与项目结项材料一并报送教育部。项目负责人和依托学校不得随意调账变动支出、随意修改记账凭证。

第二十四条　对于研究项目资金，项目在研期间，年度结转资金可以在下一年度继续使用。项目完成目标任务并通过验收后，结余资金可以用于项目最终成果出版及后续研究的直接支出，或由项目依托学校统筹安排用于科研活动的直接支出。若项目审核验收 2 年后结余资金仍有剩余的，应当按原渠道退回教育部。对于非研究项目资金和管理资金，按照财政部关于结转结余资金管理有关规定执行。

第二十五条　项目因故终止或被撤销，依托学校应当及时清理账目与资产，编制财务决算及资产清单，审核汇总后报送教育部。已拨资金或其剩余部分按原渠道退回教育部。

第二十六条　凡使用繁荣计划专项资金形成的固定资产、无形资产等均属国有资产，应当按照国有资产管理的有关规定执行。

第五章　监督检查与绩效管理

第二十七条　项目依托学校应当自觉接受审计、纪检监察等有关部门对繁荣计划建设项目预算执行、资金使用效益和财务管理等情况的监督检查。对于截留、挤占、挪用繁荣计划专项资金的行为，以及因管理不善导致资金浪费、资产毁损的，视情节轻重，分别采取通报批评、停止拨款、撤销项目、追回已拨资金、取消项目承担者一定期限内项目申报资格等处理措施，涉嫌违法的移交司法机关处理。

第二十八条 项目依托学校应当制定内部管理办法,明确审批程序和管理要求,落实项目预算调剂、间接费用统筹使用、劳务费分配管理、结转结余资金使用等自主权。

项目依托学校应当完善内部风险防控机制,加强预算审核把关,规范财务支出行为,强化资金使用绩效评价,保障资金使用安全规范有效。

项目依托学校应当实行内部公开制度,主动公开项目预算、预算调剂、决算、外拨资金、劳务费发放、间接费用、结余资金使用和研究成果等情况。

项目依托学校和项目负责人应当严格遵守国家财经纪律,依法依规使用项目资金,不得擅自调整外拨资金,不得利用虚假票据套取资金,不得通过编造虚假合同、虚构人员名单等方式虚报冒领劳务费和专家咨询费,不得随意调账变动支出、随意修改记账凭证、以表代账应付财务审计和检查。

第二十九条 加强繁荣计划专项资金项目绩效管理,建立健全全过程预算绩效管理机制。教育部在开展项目预算评审时,应对项目申请人设定的绩效目标进行审核,并将审核结果作为核定项目预算的重要参考因素。实施绩效目标执行监控,及时纠正绩效目标执行中的偏差,确保绩效目标如期实现。开展绩效评价,将评价结果作为今后资助的重要依据,建立项目资金使用和管理的信用机制、信息公开机制和责任追究机制,提高项目资金使用效益。

第三十条 违反本办法规定的,依照《中华人民共和国预算法》、《财政违法行为处罚处分条例》等国家有关法律制度规定处理。

第六章　附　则

第三十一条 本办法由财政部、教育部负责解释。

第三十二条 本办法自 2016 年 12 月 1 日起施行。

中央和国家机关培训费管理办法

（财政部、中共中央组织部、国家公务员局,2016 年 12 月）

第一章　总　则

第一条　为进一步规范中央和国家机关培训工作,保证培训工作需要,加强培训经费管理,依据《中华人民共和国公务员法》《干部教育培训工作条例》和其他有关法律法规,制定本办法。

第二条　本办法所称培训,是指中央和国家机关及其所属机构使用财政资金在境内举办的三个月以内的各类培训。

第三条　本办法所称中央和国家机关,是指党中央各部门,国务院各部委、各直属机构,全国人大常委会办公厅,全国政协办公厅,最高人民法院,最高人民检察院,各人民团体,各民主党派中央和全国工商联(以下简称各单位)。

第四条　各单位举办培训应当坚持厉行节约、反对浪费的原则,实行单位内部统一管理,增强培训计划的科学性和严肃性,增强培训项目的针对性和实效性,保证培训质量,节约培训资源,提高培训经费使用效益。

第二章　计划和备案管理

第五条　建立培训计划编报和审批制度。各单位培训主管部门制订的本单位年度培训计划(包括培训名称、目的、对象、内容、时间、地点、参训人数、所需经费及列支渠道等),经单位财务部门审核后,报单位领导办公会议或党组(党委)会议批准后施行。

第六条 年度培训计划一经批准,原则上不得调整。因工作需要确需临时增加培训项目的,报单位主要负责同志审批。

第七条 各单位年度培训计划于每年 3 月 31 日前同时报中央组织部、财政部、国家公务员局备案。

第三章 开支范围和标准

第八条 本办法所称培训费,是指各单位开展培训直接发生的各项费用支出,包括师资费、住宿费、伙食费、培训场地费、培训资料费、交通费以及其他费用。

(一)师资费是指聘请师资授课发生的费用,包括授课老师讲课费、住宿费、伙食费、城市间交通费等。

(二)住宿费是指参训人员及工作人员培训期间发生的租住房间的费用。

(三)伙食费是指参训人员及工作人员培训期间发生的用餐费用。

(四)培训场地费是指用于培训的会议室或教室租金。

(五)培训资料费是指培训期间必要的资料及办公用品费。

(六)交通费是指用于培训所需的人员接送以及与培训有关的考察、调研等发生的交通支出。

(七)其他费用是指现场教学费、设备租赁费、文体活动费、医药费等与培训有关的其他支出。

参训人员参加培训往返及异地教学发生的城市间交通费,按照中央和国家机关差旅费有关规定回单位报销。

第九条 除师资费外,培训费实行分类综合定额标准,分项核定、总额控制,各项费用之间可以调剂使用。综合定额标准如下:

单位：元／人天

培训类别	住宿费	伙食费	场地、资料、交通费	其他费用	合计
一类培训	500	150	80	30	760
二类培训	400	150	70	30	650
三类培训	340	130	50	30	550

一类培训是指参训人员主要为省部级及相应人员的培训项目。

二类培训是指参训人员主要为司局级人员的培训项目。

三类培训是指参训人员主要为处级及以下人员的培训项目。

以其他人员为主的培训项目参照上述标准分类执行。

综合定额标准是相关费用开支的上限。各单位应在综合定额标准以内结算报销。

30 天以内的培训按照综合定额标准控制；超过 30 天的培训，超过天数按照综合定额标准的 70% 控制。上述天数含报到撤离时间，报到和撤离时间分别不得超过 1 天。

第十条 师资费在综合定额标准外单独核算。

（一）讲课费（税后）执行以下标准：副高级技术职称专业人员每学时最高不超过 500 元，正高级技术职称专业人员每学时最高不超过 1000 元，院士、全国知名专家每学时一般不超过 1500 元。

讲课费按实际发生的学时计算，每半天最多按 4 学时计算。

其他人员讲课费参照上述标准执行。

同时为多班次一并授课的，不重复计算讲课费。

（二）授课老师的城市间交通费按照中央和国家机关差旅费有关规定和标准执行，住宿费、伙食费按照本办法标准执行，原则上由培训举办单位承担。

（三）培训工作确有需要从异地（含境外）邀请授课老师，路途时间较长的，经单位主要负责同志书面批准，讲课费可以适当增加。

第四章　培训组织

第十一条　培训实行中央和地方分级管理,各单位举办培训,原则上不得下延至市、县及以下。

第十二条　各单位开展培训,应当在开支范围和标准内优先选择党校、行政学院、干部学院以及组织人事部门认可的其他培训机构承办。

第十三条　组织培训的工作人员控制在参训人员数量的 10% 以内,最多不超过 10 人。

第十四条　严禁借培训名义安排公款旅游;严禁借培训名义组织会餐或安排宴请;严禁组织高消费娱乐健身活动;严禁使用培训费购置电脑、复印机、打印机、传真机等固定资产以及开支与培训无关的其他费用;严禁在培训费中列支公务接待费、会议费;严禁套取培训费设立"小金库"。

培训住宿不得安排高档套房,不得额外配发洗漱用品;培训用餐不得上高档菜肴,不得提供烟酒;除必要的现场教学外,7 日以内的培训不得组织调研、考察、参观。

第十五条　邀请境外师资讲课,须严格按照有关外事管理规定,履行审批手续。境内师资能够满足培训需要的,不得邀请境外师资。

第十六条　培训举办单位应当注重教学设计和质量评估,通过需求调研、课程设计和开发、专家论证、评估反馈等环节,推进培训工作科学化、精准化;注重运用大数据、"互联网+"等现代信息技术手段开展培训和管理。所需费用纳入部门预算予以保障。

第五章　报销结算

第十七条　报销培训费,综合定额范围内的,应当提供培训计划审批文件、培训通知、实际参训人员签到表以及培训机构出具的收款票据、费用明细等凭证;师资费范围内的,应当提供讲课费签收单或合同,异地授课的城市间交通费、住宿费、伙食费按照差旅费报销办法提供相关凭据；执行中经单位主要负责同志批准临时增加的培训项目，还应提供单位主要负责同志审批材料。

各单位财务部门应当严格按照规定审核培训费开支，对未履行审批备案程序的培训，以及超范围、超标准开支的费用不予报销。

第十八条　培训费的资金支付应当执行国库集中支付和公务卡管理有关制度规定。

第十九条　培训费由培训举办单位承担，不得向参训人员收取任何费用。

第六章　监督检查

第二十条　各单位应当将非涉密培训的项目、内容、人数、经费等情况，以适当方式公开。

第二十一条　各单位应当于每年3月31日前将上年度培训计划执行情况（包括培训名称、对象、内容、时间、地点、参训人数、工作人员数、经费开支及列支渠道、培训成效、问题建议等）报送中央组织部、财政部、国家公务员局。

第二十二条　中央组织部、财政部、国家公务员局等有关部门对各单位培训活动和培训费管理使用情况进行监督检查。主要内容包括：

（一）培训计划的编报是否符合规定；

（二）临时增加培训计划是否报单位主要负责同志审批；

（三）培训费开支范围和开支标准是否符合规定；

（四）培训费报销和支付是否符合规定；

（五）是否存在虚报培训费用的行为；

（六）是否存在转嫁、摊派培训费用的行为；

（七）是否存在向参训人员收费的行为；

（八）是否存在奢侈浪费现象；

（九）是否存在其他违反本办法的行为。

第二十三条　对于检查中发现的违反本办法的行为，由中央组织部、财政部、国家公务员局等有关部门责令改正,追回资金,并予以通报。对相关责任人员,按规定予以党纪政纪处分;涉嫌违法的,移交司法机关处理。

第七章 附 则

第二十四条 各单位可以按照本办法,结合本单位业务特点和工作实际,制定培训费管理具体规定。

第二十五条 中央组织部、国家公务员局组织的调训和统一培训,有关部门组织的援外培训,不适用本办法,按有关规定执行。

第二十六条 中央事业单位培训费管理参照本办法执行。

第二十七条 本办法由财政部会同中央组织部、国家公务员局负责解释。

第二十八条 本办法自 2017 年 1 月 1 日起施行。《中央和国家机关培训费管理办法》(财行〔2013〕523 号)同时废止。

关于进一步做好中央财政科研项目资金管理等政策贯彻落实工作的通知

（财政部、科技部、教育部、发展改革委,2017 年 3 月）

国务院有关部委、有关直属机构,各中央高校、科研院所:

为了进一步做好《中共中央办公厅 国务院办公厅印发〈关于进一步完善中央财政科研项目资金管理等政策的若干意见〉的通知》（以下简称《若干意见》）贯彻落实工作,促进中央财政科研项目资金管理改革举措落地生根,切实增强科研人员改革"成就感""获得感",现就有关问题通知如下:

一、提高思想认识,强化责任担当

《若干意见》是加快推进科技领域"放管服"改革、完善财政科研项目资金管理的重要举措,对于促进形成充满活力的科技管理和运行机制、激发广大科研人员创新创造活力具有十分重要的意义。各部门、各单位要进一步提高思想认识,全面深入学习,准确把握文件精神和具体要求,切实增强做好贯彻落实工作的责任感和紧迫感。项目主管部门要加强统筹协调,督促和指导所属单位落实好相关政策。中央高校、科研院所等相关单位要切实履行法人责任,加快制度建设,完善内控机制,规范工作流程,创新服务方式,确保下放的管理权限"接得住、管得好"。

二、细化政策措施，狠抓政策执行

（一）加快制度建设。

项目承担单位应当结合本单位实际，抓紧制定和完善项目预算调剂、间接费用统筹使用、劳务费分配管理、结余资金使用、科研财务助理岗位设立、内部信息公开公示等内部管理办法。对于督查或自查中发现未在规定时间出台制度的单位，应当逐项对照、查漏补缺，务必于3月底前完成整改。

各单位在制定制度时，应当严格按照本单位内部决策程序开展工作，有关制度应当以单位正式文件形式印发，并在单位内部以适当的方式公开。各项制度应当做到权责明确、流程清晰、操作性强、务实管用。各项制度以及中央高校、科研院所按规定制定的差旅会议内部管理办法，应当作为预算编制、评估评审、经费管理、审计检查、财务验收等工作依据。

项目主管部门应当尽快完善预算编制指南，制定预算评估评审和财务验收工作细则等具体操作规范。

（二）大力推进信息公开。

项目承担单位应当完善内部信息公开制度，明确单位内部信息公开的责任主体、程序、方式、范围和期限等，除涉密信息外，财政科研项目预决算、预算调剂、资金使用（重点是间接费用、外拨资金、结余资金使用）、研究成果等情况均应以适当方式在单位内部公开。要充分运用信息公开的手段，加强内部监督和管理。

（三）细化、完善劳务费和间接费用管理。

项目承担单位应当建立健全劳务费管理办法，进一步细化访问学者、项目聘用研究人员的管理要求，规范对访问学者、项目聘用研究人员的资格认定、审批或备案、公开公示程序，明确管理责任，细化岗位设立、工作协议、劳务费标准和发放办法等日常管理规定。项目聘用研究人员应当为项目承担单位通过劳务派遣方式或者签订劳动合同、聘用协议等方式为项目聘用的研究人员（包括退休人员）。

项目承担单位应当建立健全间接费用管理办法,进一步明确间接费用分配原则和流程,完善绩效考核办法,以及绩效支出与科研人员在项目工作中的实际贡献挂钩的机制,妥善处理合理分摊间接成本和对科研人员激励的关系。中央高校、科研院所等事业单位在安排绩效支出时,应当符合事业单位绩效工资管理有关规定。

(四)加强结余资金统筹管理。

对于完成任务目标并一次性通过验收的项目,验收结论确定的结余资金全部留归项目承担单位使用,由其统筹用于本单位科研活动的直接支出。2年后(自验收结论下达后次年的1月1日起计算)结余资金未用完的,按规定原渠道收回。未一次性通过验收的项目,结余资金按规定原渠道收回。

项目承担单位应当认真落实结余资金使用管理权限,加强结余资金统筹管理,在内部管理办法中明确具体统筹方式和管理要求,提高科研项目资金使用效益,激发科研人员创新创造活力。

(五)做好在研项目政策衔接。

《若干意见》发布时,已进入结题验收环节的项目,继续按照原政策执行,不作调整;尚在执行环节的项目,由项目承担单位统筹考虑本单位实际情况,与科研人员特别是项目负责人充分协商后,在项目预算总额不变的前提下,自主决定是否执行新规定。

(六)规范会计师事务所开展的财务审计。

项目主管部门制定财务验收工作细则,明确科研项目财务验收的责任主体、主要内容、程序规范等。加强对承接科研项目财务审计委托任务的会计师事务所的指导和培训,提高其政策理解和把握能力,促进提升财务审计工作质量。按照政府采购法的有关要求,规范对承接科研项目财务审计委托任务的会计师事务所选聘程序,完善信用管理体系,会同财政部门对严重违规会计师事务所的严重不良信用记录记入"黑名单"。

中国注册会计师协会制定科研项目财务审计操作指引,明确会计师事务所从事科研项目财务审计工作要求和技术规范,将科研项目财务审计纳入执业质量检查范围。会计师事务所应当建立健全相关质量控制机制,切实提升服务能力和审计质量。

三、发挥部门作用，加强统筹指导

各部门、各单位应当进一步加大宣传培训力度，在官方网站开辟专栏，系统、集中登载中央财政科研项目资金管理有关政策文件及解读，及时发布本部门、本单位制定的相关管理办法。加大对财务人员、科研财务助理、科研人员等相关人员的培训力度。同时，加强对中央财政科研项目资金的事中事后监管，严肃查处违法违纪问题。

项目主管部门应当结合本部门实际情况，对共性问题统筹研究，提出解决方案或指导意见。加强对本部门所属高校、科研院所等单位落实《若干意见》的跟踪指导，及时总结典型做法，并予以推广。

财政部、科技部将持续跟踪改革进展，建立中央财政科研项目资金管理改革等政策落实情况的督查机制、通报机制。有关通报和督查结果将纳入信用管理，与中央高校管理改革等绩效拨款、间接费用核定、结余资金留用等挂钩。

中央高校建设世界一流大学（学科）和特色发展引导专项资金管理办法

（财政部、教育部，2017 年 7 月）

第一章 总 则

第一条 为了引导中央高校加快推进世界一流大学和一流学科建设以及特色发展，提高办学质量和创新能力，规范中央高校建设世界一流大学（学科）和特色发展引导专项资金（以下简称"引导专项"）的使用和管理，提高资金使用效益，根据《国务院关于印发统筹推进世界一流大学和一流学科建设总体方案的通知》（国发〔2015〕64 号）、《教育部、财政部、国家发展改革委关于印发〈统筹推进世界一流大学和一流学科建设实施办法（暂行）〉的通知》（教研〔2017〕2 号）、《财政部、教育部关于改革完善中央高校预算拨款制度的通知》（财教〔2015〕467 号）以及预算管理改革的有关要求，制定本办法。

第二条 "引导专项"用于引导支持符合条件的中央高校加快推进世界一流大学和一流学科建设，引导支持其他中央高校特色发展，引导中央高校合理定位，在不同层次、不同领域办出特色、争创一流。

第三条 "引导专项"的分配、使用和管理遵循以下原则：

（一）质量导向，突出学科。重点考虑学校办学质量和学科水平，突出学科的基础地位，引导中央高校提高办学质量和创新能力。

（二）因素分配，公平公正。按照因素法测算分校额度，充分考虑不同类型学校实际情况，科学合理选取因素和确定权重，体现公平公正。

（三）放管结合，科学管理。结合学校实际，按照类别设置项目，增强中央高校按照规定统筹安排使用资金的自主权，进一步明确管理责任，完善管理机制，规范管理行为。

（四）注重绩效，动态调整。加强绩效管理和追踪问效，根据有关评估评价结果、资金使用管理等情况，动态调整支持力度，强化激励约束。

第二章　管理权限与职责

第四条　财政部负责会同教育部核定"引导专项"三年支出规划和年度预算，对资金使用和管理情况进行监督指导。

第五条　主管部门应当按照部门预算管理的有关要求，编制"引导专项"三年支出规划和年度预算，及时将"引导专项"预算下达到所属高校，并对资金使用情况进行监督；组织开展"引导专项"绩效评价，加强结果应用。

第六条　中央高校是"引导专项"使用管理的责任主体，应当切实履行法人责任，健全内部管理机制，结合建设方案，科学合理编制"引导专项"三年支出规划和年度预算，加强全过程预算绩效管理，具体组织预算执行。

第三章　预算管理

第七条　"引导专项"采用因素法分配，分配因素主要包括基础因素、质量因素、其他因素，以质量因素特别是学科水平因素为主。基础因素指中央高校在人才培养、师资队伍、科学研究等方面具备的基本条件；质量因素指中央高校在学科建设、科学研究、社会服务等方面取得的成效；其他因素指中央高校办学特色、综合改革、资金使用管理情况、绩效评价结果等。

根据党中央、国务院关于统筹推进世界一流大学和一流学科建设的有关决策部署、中央高校实际情况及相关管理改革要求，财政部会同教育部适时对相关分配因素进行完善。

第八条　"引导专项"实行项目管理。中央高校按照拔尖创新人才培养、师资队伍建设、提升自主创新和社会服务能力、文化传承创新、国际合作交流等五类设置项目。

第九条 中央高校根据统筹推进世界一流大学和一流学科建设的有关要求以及自身办学特色等实际情况,结合本校世界一流大学和一流学科建设方案和相关改革发展规划,统筹考虑"引导专项"等中央财政资金及其他渠道资金,建立"引导专项"项目库,并按照规定进行预算评审和实行滚动管理。

第十条 中央高校应当根据年度预算控制数和相关管理要求,严格论证、精心安排,提高项目预算编制质量,并按照规定编制政府采购预算和新增资产配置预算。增强预算严肃性,预算一经批复,应当严格执行,一般不予调剂。对执行中因特殊情况确需调剂的内容,在项目内调剂的,应当严格按照校内预算管理程序进行调剂;跨项目调剂的,应当按照部门预算管理程序报主管部门、财政部审批。调剂的内容,应当按照有关规定进行预算评审。

第四章 支出和决算管理

第十一条 "引导专项"支出范围包括与世界一流大学和一流学科建设以及特色发展相关的人员经费、设备购置费、维修费、业务费等,支出标准国家有明确规定的,按照规定执行;没有明确规定的,由中央高校结合实际情况,按照勤俭节约、实事求是的原则确定。

第十二条 人员经费支出主要用于培养、引进、聘任学术领军人才和建设优秀创新团队等,其使用管理应当符合以下要求:

(一)认真落实党中央关于深化人才发展体制机制改革的有关决策部署,有利于促进学校人事管理制度改革创新,有利于形成具有国际竞争力的人才制度优势。

(二)严格执行国家关于事业单位绩效工资制度的有关规定,有利于建立健全规范有序的内部收入分配制度,人员经费支出应当聚焦世界一流大学和一流学科建设以及特色发展,加大对高层次人才的激励,不得用于在全校范围内普遍提高人员薪酬待遇。

(三)坚持正确导向,促进高层次人才合理有序流动。人员经费支出用于人才引进的,应当突出"高精尖缺"导向,重点加大海外高层次人才引进力度,东部地区高校不得用于从中西部、东北地区引进人才,高校之间、高校与科研院所等单位之间不得片面依赖高薪酬高待遇竞价抢挖人才。

第十三条 "引导专项"不得用于偿还贷款、支付罚款、捐赠、赞助、对外投资等支出,不得用于房屋建筑物购建等支出,不得作为其他项目的配套资金,也不得用于按照国家规定不得开支的其他支出。

第十四条 "引导专项"的支付按照国库集中支付有关规定执行;属于政府采购范围的,按照政府采购有关法律制度规定执行。

第十五条 中央高校应当将"引导专项"收支情况纳入单位年度决算,统一编报。年度结转结余资金按照国家有关规定管理。

第十六条 中央高校应当加强资产配置管理,提高资产配置的科学性,优化存量、控制增量,避免重复配置。使用"引导专项"形成的资产均属国有资产,应当按照国家国有资产管理的有关规定加强管理,提高资产使用效率。

第五章 监督检查与绩效评价

第十七条 年度终了,中央高校应当对照设定的绩效目标,开展资金使用绩效自我评价,形成年度绩效自评报告,经主管部门汇总后,于次年4月底前报送财政部。

第十八条 主管部门、财政部组织对专项资金的使用管理情况进行监督检查和绩效评价,绩效评价可以根据需要采取第三方评价等方式。财政部、主管部门将把预算执行管理等绩效评价情况作为资金分配的重要因素,对项目预算执行缓慢或与绩效目标存在较大偏差的中央高校,相应采取减少或暂停安排专项资金等措施。

第十九条 中央高校应当严格遵守国家财政财务制度和财经纪律,规范和加强内部管理,自觉接受审计、监察、财政及主管部门的监督检查。如发现有截留、挤占、挪用专项资金的行为,以及因管理不善导致资金浪费、资产毁损、效益低下的,将视情节暂停或核减其以后年度预算,并按照《中华人民共和国预算法》、《财政违法行为处罚处分条例》等有关规定处理。

第二十条 财政部、相关主管部门及其工作人员在"引导专项"资金分配等审批工作中,存在违反规定分配资金以及其他滥用职权、玩忽职守、徇私舞弊等违法违纪行为的,按照《中华人民共和国预算法》《中华人民共和国公务员法》《中华人民共和国行政监察法》《财政违法行为处罚处分条例》等国家有关规定追究相应责任;涉嫌犯罪的,移送司法机关处理。

第六章　附　则

第二十一条 本办法由财政部、教育部负责解释。

第二十二条 各中央高校应当根据本办法,制定适合本校特点的实施细则,报主管部门备案,同时抄送财政部、教育部。

第二十三条 本办法自2018年1月1日起施行。经商国家发展改革委,《财政部、教育部关于印发〈"985工程"专项资金管理办法〉的通知》(财教〔2010〕596号)和《财政部、国家发展改革委、教育部关于印发〈"211工程"专项资金管理办法〉的通知》(财教〔2003〕80号)同时废止。

中央财政科研项目专家咨询费管理办法

（财政部,2017 年 9 月）

第一条 为加强和规范专家咨询费的管理,根据《预算法》以及中央本级项目支出定额标准等国家有关预算管理制度规定,制定本办法。

第二条 专家咨询费是指科研项目(课题)承担单位(以下简称单位)在项目(课题)实施过程中支付给临时聘请的咨询专家的费用。

第三条 本办法适用于由中央财政科研项目资金列支的专家咨询费。

第四条 本办法的专家是指精通某一领域业务,或对相关科技业务的某一方面有独到见解,已取得高级专业技术职称的人员或被科研项目(课题)承担单位认可的其他专业人员。

第五条 单位应当结合实际制定统一、合理、规范的咨询专家遴选办法,并在单位内部公开。具备条件的单位应当建立多领域、多学科的咨询专家库。

第六条 高级专业技术职称人员的专家咨询费标准为 1500—2400 元/人天(税后);其他专业人员的专家咨询费标准为 900—1500 元/人天(税后)。

第七条 院士、全国知名专家,可按照高级专业技术职称人员的专家咨询费标准上浮 50%执行。

第八条 本办法所指专家咨询活动的组织形式主要有会议、现场访谈或者勘察、通讯三种形式。

(1)以会议形式组织的咨询,是指通过召开专家参加的会议,征询专家的意见和建议。

(2)以现场访谈或者勘察形式组织的咨询,是指通过组织现场谈话,或者查看实地、实物、原始业务资料等方式征询专家的意见和建议。

(3)以通讯形式组织的咨询,是指通过信函、邮件等方式征询专家的意见和建议。

第九条 不同形式组织的专家咨询活动适用专家咨询费标准如下:

组织形式＼会期	半天	不超过两天(含两天)	超过两天
会议	按照本办法第六条所规定标准的60%执行。	按照本办法第六条所规定的标准执行。	第一天、第二天:按照本办法第六条所规定的标准执行; 第三天及以后:按照本办法第六条所规定标准的50%执行。
现场访谈或者勘察	按照上述以会议形式组织的专家咨询费相关标准执行。		
通讯	按次计算,每次按照本办法第六条所规定标准的20%—50%执行。		

第十条 不同领域、相同专业技术职称的专家咨询费标准应当保持一致。

第十一条 根据国家经济社会发展水平和物价变动等情况,财政部适时对专家咨询费标准进行调整。

第十二条 专家咨询费不得支付给参与项目(课题)研究及其管理的相关人员。

第十三条 专家咨询费的发放应当按照国家有关规定由单位代扣代缴个人所得税。

第十四条 单位发放专家咨询费原则上采用银行转账方式。

第十五条 单位应当建立专家咨询费的支付审核机制,负责核实专家咨询行为及专家咨询费发放的真实性、合规性,并及时向代理银行办理支付手续。对专家信息不真实、存在虚假咨询行为,以及其他违反本办法或单位有关规定的,单位应当拒绝办理支付手续。

第十六条 单位应当对专家咨询费的开支做好财务记录,并及时归档,定期对专家咨询费支付情况进行检查。

第十七条 地方财政科研项目开支的专家咨询费可参照本办法,结合本地实际予以执行。

第十八条 单位可根据本办法有关规定,结合单位实际制定实施细则。

第十九条 本办法自印发之日起施行。

关于科技人员取得职务科技成果转化现金奖励有关个人所得税政策的通知

（财政部、税务总局、科技部，2018 年 5 月）

各省、自治区、直辖市、计划单列市财政厅（局）、地方税务局、科技厅（委、局），新疆生产建设兵团财政局、科技局：

为进一步支持国家大众创业、万众创新战略的实施，促进科技成果转化，现将科技人员取得职务科技成果转化现金奖励有关个人所得税政策通知如下：

一、依法批准设立的非营利性研究开发机构和高等学校（以下简称非营利性科研机构和高校）根据《中华人民共和国促进科技成果转化法》规定，从职务科技成果转化收入中给予科技人员的现金奖励，可减按 50% 计入科技人员当月"工资、薪金所得"，依法缴纳个人所得税。

二、非营利性科研机构和高校包括国家设立的科研机构和高校、民办非营利性科研机构和高校。

三、国家设立的科研机构和高校是指利用财政性资金设立的、取得《事业单位法人证书》的科研机构和公办高校，包括中央和地方所属科研机构和高校。

四、民办非营利性科研机构和高校，是指同时满足以下条件的科研机构和高校：

（一）根据《民办非企业单位登记管理暂行条例》在民政部门登记，并取得《民办非企业单位登记证书》。

（二）对于民办非营利性科研机构，其《民办非企业单位登记证书》记载的业务范围应属于"科学研究与技术开发、成果转让、科技咨询与服务、科技成果评估"范围。对业务范围存在争议的，由税务机关转请县级（含）以上科技行政主管部门确认。

对于民办非营利性高校，应取得教育主管部门颁发的《民办学校办学许可证》，《民办学校办学许可证》记载学校类型为"高等学校"。

（三）经认定取得企业所得税非营利组织免税资格。

五、科技人员享受本通知规定税收优惠政策，须同时符合以下条件：

（一）科技人员是指非营利性科研机构和高校中对完成或转化职务科技成果作出重要贡献的人员。非营利性科研机构和高校应按规定公示有关科技人员名单及相关信息（国防专利转化除外），具体公示办法由科技部会同财政部、税务总局制定。

（二）科技成果是指专利技术（含国防专利）、计算机软件著作权、集成电路布图设计专有权、植物新品种权、生物医药新品种，以及科技部、财政部、税务总局确定的其他技术成果。

（三）科技成果转化是指非营利性科研机构和高校向他人转让科技成果或者许可他人使用科技成果。现金奖励是指非营利性科研机构和高校在取得科技成果转化收入三年（36个月）内奖励给科技人员的现金。

（四）非营利性科研机构和高校转化科技成果，应当签订技术合同，并根据《技术合同认定登记管理办法》，在技术合同登记机构进行审核登记，并取得技术合同认定登记证明。

非营利性科研机构和高校应健全科技成果转化的资金核算，不得将正常工资、奖金等收入列入科技人员职务科技成果转化现金奖励享受税收优惠。

六、非营利性科研机构和高校向科技人员发放现金奖励时，应按个人所得税法规定代扣代缴个人所得税，并按规定向税务机关履行备案手续。

七、本通知自2018年7月1日起施行。本通知施行前非营利性科研机构和高校取得的科技成果转化收入，自施行后36个月内给科技人员发放现金奖励，符合本通知规定的其他条件的，适用本通知。

中央级新购大型科研仪器
设备查重评议管理办法

（财政部、科技部，2019 年 1 月）

第一条 为规范中央级新购大型科研仪器设备查重评议工作，减少重复浪费，促进资源共享，提高财政资金的使用效益，依据《国务院关于国家重大科研基础设施和大型科研仪器向社会开放的意见》（国发〔2014〕70 号）等规定，对中央和地方所属高等院校、科研院所及其他科研机构利用中央财政资金申请购置大型科研仪器设备实施查重评议，特制定本办法。

第二条 本办法所称"大型科研仪器设备"是指利用中央财政资金购置的单台（套）价格在 200 万元人民币及以上，用于科学研究、技术开发及其他科技活动的科研仪器设备。

"查重评议"是指有关单位申请购置大型科研仪器设备预算时，提请负责审核批复仪器设备购置事项预算的部门或单位（以下简称组织查重部门）按本办法规定对新购大型科研仪器设备的学科相关性、必要性、合理性等进行评议，从源头上避免仪器设备重复购置，提高利用效率。

第三条 有关单位申请购置大型科研仪器经费预算时，需提请组织查重部门进行查重评议并提交购置申请报告。购置申请报告主要内容包括：拟购仪器设备基本情况、购置的必要性以及本单位同类仪器设备保有和运行开放情况等（概要模版附后）。

第四条 组织查重部门是查重评议工作的责任主体，负责自行组织或委托第三方机构利用重大科研基础设施和大型科研仪器国家网络管理平台中仪器设备数据和相关信息开展,并将查重评议结果作为批准新购大型科研仪器设备事项的重要依据。

组织查重部门要改进服务和管理,统筹做好与项目评审、预算审核等工作的衔接。

第五条 查重评议的主要内容包括:

(一)申购单位相关学科发展和承担科研任务需要购置仪器设备的必要性。

(二)申购单位及所在地区(一般指所在的直辖市、省会城市或地级市,下同)同类仪器设备的保有情况(包括分布情况、共享情况、利用情况及年平均有效机时)。

(三)申购仪器设备功能及相关技术指标的先进性、适用性、合理性。

(四)申购单位实验队伍支撑情况。

(五)申购单位物理条件(安置地点、水电环境等)支撑情况。

第六条 查重评议的原则包括:

符合下列条件之一的建议购置:

(一)申购单位及所在地区无同类仪器设备或有同类仪器设备但其功能无法满足当前研究需要。

(二)申购单位及所在地区虽有同类设备但机时饱满(原则上年平均机时达 1200 小时以上),无法满足当前研究需要。

(三)申购单位及所在地区虽有同类仪器设备,但由于实验性质和条件所限不适合共享。

(四)申购仪器设备为在线仪器设备或对已有设备的配套和升级改造等。

具有下述情况之一的不建议购置:

(一)申购单位及本地区现存同类仪器设备较多且功能可以满足当前研究需要,可以通过共享支撑当前研究(一般按照现有共享仪器设备利用机时不足 1200 小时来判断)。

(二)申购仪器设备与本项目的研究方向不符。

(三)对申购仪器设备刻意拆分、打包或未使用规范名称。

（四）申购单位缺乏合适的专职/兼职实验管理人员、仪器设备操作人员。

第七条 组织查重部门自行开展查重评议的,要根据本办法制定具体的操作办法;采取委托第三方评议机构开展的,应要求第三方评议机构根据本办法制定具体的操作办法,充分利用信息化手段,遴选符合条件的专家,公平、公正、高效地开展评议工作。

第八条 组织查重部门应将查重评议的结果,及时反馈有关单位。

第九条 有关单位对查重评议结果有异议的,应提请组织查重部门进行研究并提出处理意见。

第十条 财政部会同科技部等负责查重评议制度设计,推进完善国家网络平台管理,对组织查重部门、第三方评议机构等开展查重评议情况进行监督指导。

第十一条 对有关单位提交虚假材料申购仪器设备等行为、组织查重部门未按规定开展查重评议等行为,以及第三方评议机构徇私舞弊等行为,财政部将会同有关部门,采取扣减仪器设备购置预算、计入法人单位科研严重失信行为记录等方式,予以惩戒。

第十二条 为应对应急突发事件需购置大型科研仪器设备的,可不进行查重评议。涉及国防领域大型科研仪器设备购置,不适用本办法。购置单台（套）价格在200万元人民币以下的,有关单位要合理统筹利用仪器设备资源,减少重复购买,提高资源和资金利用效率。

第十三条 本办法由财政部负责解释。

第十四条 本办法自2019年1月1日起施行,《中央级新购大型科学仪器设备联合评议工作管理办法（试行）》（财教〔2004〕33号）同时废止。

关于扩大高校和科研院所
科研相关自主权的若干意见

（科技部等 6 部门，2019 年 7 月）

高校和科研院所从事探索性、创造性科学研究活动，具有知识和人才独特优势，是实施创新驱动发展战略、建设创新型国家的重要力量。党中央、国务院高度重视高校和科研院所科研领域简政放权工作，近年来出台了一系列改革举措，取得了良好效果。但随着科技创新向纵深推进，高校和科研院所科研相关自主权越来越难以适应实践发展需求。为进一步完善相关制度体系，推动扩大高校和科研院所科研领域自主权，全面增强创新活力，提升创新绩效，增加科技成果供给，支撑经济社会高质量发展，现提出如下意见。

一、总体要求

（一）指导思想。

以习近平新时代中国特色社会主义思想为指导，全面贯彻党的十九大和十九届二中、三中全会精神，认真落实党中央、国务院决策部署，牢固树立新发展理念，遵循科研活动、人才成长、成果转化规律，深化科技体制改革，转变政府科技管理职能，抓战略、抓规划、抓政策、抓服务，支持高校和科研院所依法依规行使科研相关自主权，充分调动单位和人员积极性创造性，增强创新动力活力和服务经济社会发展能力，为建设创新型国家和世界科技强国提供有力支撑。

（二）基本原则。

坚持单位发展与国家使命相一致。坚持和加强党对高校和科研院所的全面领导，牢记国家使命，坚持国家目标导向，充分利用国家赋予的职责权限组织开展工作，积极承担重大科研任务，将单位发展融入国家发展大局，在服务国家目标过程中实现自身可持续发展。

坚持统一要求与分类施策相协调。扩大高校和科研院所科研相关自主权应符合中央分类推进事业单位改革的总体要求，尊重科学规律，针对高校和科研院所不同特点精准施策，实行分类管理，提高政策的针对性和可操作性。

坚持简政放权与加强监管相结合。最大限度减少政府对高校和科研院所内部事务的微观管理和直接干预，加强对发展方向的总体把握，实施预算绩效管理，推动内控机制建设，确保充分放权与有效承接、完善内部治理与加强外部监督、激励担当作为与严肃问责追责等有机结合、权力与责任相一致。

二、完善机构运行管理机制

（三）完善章程管理。主管部门要按照中央改革精神和政事分开、管办分离的原则，组织所属高校完善章程，推动科研院所制定章程，科学确定不同类型单位的职能定位和权利责任边界。高校和科研院所要按照章程规定的职能和业务范围开展科研活动，完善内部治理结构，建立高效运行管理机制。主管部门对章程赋予高校和科研院所管理权限的事务不得干预。

（四）强化绩效管理。高校和科研院所要制定中长期发展目标和规划，明确绩效目标及指标。主管部门要按照权责利效相统一和分类评价原则，减少过程管理，突出创新导向、结果导向和实绩导向，对高校和科研院所实行中长期绩效管理和评价考核，评价结果以适当方式公开，并作为单位财政拨款、科技创新基地建设、领导人员考评奖励、绩效工资总量核定等的重要依据；机构编制部门按照程序办理科研事业单位编制调整事项时，参考评价结果。

（五）优化机构设置管理。科技部门要按照功能定位清晰、布局合理、精简高效的原则，拟订科研机构改革发展与布局的规划，推动科技资源优化配置。高校和科研院所在章程规定的职能范围内,根据国家战略需求、行业发展需要和科技发展趋势,按照精简、效能的原则,可自主设置、变更和取消单位的内设机构。

三、优化科研管理机制

(六)简化科研项目管理流程。完善中央财政科技计划重大项目组织实施机制,围绕国家需求改进项目形成机制,合理确定项目布局、数量及体量,优选研发团队,强化责任落实与结果考核,简化过程管理。科技部门要会同相关部门精简项目申报流程,减少不必要申报材料。项目实施期间实行"里程碑"式管理,减少各类过程性评估、检查、抽查、审计等。合并财务验收和技术验收,评估、规范和动态调整第三方审计机构。整合科技管理各项工作和计划的材料报送环节,实现一表多用。建立国家科技管理信息系统按权限开放制度,凡是信息系统已有材料或已要求提供过的材料,不得要求重复提供。科技、财政、教育部门和中科院等要开展减轻科研人员负担专项行动,积极营造有利于潜心研究的环境。

(七)完善科研经费管理机制。改革间接经费预算编制和支付方式,不再由项目负责人编制预算,由项目管理部门(单位)直接核定并办理资金支付手续,资金直接支付给承担单位。加快推进基于绩效、诚信和能力的科研管理改革试点,及时总结推广科研项目资金管理等试点经验和做法。落实横向经费使用自主权,单位依法依规制定的横向经费管理办法可作为审计检查依据。允许项目承担单位对国内差旅费中的伙食补助费、市内交通费和难以取得发票的住宿费实行包干制。科技、教育部门适时选择部分高校和科研院所探索开展国内差旅费报销改革试点。

(八)改进科研仪器设备耗材采购管理。简化采购流程,缩短采购周期,对独家代理或生产的仪器设备,高校和科研院所可按有关规定和程序采取更灵活便利的采购方式。对科研急需的设备和耗材,采用特事特办、随到随办的采购机制,可不再走招投标程序。各单位要建立完善的科研设备耗材采购管理制度,对确需采用特事特办、随到随办方式的采购作出明确规定,确保放而不乱。

（九）赋予创新领军人才更大科研自主权。国家科研项目负责人可根据国家有关规定自主调整研究方案和技术路线,自主组织科研团队。具有相应授权的高校和科研院所在研究生招生计划分配中,要向承担科技重大专项、重点研发计划等国家重大科研项目的优秀团队和导师倾斜。探索基于重大科技创新平台、重大科研项目和工程项目加强博士研究生培养,完善培养成本分摊机制。项目承担单位要切实落实公务卡管理自主权,允许项目临时聘用人员、研究生等不具备公务卡申请条件的人员因执行项目任务产生的差旅费不使用公务卡结算。

（十）改革科技成果管理制度。修订完善国有资产评估管理方面的法律法规,取消职务科技成果资产评估、备案管理程序。科技、财政等部门要开展赋予科研人员职务科技成果所有权或长期使用权试点,为进一步完善职务科技成果权属制度探索路子。

四、改革相关人事管理方式

（十一）自主聘用工作人员。高校和科研院所可根据国家有关规定和开展科研活动需要,制定招聘方案,设置岗位条件,发布招聘信息,自主组织公开招聘,规范聘后管理,畅通人员出口,实现聘用人员市场化退出。对本土培养人才与海外引进人才一视同仁、平等对待。支持和鼓励高校和科研院所专业技术人员以挂职、参与项目合作、兼职、在职创业等方式从事创新活动。允许科研院所完善内部用人制度,自主聘用内设机构负责人。高校和科研院所正职和领导班子中属中央管理的干部要严格执行中央有关规定,内设研发机构负责人可依法依规获得科技成果转化现金和股权奖励,执行教学科研人员因公临时出国、兼职等区别对待、分类管理政策。

（十二）自主设置岗位。高校和科研院所可根据国家有关规定,结合科技创新事业发展需要,在编制或人员总量内自主制订岗位设置方案和管理办法,确定岗位结构比例。已全面实行聘用合同、岗位管理和公开招聘制度,建立能上能下、能进能出灵活用人机制的单位,可在编制内适当增加高级专业技术岗位比例,调整情况按管理权限报相关部门备案。允许高校和科研院所通过设置创新型岗位和流动性岗位,引进优秀人才从事创新活动。对单位引进的急需紧缺高层次人才,通过调整岗位设置难以满足需求的,经相关部门审批同意,设置一定数量的特设岗位,不受岗位总量、最高等级和结构比例限制,涉及编制事宜报机构编制管理部门按程序专项审批。完成相关任务后,按照管理权限予以核销。

(十三)切实下放职称评审权限。高校和科研院所按照国家规定自主制定职称评审办法和操作方案,按照管理权限自主开展职称评审,评审结果事后按要求报主管部门备案。部分条件不具备、尚不能独立组织评审的高校和科研院所,可自主采取联合评审、委托评审等方式。对引进的急需紧缺高层次人才和有突出贡献的人才,允许高校和科研院所在明确标准、程序和公示公开的前提下,开辟评审绿色通道,评审标准不设资历、年限等门槛。

(十四)完善人员编制管理方式。教育部门要会同机构编制、财政、人力资源社会保障等相关部门加快制订高校人员总量核定指导标准和试点方案,积极开展试点。在总结评估科研院所编制备案制试点工作基础上,完善相关政策,逐步扩大试点范围。

五、完善绩效工资分配方式

(十五)加大绩效工资分配向科研人员倾斜力度。高校和科研院所可在绩效工资总量内,按国家有关规定自主确定绩效工资结构、考核办法、分配方式、工资项目名称、标准和发放范围,绩效工资分配要向关键创新岗位、作出突出贡献的科研人员、承担财政科研项目的人员、创新团队和优秀青年人才倾斜。在绩效工资总量核定中,要向高层次人才集中、创新绩效突出的高校和科研院所倾斜。人力资源社会保障、财政部门要会同相关主管部门在部分高校和科研院所探索建立符合行业特点的工资制度。

（十六）强化绩效工资对科技创新的激励作用。对全时承担国家关键领域核心技术攻关任务的团队负责人以及单位引进的急需紧缺高层次人才等可实行年薪制、协议工资、项目工资等灵活分配方式，其薪酬在所在单位绩效工资总量中单列，相应增加单位当年绩效工资总量。加大高校和科研院所人员科技成果转化股权期权激励力度，科研人员获得的职务科技成果转化现金奖励、兼职或离岗创业收入不受绩效工资总量限制，不纳入总量基数。

六、确保政策落实见效

（十七）加强统筹协调。科技、教育部门要会同组织、机构编制、发展改革、财政、人力资源社会保障等相关部门及时完善配套制度，建立政策落实沟通反馈和动态调整机制，适时组织开展改革效果评估。主管部门要根据本意见精神在半年内完成本部门相关管理制度的修订，在岗位设置、人员聘用、内部机构调整、绩效工资分配、评价考核、科研组织等方面充分放权，加强支持保障和绩效管理。相关改革试点工作要在半年内启动，有关部门要加强指导并及时总结评估、复制推广成功经验和做法。

（十八）落实主体责任。高校和科研院所党政主要领导是本单位抓落实的第一责任人，要提高思想认识，强化责任担当，抓好组织实施，把自主权政策落实到科研一线。抓落实的成效作为单位班子考核的重要内容。一年内要制定完善本单位科研、人事、财务、成果转化、科研诚信等具体管理办法，建立健全相关工作体系、配套制度，积极推进重大决策、重大事项、重要制度等公开，自觉接受各方监督。

（十九）实施有效监管。高校和科研院所要建立适合本单位实际情况的内部控制体系，强化内部流程控制，分析风险隐患，完善风险评估机制，实现内控体系全面、有效实施，确保自主权接得住、用得好、不出事，防止滋生腐败。

各相关部门要跟踪高校和科研院所履行职责、行使自主权情况，通过"双随机、一公开"抽查、督查、第三方绩效评估等方式督促推动改革政策落实，对落实不到位的以适当方式予以通报，对发现的违法违规问题予以严肃处理。

实行科研项目责任人预算绩效负责制,重大项目责任人实行绩效终身责任追究制。构建公开公示和信用机制,将诚信状况作为单位获得科研相关自主权的重要依据,将单位行使相关自主权过程中出现的失信情况纳入信用记录管理,对严重失信行为实行终身追责、联合惩戒。

(二十)鼓励担当作为。按照"三个区分开来"的要求,鼓励高校和科研院所改革创新。监督检查工作中出现与工作对象理解相关政策不一致时,监督检查部门要与政策制定部门沟通,及时调查澄清。对在担当作为中发生无意过失的干部,要按照事业为上、实事求是、依法依纪、容纠并举等原则,结合动机态度、客观条件、程序方法、性质程度、后果影响以及挽回损失等情况,进行综合分析和妥善处理,该容的大胆容,不该容的坚决不容,鼓励干部敢于担当、主动作为。

本意见适用于中央部门所属高校和中央级科研院所。现行相关规定与本意见不一致的,以本意见为准。

中央引导地方科技发展资金管理办法

（财政部、科技部,2019 年 9 月）

第一条 为规范中央引导地方科技发展资金(以下称引导资金)管理,提高引导资金使用效益,推进科技创新,根据国家有关规定,制定本办法。

第二条 本办法所称引导资金,是指中央财政用于支持和引导地方政府落实国家创新驱动发展战略和科技改革发展政策、优化区域科技创新环境、提升区域科技创新能力的共同财政事权转移支付资金。实施期限根据科技领域中央与地方财政事权和支出责任划分改革方案等政策相应进行调整。

第三条 引导资金由财政部、科技部共同负责管理。科技部负责审核地方相关材料和数据,提供资金测算需要的基础数据,提出资金需求测算方案和分配建议。财政部根据预算管理相关规定,会同科技部研究确定各省份引导资金预算金额。省级财政、科技部门明确省级及以下各级财政、科技部门在资金安排和使用管理方面的责任,切实加强资金管理。

第四条 引导资金管理遵循"中央引导、省级统筹,简政放权、激发活力,聚焦重点、突出绩效"的原则。

第五条 引导资金支持以下四个方面:

(一)自由探索类基础研究。主要指地方聚焦探索未知的科学问题,结合基础研究区域布局,自主设立的旨在开展自由探索类基础研究的科技计划(专项、基金等),如地方设立的自然科学基金、基础研究计划、基础研究与应用基础研究基金等。

(二)科技创新基地建设。主要指地方根据本地区相关规划等建设的各类科技创新基地,包括依托大学、科研院所、企业、转制科研机构设立的科技创新基地(含省部共建国家重点实验室、临床医学研究中心等),以及具有独立法人资格的产业技术研究院、技术创新中心、新型研发机构等。

(三)科技成果转移转化。主要指地方结合本地区实际,针对区域重点产业等开展科技成果转移转化活动,包括技术转移机构、人才队伍和技术市场建设,以及公益属性明显、引导带动作用突出、惠及人民群众广泛的科技成果转化示范及科技扶贫项目等。

(四)区域创新体系建设。主要指国家自主创新示范区、国家科技创新中心、综合性国家科学中心、可持续发展议程创新示范区、国家农业高新技术产业示范区、创新型县(市)等区域创新体系建设,重点支持跨区域研发合作和区域内科技型中小企业科技研发活动。

第六条 支持自由探索类基础研究、科技创新基地建设和区域创新体系建设的资金,鼓励地方综合采用直接补助、后补助、以奖代补等多种投入方式。支持科技成果转移转化的资金,鼓励地方综合采用风险补偿、后补助、创投引导等财政投入方式。

第七条 引导资金不得用于支付各种罚款、捐款、赞助、投资、偿还债务等支出,不得用于行政事业单位编制内在职人员工资性支出和离退休人员离退休费,以及国家规定禁止列支的其他支出。

第八条 引导资金采取因素法分配,分配因素主要有:

(一)地方基础科研条件情况及财力状况(占比40%):体现科研机构、研发人员、科研仪器设备、研发经费投入等基础科研条件情况以及地方财力状况。

(二)地方科技创新能力提升情况(占比30%):体现地方支持自由探索类基础研究、加强科技创新基地建设、支持科技成果转移转化、支持区域创新体系建设等情况。

(三)绩效目标完成情况(占比30%):体现地方年度实施方案编制质量,落实国家科技改革与发展重大政策情况,以及专项资金的使用绩效情况等。

第九条 引导资金计算分配公式如下:

某省引导资金预算数＝某省分配因素得分／∑各省分配因素得分×引导资金总额；

其中：某省分配因素得分＝∑（某省分配因素值／全国该项分配因素总值×相应权重）。

第十条 财政部于每年全国人民代表大会批准中央预算后30日内，会同科技部按本办法规定正式下达引导资金预算，每年10月31日前提前下达下一年度引导资金预计数。

第十一条 省级财政部门接到中央财政下达的预算后30日内，应当会同科技部门按照预算级次合理分配、及时下达引导资金预算，并抄送财政部当地监管局。

第十二条 省级科技部门会同财政部门，应当结合本地区科技改革发展规划和有关政策，及时制定年度引导资金实施方案，实施方案应包括当年引导资金总体目标和思路、重点任务、资金安排计划、区域绩效目标等，重点任务及资金安排计划等要加强与国家区域发展战略任务相结合；实施方案随资金分配情况同时抄送财政部当地监管局，并报科技部、财政部备案。引导资金实施方案备案后不得随意调整。如需调整，应当将调整情况及原因报科技部、财政部备案，同时抄送财政部当地监管局。

第十三条 对拟分配到企业的引导资金，省级财政部门、科技部门应当通过官方网站等媒介向社会公示，公示期一般不少于7日，公示无异议后实施方案方可备案并组织实施。

第十四条 引导资金支付按照国库集中支付制度有关规定执行。涉及政府采购的，应当按照政府采购法律法规和有关制度执行。

第十五条 引导资金原则上应在当年执行完毕，年度未支出的引导资金按财政部结转结余资金管理有关规定处理。

第十六条 地方各级财政、科技部门要按照全面实施预算绩效管理的要求，建立健全全过程预算绩效管理机制，按规定科学合理设定绩效目标，对照绩效目标做好绩效监控、绩效评价，强化绩效结果运用，做好绩效信息公开，提高引导资金使用效益。科技部每年牵头组织开展引导资金绩效评价，重点考量地方科技创新能力提升情况、重点任务落实情况以及资金使用绩效情况等，财政部根据工作需要适时组织重点绩效评价，评价结果作为预算安排的重要依据。

第十七条 省级科技、财政部门应当于每年 12 月 31 日前向科技部、财政部报送引导资金绩效自评报告，并抄送财政部当地监管局，主要包括本年度引导资金支出情况、组织实施情况、绩效情况等。

第十八条 财政部各地监管局应当按照工作职责和财政部要求，对引导资金进行全面监管。

第十九条 各级财政部门、科技部门及使用引导资金的单位应强化流程控制、依法合规分配和使用资金，实行不相容岗位（职责）分离控制。

第二十条 使用引导资金的单位，应当严格执行国家会计法律法规制度，按规定管理使用资金，开展全过程绩效管理，并自觉接受监督及绩效评价。

第二十一条 资金使用单位和个人在引导资金使用过程中存在各类违法违规行为的，按照《中华人民共和国预算法》《财政违法行为处罚处分条例》等国家有关规定追究相应责任。对严重违规、违纪、违法犯罪的相关责任主体，按程序纳入科研严重失信行为记录。

第二十二条 各级财政、科技部门及其工作人员在引导资金分配、使用、管理等相关工作中，存在违反本办法规定，以及其他滥用职权、玩忽职守、徇私舞弊等违法违纪行为的，依照《中华人民共和国预算法》《中华人民共和国公务员法》《中华人民共和国监察法》《财政违法行为处罚处分条例》等国家有关规定追究相应责任；涉嫌犯罪的，依法移送司法机关处理。

第二十三条 本办法由财政部、科技部负责解释。省级财政、科技部门应当根据本办法，结合各地实际，制定具体管理办法，报财政部、科技部备案，并抄送财政部当地监管局。

第二十四条 本办法自 2020 年 1 月 1 日起施行，《中央引导地方科技发展专项资金管理办法》（财教〔2016〕81 号）、《关于〈中央引导地方科技发展专项资金管理办法〉的补充通知》（财科教〔2016〕25 号）同时废止。

中央财政科技计划（专项、基金等）后补助管理办法

（财政部、科技部，2019 年 12 月）

第一章 总 则

第一条 为进一步发挥中央财政科技资金的引导作用，规范中央财政科技计划（专项、基金等）后补助资金管理，根据《国务院印发关于深化中央财政科技计划（专项、基金等）管理改革方案的通知》（国发〔2014〕64 号）、《国务院关于国家重大科研基础设施和大型仪器向社会开放的意见》（国发〔2014〕70号）、《国务院关于优化科研管理提升科研绩效若干措施的通知》（国发〔2018〕25 号）、《中共中央办公厅、国务院办公厅印发〈关于促进中小企业健康发展的指导意见〉》等文件要求，制定本办法。

第二条 本办法所称后补助，是指单位先行投入资金开展研发活动，或者提供科技创新服务等活动，中央财政根据实施结果、绩效等，事后给予补助资金的财政支持方式。

本办法所称的单位，包括具有独立法人资格的企业、事业单位以及其他各类从事科技创新活动的主体。

第三条 后补助资金由单位统筹使用，不得用于与科技创新无关的支出。

第四条 后补助包括研发活动后补助、服务运行后补助。

第二章　研发活动后补助

第五条　研发活动后补助是指中央财政科技计划（专项、基金等）中以科技成果产品化、工程化、产业化为目标任务，并且具有量化考核指标的项目，由项目承担单位先行投入资金组织开展研发活动及应用示范，项目结束并通过综合绩效评价后，给予适当补助资金的财政支持方式。

第六条　研发活动后补助按照以下程序组织实施：

（一）发布通知。项目管理部门在发布年度项目申报通知时，确定拟采用后补助支持方式的项目，对项目拟达到的目标任务提出明确要求，并明确科学、合理、具体的考核评价指标，以及相应的考核评价方式（方法）。

（二）提交申请。单位根据申报通知的要求，编制并提交项目申请材料。

（三）立项评审。项目管理专业机构（以下简称"专业机构"）组织开展评审，按照择优支持原则提出年度项目安排方案。

（四）预算评估。专业机构委托相关机构对项目预算进行评估，并根据评估结果提出项目后补助预算方案。后补助资金比例不超过项目预算的50%。

（五）签订任务书。完成规定程序的项目，由专业机构发布立项通知并与项目承担单位签订项目任务书。

（六）项目实施。项目承担单位按照项目任务书的规定自行组织实施和管理。项目实施过程中专业机构一般不组织中期检查（评估）等。项目延期或终止实施的，应当按照相关科技计划的管理规定履行审批程序。

（七）考核评价。项目承担单位在完成任务或实施期满3个月内向专业机构提出综合绩效评价申请。专业机构应在收到单位申请6个月内，按照明确的考核评价方式（方法）对项目实施结果完成综合绩效评价。

（八）确定补助金额。通过综合绩效评价的项目，根据评价结果等，确定后补助金额。

（九）结果公示。专业机构按规定将项目实施情况、综合绩效评价情况、专家意见等以及拟补助金额以适当方式向社会公示。

（十）资金支付。专业机构按照财政预算管理和国库集中支付制度有关规定向项目承担单位支付后补助资金。

第七条 单位自行投入资金组织开展研发活动，取得有助于解决国家急需或影响经济社会发展问题的技术成果，可以给予奖励性后补助。奖励性后补助重点支持中小企业。

奖励性后补助项目由项目管理部门会同专业机构对技术成果进行审核，综合考虑单位前期投入成本、同类项目资助强度等因素确定补助额度，并以适当方式向社会公示。完成规定程序的项目，由专业机构与单位签订协议，明确其技术成果应当实际应用于解决相关问题。

专业机构按照有关规定向单位支付后补助资金。

第三章　服务运行后补助

第八条 服务运行后补助是指对国家科技创新基地开放运行、科技创新服务以及国家重大科研基础设施和大型科研仪器开放共享等，由相关管理部门组织考核评估，并根据考核评估结果，给予适当补助资金的财政支持方式。

第九条 国家科技创新基地以及国家重大科研基础设施和大型科研仪器的依托单位应当切实履行职责，按照有关规定开放科技资源、开展科技创新服务，并提供相应的支撑保障。

第十条 相关管理部门定期组织对依托单位服务运行情况开展考核评估，形成考核评估结果，并将考核评估结果以适当方式向社会公示。

第十一条 服务运行后补助由相关管理部门分类分档确定补助标准。补助标准根据有关要求和实际情况适时调整。

第十二条 相关管理部门根据考核评估结果和补助标准，按照财政预算管理和国库集中支付制度有关规定向依托单位支付后补助资金。

第四章　法律责任

第十三条　相关管理部门及其工作人员在后补助资金考核评估、管理等工作中,存在违反本办法,以及其他滥用职权、玩忽职守、徇私舞弊等违法违纪行为的,依照《中华人民共和国预算法》《中华人民共和国公务员法》《中华人民共和国监察法》《财政违法行为处罚处分条例》等国家有关规定追究相应责任;涉嫌犯罪的,依法移送司法机关处理。

第十四条　后补助涉及的专业机构、项目承担单位、依托单位、专家、第三方机构、用户及其相关科研人员、工作人员等各类主体,存在违规违纪违法行为和违背科研诚信要求的,应当按照《财政违法行为处罚处分条例》、科研诚信管理制度以及国家其他有关法律法规等进行处理。涉嫌犯罪的,依法移送司法机关处理。

第十五条　对于不涉及国家秘密、商业秘密和个人隐私的后补助资金违规行为及处理结果等,项目管理部门应当以适当方式向社会公开,接受社会监督。

第五章　附　则

第十六条　本办法未尽事宜,按照中央财政科技计划(专项、基金等)有关管理规定执行。本办法由财政部、科技部负责解释。

第十七条　本办法自发布之日起执行,《国家科技计划及专项资金后补助管理规定》(财教〔2013〕433号)同时废止。

关于提升高等学校专利
质量促进转化运用的若干意见

（教育部、国家知识产权局、科技部，2020 年 2 月）

各省、自治区、直辖市教育厅（教委）、知识产权局（知识产权管理部门）、科技厅（委、局），新疆生产建设兵团教育局、知识产权局、科技局，有关部门（单位）教育司（局）、知识产权工作管理机构、科技司，部属各高等学校、部省合建各高等学校：

《国家知识产权战略纲要》颁布实施以来，高校知识产权创造、运用和管理水平不断提高，专利申请量、授权量大幅提升。但是与国外高水平大学相比，我国高校专利还存在"重数量轻质量""重申请轻实施"等问题。为全面提升高校专利质量，强化高价值专利的创造、运用和管理，更好地发挥高校服务经济社会发展的重要作用，现提出如下意见。

一、总体要求

（一）指导思想

以习近平新时代中国特色社会主义思想为指导，全面贯彻党的十九大和十九届二中、三中、四中全会精神，落实全国教育大会部署，坚持新发展理念，紧扣高质量发展这一主线，深入实施创新驱动发展战略和知识产权强国战略，全面提升高校专利创造质量、运用效益、管理水平和服务能力，推动科技创新和学科建设取得新进展，支撑教育强国、科技强国和知识产权强国建设。

（二）基本原则

坚持质量优先。牢牢把握知识产权高质量发展的要求，坚持质量优先，找准突破口，增强针对性，始终把高质量贯穿高校知识产权创造、管理和运用的全过程。

突出转化导向。树立高校专利等科技成果只有转化才能实现创新价值、不转化是最大损失的理念，突出转化应用导向，倒逼高校知识产权管理工作的优化提升。

强化政策引导。发挥资助奖励、考核评价等政策在推进改革、指导工作中的重要作用，建立并不断完善有利于提升专利质量、强化转化运用的各类政策和措施。

（三）主要目标

到 2022 年，涵盖专利导航与布局、专利申请与维护、专利转化运用等内容的高校知识产权全流程管理体系更加完善，并与高校科技创新体系、科技成果转移转化体系有机融合。到 2025 年，高校专利质量明显提升，专利运营能力显著增强，部分高校专利授权率和实施率达到世界一流高校水平。

二、重点任务

（一）完善知识产权管理体系

1. 健全知识产权统筹协调机制。高校要成立知识产权管理与运营领导小组或科技成果转移转化领导小组，统筹科研、知识产权、国资、人事、成果转移转化和图书馆等有关机构，积极贯彻《高校知识产权管理规范》（GB/T 33251—2016），形成科技创新和知识产权管理、科技成果转移转化相融合的统筹协调机制。已成立科技成果转移转化领导小组的高校，要将知识产权管理纳入领导小组职责范围。

2. 建立健全重大项目知识产权管理流程。高校应将知识产权管理体现在项目的选题、立项、实施、结题、成果转移转化等各个环节。围绕科技创新2030 重大项目、重点研发计划等国家重大科研项目，探索建立健全专利导航工作机制。在项目立项前,进行专利信息、文献情报分析,开展知识产权风险评估,确定研究技术路线,提高研发起点;项目实施过程中,跟踪项目研究领域工作动态,适时调整研究方向和技术路线,及时评估研究成果并形成知识产权;项目验收前,要以转化应用为导向,做好专利布局、技术秘密保护等工作,形成项目成果知识产权清单;项目结题后,加强专利运用实施,促进成果转移转化。鼓励高校围绕优势特色学科,强化战略性新兴产业和国家重大经济领域有关产业的知识产权布局,加强国际专利的申请。

3.逐步建立职务科技成果披露制度。高校应从源头上加强对科技创新成果的管理与服务,逐步建立完善职务科技成果披露制度。科研人员应主动、及时向所在高校进行职务科技成果披露。高校要提高科研人员从事创新创业的法律风险意识,引导科研人员依法开展科技成果转移转化活动,切实保障高校合法权益。未经单位允许,任何人不得利用职务科技成果从事创办企业等行为。涉密职务科技成果的披露要严格遵守保密有关规定。

(二)开展专利申请前评估

4.建立专利申请前评估制度。有条件的高校要加快建立专利申请前评估制度,明确评估机构与流程、费用分担与奖励等事项,对拟申请专利的技术进行评估,以决定是否申请专利,切实提升专利申请质量。评估工作可由本校知识产权管理部门(技术转移部门)或委托市场化机构开展。对于评估机构经评估认为不适宜申请专利的职务科技成果,因放弃申请专利而给高校带来损失的,相关责任人已履行勤勉尽责义务、未牟取非法利益的,可依法依规免除其放弃申请专利的决策责任。对于接受企业、其他社会组织委托项目形成的职务科技成果,允许合同相关方自主约定是否申请专利。

5.明确产权归属与费用分担。允许高校开展职务发明所有权改革探索,并按照权利义务对等的原则,充分发挥产权奖励、费用分担等方式的作用,促进专利质量提升。发明人不得利用财政资金支付专利费用。

专利申请评估后,对于高校决定申请专利的职务科技成果,鼓励发明人承担专利费用。高校与发明人进行所有权分割的,发明人应按照产权比例承担专利费用。不进行所有权分割的,要明确专利费用分担和收益分配;高校承担全部专利费用的,专利转化取得的收益,扣除专利费用等成本后,按照既定比例进行分配;发明人承担部分或全部专利费用的,专利转化取得的收益,先扣除专利费用等成本,其中发明人承担的专利费用要加倍扣除并返还给发明人,然后再按照既定比例进行分配。

专利申请评估后,对于高校决定不申请专利的职务科技成果,高校要与发明人订立书面合同,依照法定程序转让专利申请权或者专利权,允许发明人自行申请专利,获得授权后专利权归发明人所有,专利费用由发明人承担,专利转化取得的收益,扣除专利申请、运维费用等成本后,发明人根据约定比例向高校交纳收益。

(三)加强专业化机构和人才队伍建设

6.加强技术转移与知识产权运营机构建设。支持有条件的高校建立健全集技术转移与知识产权管理运营为一体的专门机构,在人员、场地、经费等方面予以保障,通过"国家知识产权试点示范高校""高校科技成果转化和技术转移基地""高校国家知识产权信息服务中心"等平台和试点示范建设,促进技术转移与知识产权管理运营体系建设,不断提升高校科技成果转移转化能力。鼓励各高校探索市场化运营机制,充分调动专业机构和人才的积极性。

支持市场化知识产权运营机构建设,为高校提供知识产权、法律咨询、成果评价、项目融资等专业服务。鼓励高校与第三方知识产权运营服务平台或机构合作,并从科技成果转移转化收益中给予第三方专业机构中介服务费。鼓励高校与地方结合,围绕各地产业规划布局和高校学科优势,设立行业性的知识产权运营中心。

7.加快专业化人才队伍建设。支持高校设立技术转移及知识产权运营相关课程,加强知识产权相关专业、学科建设,引育结合打造知识产权管理与技术转移的专业人才队伍,推动专业化人才队伍建设。鼓励高校组建科技成果转移转化工作专家委员会,引入技术经理人全程参与高校发明披露、价值评估、专利申请与维护、技术推广、对接谈判等科技成果转移转化的全过程,促进专利转化运用。

8.设立知识产权管理与运营基金。支持高校通过学校拨款、地方奖励、科技成果转移转化收益等途径筹资设立知识产权管理与运营基金,用于委托第三方专业机构开展专利导航、专利布局、专利运营等知识产权管理运营工作以及技术转移专业机构建设、人才队伍建设等,形成转化收益促进转化的良好循环。

(四)优化政策制度体系

9.完善人才评聘体系。高校要以质量和转化绩效为导向,更加重视专利质量和转化运用等指标,在职称晋升、绩效考核、岗位聘任、项目结题、人才评价和奖学金评定等政策中,坚决杜绝简单以专利申请量、授权量为考核内容,加大专利转化运用绩效的权重。支持高校根据岗位设置管理有关规定自主设置技术转移转化系列技术类和管理类岗位,激励科研人员和管理人员从事科技成果转移转化工作。

10.优化专利资助奖励政策。高校要以优化专利质量和促进科技成果转移转化为导向,停止对专利申请的资助奖励,大幅减少并逐步取消对专利授权的奖励,可通过提高转化收益比例等"后补助"方式对发明人或团队予以奖励。

三、组织实施

(一)完善工作机制。教育部、国家知识产权局、科技部建立定期沟通机制,及时研究高校专利申请、授权、转化有关情况。各高校要深刻认识进一步做好专利质量提升工作的重要性,坚持质量第一,积极推动把专利质量提升工作纳入重要议事日程,进一步提高知识产权工作水平,促进知识产权的创造和运用。其他类型知识产权管理工作可参照本意见执行。

(二)加强政策引导。将专利转化等科技成果转移转化绩效作为一流大学和一流学科建设动态监测和成效评价以及学科评估的重要指标,不单纯考核专利数量,更加突出转化应用。遴选若干高校开展专业化知识产权运营或技术转移人才队伍培养,不断提升高校知识产权运营和技术转移能力。国家知识产权局加强对专利申请的审查力度,严把专利质量关。反对发布并坚决抵制高校专利申请量和授权量排行榜。

（三）实行备案监测。每年 3 月底前高校通过国家知识产权局系统对以许可、转让、作价入股或与企业共有所有权等形式进行转化实施的专利进行备案。教育部、国家知识产权局根据备案情况，每年公布高校专利转化实施情况，对专利交易情况进行监测。按照《关于规范专利申请行为的若干规定》（国家知识产权局令 2017 年第 75 号），每季度监测高校非正常专利申请情况。对非正常专利申请每季度超过 5 件或本年度非正常专利申请占专利申请总量的比例超过 5% 的高校，国家知识产权局取消其下一年度申报中国专利奖的资格。

（四）创新许可模式。鼓励高校以普通许可方式进行专利实施转化，提升转化效率。支持高校创新许可模式，被授予专利权满三年无正当理由未实施的专利，可确定相关许可条件，通过国家知识产权运营相关平台发布，在一定时期内向社会开放许可。

关于破除科技评价中"唯论文"不良导向的若干措施（试行）

（科技部,2020 年 2 月）

为落实中共中央办公厅、国务院办公厅《关于深化项目评审、人才评价、机构评估改革的意见》《关于进一步弘扬科学家精神加强作风和学风建设的意见》要求,改进科技评价体系,破除国家科技计划项目、国家科技创新基地、中央级科研事业单位、国家科技奖励、创新人才推进计划等科技评价中过度看重论文数量多少、影响因子高低,忽视标志性成果的质量、贡献和影响等"唯论文"不良导向,按照分类评价、注重实效的原则,经商财政部,现提出如下措施。

一、强化分类考核评价导向。实施分类考核评价,注重标志性成果的质量、贡献和影响。

（一）对于基础研究类科技活动,注重评价新发现、新观点、新原理、新机制等标志性成果的质量、贡献和影响。对论文评价实行代表作制度,根据科技活动特点,合理确定代表作数量,其中,国内科技期刊论文原则上应不少于1/3。强化代表作同行评议,实行定量评价与定性评价相结合,重点评价其学术价值及影响、与当次科技评价的相关性以及相关人员的贡献等,不把代表作的数量多少、影响因子高低作为量化考核评价指标。

（二）对于应用研究、技术开发类科技活动,注重评价新技术、新工艺、新产品、新材料、新设备,以及关键部件、实验装置/系统、应用解决方案、新诊疗方案、临床指南/规范、科学数据、科技报告、软件等标志性成果的质量、贡献和影响,不把论文作为主要的评价依据和考核指标。

（三）提高对高质量成果的考核评价权重。对于具有一定学术影响或取得实际应用效果的标志性成果可作为高质量成果,可增加到 10% 的权重;对于具有重要学术影响、对相关领域的科技创新具有带动作用的,可增加到 30% 的权重;对于已在实践中应用、对经济社会发展和国家安全作出重要贡献的,可增加到 50% 的权重。具体权重由相关科技评价组织管理单位（机构）根据实际情况确定。

鼓励发表高质量论文,包括发表在具有国际影响力的国内科技期刊、业界公认的国际顶级或重要科技期刊的论文,以及在国内外顶级学术会议上进行报告的论文（以下简称"三类高质量论文"）。上述期刊、学术会议的具体范围由本单位的学术委员会本着少而精的原则确定,其中,具有国际影响力的国内科技期刊参照中国科技期刊卓越行动计划入选期刊目录确定;业界公认的国际顶级或重要科技期刊、国内外顶级学术会议由本单位学术委员会结合学科或技术领域选定。对于"三类高质量论文"的研究成果,可按高质量成果进行考核评价。发挥同行评议在高质量成果考核评价中的作用。

二、对国家科技计划项目（课题）评审评价突出创新质量和综合绩效。立项评审注重对项目（课题）可行性和先进性进行评价,综合绩效评价注重对项目（课题）合同约定标志性成果的质量和影响进行评价。

（四）对于应用研究、技术开发类项目（课题）,不把论文作为申报指南、立项评审、综合绩效评价、随机抽查等的评价依据和考核指标,不得要求在申报书、任务书、年度报告等材料中填报论文发表情况。

（五）对于基础研究类项目（课题）,对论文评价实行代表作制度,代表作数量原则上不超过 5 篇。在申报书、任务书、年度报告等材料中,重点填报代表作对相关项目（课题）的支撑作用和相关性;在立项评审、综合绩效评价、随机抽查等环节,重点考核评价代表作的质量和应用情况。

三、对国家科技创新基地评估突出支撑服务能力。注重评估科技创新基地支撑服务国家重大需求、经济社会发展的作用和效果。

（六）对于国家技术创新中心、国家临床医学研究中心等技术创新与成果转化类基地，注重评估对国家重大需求和工程建设的支撑作用、对重大临床需求和产业化需要的支撑保障作用。不把论文作为主要的评价依据和考核指标。

（七）对于国家科技资源共享服务平台、国家野外科学观测研究站等基础支撑与条件保障类基地，注重评估对外服务的质量和效果。不把论文作为主要的评价依据和考核指标。

（八）对于国家实验室、国家重点实验室等科学与工程研究类基地，注重评估原始创新能力、国际科学前沿竞争力、满足国家重大需求的能力等。对论文评价实行代表作制度，每个评价周期代表作数量原则上不超过20篇。

四、对中央级科研事业单位绩效评价突出使命完成情况。注重评估科研机构履行国家使命和宗旨目标的情况，以及成果的学术价值和影响力。

（九）对于技术研发类机构，注重评估在成果转化、支撑产业发展等方面的绩效，不把论文作为主要的评价依据和考核指标。

（十）对于社会公益性研究类机构，注重评估公益性研究成果的绩效、履行社会责任的效果，不把论文作为主要的评价依据和考核指标。

（十一）对于基础研究类机构，注重评估代表性成果水平、国际学术影响、在经济社会发展和国家重大需求中的贡献等。对论文评价实行代表作制度，每个评价周期代表作数量原则上不超过40篇。

五、对国家科技奖励评审突出成果质量和贡献。注重评审相关科技成果的质量、效果和影响，以及相关人员的贡献。

（十二）对于自然科学奖，注重对成果的原创性、公认度和科学价值等进行评审。对论文评价实行代表作制度，代表作数量原则上不超过5篇。

（十三）对于技术发明奖、科技进步奖，注重对成果的创新性、先进性、应用价值和经济社会效益等进行评审，不把论文作为主要的评审依据。

（十四）最高科学技术奖、国际合作奖也要落实分类评价要求。

六、对创新人才推进计划人才评选突出科学精神、能力和业绩。注重评价学术道德水平以及在学科领域的活跃度和影响力、研发成果原创性、成果转化效益、科技服务满意度等。

（十五）对于科技创新创业人才,注重评价创业人才创办企业带动就业、产业科技含量及经济社会效益等,不把论文作为主要的评价依据和考核指标。

（十六）对于中青年科技创新领军人才,注重评价已取得核心成果的创新性和学术影响。对论文评价实行代表作制度,代表作数量原则上不超过5篇。

（十七）对于重点领域创新团队,注重评价团队协作创新能力,以及团队负责人的组织协调和领导力。对论文评价实行代表作制度,代表作数量原则上不超过10篇。

（十八）其它科技人才计划也要落实分类评价要求。

七、培育打造中国的高质量科技期刊。以培育世界一流的中国科技期刊为目标,推动中国科技期刊高质量发展,服务科技强国建设。

（十九）加快实施中国科技期刊卓越行动计划,推进领军期刊建设,培育重点期刊、梯队期刊,鼓励创办高起点英文期刊,提高中文期刊英文摘要质量;建立中国特色、具有国际影响力的"科学引文索引"系统。鼓励财政资金资助的论文在高质量国内科技期刊发表。

（二十）完善学术期刊预警机制,定期发布国内和国际学术期刊的预警名单,并实行动态跟踪、及时调整。将管理和学术信誉差、商业利益至上的学术期刊,列入"黑名单"。

八、加强论文发表支出管理。建立与破除"唯论文"导向相适应的资金管理措施,从严控制论文资助范围、从紧管理论文发表支出。

（二十一）对于国家科技计划项目产生的代表作和"三类高质量论文",发表支出可在国家科技计划项目专项资金按规定据实列支,其它论文发表支出均不允许列支。对于单篇论文发表支出超过2万元人民币的,需经该论文通讯作者或第一作者所在单位学术委员会对论文发表的必要性审核通过后,方可在国家科技计划项目专项资金中列支。

（二十二）对于发表在"黑名单"和预警名单学术期刊上的论文,相关的论文发表支出不得在国家科技计划项目专项资金中列支。不允许使用国家科技计划项目专项资金奖励论文发表,对于违反规定的,追回奖励资金和相关项目结余资金。

（二十三）在项目综合绩效评价过程中，项目管理机构应加强对在国家科技计划项目专项资金中列支论文发表情况的核验。

（二十四）相关高校、科研院所等要对论文发表的必要性以及与项目研究的相关性进行审核；对于可能涉及国家安全和秘密等的论文，要从严审核、加强管理。不允许将论文发表数量、影响因子等与奖励奖金挂钩。

九、强化监督检查。加大监督检查力度，确保各项措施落实落地。

（二十五）开展破除"唯论文"不良导向各项措施落实情况的监督检查。对落实不力、存在严重"唯论文"问题或存在奖励论文发表的相关高校、科研院所等，采取约谈、通报批评等方式予以处理并责令整改，整改期间暂停国家科技计划项目专项资金对该单位论文发表的资助。加强对咨询评审专家的培训引导，对项目评审中存在"唯论文"现象的，及时予以纠正。

（二十六）相关高校、科研院所要加强论文发表署名管理。《关于进一步弘扬科学家精神加强作风和学风建设的意见》发布后，对论文无实质学术贡献仍然"挂名"的，依规严肃追究责任。

（二十七）加大正面典型案例的宣传，树立正确的舆论导向。不允许过度宣传论文发表情况，不提倡将论文数量、影响因子作为宣传报道、工作总结、年度报告的重要内容。

中国博士后科学基金资助规定

（中国博士后科学基金会，2020 年 6 月）

第一章　总　则

第一条　为规范中国博士后科学基金资助（以下简称"基金资助"）工作，充分发挥基金资助在培养博士后研究人员创新能力和科研能力方面的重要作用，按照《中国博士后科学基金会章程》和国家有关规定，制定本规定。

第二条　国家设立中国博士后科学基金，旨在资助具有创新能力和发展潜力的优秀博士后研究人员，促使他们在科研工作中开展创新研究，迅速成长为推动国家科技进步和经济社会发展的各类创新型人才。

第三条　资助经费主要来源于中央财政拨款。接受国内外各种机构、团体、单位或个人的捐赠。鼓励各地区、各部门、各设站单位共同资助。

第四条　基金资助实行自主申请、平等竞争、同行评审、择优支持的机制。

第二章　组织管理

第五条　中国博士后科学基金会（以下简称"基金会"）负责基金资助的评审、经费管理及资助绩效等工作。

国务院人力资源社会保障部门对基金资助工作进行宏观管理、统筹协调。国务院财政部门对基金的预算、财务进行管理和监督。审计机关依法对基金的使用与管理进行监督。

第六条　基金资助为定额资助，一般分为面上资助和特别资助。

面上资助是给予博士后研究人员在站期间从事自主创新研究的科研启动或补充经费。资助比例一般为当年进站人数的三分之一左右。对从事基础研究、原始性创新研究和公益性研究，以及中西部等艰苦边远地区博士后研究人员给予适当倾斜。

特别资助是给予优秀博士后研究人员的科研经费，旨在吸引新近毕业的国内外优秀博士进入博士后设站单位从事创新研究，激励在站博士后研究人员进一步增强创新能力，加速培养造就一批进入世界科技前沿的优秀青年科技创新人才。

基金会根据博士后人才培养及经济社会发展需要，结合财力可能，经商有关部门同意，调整和完善资助项目设置及资助标准，确保基金可持续运行。

第七条　基金会理事会审核年度经费预算及绩效目标、年度资助计划和年度资助指南，对基金资助工作提出意见和建议。

第八条　秘书长负责组织制定基金的年度经费预算及绩效目标，编制年度资助计划，编写年度资助指南，组织基金资助评审等工作，向基金会理事会提交年度经费预算及绩效目标、资助计划、资助指南和工作报告，签署基金资助有关文件。

年度资助指南应当在每年基金资助申报开始前 30 日面向社会公布。

第九条　秘书长负责审核专家评审结果，并根据评审结果提出获资助人员名单，评审结果公示后报国务院人力资源社会保障部门备案，并由基金会面向社会公布。

第十条　设站单位在基金资助工作中履行下列职责：

（一）组织博士后研究人员申报；

（二）审核申请人提交材料的真实性；

（三）为获资助博士后研究人员提供开展研究的必要条件；

（四）管理基金资助经费，监督经费的使用。

第十一条　省级博士后工作管理部门指导本地区博士后设站单位开展基金资助相关工作，提供服务保障。

第十二条 基金会委托军队博士后管理部门开展军队系统基金资助相关工作。

第三章 申请与评审

第十三条 申请人具备下列条件的,可以申请中国博士后科学基金:

(一)具备良好的思想品德、较高的学术水平和较强的科研能力;

(二)在站博士后研究人员或有进站意愿的优秀应届博士毕业生;

(三)申报项目应具有基础性、原创性和前瞻性,具有重要科学意义和应用价值。申请人为申报项目的唯一承担人。

每站同类资助形式只能获得一次。在站期间获得博士后国际交流计划在国(境)外开展博士后研究工作期间不得申请。

第十四条 申请人申请中国博士后科学基金,应当以年度资助指南为基础确定申报项目,在规定期限内按照年度资助指南要求向基金会提出申请。

申请人应当提交证明申请人符合本规定第十三条的材料。年度资助指南对申请人有特殊要求的,申请人还应当提交符合该要求的证明材料。

申请人必须在申请书中作出如下承诺:尊重科研规律,弘扬科学家精神,遵守科研伦理道德和作风学风诚信要求,认真开展科学研究工作。资助经费全部用于与研究工作相关的支出,不得截留、挪用、侵占,不得用于与科学研究无关的支出。

申请人无需编制项目预算。

第十五条 基金会应当自申请截止之日起30日内,完成对申请材料的初步审查。符合本规定的,予以受理。有下列情形之一的,不予受理,通过设站单位书面通知申请人,并说明理由:

(一)申请人不符合本规定条件;

(二)申请材料不符合年度资助指南要求。

第十六条 基金资助坚持科学、公正、竞争、择优的评审原则。实行同行专家评审,评审专家按学科分组。一般采取专家通讯评审,根据需要,也可采取专家会议评审。

第十七条　建立严格的专家评审制度,严格评审纪律,执行回避制度、保密制度和公示制度。评审专家有下列情形之一的,应予回避:

(一)与申请人有近亲属关系的;

(二)是申请人的博士后合作导师或博士期间指导教师的;

(三)评审专家主动申明回避的。

第十八条　申请人有剽窃、弄虚作假等违反学术道德和知识产权规定行为的,不得获得资助;已经获得资助的,撤销资助,追回已拨付的资助经费并给予通报。

第四章　经费使用与管理

第十九条　基金会在评审结果公布后30个工作日内,按照定额标准及时办理资助经费拨付手续。

第二十条　设站单位对资助经费单独立账,代为管理。

第二十一条　资助经费使用范围限于设备费、材料费、测试化验加工费、燃料动力费、差旅/会议/国际合作与交流费、出版/文献/信息传播/知识产权事务费、劳务费、专家咨询费以及其他合理支出。在上述经费范围内,不设具体经费的比例限制,由获资助博士后研究人员自主统筹使用,其中,劳务费的支付范围为参与研究过程的相关人员(如在校研究生)和临时聘用人员。

第二十二条　获资助博士后研究人员出站时,设站单位须认真审核资助经费支出情况。资助经费结余部分应当收回基金会,由基金会按照财政部关于结余资金管理的有关规定执行。

第二十三条　获资助博士后研究人员退站的,设站单位须及时清理账目与资产,报基金会。资助经费结余部分收回基金会,用资助经费所购固定资产收归设站单位所有。

第二十四条　获资助博士后研究人员在公开发表资助成果时,应标注"中国博士后科学基金资助"(Funded by China Postdoctoral Science

Foundation）及资助编号。

第二十五条 获资助博士后研究人员出站时,须向设站单位提交资助总结报告。设站单位应当每年向基金会提交资助金使用效益情况报告。基金会对基金使用绩效进行评价,对经费使用情况和设站单位管理情况定期开展抽查,对不按规定管理和使用经费的设站单位和获资助研究人员进行严肃处理。

第五章 附 则

第二十六条 基金会应当建立规范完整的申报系统,方便申请者填报。基金会应当公布联系电话、通讯地址和电子邮件地址,接受博士后研究人员与设站单位的监督。基金会依照本办法对外公开有关信息,应当遵守国家有关保密规定。

第二十七条 本规定自公布之日起实施,解释权归中国博士后科学基金会。

第二十八条 本规定实施后,现行的《中国博士后科学基金资助规定》即行废止。

关于持续开展减轻科研人员负担激发创新活力专项行动的通知

（科技部、财政部、教育部、中科院，2020 年 10 月）

国务院有关部门和单位，各省、自治区、直辖市、计划单列市科技厅（委、局）、财政厅（局）、教育厅（教委），新疆生产建设兵团科技局、财政局、教育局，教育部直属高校、中科院所属院所：

2018 年，科技部、财政部、教育部、中科院联合印发了《贯彻落实习近平总书记在两院院士大会上重要讲话精神开展减轻科研人员负担专项行动》的通知，在全国范围开展减轻科研人员负担 7 项行动（简称"减负行动 1.0"），取得积极成效，广大科研人员反映的表格多、报销繁、检查多等突出问题逐步得到解决。与此同时，科技成果转化、科研人员保障激励、新型研发机构发展等方面又暴露出一些阻碍改革落地的新"桎梏"。为贯彻落实党中央关于持续解决困扰基层的形式主义问题、减轻基层负担的决策部署和中央领导同志指示精神，根据新形势新要求进一步攻坚克难，切实推动政策落地见效，减轻科研人员负担并强化激励，拟在前期工作基础上，持续组织开展减轻科研人员负担、激发创新活力专项行动（简称"减负行动 2.0"）。

一、总体要求

以习近平新时代中国特色社会主义思想为指导，发挥改革统领全局作用，加快转变政府职能，围绕推动改革落地见效，坚持减负与激励相结合，巩固成果与拓展深化相结合,坚持聚焦突出问题、自我革命,坚持解剖麻雀、集中治理,坚持小切口、大成效,注重流程再造、制度创新,注重部门协同、破除深层次障碍,注重权责一致、完善监督体系,注重上下联动、发挥基层单位积极性。通过进一步减负,充分激发科技创新活力,提升创新绩效,更好发挥科技支撑高质量发展的作用。

二、行动安排

(一)持续深化已部署的专项行动,巩固和扩大行动成果。

在继续坚持和巩固前期工作成果的基础上,根据新形势要求拓展内容、调整聚焦、加大工作力度。减表行动进一步加强国家科技计划项目有关数据与科技统计工作的统筹,减少基层填报工作量;推动减表行动进基层单位,形成上下联动合力。解决报销繁行动进一步推动简化项目经费调剂管理方式和科研仪器设备采购流程等改革落地,并深入实施开发科研助理岗位吸纳高校毕业生就业的工作计划。检查瘦身行动持续巩固完善科研项目监督检查工作统筹机制,建立统一的年度监督检查计划,采取"飞行检查"工作方式,强化科技计划监督检查结果的信息共享互认。精简牌子行动在已摸底掌握的科技创新基地牌子存量情况基础上,推动重组国家重点实验室体系。精简帽子行动结合对科技人才计划调查摸底情况,积极配合中央人才工作协调小组指导推进地方人才计划整合;清理规范科技评价活动中人才"帽子"作为评审评价指标的使用、人才"帽子"与物质利益直接挂钩的问题。"四唯"清理行动深入推动落实破除"SCI 至上""唯论文"等硬措施,树好科技评价导向,改进学科、学校评估;优化临床医务人员职称评审和其他领域职称(职务)评聘办法;扭转考核奖励功利化倾向,优化高校专利资助奖励体系。信息共享行动在国家科技管理信息系统已开放信息基础上,进一步拓展开放内容和对象范围,在确保科技安全前提下,逐步向科研管理各相关主体分权限开放。

科技部、财政部、教育部、中科院按原行动分工继续推进,卫生健康委结合职能参与,2020 年 12 月底前,推动已有成果制度化;2021 年 6 月底前,对照新的行动内容开展工作部署，推动取得新成效；2021 年 12 月底前，开展总结评估。

众筹科改行动转为常态化工作，不再按专项行动方式限时开展。

（二）组织开展新的专项行动，回应科研人员新期盼。

1. 成果转化尽责担当行动。针对科技成果转化决策担责问题，要为负责者负责，为担当者担当，建立健全科技成果转化尽职免责和风险防控机制，制定高校和科研院所科技成果转化尽职免责负面清单。结合"赋予科研人员职务科技成果所有权或长期使用权试点"，以及科技部、教育部开展的高等学校专业化国家技术转移中心建设试点和高等学校科技成果转化和技术转移基地认定工作，指导、推动和督促高校、科研院所建立符合自身具体情况的尽职免责细化负面清单。（科技部、财政部、教育部、中科院按职责分工）

2. 科研人员保障激励行动。落实社会委托项目按合同约定管理使用。加强对承接科研项目财务审计委托任务的会计师事务所的科技创新政策宣传与培训，提高其政策理解和把握能力，推动相关工作与最新科研经费管理政策要求相一致。加强各类国家科技计划对青年科学家的支持力度，研究扩大青年科学家项目比例。督查推动项目承担单位针对实验设备依赖程度低和实验材料耗费少的基础研究、软件开发和软科学研究等智力密集型项目，建立健全与之相匹配的劳务费和间接经费使用管理办法。支持科研单位对优秀青年科研人员设立青年科学家、特别研究等岗位，在科研条件、收入待遇、继续教育等方面给予必要保障。对中青年科技领军人才进行摸底，形成人才清单，提供定期体检和相关保健服务。（科技部、财政部、教育部、中科院、卫生健康委按职责分工）

3. 新型研发机构服务行动。对重点新型研发机构实行"一所一策"，在内部管理、科研创新、人员聘用、成果转化等方面充分赋予自主权。研究制定新型研发机构的统计指标，加快建设新型研发机构数据库和信息服务平台，发布新型研发机构年度报告。推动地方根据区域创新发展需要，从科技计划项目、创新平台、成果转化、人才团队等方面加强专题研究，给予更多针对性的政策支持。指导和推动新型研发机构实行章程管理、理事会决策制、院长负责制。

（科技部、统计局按职责分工）

4.政策宣传行动。对近年来出台的科技创新相关政策进行梳理，在科技日报等主流媒体设立专栏，通过宣传解读、采访专家、收集案例、总结典型经验等方式，加大政策宣传力度，发挥基层落实典型示范带动作用，推动政策更好落实落地。（科技部牵头，相关部门按职责分工）

上述行动于2020年12月底前，开展解剖麻雀，梳理问题；2021年6月底前，制定细化相关行动措施，组织开展集中治理，动员各方力量广泛参与；2021年12月底前，开展总结评估。

各地方、各部门要统一思想认识，加强统筹协调和沟通配合，紧抓组织实施，加快推进各项行动部署。各基层单位要提高思想认识，落实主体责任，健全内部工作体系和配套制度，借鉴减负行动1.0的成功经验做法，进一步找准问题堵点痛点，切实破除政策落实最后一公里"梗阻"，推动相关政策加快落地见效，增强科研人员的获得感和满意度。

四部门进一步加强宣传发动、跟踪指导，提升工作实效。行动完成后组织开展第三方评估，推动减负成果制度化。对于行动积极主动、成效显著的单位，将作为典型案例宣传推广，对于落实不到位的以适当方式予以通报。专项行动进展和成效及时报送国务院和中央改革办。

关于进一步严格规范
专利申请行为的通知

（国家知识产权局，2021 年 1 月）

各省、自治区、直辖市及新疆生产建设兵团知识产权局，四川省知识产权服务促进中心，广东省知识产权保护中心；局机关各部门，专利局各部门，局直属各单位、各社会团体：

为深入学习贯彻习近平新时代中国特色社会主义思想，认真落实党中央、国务院决策部署，切实推动我国从知识产权引进大国向创造大国转变，从追求数量向提高质量转变，近年来，全系统深入开展专利质量提升工程，各级地方知识产权部门加强对专利申请相关支持政策的规范，严厉打击非正常专利申请相关行为，对激励和保护创新、促进知识产权高质量发展等起到了重要作用。但当前仍存在一些地方对专利高质量发展要求重视不够、贯彻落实不力、盲目追求数量指标的现象，不以保护创新为目的的非正常专利申请行为仍然存在，严重扰乱行政管理秩序、损害公共利益、妨碍企业创新、浪费公共资源、破坏专利制度。为严格落实高质量发展要求，进一步规范专利申请行为，提升专利申请质量，消除不以保护创新为目的的非正常专利申请行为，现就有关事项通知如下：

一、明确工作目标

着力引导专利申请数量和质量与区域经济发展水平、产业发展需求和科技创新能力相适应,科学设定各项工作指标,强化质量导向,切实发挥高质量发展指标引领作用。进一步调整完善资助和奖励等政策,全面取消对专利申请的资助,重点加大对后续转化运用、行政保护和公共服务的支持。清理规范专利申请秩序,坚决打击和有效遏制不以保护创新为目的非正常专利申请行为,推动知识产权事业高质量发展。

二、把握工作重点

实施下列不以保护创新为目的的非正常专利申请(以下简称该类申请)行为的,按照有关法律法规和政策规定予以从严打击、从严处置。

(一)《关于规范专利申请行为的若干规定》(国家知识产权局第 75 号局令)第三条规定的六种情形;

(二)单位或个人故意将相关联的专利申请分散提交;

(三)单位或个人提交与其研发能力明显不符的专利申请;

(四)单位或个人异常倒卖专利申请;

(五)单位或个人提交的专利申请存在技术方案以复杂结构实现简单功能、采用常规或简单特征进行组合或堆叠等明显不符合技术改进常理的行为;

(六)其他违反民法典规定的诚实信用原则、不符合专利法相关规定、扰乱专利申请管理秩序的行为。

以上"单位和个人"包括同一自然人、法人、其他组织和同一实际控制人。

三、强化工作措施

对该类申请行为,除依据专利法及其实施细则的规定对提交的专利申请进行从严处理之外,应视情节采取下列处置措施:

(一)对申请人不予减缴专利费用。已经减缴的,要求补缴已经减缴的费用。情节严重的,自本年度起五年内不予减缴专利费用。

(二)在国家知识产权局政府网站以及《中国知识产权报》予以通报。

（三）在专利申请数量统计中扣除该类申请数量。

（四）取消申报国家知识产权示范和优势企业、知识产权保护中心备案企业资格，以及中国专利奖申报、参评或获奖资格。

（五）各级地方知识产权部门对申请人和相关代理机构不予资助或者奖励。已经资助或者奖励的，全部或者部分追还。情节严重的，自本年度起五年内不予资助或者奖励。涉及骗取资助奖励涉嫌构成犯罪的，依法移送有关机关追究刑事责任。

（六）各级地方知识产权部门对代理该类申请、严重扰乱专利工作秩序的专利代理机构，根据认定情况，依法加大查办力度。中华全国专利代理师协会对从事和涉及该类申请的专利代理机构以及专利代理师采取行业自律措施。

四、加强协同治理

（一）提高考核指标的科学性。各级地方知识产权部门要牢固树立高质量发展理念，积极协调有关部门进一步改进完善与专利工作相关的考核指标体系，提高考核的科学性、有效性，核查并剔除不符合实际的增长率评价指标，避免将专利申请数量作为部门工作考核的主要依据。不得设置专利申请量的约束性考核评价指标，不得以行政命令或者行政指导等方式向地方、企业和代理机构等摊派专利申请量指标。不得相互攀比专利申请（包括《专利合作条约》（PCT）途径专利申请）数量。一经发现以上行为，视情取消国家知识产权运营项目申报资格、国家知识产权局授予的示范城市等各类称号和优惠政策等。

（二）调整专利资助政策。2021年6月底前要全面取消各级专利申请阶段的资助。各地方不得以资助、奖励、补贴等任何形式对专利申请行为给予财政资金支持。地方现有资助的范围应限于获得授权的发明专利（包括通过PCT及其他途径在境外获得授权的发明专利），资助方式应采用授权后补助形式。资助对象所获得的各级各类资助总额不得高于其获得专利权所缴纳的官方规定费用的50%，不得资助专利年费和专利代理等中介服务费。对于弄虚作假套取专利资助的,应限期收回已拨付资金。"十四五"期间,各地方要逐步减少对专利授权的各类财政资助,在 2025 年以前全部取消。各地方要着力优化专利资助相关财政资金的使用管理,强化专利保护运用,重点加大对后续转化运用、行政保护和公共服务的支持。

(三)突出专利申请质量导向。国家知识产权局定期通报或公布各地方高质量专利申请和该类申请占比数据。该类申请占比连续两个季度上升、高质量专利申请占比连续两个季度下降的,通报地方知识产权部门。连续三个季度出现以上现象的,通报地方党委政府,并把相关信息在国家知识产权局政府网站及《中国知识产权报》公布。连续一年出现以上现象的,取消国家知识产权局授予的示范城市等各类称号、优惠政策等。各类涉及专利的奖励不得简单将专利申请、授权数量作为主要条件。

(四)加强专利申请领域信用监管。修改专利法实施细则,依法推动将该类申请行为作为失信行为纳入知识产权信用监管。各级知识产权部门在制定知识产权信用监管政策文件时,应着重考虑将该类申请行为纳入监管范围。加强对严重违法失信代理机构的协同治理,对因代理该类申请受到处罚的专利代理机构,在有关激励奖励政策、行业评优评奖等方面予以联动约束,强化监管效果。

(五)加强专利交易的规范与监管。各级地方知识产权部门要落实规范知识产权交易的属地监管责任,坚决遏制明显不以技术创新和实施为目的的专利申请权和专利权转让行为,对各级政府部门支持建设的知识产权(专利)交易运营平台和机构加强监管和引导,对辖区各类专利交易服务机构和平台加强指导,做好交易标的和交易方背景审核,严防该类申请通过交易进行牟利和洗白。国家知识产权局将加强专利转让、许可等登记备案数据监控,会同有关地方及时依法处置异常专利运营行为。

(六)加强跨部门信息通报。对于该类申请的相关详细信息,各级地方知识产权部门要商相关部门,主动及时向科技等管理部门通报,支持和协助科技管理等部门加强涉及专利申请的行政管理工作,确保该类申请不被利用骗取高新技术企业等国家各类优惠政策。对无参保人员、无实缴资本、无研发经费的"三无"空壳公司申请专利的,要及时将有关信息转属地市场监管部门严格监管。

五、完善工作机制

（一）工作对接机制。国家知识产权局持续监测、认定该类申请行为,并及时向地方通报和转交该类申请行为相关信息,地方知识产权部门加强行政指导,要求涉事单位和个人以及代理机构主动撤回相关申请,对积极主动撤回的,可酌情从轻处置。涉事单位和个人以及代理机构拒不撤回又不提出申诉意见并提供充分证据的,由地方知识产权部门根据情节处理,并依法将相关线索信息转市场监管部门、公安部门、信用监管部门依法处置。

（二）信息筛查机制。专利审查部门单位要严格审查并依法驳回该类申请,及时发现、汇总、报送相关线索信息。专利代办处、知识产权保护中心、知识产权快速维权中心等严格筛查该类申请,并将相关线索及时报送国家知识产权局。

（三）举报和核查机制。鼓励单位和个人向各级地方知识产权部门举报该类申请行为以及违规的指标设置和申请资助政策。各级地方知识产权部门要设立专线专网接受举报。接到举报后,要及时核查和处理,并呈报国家知识产权局。

（四）正面引导机制。积极开展多种形式的提升专利申请质量的宣传报道,加强对积极投入创新、科学合理布局专利的企业和个人的激励,进一步提升全社会专利申请的战略布局意识和质量意识,切实提高专利申请质量。

六、推动工作落实

（一）开展专项治理。2021年全年,集中开展打击该类申请行为专项整治。对已经发现线索的相关行为严厉打击。力争到2021年底,专利申请秩序进一步规范,该类申请明显减少,高质量专利申请占比持续提高。国家知识产权局将根据工作效果和相关情况,不定期部署开展专项治理。

(二)加强自查自纠。各级地方知识产权部门要围绕工作目标和工作重点,认真深入开展自查,全面梳理指标设定、资助政策等情况,查找存在的不足和突出问题,提出整改措施,制定工作方案和政策措施,按时向国家知识产权局报送自查结果,重大线索和重点案件情况及时报送。

(三)加强组织领导。国家知识产权局将对各地方政策修订情况、案件处理情况等进行跟踪指导和案件督办。各级地方知识产权部门要高度重视严厉打击该类申请行为的重要意义,向地方人民政府作专题汇报,由主要负责人负责,建立领导协调机制,综合研判本地专利申请状况,明确工作重点目标和重点环节,制定专项工作计划,明确具体责任人和工作联系人,设立专班,深入持续开展相关工作。

特此通知。

关于委托第三方机构参与
预算绩效管理的指导意见

（财政部,2021 年 1 月）

有关中央预算单位,各省、自治区、直辖市、计划单列市财政厅(局),新疆生产建设兵团财政局:

预算部门或单位委托第三方机构参与预算绩效管理,是全面实施预算绩效管理的重要举措,是推动加强预算管理、提高财政资金使用效益的有效手段。由于这方面工作起步不久,目前对预算部门或单位作为委托方选择使用第三方机构以及开展必要的管理监督缺乏统一要求,特别是委托第三方机构评价自身绩效的做法亟待规范。为此,根据《中华人民共和国预算法》、《中华人民共和国预算法实施条例》和《中共中央　国务院关于全面实施预算绩效管理的意见》以及政府采购管理、政府购买服务管理有关规定,提出如下指导意见。

一、 总体要求

(一)指导思想。

深入贯彻落实党中央、国务院关于全面实施预算绩效管理的决策部署,围绕强化预算约束和绩效管理,服务预算管理大局,通过明确范围、规范管理、有效引导、强化监督,合理界定委托方、第三方机构以及预算绩效管理对象等相关主体的责任关系,保障委托第三方机构参与预算绩效管理有序实施,严格第三方机构执业质量监督管理,促进第三方机构执业水平提升,推动预算绩效管理提质增效,更好发挥预算绩效管理在优化财政资源配置、提升政策效能中的积极作用。

(二)基本原则。

坚持权责清晰、主体分离。委托第三方机构参与预算绩效管理,必须明确委托方与第三方机构、相关预算绩效管理对象的权利和责任,严格执行利益冲突回避制度,确保委托主体与预算绩效管理对象相分离。

坚持厉行节约、突出重点。合理确定委托第三方机构开展预算绩效管理工作范围,对自评等不宜委托第三方机构的工作实行负面清单管理。落实政府过紧日子的要求,注重突出重点、解决实际问题。

坚持质量导向、择优选取。选取专业能力突出、资质优良的第三方机构参与绩效管理工作。充分发挥第三方机构智力资源和研究能力,以及在独立性、专业性方面的独特优势,引导带动绩效自评质量和绩效管理水平提升。

二、主要内容

(一)委托第三方机构参与预算绩效管理的工作重点。委托第三方机构开展绩效管理,应当聚焦于贯彻落实党中央、国务院重大决策部署和本部门或单位主体职责的政策和项目。财政部门重点组织对预算部门及单位、下级财政部门开展政策性评估评价,也可以根据需要对其承担的重点项目开展评价;预算部门的财务机构或其他负责绩效管理的机构重点组织对业务机构、所属单位以及下级部门和单位开展具体项目的绩效管理工作。

(二)规范委托第三方机构参与预算绩效管理的范围。委托第三方机构参与绩效管理,主要包括以下方面工作内容:一是事前绩效评估和绩效目标审核;二是绩效评价或评价结果复核;三是绩效指标和标准体系制定;四是预算绩效管理相关课题研究。具体项目选择上,可以结合工作实际,通过优先选取重点项目、随机选取一般性项目,以及分年度分重点滚动安排等方式开展。

(三)不得委托第三方机构承担的事项。坚持委托主体与绩效管理对象相分离，禁止预算部门或单位委托第三方机构对自身绩效管理工作开展评价。对于绩效目标设定、绩效运行监控、绩效自评等属于预算部门或单位强化内部管理的事项，原则上不得委托第三方机构开展，确需第三方机构协助的，要严格限定各方责任，第三方机构仅限于协助委托方完成部分事务性工作，不得以第三方机构名义代替委托方对外出具相关报告和结论。

（四）依法合规优选第三方机构。委托方应当严格按照政府采购、政府购买服务的程序和要求，选取专业能力突出、机构管理规范、执业信誉较好的第三方机构参与绩效管理工作。第三方机构须独立于委托方和绩效管理对象，主要包括社会咨询机构、会计师事务所、资产评估机构等社会组织或中介机构，科研院所、高等院校等事业单位等。

（五）规范委托第三方机构的方式。委托方可以根据委托事项的性质，采用全权委托或部分委托、单独委托或多家委托等方式，并根据不同委托方式界定第三方机构的工作定位和责任分担，发挥好第三方机构的作用。委托方及绩效管理对象应当尊重第三方机构的专业性和独立性，不得干预其独立、公正开展工作。

（六）保障第三方机构正常开展工作需要。委托方应当遵循"谁委托、谁付费"的原则，综合考虑委托业务的难易程度和工作量、时间与人员资质要求以及第三方机构工作成本等因素，合理确定委托费用并按协议支付。所需经费原则上由委托方通过项目支出或公用经费解决。委托方和相关预算绩效管理对象要积极支持配合，及时提供相关资料和必要的工作条件，并对所提供资料和数据的完整性、真实性、有效性负责，便于受托方全面掌握相关情况及委托方意图。

（七）加强对第三方机构的指导和监督。委托方应当对第三方机构进行必要的培训和指导，及时跟踪掌握第三方机构工作进展，加强付费管理和质量控制，把好绩效报告质量关，推动第三方机构履职尽责。各级财政部门、主管部门应当按照职责，加强对第三方机构参与预算绩效管理的执业质量监管，对第三方机构工作开展情况进行跟踪抽查。第三方机构有违背职业操守，或违反财政部门、预算部门相关规定及有关法律法规等行为的，要依法依规及时处理。

三、配套措施

（一）完善管理制度。各有关中央部门、各级财政部门可以根据本意见并结合工作需要，制定委托第三方机构参与本部门本地区预算绩效管理的管理办法、实施细则或操作规范，明确采购流程、工作程序、付费标准、档案管理、业绩考评、保密管理等具体规定，进一步细化规范预算部门和单位以及第三方机构等相关主体参与预算绩效管理的行为。

（二）强化工作协同。各级财政部门应当推动预算绩效信息公开，主动接受指导监督，增进协同配合，促进形成引导和规范第三方机构参与预算绩效管理的工作合力。发挥有关行业协会作用，强化第三方机构行业自律，不断提升业务能力和行业公信力。

（三）加强信用管理。各级财政部门应当加强第三方机构参与预算绩效管理的诚信体系建设，推动信息共享。各委托方应当按要求记录第三方机构履职情况，协助财政部门强化信用管理。第三方机构应实行受托工作成果责任制，确保预算绩效管理结果有人负责、有源可溯。

关于事业单位科研人员职务科技成果转化现金奖励纳入绩效工资管理有关问题的通知

（人力资源社会保障部、财政部、科技部，2021 年 2 月）

各省、自治区、直辖市及新疆生产建设兵团人力资源社会保障厅（局）、财政厅（局）、科技厅（委、局），党中央各部门人事、财务部门，国务院各部委、各直属机构人事、财务部门：

为落实以增加知识价值为导向的收入分配政策，进一步推动科技成果转移转化，根据国务院办公厅《关于抓好赋予科研机构和人员更大自主权有关文件贯彻落实工作的通知》（国办发〔2018〕127 号）要求，现就事业单位科研人员职务科技成果转化现金奖励（以下简称现金奖励）纳入绩效工资管理有关问题通知如下。

一、职务科技成果转化后，科技成果完成单位按规定对完成、转化该项科技成果做出重要贡献人员给予的现金奖励，计入所在单位绩效工资总量，但不受核定的绩效工资总量限制，不作为人力资源社会保障、财政部门核定单位下一年度绩效工资总量的基数，不作为社会保险缴费基数。

二、科技成果完成单位根据国家规定和本单位实际，在充分听取科研人员意见基础上，建立健全职务科技成果转化管理规定、公示办法，明确现金奖励享受政策人员范围、具体分配办法和相关流程，相关规定应在本单位公开。

三、对于接受企业或其他社会组织委托取得的项目，经费纳入单位财务统一管理，由项目承担单位按照委托方要求或合同约定管理使用。其中属于科研人员在职务科技成果转化工作中开展技术开发、技术咨询、技术服务等活动的,项目承担单位可根据实际情况,按照《技术合同认定登记管理办法》规定到当地科技主管部门进行技术合同登记,认定登记为技术开发、技术咨询、技术服务合同的,项目承担单位按照促进科技成果转化法等法律法规给予科研人员的现金奖励,按照本通知第一条规定执行。不属于职务科技成果转化的,从项目经费中提取的人员绩效支出,应在核定的绩效工资总量内分配,纳入单位绩效工资总量管理。

四、科技成果完成单位统计工资总额、年平均工资、年平均绩效工资等数据以及向有关部门报送年度绩效工资执行情况时,应包含现金奖励情况,并单独注明。

五、各级人力资源社会保障、财政、科技主管部门要加大政策指导力度,优化政策环境,根据职责完善事中事后监管,将现金奖励政策落到实处。

六、本通知所指职务科技成果、科技成果转化,应符合《中华人民共和国促进科技成果转化法》、《国务院关于印发实施〈中华人民共和国促进科技成果转化法〉若干规定的通知》(国发〔2016〕16号)等有关法律和规定。

七、本通知自印发之日起执行,以往规定与本通知规定不一致的,按本通知规定执行。

关于规范申请专利行为的办法

（国家知识产权局,2021 年 3 月）

第一条 为坚决打击违背专利法立法宗旨、违反诚实信用原则的各类非正常申请专利行为,依据专利法及其实施细则、专利代理条例等有关法律法规,制定本办法。对于非正常申请专利行为及非正常专利申请,按照本办法严格审查和处理。

第二条 本办法所称非正常申请专利行为是指任何单位或者个人,不以保护创新为目的,不以真实发明创造活动为基础,为牟取不正当利益或者虚构创新业绩、服务绩效,单独或者勾联提交各类专利申请、代理专利申请、转让专利申请权或者专利权等行为。

下列各类行为属于本办法所称非正常申请专利行为:

(一)同时或者先后提交发明创造内容明显相同、或者实质上由不同发明创造特征或要素简单组合变化而形成的多件专利申请的;

(二)所提交专利申请存在编造、伪造或变造发明创造内容、实验数据或技术效果,或者抄袭、简单替换、拼凑现有技术或现有设计等类似情况的;

(三)所提交专利申请的发明创造与申请人、发明人实际研发能力及资源条件明显不符的;

(四)所提交多件专利申请的发明创造内容系主要利用计算机程序或者其他技术随机生成的;

(五)所提交专利申请的发明创造系为规避可专利性审查目的而故意形成的明显不符合技术改进或设计常理,或者无实际保护价值的变劣、堆砌、非

必要缩限保护范围的发明创造,或者无任何检索和审查意义的内容;

(六)为逃避打击非正常申请专利行为监管措施而将实质上与特定单位、个人或地址关联的多件专利申请分散、先后或异地提交的;

(七)不以实施专利技术、设计或其他正当目的倒买倒卖专利申请权或专利权,或者虚假变更发明人、设计人的;

(八)专利代理机构、专利代理师,或者其他机构或个人,代理、诱导、教唆、帮助他人或者与之合谋实施各类非正常申请专利行为的;

(九)违反诚实信用原则、扰乱正常专利工作秩序的其他非正常申请专利行为及相关行为。

第三条 国家知识产权局在专利申请受理、初审、实审、复审程序或者国际申请的国际阶段程序中发现或者根据举报得知,并初步认定存在本办法所称非正常申请专利行为的,可以组成专门审查工作组或者授权审查员依据本办法启动专门审查程序,批量集中处理,通知申请人,要求其立即停止有关行为,并在指定的期限内主动撤回相关专利申请或法律手续办理请求,或者陈述意见。

申请人对于非正常申请专利行为初步认定不服的,应当在指定期限内陈述意见,并提交充分证明材料。无正当理由逾期不答复的,相关专利申请被视为撤回,相关法律手续办理请求被视为未提出。

经申请人陈述意见后,国家知识产权局仍然认为属于本办法所称非正常申请专利行为的,可以依法驳回相关专利申请,或者不予批准相关法律手续办理请求。

申请人对于国家知识产权局上述决定不服的,可以依法提出行政复议申请、复审请求或者提起行政诉讼。

第四条 对于被认定的非正常专利申请,国家知识产权局可以视情节不予减缴专利费用;已经减缴的,要求补缴已经减缴的费用。

对于屡犯等情节严重的申请人,自认定非正常申请专利行为之日起五年内对其专利申请不予减缴专利费用。

第五条 对于存在本办法第二条第二款第(八)项所述非正常申请专利

行为的专利代理机构或者专利代理师,由中华全国专利代理师协会采取自律措施,对于屡犯等情节严重的,由国家知识产权局或者管理专利工作的部门依法依规进行处罚。

对于存在上述行为的其他机构或个人,由管理专利工作的部门依据查处无资质专利代理行为的有关规定进行处罚,违反其他法律法规的,依法移送有关部门进行处理。

第六条　管理专利工作的部门和专利代办处发现或者根据举报得知非正常申请专利行为线索的,应当及时向国家知识产权局报告。

管理专利工作的部门对于被认定存在非正常申请专利行为的单位或者个人应当按照有关政策文件要求执行有关措施。

第七条　对于存在第二条所述行为的单位或者个人,依据《中华人民共和国刑法》涉嫌构成犯罪的,依法移送有关机关追究刑事责任。

第八条　本办法自发布之日起施行。

关于推动科研组织知识
产权高质量发展的指导意见

（国家知识产权局、中国科学院、中国工程院、
中国科学技术协会,2021 年 3 月）

各省、自治区、直辖市、新疆生产建设兵团知识产权局、科协,四川省知识产权服务促进中心,广东省知识产权保护中心,中国科学院院属各单位,中国科协所属各全国学会、协会、研究会:

科研组织是国家创新体系的重要组成部分,是建设世界科技强国的中坚力量,承担着突破原创性基础研究、攻克关键核心技术、破解创新发展难题的重任。为认真贯彻落实习近平总书记在中央政治局第二十五次集体学习时的重要讲话精神,深入落实党中央、国务院决策部署,贯彻实施国家创新驱动发展战略和知识产权强国战略,全面加强知识产权保护和运用,支撑国家战略科技力量建设,更好地服务科技工作者,充分发挥知识产权激励科技创新、保障成果权益、支撑治理体系的制度性作用,推动科研组织高质量发展,现提出如下意见。

一、总体要求

以习近平新时代中国特色社会主义思想为指导,全面贯彻党的十九大和十九届二中、三中、四中、五中全会精神,坚持稳中求进工作总基调,坚持以供给侧结构性改革为主线,坚持新发展理念,加快推进知识产权强国建设,着力

打通知识产权创造、运用、保护、管理、服务全链条，提升科研组织知识产权综合能力，提高创新资源的市场化配置效率，促进创新链、产业链、资金链、政策链深度融合，加快推进创新成果向现实生产力转化，打造未来发展新优势，支持国家战略科技力量率先建成世界一流科研组织，带动行业和地方科研组织高质量发展，促进建设现代化经济体系，激发全社会创新活力，推动构建新发展格局。

在科研组织创新体系建设工作推进和实践探索中，要把握好以下重要原则：一是聚焦保护创新，坚持"四个面向"，围绕关键共性技术、前沿引领技术、现代工程技术、颠覆性技术创新，积极部署和统筹谋划知识产权保护工作，支撑保障产业链供应链安全稳定。二是深化改革发展，加快科研组织体制机制改革，根据科研组织不同类型精准施策，进一步扩大科研组织和科研人员自主权，建立健全知识产权权益分配激励机制，强化知识产权制度运用和权利经营，促进创新要素自主有序流动、高效配置。三是优化战略布局，牢牢把握知识产权高质量发展的要求，坚持布局优先、质量取胜，围绕关键核心技术培育高价值专利组合，形成与科研组织创新能力、技术市场前景相匹配的知识产权战略布局。四是强化高效运用，以市场需求为导向，搭建科研组织知识产权运营体系，加强科研组织与各类创新主体和市场主体的深度合作，打造知识产权转化运用新模式新机制，实现知识产权运用效益最大化。

二、坚持知识产权保护导向，强化创新全过程知识产权管理

（一）加强知识产权统筹协调和制度建设。建立知识产权统筹协调机制，制定与国家重大战略需求和重点科研任务相适应的知识产权中长期目标。改革完善知识产权考核机制，加快建立以知识产权转化绩效为重要指标的科技创新考评体系，推动重大科技成果知识产权市场转化。积极实施创新过程知识产权管理国际标准，推动知识产权管理深度嵌入创新活动全过程。支持新型研发机构、国家重点实验室、国家实验室制度创新，鼓励在评价体系、职称评

定、内控制度、科研模式等方面,开展有利于促进知识产权转化运用的探索。

(二)深入开展科研项目专利导航。加强关键领域自主知识产权创造和储备,探索建立以产业数据、专利数据为基础的专利导航机制,围绕国家重大专项部署实施若干专利导航项目,培育一批关键核心技术的高价值专利组合。以《专利导航指南》(GB/T 39551—2020)为指导,在选题立项、研发活动、人才遴选和评价等环节积极开展专利导航。通过专利信息深度挖掘和有效运用,明晰产业发展格局、技术创新方向和研发路径,提高研发创新起点,做好专利精准布局,有效保护技术创新。

(三)建立专利申请前评估制度。制定职务科技成果专利申请前评估工作机制和流程,根据技术研发情况和技术竞争环境,明确产权归属、费用分担和收益分配方式,切实提升专利质量。对于经评估认为适宜申请专利且技术创新水平较高、市场前景较好的职务科技成果,及时对接知识产权管理和运营机构,重点做好专利布局规划和转化运用等工作。对于经评估认为适宜作为技术秘密进行保护的职务科技成果,做好相应的保护工作。专利申请评估后,科研组织决定不申请专利的职务科技成果,可与发明人订立书面合同,依照法定程序转让专利申请权或者专利权,允许发明人自行申请专利。对于因放弃申请专利而给科研组织带来损失的,相关责任人已履行勤勉尽责义务、未牟取非法利益的,可依法依规免除其放弃申请专利的决策责任。

三、加大知识产权运用力度,促进创新成果向现实生产力转化

(四)探索知识产权权益分配改革。鼓励科研组织积极参与国家和地方赋予科研人员职务科技成果所有权或长期使用权试点工作。向科研人员赋予职务科技成果所有权的,要按照权利义务对等原则,明确各自承担的知识产权费用和获得的收益分配比例,不得利用财政资金支付科研人员承担的知识产权费用。改进知识产权归属制度,建立有效的知识产权收益激励机制,鼓励科研组织采取股权、期权、分红等激励方式,使发明人或者设计人合理分享创新

收益,同时对为转化运用做出重要贡献的科研、管理与运营人员等,给予合理的奖励和报酬。

(五)推动开展知识产权转化运用。推动科研组织根据科研成果产业化前景和技术成熟度情况,制定不同的转化运用策略,探索符合自身特点的知识产权运营模式。鼓励科研组织围绕关键核心技术加强专利与技术标准融合,掌握一批标准必要专利,组建"专利池",支撑产业创新发展。鼓励科研组织实施开放许可,在专利权人自愿的前提下,声明愿意许可任何单位或者个人实施其专利,明确许可使用支付标准和方式。对于被授予专利权满3年且无正当理由未实施的专利,鼓励科研组织在国家知识产权运营相关平台分享发布或者委托相关机构开展运营。鼓励科研组织委托第三方服务机构开展专利挖掘和布局、专利导航、知识产权资产管理、价值评估、风险防控等专业化服务。在对知识产权服务机构的选择、考核、淘汰等管理中强化服务质量导向,完善服务机构评价体系。

(六)加强知识产权海外布局。鼓励科研组织立足战略发展需求,结合目标市场国家或地区知识产权环境,制定海外知识产权布局策略,合理利用巴黎公约、专利合作条约(PCT)、马德里协定、专利审查高速路(PPH)等途径,优先在符合技术发展趋势、具有领先水平和市场应用前景的领域申请国外专利,做好海外商标保护,提升国际竞争能力。

四、提升知识产权风险防控能力,
保障产业链供应链安全

(七)建立科研人员职务科技成果披露制度。从源头上加强对科技创新成果的知识产权管理与服务,逐步建立完善职务科技成果披露制度,规范披露人员范围、内容形式、审核流程等事项。科研人员应主动、及时向所属科研组织披露职务科技成果。涉密职务科技成果的披露要严格遵守保密有关规定。科研组织要规范对科研人员利用职务科技成果创办企业等行为的管理,指导科研人员做好职务科技成果披露工作。

（八）加强知识产权合规使用。加强对知识产权许可转让、作价入股的管理、审查和备案，规范合同中的知识产权相关条款。涉及向境外许可转让知识产权的，要按照《知识产权对外转让有关工作办法（试行）》（国办发〔2018〕19号）执行，加强事关国家安全的关键核心技术的自主研发和保护。委托研发或合作开发活动中，加强对产学研合作协议知识产权条款的审查，明确知识产权归属和处置方式，提高合同专业化水平和法律风险防控能力。

（九）健全知识产权风险管理制度。开展技术秘密登记与认定工作，强化对涉密人员、载体、场所等全方位管理，加强人才交流和技术合作中的技术秘密保护。加强入职、离职、离岗、兼职人员的知识产权管理，推行全员签署知识产权协议，明确约定保密内容。加强论文发表、成果发布、学术交流、国际合作等事项的知识产权风险防控与管理，建立科研组织知识产权纠纷处理机制，提升科研人员知识产权风险防范意识。

五、优化知识产权管理和运营机制，
支撑科研组织高质量发展

（十）加强知识产权管理体系建设。以《科研组织知识产权管理规范》（GB/T 33250—2016）为指导，优化知识产权管理体系。建立健全知识产权管理制度，加强科研项目选题立项、组织实施、结题验收、成果转化等全过程的知识产权管理。强化知识产权管理机制建设，确定一名主管领导负责知识产权工作，指定专门机构承担本单位的知识产权管理职能。有条件的科研组织可建立独立的知识产权管理和运营机构。鼓励科技中介服务机构、金融机构等专业化服务机构参与科研组织的知识产权运营。

（十一）加大知识产权人才培养力度。建立结构合理、层次分明、有效衔接的人才培养体系，培养一批专业技术领域的知识产权领军和骨干人才。合理设置知识产权管理和运营岗位，提高知识产权专职人员数量和比例。在重大科研项目中配备知识产权专员，健全知识产权专员晋升、流动机制。引进具有国际视野的高水平知识产权人才，加强研发、管理等人员的培训，提升知识产权意识和能力。引进技术经理人、知识产权师和律师等开展知识产权运营工作。有条件的科研组织要积极开展知识产权学历教育,设置知识产权专业学位,开展硕博士学历教育,培养复合型知识产权人才。

(十二)探索设立知识产权管理和运营基金。发挥财政资金的杠杆作用,带动社会资本投入,鼓励利用科技成果转移转化收益,筹资设立知识产权管理和运营基金,用于开展专利挖掘、专利布局、专利导航、高价值专利培育、风险防范、诉讼维权、人才队伍建设等,提高知识产权运营水平,推动科技成果概念验证、工程化和产品化,加强产业间合作共享,保障产业技术安全。

六、加大组织实施力度

(十三)强化组织领导。国家知识产权局、中国科学院、中国工程院和中国科协建立定期沟通机制,及时研究科研组织知识产权转化运用和高质量发展中的重大问题。各科研组织要深刻认识加强知识产权保护和运用的重要性,大胆探索,主动作为,真正承担起促进知识产权转化的主体责任,将知识产权高质量发展纳入重要议事日程。

(十四)加强政策引导。支持科研组织合理利用优先审查、集中审查和延迟审查等专利审查资源培育高价值专利组合。支持科研组织承担专利导航研究推广任务。鼓励有条件的科研组织参与知识产权运营服务体系建设重点城市建设,推动设立产业知识产权运营中心。鼓励科研组织申请备案国家知识产权信息公共服务网点,积极开展知识产权信息服务。探索知识产权专员与知识产权师序列挂钩,将具有 5 年以上知识产权专员工作经历,作为优先推荐参加高级知识产权师评审的条件。

(十五)完善考核监测。科研组织的专利转让、许可活动应按照有关规定到国家知识产权局进行权属变更或合同备案,办理相关手续时要提交能够反映专利转化实施情况的合同。国家知识产权局、中国科学院、中国工程院根据登记备案的相关数据,定期公布科研组织专利转化实施情况,对专利运用情况进行监测。研究编制科研组织知识产权发展状况报告。强化专利质量和转化绩效导向,在部门考核、职称晋升、岗位聘任、人才评价等环节中,进一步突出专利质量和转化运用绩效等指标,坚决杜绝简单将专利申请量、授权量作为考核指标。

(十六)拓宽转化渠道。充分利用国家知识产权运营服务体系建设重点城市和运营公共服务平台,与中国科协"科创中国"平台以及国家科技成果转移转化示范区等开展知识产权转化运用合作。依托全国科学院联盟,支持科研组织积极探索"核心+网络"的知识产权运营模式,推动知识产权转化运用,支撑经济社会发展。

关于进一步完善研发费用
税前加计扣除政策的公告

（财政部、税务总局，2021 年 3 月）

为进一步激励企业加大研发投入，支持科技创新，现就企业研发费用税前加计扣除政策有关问题公告如下：

一、制造业企业开展研发活动中实际发生的研发费用，未形成无形资产计入当期损益的，在按规定据实扣除的基础上，自 2021 年 1 月 1 日起，再按照实际发生额的 100% 在税前加计扣除；形成无形资产的，自 2021 年 1 月 1 日起，按照无形资产成本的 200% 在税前摊销。

本条所称制造业企业，是指以制造业业务为主营业务，享受优惠当年主营业务收入占收入总额的比例达到 50% 以上的企业。制造业的范围按照《国民经济行业分类》（GB/T 4754—2017）确定，如国家有关部门更新《国民经济行业分类》，从其规定。收入总额按照企业所得税法第六条规定执行。

二、企业预缴申报当年第 3 季度（按季预缴）或 9 月份（按月预缴）企业所得税时，可以自行选择就当年上半年研发费用享受加计扣除优惠政策，采取"自行判别、申报享受、相关资料留存备查"办理方式。

符合条件的企业可以自行计算加计扣除金额，填报《中华人民共和国企业所得税月（季）度预缴纳税申报表（A 类）》享受税收优惠，并根据享受加计扣除优惠的研发费用情况（上半年）填写《研发费用加计扣除优惠明细表》（A107012）。《研发费用加计扣除优惠明细表》（A107012）与相关政策规定的其他资料一并留存备查。

企业办理第 3 季度或 9 月份预缴申报时，未选择享受研发费用加计扣除优惠政策的，可在次年办理汇算清缴时统一享受。

三、企业享受研发费用加计扣除政策的其他政策口径和管理要求，按照《财政部　国家税务总局　科技部关于完善研究开发费用税前加计扣除政策的通知》(财税〔2015〕119 号)、《财政部　税务总局　科技部关于企业委托境外研究开发费用税前加计扣除有关政策问题的通知》(财税〔2018〕64 号)等文件相关规定执行。

四、本公告自 2021 年 1 月 1 日起执行。

特此公告。

关于"十四五"期间支持科技创新进口税收政策的通知

（财政部、海关总署、税务总局，2021年4月）

各省、自治区、直辖市、计划单列市财政厅（局）、新疆生产建设兵团财政局，海关总署广东分署、各直属海关，国家税务总局各省、自治区、直辖市、计划单列市税务局，财政部各地监管局，国家税务总局驻各地特派员办事处：

为深入实施科教兴国战略、创新驱动发展战略，支持科技创新，现将有关进口税收政策通知如下：

一、对科学研究机构、技术开发机构、学校、党校（行政学院）、图书馆进口国内不能生产或性能不能满足需求的科学研究、科技开发和教学用品，免征进口关税和进口环节增值税、消费税。

二、对出版物进口单位为科研院所、学校、党校（行政学院）、图书馆进口用于科研、教学的图书、资料等，免征进口环节增值税。

三、本通知第一、二条所称科学研究机构、技术开发机构、学校、党校（行政学院）、图书馆是指：

（一）从事科学研究工作的中央级、省级、地市级科研院所（含其具有独立法人资格的图书馆、研究生院）。

（二）国家实验室，国家重点实验室，企业国家重点实验室，国家产业创新中心，国家技术创新中心，国家制造业创新中心，国家临床医学研究中心，国家工程研究中心，国家工程技术研究中心，国家企业技术中心，国家中小企业公共服务示范平台(技术类)。

(三)科技体制改革过程中转制为企业和进入企业的主要从事科学研究和技术开发工作的机构。

(四)科技部会同民政部核定或者省级科技主管部门会同省级民政、财政、税务部门和社会研发机构所在地直属海关核定的科技类民办非企业单位性质的社会研发机构;省级科技主管部门会同省级财政、税务部门和社会研发机构所在地直属海关核定的事业单位性质的社会研发机构。

(五)省级商务主管部门会同省级财政、税务部门和外资研发中心所在地直属海关核定的外资研发中心。

(六)国家承认学历的实施专科及以上高等学历教育的高等学校及其具有独立法人资格的分校、异地办学机构。

(七)县级及以上党校(行政学院)。

(八)地市级及以上公共图书馆。

四、本通知第二条所称出版物进口单位是指中央宣传部核定的具有出版物进口许可的出版物进口单位,科研院所是指第三条第一项规定的机构。

五、本通知第一、二条规定的免税进口商品实行清单管理。免税进口商品清单由财政部、海关总署、税务总局征求有关部门意见后另行制定印发,并动态调整。

六、经海关审核同意,科学研究机构、技术开发机构、学校、党校(行政学院)、图书馆可将免税进口的科学研究、科技开发和教学用品用于其他单位的科学研究、科技开发和教学活动。

对纳入国家网络管理平台统一管理、符合本通知规定的免税进口科研仪器设备,符合科技部会同海关总署制定的纳入国家网络管理平台免税进口科研仪器设备开放共享管理有关规定的,可以用于其他单位的科学研究、科技开发和教学活动。

经海关审核同意,科学研究机构、技术开发机构、学校以科学研究或教学为目的,可将免税进口的医疗检测、分析仪器及其附件、配套设备用于其附属、所属医院的临床活动,或用于开展临床实验所需依托的其分立前附属、所属医

院的临床活动。其中，大中型医疗检测、分析仪器，限每所医院每 3 年每种
1 台。

七、"十四五"期间支持科技创新进口税收政策管理办法由财政部、海关
总署、税务总局会同有关部门另行制定印发。

八、本通知有效期为 2021 年 1 月 1 日至 2025 年 12 月 31 日。

关于"十四五"期间支持科技创新
进口税收政策管理办法的通知

（财政部等，2021年4月）

各省、自治区、直辖市、计划单列市财政厅（局）、党委宣传部、发展改革委、教育厅（局）、科技厅（委、局）、工业和信息化主管部门、民政厅（局）、商务厅（委、局）、文化和旅游厅（委、局），新疆生产建设兵团财政局、党委宣传部、发展改革委、教育局、科技局、工业和信息化局、民政局、商务局、文体广旅局，海关总署广东分署、各直属海关，国家税务总局各省、自治区、直辖市、计划单列市税务局，财政部各地监管局，国家税务总局驻各地特派员办事处：

为落实《财政部　海关总署　税务总局关于"十四五"期间支持科技创新进口税收政策的通知》（财关税〔2021〕23号，以下简称《通知》），现将政策管理办法通知如下：

一、科技部核定从事科学研究工作的中央级科研院所名单，函告海关总署，抄送财政部、税务总局。省级（包括省、自治区、直辖市、计划单列市、新疆生产建设兵团，下同）科技主管部门会同省级财政、税务部门和科研院所所在地直属海关核定从事科学研究工作的省级、地市级科研院所名单，核定结果由省级科技主管部门函告科研院所所在地直属海关，抄送省级财政、税务部门，并报送科技部。

本办法所称科研院所名单，包括科研院所所属具有独立法人资格的图书馆、研究生院名单。

二、科技部核定国家实验室、国家重点实验室、企业国家重点实验室、国家技术创新中心、国家临床医学研究中心、国家工程技术研究中心名单，国家发展改革委核定国家产业创新中心、国家工程研究中心、国家企业技术中心名单，工业和信息化部核定国家制造业创新中心、国家中小企业公共服务示范平台（技术类）名单。核定结果分别由科技部、国家发展改革委、工业和信息化部函告海关总署，抄送财政部、税务总局。

科技部核定根据《国务院办公厅转发科技部等部门关于深化科研机构管理体制改革实施意见的通知》（国办发〔2000〕38号），国务院部门（单位）所属科研机构已转制为企业或进入企业的主要从事科学研究和技术开发工作的机构名单，函告海关总署，抄送财政部、税务总局。省级科技主管部门会同省级财政、税务部门和机构所在地直属海关核定根据国办发〔2000〕38号文件，各省、自治区、直辖市、计划单列市所属已转制为企业或进入企业的主要从事科学研究和技术开发工作的机构名单，核定结果由省级科技主管部门函告机构所在地直属海关，抄送省级财政、税务部门，并报送科技部。

科技部会同民政部核定或者省级科技主管部门会同省级民政、财政、税务部门和社会研发机构所在地直属海关核定科技类民办非企业单位性质的社会研发机构名单。科技部牵头的核定结果，由科技部函告海关总署，抄送民政部、财政部、税务总局。省级科技主管部门牵头的核定结果，由省级科技主管部门函告社会研发机构所在地直属海关，抄送省级民政、财政、税务部门，并报送科技部。

省级科技主管部门会同省级财政、税务部门和社会研发机构所在地直属海关核定事业单位性质的社会研发机构名单，核定结果由省级科技主管部门函告社会研发机构所在地直属海关，抄送省级财政、税务部门，并报送科技部。享受政策的事业单位性质的社会研发机构，应符合科技部和省级科技主管部门规定的事业单位性质的社会研发机构（新型研发机构）条件。

省级商务主管部门会同省级财政、税务部门和外资研发中心所在地直属海关核定外资研发中心名单，核定结果由省级商务主管部门函告外资研发中心所在地直属海关，抄送省级财政、税务部门，并报送商务部。

本条上述函告文件中，凡不具有独立法人资格的单位、机构，应一并函告其依托单位;有关单位、机构具有有效期限的,应一并函告其有效期限。

三、教育部核定国家承认学历的实施专科及以上高等学历教育的高等学校及其具有独立法人资格的分校、异地办学机构名单,函告海关总署,抄送财政部、税务总局。

四、文化和旅游部核定省级以上公共图书馆名单,函告海关总署,抄送财政部、税务总局。省级文化和旅游主管部门会同省级财政、税务部门和公共图书馆所在地直属海关核定省级、地市级公共图书馆名单,核定结果由省级文化和旅游主管部门函告公共图书馆所在地直属海关,抄送省级财政、税务部门,并报送文化和旅游部。

五、中央宣传部核定具有出版物进口许可的出版物进口单位名单,函告海关总署,抄送中央党校(国家行政学院)、教育部、科技部、财政部、文化和旅游部、税务总局。

出版物进口单位免税进口图书、资料等商品的销售对象为中央党校(国家行政学院)和省级、地市级、县级党校(行政学院)以及本办法第一、三、四条中经核定的单位。牵头核定部门应结合实际需要,将核定的有关单位名单告知有关出版物进口单位。

六、中央党校(国家行政学院)和省级、地市级、县级党校(行政学院)以及按照本办法规定经核定的单位或机构(以下统称进口单位),应按照海关有关规定,办理有关进口商品的减免税手续。

七、本办法中相关部门函告海关的进口单位名单和《通知》第五条所称的免税进口商品清单应注明批次。其中,第一批名单、清单自2021年1月1日实施,至第一批名单印发之日后30日内已征的应免税款,准予退还;以后批次的名单、清单,分别自其印发之日后第20日起实施。中央党校(国家行政学院)和省级、地市级、县级党校(行政学院)自2021年1月1日起具备免税进口资格,至本办法印发之日后30日内已征的应免税款,准予退还。

前款规定的已征应免税款,依进口单位申请准予退还。其中,已征税进口且尚未申报增值税进项税额抵扣的,应事先取得主管税务机关出具的《"十四五"期间支持科技创新进口税收政策项下进口商品已征进口环节增值税未抵扣情况表》，向海关申请办理退还已征进口关税和进口环节增值税手续；已申报增值税进项税额抵扣的，仅向海关申请办理退还已征进口关税手续。

八、进口单位可向主管海关提出申请，选择放弃免征进口环节增值税。进口单位主动放弃免征进口环节增值税后，36 个月内不得再次申请免征进口环节增值税。

九、进口单位发生名称、经营范围变更等情形的，应在《通知》有效期限内及时将有关变更情况说明报送核定其名单的牵头部门。牵头部门按照本办法规定的程序，核定变更后的单位自变更登记之日起能否继续享受政策，注明变更登记日期。核定结果由牵头部门函告海关（核定结果较多时，每年至少分两批函告），抄送同级财政、税务及其他有关部门。其中，牵头部门为省级科技、商务、文化和旅游主管部门的，核定结果应相应报送科技部、商务部、文化和旅游部。

十、进口单位应按有关规定使用免税进口商品，如违反规定，将免税进口商品擅自转让、移作他用或者进行其他处置，被依法追究刑事责任的，在《通知》剩余有效期限内停止享受政策。

十一、进口单位如存在以虚报情况获得免税资格，由核定其名单的牵头部门查实后函告海关，自函告之日起，该单位在《通知》剩余有效期限内停止享受政策。

十二、中央宣传部、国家发展改革委、教育部、科技部、工业和信息化部、民政部、商务部、文化和旅游部加强政策评估工作。

十三、本办法印发之日后 90 日内，省级科技主管部门应会同省级民政、财政、税务部门和社会研发机构所在地直属海关制定核定享受政策的科技类民办非企业单位性质、事业单位性质的社会研发机构名单的具体实施办法，省级商务主管部门应会同省级财政、税务部门和外资研发中心所在地直属海关制定核定享受政策的外资研发中心名单的具体实施办法。

十四、财政等有关部门及其工作人员在政策执行过程中，存在违反执行免税政策规定的行为，以及滥用职权、玩忽职守、徇私舞弊等违法违纪行为的，依照国家有关规定追究相应责任；涉嫌犯罪的，依法追究刑事责任。

十五、本办法有效期为 2021 年 1 月 1 日至 2025 年 12 月 31 日。

第三方机构预算绩效评价
业务监督管理暂行办法

（财政部，2021 年 4 月）

  第一条 为引导和规范第三方机构从事预算绩效评价业务，严格第三方机构执业质量监督管理，促进提高财政资源配置效率和使用效益，根据《中华人民共和国预算法》、《中华人民共和国预算法实施条例》、《中共中央　国务院关于全面实施预算绩效管理的意见》、《财政部关于贯彻落实〈中共中央　国务院关于全面实施预算绩效管理的意见〉的通知》（财预〔2018〕167 号）、《财政部关于委托第三方机构参与预算绩效管理的指导意见》（财预〔2021〕6 号）等有关规定，制定本办法。

  第二条 本办法所称第三方机构是指依法设立并向各级财政部门、预算部门和单位等管理、使用财政资金的主体（以下统称委托方）提供预算绩效评价服务，独立于委托方和预算绩效评价对象的组织，主要包括专业咨询机构、会计师事务所、资产评估机构、律师事务所、科研院所、高等院校等。

  本条第一款所称预算绩效评价服务是指第三方机构接受委托方委托，对预算绩效评价对象进行评价，并出具预算绩效评价报告的专业服务行为。

  第三条 第三方机构接受委托依法依规从事预算绩效评价业务，任何组织和个人不得非法干预，不得侵害第三方机构及其工作人员的合法权益。

  第四条 县级以上人民政府财政部门（以下简称财政部门）依法依规对第三方机构及其工作人员从事预算绩效评价业务进行管理和监督。第三方机构及其工作人员对财政部门的管理和监督工作应当予以配合。

第五条　财政部门加强对第三方机构及其工作人员从事预算绩效评价业务的培训和指导。鼓励社会力量依法依规开展预算绩效评价业务培训。

第六条　第三方机构应当遵守法律、法规等有关规定，并按照以下原则从事预算绩效评价业务：

（一）独立原则。第三方机构应当在委托方和被评价对象提供工作便利条件和相关资料情况下独立完成委托事项。

（二）客观原则。第三方机构应当按照协议（合同）约定事项客观公正、实事求是地开展预算绩效评价，不得出具不实预算绩效评价报告。

（三）规范原则。第三方机构应当履行必要评价程序，合理选取具有代表性的样本，对原始资料进行必要的核查验证，形成结论并出具预算绩效评价报告。

第七条　第三方机构出具预算绩效评价报告应当由其主评人签字确认。绩效评价主评人由第三方机构根据以下条件择优评定：

（一）遵守法律、行政法规和本办法的规定，具有良好的职业道德；

（二）具有与预算绩效评价业务相适应的学历、能力；

（三）具备中高级职称或注册会计师、评估师、律师、内审师、注册造价工程师、注册咨询工程师等相关行业管理部门认可的专业资质；

（四）具有5年以上工作经验，其中从事预算绩效评价工作3年以上；

（五）具有较强的政策理解、项目管理和沟通协调能力；

（六）未被追究过刑事责任，或者从事评估、财务、会计、审计活动中因过失犯罪而受刑事处罚，刑罚执行期满逾5年。

第八条　第三方机构自领取营业执照或者法人证书之日起，可以通过财政部门户网站"预算绩效评价第三方机构信用管理平台"，录入本机构下列信息：

（一）机构名称、统一社会信用代码、办公场所、通讯地址、法定代表人或首席合伙人、从事预算绩效评价业务人员、联系方式等信息；

（二）主评人的资质证书、学历证书、主评人与第三方机构的劳动合同等信息；

（三）合作的预算绩效评价专家信息；

（四）分支机构相关信息；

（五）签署或参与的主要预算绩效评价项目信息；

（六）不良诚信记录和 3 年内在预算绩效评价活动中重大违法记录信息；

（七）内部管理制度；

（八）财政部和省级财政部门要求提供的其他信息。

前款规定的信息发生变更的，第三方机构应当在信息变更之日起 30 个工作日内予以更新。

第三方机构非独立法人性质的分支机构信息，由总部机构统一录入。第三方机构独立法人性质的分支机构信息，由该分支机构录入。

第三方机构应当对其填报的信息真实性负责。

第九条 委托方可以从"预算绩效评价第三方机构信用管理平台"查询第三方机构有关信息，并在遵守政府采购和政府购买服务有关规定的前提下，按照下列条件择优选择第三方机构：

（一）具备开展预算绩效评价工作所必需的人员力量、设备和专业技术能力；

（二）治理结构健全，内部质量控制完备，具有规范健全的财务会计、资产管理、保密管理、业务培训等管理制度；

（三）具有良好信誉，3 年内在预算绩效评价活动中没有重大违法记录。

委托方可以根据所委托预算绩效评价工作的特殊需求，增加选聘第三方机构的特定条件，但不得以不合理的条件对第三方机构实行差别待遇或者歧视待遇。

第十条 对于涉及国家秘密、国家安全的预算绩效评价事项，委托方应当按照《中华人民共和国保守国家秘密法》《中华人民共和国国家安全法》等规定，合理确定第三方机构参与预算绩效评价的具体范围；涉及商业秘密的，按照商业秘密保护有关规定办理。

第十一条 第三方机构从事预算绩效评价业务，不得有以下行为：

（一）将预算绩效评价业务转包；

（二）未经委托方同意将预算绩效评价业务分包给其他单位或个人实施；

（三）允许其他机构以本机构名义或者冒用其他机构名义开展业务；

（四）出具本机构未承办业务、未履行适当评价程序、存在虚假情况或者重大遗漏的评价报告；

（五）以恶意压价等不正当竞争手段承揽业务；

（六）聘用或者指定不具备条件的相关人员开展业务；

（七）其他违反国家法律法规的行为。

第十二条 第三方机构从事预算绩效评价业务的工作人员应当严格遵守国家相关法律制度规定,遵守职业道德,合理使用并妥善保管有关资料,严格保守工作中知悉的国家秘密、商业秘密和个人隐私,并有权拒绝项目单位和个人的非法干预。

第十三条 第三方机构应当在了解被评价对象基本情况的基础上,充分考虑自身胜任能力以及能否保持独立性,决定是否接受预算绩效评价委托。确定接受委托的,第三方机构应当与委托方签订书面业务协议（合同）,明确当事人的名称和住所、委托评价的项目和内容、履行期限、费用、支付方式、双方的权利义务、归档责任、违约责任、争议解决的方式等内容,并严格按协议（合同）条款执行。

第十四条 第三方机构开展预算绩效评价业务,应当成立由至少1名主评人和其他工作人员组成的工作组,并在评价过程中保持工作组成员的相对稳定。

第十五条 第三方机构应当加强与委托方及被评价对象的沟通,在调研、全面了解被评价对象相关情况和委托方意图的基础上,按照有关规定拟订科学可行的预算绩效评价实施方案。

预算绩效评价实施方案应当包括人员配置、时间安排、评价目的、评价内容、评价依据、评价方法、指标体系、评价标准、样本确定、调查问卷、资料清单以及工作纪律等要素。

第十六条 第三方机构可以组织评议专家组对预算绩效评价实施方案进行评议。第三方机构未组织对预算绩效评价实施方案进行评议的,应当将预算绩效评价实施方案报送委托方审核确定。

评议专家组一般应由委托方代表、第三方机构代表、预算绩效评价专家、被评价领域行业专家等共同组成。

第十七条 第三方机构及其工作人员应当根据预算绩效评价实施方案开展现场调查和资料收集整理工作,通过座谈、现场调研、问卷发放等方式,获取评价工作所需要的有关数据和资料。

在特殊情况下,经委托方同意,第三方机构开展评价工作可以采取非现场评价方式进行。

委托方和被评价对象对其提供材料的真实性、准确性负责。

第十八条 第三方机构在完成相关评价工作后,按照以下程序向委托方提交预算绩效评价报告:

(一)按照规定要求和文本格式,撰写预算绩效评价报告初稿,力求做到逻辑清晰、内容完整、依据充分、数据详实、分析透彻、结论准确、建议可行。

(二)评价报告初稿撰写完成后,第三方机构应当书面征求被评价对象和委托方的意见。委托方或被评价对象可以组织评议专家组对评价报告进行评议,向第三方机构反馈书面意见。第三方机构应当对反馈的意见逐一核实,逐条说明采纳或不予采纳的理由,并根据反馈的有效意见对评价报告初稿进行修改。

(三)指定内部有关职能部门或者专门人员,对修改后的评价报告进行内部审核。

(四)经内部审核通过的评价报告,由该项目主评人签名,加盖第三方机构公章后,形成正式评价报告,提交委托方。

第三方机构及其签名的主评人应当对所出具预算绩效评价报告的真实性和准确性负责。

第十九条 第三方机构在出具预算绩效评价报告后,应当根据财政部有关规定,通过"预算绩效评价第三方机构信用管理平台"上传预算绩效评价报告有关信息。

第二十条 第三方机构和委托方应根据协议(合同)确定的归档责任,按照《中华人民共和国档案法》、《中华人民共和国保守国家秘密法》等法律法规的要求，及时对评价业务资料进行建档、存放、保管管理，确保档案资料的原始、完整和安全。

归档资料主要包括立项性材料（委托评价业务协议或合同等）、证明性材料（预算绩效评价实施方案、基础数据报表、数据核查确认报告、预算绩效评价工作底稿及附件、调查问卷等）、结论性材料（评价报告、被评价项目单位和委托方的反馈意见、评价工作组的说明等）。

第二十一条　第三方机构及其工作人员对评价工作及评价报告涉及的信息资料负有保护信息安全的义务。未经委托方及其同级财政部门同意，第三方机构及其工作人员不得以任何形式对外提供、泄露、公开评价报告和相关文档资料。

第二十二条　委托方和被评价对象认为从事预算绩效评价的第三方机构及其工作人员存在违法违规行为的，可以向财政部门及其行业行政管理部门投诉、举报。

第二十三条　财政部门应当依法依规加强对第三方机构预算绩效评价执业质量的监督检查，监督检查包括以下内容：

（一）第三方机构及其工作人员的执业情况；

（二）第三方机构录入信息的情况；

（三）第三方机构的评价报告信息上传及档案管理情况；

（四）第三方机构预算绩效评价主评人的评定管理情况；

（五）第三方机构的内部管理和执业质量控制制度建立与执行情况；

（六）第三方机构对分支机构实施管理的情况；

（七）法律、行政法规规定的与第三方机构预算绩效评价工作相关的其他情况。

第二十四条　财政部门应当建立健全对第三方机构预算绩效评价工作定向检查和不定向抽查相结合的监督检查机制。对存在违法违规线索的预算绩效评价工作开展定向检查；对日常监管事项，通过随机抽取检查对象、随机选派执法检查人员等方式开展不定向检查。

财政部各地监管局根据财政部规定对第三方机构预算绩效评价执业质量开展监督检查。

第二十五条 财政部应当加强对省级及省级以下财政部门监督管理第三方机构及其工作人员预算绩效评价业务的监督和指导。省级财政部门应当加强对省级以下财政部门监督管理第三方机构及其工作人员预算绩效评价业务的监督和指导。

省级财政部门应当按照财政部要求建立违法违规信息报告制度,将第三方机构及其工作人员预算绩效评价工作中发生的重大违法违规案件及时上报财政部。

第二十六条 第三方机构及其工作人员在预算绩效评价工作中有下列情形之一的,视情节轻重,给予责令改正、约谈诫勉、通报给行业监管部门或主管部门、记录不良诚信档案等处理。

(一)违反本办法第十一条有关规定的;

(二)在参加政府采购活动中有舞弊行为的;

(三)录入及变更信息存在虚假的;

(四)由于故意或重大过失而提供虚假数据和结论的;

(五)擅自泄露预算绩效评价信息、结论等有关情况的;

(六)违反法律、法规和本办法规定的其他行为。

第三方机构参与预算绩效评价选聘、履行预算绩效评价协议(合同)过程中,存在《中华人民共和国政府采购法》第七十七条、《中华人民共和国政府采购法实施条例》第七十二条规定情形的,依法予以处理处罚。

第二十七条 第三方机构及其工作人员在开展预算绩效评价工作中造成损失的,依法承担民事赔偿责任;涉嫌犯罪的,依法追究刑事责任。

第二十八条 第三方机构及其工作人员对财政部门行政处理处罚决定不服的,可以依法申请行政复议或者提起行政诉讼。

第二十九条 财政部门工作人员在第三方机构预算绩效评价业务监督管理中存在滥用职权、玩忽职守、徇私舞弊等违法违纪行为的,依照国家有关规定追究相关责任;涉嫌犯罪的,依法追究刑事责任。

第三十条　外商投资者在中华人民共和国境内开展预算绩效评价业务,应当依法履行中华人民共和国国家安全审查程序。

第三十一条　省级财政部门可结合地方实际情况制定本地区具体实施细则,并报财政部备案。

第三十二条　本办法自 2021 年 8 月 1 日起施行。

中央级科学事业单位改善
科研条件专项资金管理办法

（财政部,2021 年 6 月）

第一条 为切实改善中央级科学事业单位的科研条件,推进科技创新能力建设,规范和加强中央级科学事业单位改善科研条件专项资金(以下称专项资金)管理,根据《中华人民共和国预算法》及其实施条例、《中共中央、国务院关于全面实施预算绩效管理的意见》、《国务院关于进一步深化预算管理制度改革的意见》(国发〔2021〕5 号)、《国务院关于国家重大科研基础设施和大型科研仪器向社会开放的意见》(国发〔2014〕70 号)、《行政事业性国有资产管理条例》等有关规定,制定本办法。

第二条 专项资金的管理原则:

(一)科学规划,突出重点。强化规划约束,立足专项定位及科研工作实际,区分轻重缓急,量力而行,切实解决科技基础条件建设面临的紧迫、重大需求。

(二)统筹资源,共享共用。强化顶层设计,盘活存量资源,有效调控增量资源,做好与其他资金的统筹衔接,实现开放共享,切实提高资源配置效率。

(三)专款专用,规范管理。强化法人责任,专项资金纳入项目单位财务统一管理,单独核算,防范风险,切实确保资金的安全性、规范性。

(四)突出绩效,激励约束。强化绩效意识,建立健全全过程预算绩效管理机制,严格绩效评价和结果应用,切实提高资金使用效益。

第三条 专项资金的支持范围:

（一）连续使用 15 年以上、且已不能适应科研工作需要的科研用房及科研辅助设施的维修改造。高盐、高湿、高寒、高海拔等特殊条件下的科研用房及科研辅助设施,可适当放宽使用年限。

（二）水、暖、电、气等基础设施的维修改造。

（三）直接为科研工作服务的科学仪器设备、文献资料(含电子图书等)购置。

（四）利用成熟技术,自主研制用于科研的仪器设备,或对尚有较好利用价值、直接服务于科研的仪器设备所进行的功能扩展、技术升级等。

第四条 专项资金的使用应当厉行节约,用于项目单位在项目执行中所发生的材料费、设备或文献购置费、劳务费、水电动力费、设计费、运输费、安装调试费、测试化验加工费以及其他在项目执行中所发生的必要费用。

第五条 专项资金项目应当按照部门预算管理有关规定和程序,纳入预算项目库,实施项目全生命周期管理。

项目单位应当做实做细项目储备,对申请拟纳入预算项目库的项目按规定完成可行性研究论证、制定具体实施计划等工作。对于需要分年支出的项目,应当根据年度资金支付需要,合理编制分年支出计划。

主管部门对项目单位申报的项目进行审核。按照"先评审后入库"的原则,组织开展预算评审和事前绩效评估。将审核通过的项目纳入部门项目库并按照轻重缓急进行排序。

财政部对主管部门申报的项目进行审核,审核通过的项目统一纳入预算项目库。根据管理需要,财政部可以对主管部门申报项目组织开展再评审。

第六条 申请购置单台(套)价格在 200 万元人民币及以上仪器设备,应当按照中央级新购大型科研仪器设备查重评议有关规定执行。

第七条 财政部按照部门预算管理的有关要求确定并下达项目预算到主管部门。主管部门应当按规定时间及时将项目预算批复所属项目单位。

第八条 项目单位应当严格按照批复的项目预算执行,不得擅自变更。确因特殊情况需要进行调剂的,应当按照部门预算管理的有关要求报批。

第九条 主管部门应当加强对项目的监督管理,及时跟踪专项资金使用情况,指导督促项目单位采取合理措施加快执行进度。

第十条 项目结束后应当及时组织验收和总结,办理资产交付手续,并确认资产价值。

第十一条 专项资金支出属于政府采购范围的,按照政府采购的有关规定执行。

第十二条 专项资金支付,按照国库集中支付制度有关规定执行。

第十三条 专项资金结转结余按照财政部结转结余资金管理有关规定执行。

第十四条 项目单位应当按照相关会计制度对专项资金收入、支出、费用、形成的资产等进行会计核算,纳入单位决算和政府财务报告,统一编报。

第十五条 项目单位应当加强资产配置管理,使用专项资金形成的资产属国有资产,应当按国有资产管理的有关规定加强管理。

第十六条 项目单位要按照国家有关规定,切实履行开放职责,建立相应管理制度,最大限度推进科研设施与仪器设备对外开放、共享共用。相关主管部门应当切实履行对单位科研设施与仪器设备对外开放、共享共用情况的管理和监督职责。开放共享情况作为项目预算评审和预算安排的重要依据。

第十七条 主管部门和项目单位应当按照全面实施预算绩效管理有关要求,对项目实施全过程绩效管理,科学设定项目绩效指标,做好绩效运行监控,按要求开展年度绩效自评。主管部门每 5 年对专项资金整体实施效果开展一次部门评价。财政部根据需要开展财政评价。绩效评价结果作为完善政策、改进管理、预算安排的重要依据。

第十八条 项目单位是专项资金使用管理的责任主体,应当严格遵守国家财经纪律,切实履行法人责任,健全内部管理机制,按照规定自觉接受审计、监察、财政及主管部门的监督检查。专项资金申报、使用过程中存在违法违规行为的,应当按照《中华人民共和国预算法》及其实施条例、《财政违法行为处罚处分条例》等有关规定追究相应责任。涉嫌犯罪的,依法移送有关机关处理。

第十九条 财政部、主管部门及其工作人员在专项资金分配使用、审核管理等工作中,存在违反本办法规定,以及其他滥用职权、玩忽职守、徇私舞弊等违法违规行为的,依法责令改正,并追究相应责任。涉嫌犯罪的,依法移送有关机关处理。

第二十条 各有关主管部门应当依据本办法制定实施细则,并报财政部备案。

第二十一条 本办法自发布之日起施行,《中央级科学事业单位修缮购置专项资金管理办法》(财教〔2006〕118号)、《财政部关于〈中央级科学事业单位修缮购置专项资金管理办法〉的补充通知》(财科教〔2016〕21号)同时废止。

中央高校基本科研业务费管理办法

（财政部、教育部,2021 年 11 月）

第一章　总　则

第一条　为贯彻落实《中共中央办公厅　国务院办公厅印发〈关于进一步完善中央财政科研项目资金管理等政策的若干意见〉的通知》、《国务院关于优化科研管理提升科研绩效若干措施的通知》(国发〔2018〕25 号)、《国务院办公厅关于改革完善中央财政科研经费管理的若干意见》(国办发〔2021〕32 号)和《财政部　教育部关于改革完善中央高校预算拨款制度的通知》(财教〔2015〕467 号)等文件精神,加强对中央高校自主开展科学研究的稳定支持,提升中央高校服务国家发展战略能力、自主创新能力和高层次人才培养能力,提高资金使用效益,根据国家有关规定以及预算管理改革的有关要求,制定本办法。

第二条　中央高校基本科研业务费(以下简称基本科研业务费)用于支持中央高校自主开展科学研究工作,重点使用方向包括:支持 40 周岁以下青年教师提升科研创新能力,支持在校优秀学生提升基本科研能力;支持一流科技领军人才和创新团队建设,支持科研创新平台能力建设;开展多学科交叉的基础性、支撑性和战略性研究,加强科技基础性工作等。

第三条　基本科研业务费的使用和管理遵循以下原则:

(一)稳定支持。对中央高校培养优秀科研人才和团队、开展前瞻性自主科研、提升创新能力给予稳定支持,根据绩效评价结果和中央财力状况适时加大支持力度。

（二）自主管理。中央高校根据基本科研需求统筹规划,自主选题、自主立项,按规定编制预算和使用资金。

（三）聚焦重点。中央高校坚持问题导向和需求导向,围绕国家战略需求,开展基础研究、前沿探索和技术攻关,支持一流科技领军人才和创新团队。

（四）注重绩效。强化绩效导向,从重过程向重结果转变,加强分类绩效评价和结果应用,提高资金使用效益。

第二章　管理权限与职责

第四条　财政部会同教育部核定基本科研业务费支出规划和年度预算,对资金使用和管理情况进行监督指导,根据工作需要开展重点绩效评价,并将评价结果作为预算编制、改进管理的重要依据。

第五条　主管部门应当按照部门预算管理的有关要求,及时将基本科研业务费预算下达到所属高校,对资金使用情况进行监督,组织开展全过程绩效管理。

第六条　中央高校是基本科研业务费使用管理的责任主体,应当切实履行法人责任,健全内部管理机制,加强项目库的建设和管理,对立项项目进行全过程预算绩效管理,具体组织预算执行。

第七条　项目负责人是基本科研业务费使用管理的直接责任人,对资金使用和项目实施的规范性、合理性和有效性负责。

第三章　预算管理

第八条　基本科研业务费采用因素法分配,主要考虑中央高校青年教师和在校学生科研需求及能力、科研活动开展情况、科技创新平台和创新团队建设情况、财务管理情况、绩效评价结果等因素。

第九条　基本科研业务费分别用于支持自主选题项目、科技领军人才和优秀青年团队项目。

第十条 自主选题项目由中央高校结合中期财政规划和科研需求,自行组织项目的遴选和立项,建立校内基本科研业务费项目库,并实行动态调整。

科技领军人才和优秀青年团队项目以前沿科学中心、集成攻关大平台、协同创新中心为依托,支持其一流科技领军人才牵头组织的创新团队;支持具有较强原始创新能力和潜力的青年人才组建的跨学科、跨领域的优秀团队。

第十一条 中央高校根据预算管理要求,完成项目申报、评审、遴选排序等工作,科学合理安排年度预算。对实施期限为一年以上的研究项目,应当根据研究进展分年度安排预算。

第十二条 基本科研业务费支持的项目,原则上同一负责人同一时期只能牵头负责一个项目,作为团队成员参加者合计不得超过三个项目。

第四章　支出和决算管理

第十三条 基本科研业务费纳入中央高校财务统一管理,专款专用。基本科研业务费具体使用范围和开支标准,由中央高校按照国家有关规定和本办法有关要求,结合实际情况确定。

基本科研业务费用于支持青年科研人员的比例,一般不低于年度预算的50%。

第十四条 基本科研业务费不得开支有工资性收入的人员工资、奖金、津补贴和福利支出,不得分摊学校公共管理和运行费用,不得开支罚款、捐赠、赞助、投资等,也不得用于按照国家规定不得列支的其他支出。

第十五条 基本科研业务费的资金支付执行国库集中支付制度。中央高校应当严格执行国家有关支出管理制度。对应当实行"公务卡"结算的支出,按照中央财政科研项目使用公务卡结算的有关规定执行。对于设备、大宗材料、测试化验加工、劳务、专家咨询等费用,原则上应当通过银行转账方式结算。

第十六条 基本科研业务费的支出中属于政府采购范围的,应当按照

《中华人民共和国政府采购法》及政府采购的有关规定执行。

第十七条 中央高校应将基本科研业务费的收支情况纳入单位年度决算,统一编报。项目在研期间,年度剩余资金可以结转下一年度继续使用。项目任务目标完成并通过审核验收后,结余资金由高校统筹安排用于科研活动直接支出,优先考虑原团队科研需求。

第十八条 使用基本科研业务费形成的资产属于国有资产,应当按照国家国有资产管理的有关规定加强管理;其中科技成果和科学数据等由学校按规定统筹管理。

第五章 绩效管理与监督检查

第十九条 教育部会同其他主管部门建立绩效管理制度,对项目资金组织开展全过程绩效管理。加强分类绩效评价,强化评价结果运用,将绩效评价结果作为项目调整、后续支持的重要依据。

中央高校应当切实加强绩效管理,强化绩效目标管理,做好绩效运行监控,开展绩效自评,引导科研资源向优秀人才和团队倾斜,提高科研经费使用效益。

第二十条 主管部门、财政部对基本科研业务费的预算执行、资金使用效益和财务管理等情况进行监督检查。如发现有截留、挤占、挪用资金的行为,以及因管理不善导致资金浪费、资产毁损、效益低下的,财政部将暂停或核减其以后年度预算。

第二十一条 中央高校应当按照国家科研信用制度的有关要求,建立基本科研业务费的科研信用制度,并按照国家统一要求纳入国家科研信用体系。

第二十二条 中央高校应当建立信息公开机制,在学校内部主动公开非涉密项目立项、主要研究人员、预算、决算、设备购置、结余资金使用等情况,自觉接受监督。

第二十三条 中央高校要严格遵守国家财政财务制度和财经纪律,切实加强对基本科研业务费使用和管理的事中事后监管,自觉接受审计、监察、财政及主管部门的监督检查,确保经费合理规范使用。

第二十四条 财政部、主管部门及其相关工作人员在基本科研业务费分配使用、审核管理等相关工作中,存在违反规定安排资金或其他滥用职权、玩忽职守、徇私舞弊等违法违规行为的,依法责令改正,对负有责任的领导人员和直接责任人员依法给予处分;涉嫌犯罪的,依法移送有关机关处理。

中央高校及其工作人员在基本科研业务费申报、使用过程中存在截留、挤占、挪用资金等违法违规行为的,按照《中华人民共和国预算法》及其实施条例、《财政违法行为处罚处分条例》等国家有关规定追究相应责任;涉嫌犯罪的,依法移送有关机关处理。

第六章　附　则

第二十五条 本办法由财政部、教育部负责解释。各中央高校应当根据本办法,制定适合本校特点的实施细则,报主管部门备案,同时抄送财政部、教育部。

第二十六条 本办法自印发之日起施行。《财政部　教育部关于印发〈中央高校基本科研业务费管理办法〉的通知》(财教〔2016〕277号)同时废止。

责任编辑:忽晓萌
装帧设计:胡欣欣
责任校对:白　玥

图书在版编目(CIP)数据

国家科研经费管理政策文件选编:2012—2021. —北京:人民出版社,2022.1
ISBN 978－7－01－023788－6

Ⅰ.①国…　Ⅱ.　Ⅲ.①科技经费-财务管理-文件-汇编-中国-2012-2021
　Ⅳ.①G322

中国版本图书馆 CIP 数据核字(2021)第 193067 号

国家科研经费管理政策文件选编
GUOJIA KEYAN JINGFEI GUANLI ZHENGCE WENJIAN XUANBIAN
(2012—2021)

人 民 出 版 社 出版发行
(100706　北京市东城区隆福寺街 99 号)

北京中科印刷有限公司印刷　新华书店经销

2022 年 1 月第 1 版　2022 年 1 月北京第 1 次印刷
开本:710 毫米×1000 毫米 1/16　印张:32.5
字数:486 千字

ISBN 978－7－01－023788－6　定价:188.00 元

邮购地址　100706　北京市东城区隆福寺街 99 号
人民东方图书销售中心　电话 (010)65250042　65289539